CCCP-77112

Foto: Elser Film

Impressum

Copyright 2004 by Auto & Technik Museen Sinsheim und Speyer e.V.
und Dr. Hans-Jürgen Schlicht. Alle Rechte vorbehalten.

Konzeption, Texte und Layout

Dr. Hans-Jürgen Schlicht Multimediaproduktionen Neu-Ulm und
Auto & Technik Museen Sinsheim und Speyer e.V.

Dokumentation

Friedemann Klaffke

Druck

Hofmann Druck, Nürnberg

Für die kompetente Durchsicht der einzelnen Kapitel und für vielfältige Anregungen
gilt unser herzlicher Dank unseren Vereinsmitgliedern Jürgen Michels (†), Peter
Seelinger, Gotthard Arnold, Helga Erbacher, Karl Rudolf Fritsche und Christine
Hauer-Malz sowie allen, die zum Gelingen dieses Werkes beigetragen haben.

IMAX® ist ein eingetragenes Warenzeichen
der IMAX Corporation, Mississauga, Kanada.

ISBN 3-9809437-2-0

Wir bedanken uns bei allen Unternehmen und Institutionen, welche diese Ausgabe unseres Museumsbuchs unterstützt haben:

Adolf Würth GmbH & Co. KG
Alfred Kärcher Vertriebs-GmbH
Alfred Scholpp GmbH & Co. KG
Altwert GmbH & Co. KG & Klöckner Großrohr Center
ARNOLD Pierrot GmbH Mechanische Musik
Audi Tradition NSU GmbH
Autohaus Kobia GmbH
Baden-Württembergische Bank AG
Bauer Maisto GmbH & Co. KG
Chronoswiss Uhren GmbH
DaimlerChrysler Classic
DICKIE-SCHUCO GmbH & Co. KG
Dörner Elektro + Motoren GmbH
EDEKA SB Union
Einzmann & Hanselmann Versicherungsmakler GmbH
EL Immobilien GmbH

Ensinger Mineral-Heilquellen GmbH
FESTO AG & Co.
Gebr. Märklin & Cie. GmbH
Grob Maschinenbau GmbH + E.u.G.
Grob Vertriebs GmbH
Gummiwerke Fulda GmbH
Heidelberger Brauerei
Helmut Schön GmbH
Herpa Miniaturmodelle GmbH
HM Interdrink GmbH & Co. KG
Hockenheimring GmbH
Hofmann Druck, Nürnberg
Interrace Deutschland
Karlsberg Brauerei
Klaus Reimold GmbH
K+S Hydraulik GmbH
Landesbank Baden-Württemberg
Deutsche Lufthansa AG
Mattel GmbH

Messe Sinsheim
Metallbau Emmeln GmbH & Co. KG
Metzgerei Gollerthan
MTU Friedrichshafen GmbH
Paul Pietsch Verlage GmbH & Co.
PRIMETTA GmbH
Reisebüro Groß
Schäfer & Unger GmbH
Schenker Deutschland GmbH
Schlossverwaltung Schwetzingen
Spedition Kübler GmbH
Stadt Sinsheim
Stadt Speyer
Therapie-Zentrum Sinsheim
Toyota Deutschland GmbH
Verkehrsverbund Rhein-Neckar
Walther Bedachungen GmbH
Wilhelm Hönig & Sohn GmbH

AUTO & TECHNIK MUSEUM SINSHEIM

1 Hour South of Frankfurt Airport

Herzlich Willkommen im
AUTO & TECHNIK MUSEUM SINSHEIM!

Auf über 30 000 qm Hallenfläche und einem großen Freigelände können Sie bei uns Technik pur erleben. Neben vielen anderen Raritäten aus der Technikgeschichte erwarten Sie bei uns:

- **eine begehbare original Concorde der Air France**
- **eine begehbare Tupolev Tu-144 („russische Concorde")**
- ein begehbarer Dachbereich mit vielen weiteren Flugzeugen
- über 300 Auto-Oldtimer aus allen Epochen, darunter viele Raritäten von Maybach und Mercedes
- 200 Motorräder und 100 Renn- und Sportwagen mit der größten permanenten Formel-1-Ausstellung Europas
- 22 Lokomotiven, 150 Traktoren, Dampfmaschinen und LKWs
- das Weltrekordfahrzeug „The Blue Flame"
- die größte Tanzorgel der Welt
- eine große militärhistorische Ausstellung

Des weiteren bieten wir:

- Spielplätze, Freizeiteinrichtungen und eine eigene Gastronomie
- ein **IMAX 3D** Großbild-Filmtheater, das spektakuläre dreidimensionale Filme auf einer riesigen, 22 x 27 Meter großen Leinwand zeigt
- einen Museumsshop mit Fachliteratur, Modellen, Andenken etc.
- Spezialangebote für Tagungen und Feiern jeder Art

In diesem Katalog haben wir die schönsten Exponate unseres Museums mit vielen Bildern und detaillierten Informationen für Sie zusammengestellt. Viel Spaß bei der Lektüre wünscht Ihnen

Die Museumsleitung

Welcome to the
AUTO & TECHNIK MUSEUM SINSHEIM!

Displayed on a covered area of more than 30,000 sqm and extended open-air grounds we offer the experience of technology at its best. Besides numerous other rarities straight from the history of technology, further exhibits awaiting you here are:

- **a fully accessible original Concorde from Air France**
- **a fully accessible Tupolev Tu-144 ("Russian Concorde")**
- a walk-on roof area with many additional airplanes
- more than 200 vintage cars from all periods, among them numerous rarities by Maybach and Mercedes
- 200 motorbikes and 100 racing- and sports cars with the largest permanent formula-1-exhibition in Europe
- 22 locomotives, 15 tractors, steam engines and trucks
- the world record vehicle "The Blue Flame"
- the biggest calliope worldwide
- a great exhibition of military history

Further attractions offered by us:

- playgrounds and restaurants
- an **IMAX 3D** large screen theater, where you can watch spectacular, three-dimensional movies on a giant screen of 22 x 27 Meter dimensions
- a museum shop with specialist literature, models, souvenirs, etc.
- special offers for conferences and events of all kinds

This catalogue was developed to compile the most outstanding exhibits of our museum with many pictures and detailed information for you. Enjoy studying this selection.

The Management of the Museum

Inhalt - Contents

Hermann Layher
Museumsleiter

Liebe Museumsbesucher,

unsere Museen in Sinsheim und Speyer bieten Sensationen, die Sie in dieser Vielfalt nirgendwo sonst erleben können. **Vom Traktor bis zur Concorde ist alles bei uns vertreten.** Die Geschichte der Museen begann im Spätjahr 1980. Bei einem Treffen begeisterter Technik-Liebhaber wurde die Idee geboren, die oft in jahrelanger Kleinarbeit restaurierten Schmuckstücke einem breiten Publikum zugänglich zu machen. Kurz entschlossen wurde ein Museumsverein gegründet, und nur wenige Monate später öffneten sich am 6. Mai 1981 in Sinsheim erstmals die Tore zu einer damals 5000 qm großen Aus-stellungsfläche. 1991 erfolgte die Gründung des Technik Museums in Speyer. **Gemeinsam verfügen die Museen derzeit über 45 000 qm Hallenfläche und über 120 000 qm Freigelände und ziehen über 1,5 Millionen Besucher im Jahr an.**

Das Museum wird vom gemeinnützigen **Auto & Technik Museum e.V.** getragen, dem rund **2000 Mitglieder** aus der ganzen Welt ange-hören. Die Finanzierung erfolgt allein aus Mitgliedsbeiträgen, Spen-den und den Eintrittsgeldern. Alle Überschüsse werden zum Ausbau des Museums verwendet. **Mitglied kann bei uns jeder werden** der sich für Technik interessiert und Freude an dem hat, was wir tun. Auch **Firmen** und **Institutionen** sind in unserem Verein **willkommen**.

Eine Mitgliedschaft hat viele Vorteile:

- **Unbeschränkt kostenloser Eintritt in die Museen Sinsheim und Speyer**
- **Ermäßigung beim Besuch der IMAX Filmtheater und beim Kauf von Geschenk-Eintrittskarten für Freunde und Bekannte**
- **Sonderpreise im Museumshotel Speyer**
- **Ermäßigung beim Besuch unserer Gastronomie (außer auf Eis und Süßigkeiten)**
- **Ermäßigung beim Einkauf in unseren Shops (außer auf Bücher)**
- **Sie werden Mitglied einer riesigen Sammlerfamilie**

Interessiert? Dann füllen Sie die Beitrittserklärung aus und schicken Sie diese an Förderverein Auto & Technik Museum Sinsheim e.V., Frau Deusch, Museumsplatz, 74889 Sinsheim.

Zum riesigen Erfolg unseres Museums haben die Vereinsmitglieder entscheidend beigetragen. Auch das Museumskonzept, das sich ganz an den Bedürfnissen der Besucher orientiert, ist im ständigen Dialog mit den Vereinsmitgliedern entstanden. Im Gegensatz zu anderen Museen sind die Ausstellungen bei uns nicht nach wissenschaftlichen Kriterien gegliedert, sondern möglichst abwechslungsreich gestaltet. Auf diese Weise erleben Sie beim Rundgang durch die Museums-hallen ständig etwas neues. **Zahlreiche Sonderausstellungen** und der häufige Austausch von Exponaten, die zumeist **Leihgaben von pri-vaten Eigentümern** sind, sorgen dafür, dass es bei uns immer wieder etwas neues zu sehen gibt.

Familienfreundlichkeit wird bei uns groß geschrieben. Auf unse-rem Freigelände bieten wir **Spielmöglichkeiten für Kinder** und in unseren **Restaurants** können Sie bei einem guten Essen das Gesehene nochmals Revue passieren lassen, oder sich für einen weiteren Rund-gang stärken. Eine Weltsensation sind die **IMAX** Filmtheater, in denen Sie auf einer gigantischen Leinwand einmalige Filme erleben können. **Als absolute Neuigkeit zeigt das IMAX 3D Sinsheim zu jeder vollen Stunde die Landung unserer Museums-Concorde auf dem Baden Air Park.** Doch damit genug der Vorrede. Jetzt möchte ich Ihnen viel Spaß beim Lesen unseres Museumsbuchs wünschen, in dem wir die schönsten Exponate aus den Museen Sinsheim und Speyer in Wort und Bild für Sie zusammengestellt haben.

Beitrittserklärung

Förderverein des AUTO & TECHNIK MUSEUM Sinsheim e.V.

Jährlicher Mitgliedsbeitrag mind.	Einzelmitglied	Familienmitglied ohne Kinder	Familienmitglied mit Kinder	Firmenmitglied
	€ 40.-	€ 60.-	€ 70.-	€ 220.-
Freiwilliger Beitrag	€	€	€	€
Jährlich zu zahlender Beitrag	€	€	€	€

Mitgliedsbeiträge sind als Spenden steuerlich abzugsfähig!

Name / Firma.......................................

Straße.......................................

PLZ / Wohnort.......................................

geb. am.......................................

Tel. .... Fax..........................

E-Mail.......................................

Datum.................... Unterschrift....................

Einzugsermächtigung:

Bank: ....

Konto-Nr. .... BLZ ....

Mittels Lastschrift abzubuchen.

Datum .... Unterschrift ....

Weitere Infos erhalten Sie direkt vom Auto & Technik MUSEUM SINSHEIM, Museumsplatz, 74889 Sinsheim Tel. 07261 / 9 29 90, Fax 07261 / 1 39 16 oder vom TECHNIK MUSEUM SPEYER, Am Technik Museum 1, 67346 Speyer, Tel. 06232 / 6 70 80, Fax 06232 / 67 08 20. 365 Tage geöffnet von 9 - 18 Uhr.

Vielfalt ist unsere Stärke.

Im Auto & Technik Museum Sinsheim können Sie Glanzstücke der Technikgeschichte in einer Vielfalt erleben, die absolut einzigartig ist. Ob chromblitzende Oldtimer, spektakuläre Flugzeuge, rassige Sportwagen, gigantische Lokomotiven, haushohe Motoren oder außergewöhnliche Fahrzeuge wie das links gezeigte Einrad-Motorrad: Es gibt fast kein motorisiertes Fortbewegungsmittel, das nicht bei uns zu finden ist.

Ermöglicht wird diese Vielseitigkeit insbesondere durch die vielen technikbegeisterten Vereinsmitglieder, die ständig auf der Suche nach neuen Sensationen sind und dafür sorgen, dass unsere Ausstellungen niemals langweilig werden. Tauchen auch Sie ein in das Abenteuer der Technik und erleben Sie hautnah, welche Entwicklungen die Motorisierung und Mechanisierung bis heute durchlaufen hat.

At the Auto & Technik Museum Sinsheim you can enjoy highlights of technological history in an absolutely unique abundance. Whether vintage cars gleaming with chrome, spectacular airplanes, snazzy sports cars, gigantic locomotives, engines high as houses or extraordinary vehicles like the monowheel-motorbike on the left: There is hardly any vehicle equipped with an engine existing that cannot be found here with us.

This variety is brought about in particular by the many technology enthusiasts among our club members who are constantly in search of new sensations, taking care that our exhibitions will never get boring. Join us and immerse yourself in the adventures of technology and experience up close the developments motorization and mechanization has covered up to this day.

Legenden der Lüfte.

Weltweit einzigartig!

Das gibt es nur im Auto & Technik Museum Sinsheim: Die beiden einzigen jemals in Serie gebauten Überschall-Passagierflugzeuge der Welt, die russische Tupolev 144 und die französisch / britische „Concorde", in direkter Nachbarschaft, in Flugposition und voll begehbar. Sicher verankert auf massiven Stahlträgern, die in einem Fundament aus Tausenden Tonnen Stahlbeton eingebettet wurden, thronen diese Legenden der Lüfte weithin sichtbar über der Halle 2. Der Aufstieg führt die Besucher auf bis zu 30 Meter Höhe und ist mit Sicherheit einer der ganz besonderen Höhepunkte eines Museumsrundgangs.

Worldwide unique!

To be found nowhere else but at the Auto & Technik Museum Sinsheim: The only two supersonic, series produced commercial aircraft of the world, the Russian Tupolev 144 and the French / British "Concorde" right next to each other, in flight position, and fully accessible inside and out. Safely secured upon a massive steel construction, imbedded in a foundation of thousands of tons of ferroconcrete these legends of the air are now standing widely visible above Hall 2 in solitary splendor. The ascent is elevating the visitors to a height of up to 30 meters and is definitely one of the special highlights in a tour of the Museum.

Fotos: Elser Film, Bach

Parade der Sensationen

Überschall-Legenden „Concorde" und Tupolev Tu-144!

„The Blue Flame" Schnellstes Raketenauto aller Zeiten!

Größte Maybach Sammlung in Deutschland!

Weltweit größte Privatsammlung historischer Mercedes-Kompressor-Automobile!

Größte Bugatti-Sammlung in Deutschland!

Größte permanente Formel-I-Ausstellung in Europa!

Erstes BMW-Motorrad der Welt!

Über 300 Oldtimer aller Epochen!

Über 100 Renn- und Sportwagen und über 200 Motorräder!

**Über
60 Flugzeuge,
viele begehbar!**

**Über 100 Dragster,
Straßenkreuzer,
Rallye- und,
Spezialfahrzeuge!**

**Über 150 Traktoren
und LKWs sowie
22 Lokomotiven!**

Erlebniswelt Museum.

Neben den einmaligen Ausstellungen bieten wir unseren Besuchern im Auto & Technik Museum Sinsheim noch viele weitere Möglichkeiten zum Erleben, Entspannen und Genießen. Wir bieten:

- Eine eigene Gastronomie mit Restaurant und Café

- Einen Spielplatz, auf dem sich Kinder so richtig austoben können, zwei Riesen-Rutschbahnen, eine Bootsprunganlage sowie Fahr- und Erlebnissimulatoren

- Einen begehbaren Dachbereich von dem aus viele Flugzeuge von innen und außen besichtigt werden können (u.a. die Tupolev 144)

- Ein IMAX 3D Filmtheater, das größte Filmerlebnis der Welt

- Einen Museums-Shop, in dem Sie vom Museumskatalog über Postkarten, Fachliteratur und hochwertigen Modellen alles finden, was das Herz eines Technikliebhabers begehrt

- Einen Tagungsraum für bis zu 80 Personen sowie eine Veranstaltungshalle mit einer Fläche von 800 qm. Im Museumsrestaurant können Feiern mit bis zu 350 Personen durchgeführt werden. Unsere leistungsstarke Gastronomie sowie der perfekte Service sorgen dafür, das jede Feier bei uns zu einem unvergeßlichen Erlebnis wird. Rufen Sie uns an und schildern Sie uns Ihre Wünsche (Tel. 07261 / 929975). Wir beraten Sie gerne.

Preiswerte Übernachtungsmöglichkeiten finden Sie in unserem Museumshotel beim Technik Museum Speyer, ca. 30 Autominuten von Sinsheim entfernt (Tel. 06232 / 67100). Dem Hotel angeschlossen ist ein moderner Caravan-Stellplatz mit 70 Plätzen.

Besides the unique exhibitions the Auto & Technik Museum Sinsheim has a lot more of further possibilities to experience, relax and enjoy. We are offering:

- Our own catering facilities with restaurant and coffee shop

- A play-ground where children can romp about at their hearts' desire, two giant slides, a jumpboat installation as well as ride and adventure simulators

- A walk-on roof-area giving access to numerous airplanes, many of them are walk-in planes (among them the Tupolev Tu-144)

- An IMAX 3D film-theater, the greatest movie experience of the world

- A Museum-Shop where you will find everything the heart of a true fan of technology may desire, from museum catalogue, picture postcards, and specialist literature to high-quality models

- A conference room for up to 80 persons as well as a festival hall with a floor area of 800 sqm. The museum restaurant has room for parties with up to 350 participants. Our highly efficient catering staff and perfect service will see to it that every festivity here with us will turn into an unforgettable experience. Please call us and detail your wishes (phone 07261 / 929975). We will be glad to advise you.

Our Museum Hotel at the Technik Museum Speyer, about 30 minutes by car from Sinsheim, offers reasonably priced accommodation (phone 06232 / 67100). Adjacent to the hotel is a modern caravan/trailer site with 70 parking spaces.

Tagen & feiern im Museum

Die flexibel nutzbaren Seminar- und Tagungsräume bieten Platz für 30 bis 200 Personen.

Für Präsentationen und Großveranstaltungen stehen die großzügigen Veranstaltungshallen mit einer Kapazität von bis zu 2000 Personen zur Verfügung.

Modernste Technik und eine perfekte Betreuung sind die Garanten für Ihren Erfolg.

In den Museumshallen wird jeder Empfang zu einem Erlebnis.

In den Museen Sinsheim und Speyer finden Sie hervorragende Möglichkeiten zur Durchführung der unterschiedlichsten Veranstaltungen, von der Familienfeier bis zur Firmenpräsentation. In einem einzigartigen Rahmen erhalten Sie bei uns Möglichkeiten zum Verwöhnen Ihrer Gäste, die absolut einzigartig sind. Wir bieten:

- Tagungs- und Veranstaltungsräume für bis zu 160 Personen, ein Museumsrestaurant für bis zu 350 Personen, zwei Veranstaltungshallen für bis zu ca. 1000 Personen

- Einen perfekten Service der gewährleistet, dass Sie sich von Beginn an voll um Ihre Gäste kümmern können

- Eine leistungsstarke, eigene Gastronomie, die für jeden Anlass das richtige Angebot parat hat, vom rustikalen Imbiss bis zum 5-Gänge-Menü

- Ein eimaliges Ambiente. Die Museumshallen können für Empfänge genutzt werden.

- Drei IMAX-Filmtheater, die für private Sondervorstellungen gebucht werden können

- Unterschiedlichste Rahmenprogramme von der Tanz-Combo bis zu klassischer Musik nach Wunsch

- Preiswerte Übernachtungsmöglichkeiten im museumseigenen Hotel

- Eine bequeme Anreise. Beide Museen sind verkehrsgünstig gelegen und sind mit dem Auto oder mit öffentlichen Verkehrsmitteln leicht erreichbar. In Speyer ist auch eine Anreise mit dem Flugzeug möglich.

Führende Unternehmen wie DaimlerChrysler, BMW, Porsche, Ferrari, Würth, Ferrero, Roche, BASF, IBM, Volvo und SAP sowie viele Privatpersonen haben uns bereits mit der Durchführung der unterschiedlichsten Festlichkeiten betraut. Rufen Sie uns an und schildern Sie uns Ihre Wünsche (07261 / 9299-0). Wir beraten Sie gerne.

Unser Service, Ihr Erfolg

Unsere leistungsfähige Gastronomie läßt Ihre Veranstaltung zu einem kulinarischen Erlebnis werden.

Das einmalige Museums-Ambiente eröffnet Ihnen einzigartige Möglichkeiten, um Ihre Gäste rundum zu verwöhnen.

Ob Gala-Diner oder Schlemmerbuffet, wir haben für jeden Anlaß das passende Angebot.

Als Höhepunkt Ihrer Veranstaltung können die IMAX-Filmtheater für individuelle Vorführungen gebucht werden.

At the Museums Sinsheim and Speyer you will find excellent possibilities to hold events of various kinds, from your family get-together up to business presentations. In a single setting we provide absolutely unique possibilities to charm your guests. We are offering:

- Rooms for conferences, meetings and events for up to 160 persons, a museum restaurant for up to 350 persons, two festival halls for up to approx. 1,000 persons.

- A perfect service that guarantees you to be free to take care of your guests right from the start

- An efficient catering staff with suggestions and offers on hand for each and every event, from your rustic snack local style up to a 5-course dinner

- A unique ambiance. The museums halls can be used for receptions.

- Three IMAX film-theaters that you may book for private special performances

- Various supporting acts from a dance-combo up to classical music, just as you want

- Reasonably priced accommodation at the museum's own hotel

- Comfortable ways to come to us. Both museums are conveniently situated and can easily be reached by car or public transportation. Speyer can also be reached by plane.

Leading enterprises like e.g. DaimlerChrysler, BMW, Porsche, Ferrari, Würth, Ferrero, Roche, BASF, IBM, Volvo and SAP as well as many private persons have already entrusted us with handling events of various different kinds. Please call and tell us what you would like to have (07261 / 9299-0). We will be glad to advise you.

IMAX® 3D
Das gigantische Filmerlebnis

IMAX-Format

35 mm - Format
(normales Kinoformat)

Bilder von oben: (1) Blick in den Zuschauerraum des IMAX 3D; durch die dreidimensionale Wiedergabe wirkt der Film absolut plastisch. (2) Vergleich des IMAX Riesenformats mit dem sonst üblichen 35 mm - Format. (3) Das IMAX 3D Filmtheater beim Auto & Technik Museum Sinsheim.

Pictures from top: (1) View into the auditorium of the IMAX 3D; owing to the three-dimensional rendition the film is conveying an absolutely spatial effect. (2) Comparison of the IMAX giant format with the conventional 35 mm-format. (3) The IMAX 3D film theater at the Auto & Technik Museum Sinsheim.

IMAX 3D SINSHEIM

- **Beste 3D Film- und Tonqualität**
- **Leinwandgröße 22 x 27 Meter**
- **Filmstart zu jeder vollen Stunde**
- **Der Film spielt sich im ganzen Kinosaal ab, nicht nur auf der Leinwand**
- **Die Grenze zwischen Film und Wirklichkeit verschwindet**
- **Museumsfilm „Klassiker" täglich kostenlos**
- **Letzte Landung der „Concorde" vor jedem IMAX-Film!**

Vergessen Sie alles, was Sie bis jetzt an bewegten Bildern gesehen haben, denn im **IMAX 3D** erwartet Sie das Kino des neuen Jahrtausends auf einer 22 x 27 Meter großen Leinwand. Durch die spezielle Aufnahme- und Projektortechnik von **IMAX 3D** spielt sich die Filmhandlung nicht auf der Leinwand, sondern im gesamten Zuschauerraum ab. Flugzeuge fliegen vorbei, riesige Urwelttiere stehen plötzlich in Lebensgröße vor Ihnen, geheimnisvolle Landschaften warten darauf, erkundet zu werden. Alles ist zum Greifen nah und wirkt so lebensecht, dass die Grenze zwischen Film und Wirklichkeit verschwindet.

IMAX 3D SINSHEIM

- **Unrivalled 3D film- and sound quality**
- **Screen of 22 x 27 meter size**
- **Show starting every hour on the hour**
- **The film action is happening in the whole auditorium, not only on the screen**
- **The borderline between film and reality seems to vanish**
- **Daily free performance of the Museum film "Klassiker"**
- **Last touch-down of the Concorde preceding each IMAX-film!**

Forget everything that you have seen in motion pictures up to now, for at the **IMAX 3D** the film show of the new millenium is awaiting you on a 22 x 27 meter screen. Owing to the special film- and projector technology of **IMAX 3D**, rather than just on the screen the film action is taking place in the entire auditorium. Airplanes are passing by, giant primeval creatures are suddenly confronting you in life size, mysterious landscapes are waiting to be explored. Everything is so near you seem to be able to touch it and so true-to-life that the borderline between film and reality is virtually vanishing.

20

Aufbruch in die dritte Dimension.

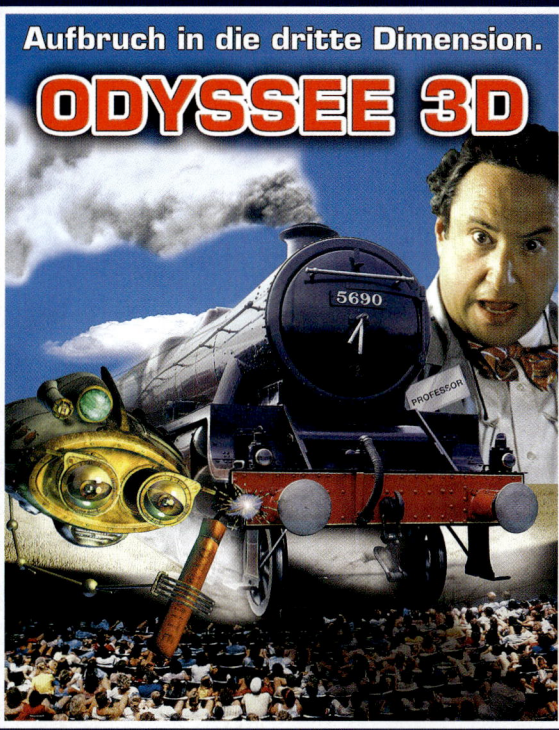

Auf der riesigen IMAX 3D Leinwand erleben Sie in Odyssee 3D die besten dreidimensionalen Filmeffekte aller Zeiten. Mit dem zerstreuten Professor und seinem Assistenten, dem fliegenden Roboter Max, unternehmen Sie eine humorvolle Zeitreise durch die dritte Dimension.
FSK: Frei ab 6 Jahren.

Erleben Sie einige der schönsten Exponate in Aktion im IMAX-Museumsfilm „Klassiker"! Der Film wird täglich als kostenlose Sondervorstellung im IMAX Speyer und im IMAX 3D Sinsheim gezeigt.

Alle Museums-Exponate im Katalog, die Sie im IMAX-Film „Klassiker" erleben können, sind als *Klassiker* gekennzeichnet.

Tauchen Sie ein in die fantastische Unterwasserwelt des Pazifik. Farbenprächtige Korallenfische und verspielte Seelöwen erwarten Sie.
FSK: Frei ohne Altersbeschränkung.

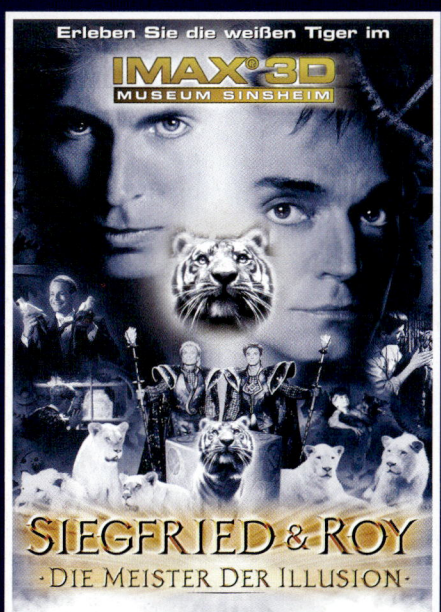

Lassen Sie sich von der Lebensgeschichte der beiden weltberühmten Illusionisten faszinieren und genießen Sie die Show mit den weißen Tigern, als ob Sie Live dabei wären.
FSK: Frei ohne Altersbeschränkung.

Unternehmen Sie eine Expedition in eine urzeitliche Welt voller Wunder und erleben Sie die faszinierende Tier- und Pflanzenwelt der Galapagos-Inseln in einer völlig neuen Dimension.
FSK: Frei ohne Altersbeschränkung.

Die Automobilausstellung im Auto & Technik Museum Sinsheim ist weltweit legendär. Ständig werden über 300 Oldtimer aus allen Epochen gezeigt. Das Spektrum der Exponate reicht von den Anfängen des Automobils bis in die Neuzeit und umfasst von der Motorkutsche des ausgehenden 19. Jahrhunderts bis zu den Luxusautomobilen von Maybach, Mercedes und Rolls-Royce nahezu alles, was jemals auf Rädern die Straßen der Welt befahren hat. Die meisten Ausstellungsstücke sind voll fahrbereite Leihgaben von Mitgliedern unseres Museumsvereins, die häufig gefahren und daher oft ausgetauscht werden. Die Ausstellung ist daher im wahrsten Sinne des Wortes ständig in Bewegung. Eine weitere Abwechslung bieten die zahlreichen, einer speziellen Marke gewidmeten Sonderausstellungen sowie die Oldtimer-Ausfahrten, die von unseren Vereinsmitgliedern organisiert werden. Für unsere Besucher bietet dies den Vorteil, dass es immer wieder etwas Neues zu entdecken gibt. Aktuelle Informationen über Sonderausstellungen und andere Aktionen finden Sie auf unseren Internetseiten unter der Adresse www.technik-museum.de.

Neben vielen anderen Raritäten erwarten Sie bei uns:

- **Weltweit größte Privatsammlung historischer Mercedes-Automobile mit Kompressormotor**

- **Die größte Maybach-Sammlung in Deutschland**

- **Die größte Bugatti-Sammlung in Deutschland**

Lassen Sie sich auf den nächsten Seiten vom einmaligen Flair dieser Legenden auf vier Rädern verzaubern.

The automobile exhibition in the Auto & Technik Museum Sinsheim is legendary worldwide. More than 300 vintage cars from all epochs are constantly presented. They are ranging from the beginning of the early automobiles up to present day models, and are comprising nearly everything that ever set wheels on the roads of this world, from the motor-carriage from the end of the 19th century up to the luxury cars of Maybach, Mercedes and Rolls-Royce. Most of the exhibits are roadworthy specimen on loan from members of our museum society, which are being exercised on a regular basis and frequently exchanged. The exhibtion, therefore, is constantly in motion in the true sense of the word. Further diversions are offered by numerous special exhibitions devoted to particular brands as well as vintage-car-rallies organized by the members of our society. For our visitors this has the advantage of ever new discoveries. For current-affairs information about special exhibitions and other events, please visit us in the internet under www.technik-museum.de.

Among many other rarities there are awaiting you:

- **Largest private collection of vintage Mercedes automobiles with supercharged engine in the world**

- **The largest Maybach collection in Germany**

- **The largest Bugatti collection in Germany**

Get enchanted by the unique flair of the legends on four wheels that are presented on the following pages.

Benz „Velo"

Trotz zahlloser Rückschläge hat Carl Benz über viele Jahre unbeirrt am Bau eines Motorwagens festgehalten. Dabei stand seine kleine Gasmotorenfabrik mehr als einmal am Rande des Konkurses, und es bedurfte größter Anstrengungen, immer wieder neue Geldgeber zu finden. Keiner glaubte, daß der von Benz erträumte Motorwagen ein wirtschaftlicher Erfolg sein würde, und die ersten Verkaufsversuche gaben den Skeptikern recht. Weder der improvisiert wirkende dreirädrige Patent-Motorwagen noch der mit einem Preis von fast 4000 Mark sehr teure und aufwendige „Victoria" stießen auf nennenswertes Interesse. Erst im dritten Anlauf stellte sich mit dem „Velo", das bereits ab 2000 DM zu haben war, der wirtschaftliche Erfolg ein. Bereits ein Jahr nach dem Verkaufsbeginn im Oktober 1894 waren 125 Stück verkauft. Insgesamt wurden bis 1900 etwa 1200 Stück produziert. Das „Velo" war somit das erste in Serie gefertigte Automobil der Welt.

Das Museumsstück ist ein Originalwagen aus dem Jahr 1897. Er wiegt 280 kg und verfügt über einen 1045 ccm Einzylinder-Motor mit 1,5 PS Leistung.

In spite of innumerable set backs the goal of building a motor vehicle was persistently pursued by Carl Benz over a period of many years, during which time his small factory of gas fueled motors was threatened by bankruptcy more than once. It took tremendous efforts to keep finding financial backers. No one believed that the motor vehicle Benz was dreaming of could possibly be a financial success, and the first sales attempts proved those skeptics to be right. Neither the three-wheeler patent-motor vehicle with its makeshift appearance, nor the stylish "Victoria" which, at 4,000 Marks, was quite expensive, met with any interest to speak of. The third attempt finally with the "Velo" which sold at a price from 2,000 Marks up was crowned by financial success. 125 units had been sold already one year after its introduction into the market in October of 1894. A total number of about 1,200 units had been produced by 1900. The "Velo" thus was the first automobile worldwide that was produced in series.

The specimen on exhibit in the museum is an original vehicle from 1897, weighing 280 kilograms, with a 1,045 ccm one-cylinder motor and a power of 1.5 hp.

Originalgetreuer Nachbau des Dreirads von Benz aus dem Jahr 1886.
A true-to-the-original rebuilt of the three-wheeler by Benz from the year 1886.

Peugeot „Vis-à-vis"

Der gezeigte Peugeot „Vis-á-vis" von 1892 ist eines der ersten französischen Automobile über-haupt. Die Bezeichnung „Vis-á-vis" leitet sich aus der Sitzposition ab, bei der sich die Passagiere von Angesicht zu Angesicht („Vis-á-vis") gegenübersaßen. Als Antrieb dient ein 1026 ccm V2-Zylinder-Motor von Daimler mit 2,5 PS.

Like Benz, Daimler also had problems selling his cars in the beginning. Now it payed off for him that the development of a multipurpose motor had always come before designing an automobile. Although his steel-wheel vehicle on exhibition at the World Trade Fair of Paris in 1889 did not meet more interest than the three-wheeler by Benz, Daimler was successful in establishing business connections with

Wie Benz hatte auch Daimler anfänglich Probleme mit dem Verkauf seiner Automobile. Da erwies es sich als Vorteil, daß für ihn stets die Entwicklung eines universell einsetzbaren Motors und nicht der Bau eines Kraftwagens im Vordergrund gestanden hatte. Bei der Weltausstellung in Paris im Jahr 1889 stieß sein Stahlradwagen zwar auf ebenso wenig Interesse wie das Dreirad von Benz, dafür gelang es Daimler mit den französischen Industriellen Panhard und Levassor ins Geschäft zu kommen. Diese fertigten von nun an Daimler-Motoren in Lizenz, die sowohl in die Motorwagen von Panhard & Levassor als auch in Fahrzeuge von anderen französischen Automobilherstellern der ersten Stunde wie Peugeot eingebaut wurden.

the French industrialists Panhard & Levassor. This was the beginning of their licensed construction of Daimler motors which were used not only for vehicles manufactured by Panhard & Levassor but also in cars of other French automobile pioneers like Peugeot.

The Peugeot "Vis-á-vis" shown here is from 1892 and was one of the very first French automobiles to be built. The name "Vis-á-vis" describes the seat position, where the passengers were sitting facing each other, i.e. face to face, which is the actual meaning of "vis-á-vis". The vehicle was powered by a 1026 ccm V2-cylinder-motor supplied by Daimler with 2.5 hp.

Mors Kettenwagen

Selbst in ihrem Heimatland Frankreich ist die Marke Mors nur noch wenigen Experten bekannt. Gegründet wurde die Firma im Jahr 1889 von Emile Mors in Paris, wo er nach einigen Experimenten mit dampfgetriebenen Fahrzeugen 1895 mit dem Automobilbau begann.

Der gezeigte Kettenwagen stammt von 1898. Es handelt sich um ein sehr fortschrittliches Fahrzeug mit einem Zweizylinder-Motor mit 850 ccm Hubraum und 4 PS Leistung. Die Karosserie wurde von der Firma Rothschild in Paris gefertigt. Die Kraftübertragung erfolgt wie damals üblich über eine Kette. An den Oberseiten der Räder befinden sich kleine Fangketten zum Abstreifen von Hufnägeln. Die Höchstgeschwindigkeit lag bei 25 km/h.

Even in its home country France the name of Mors is known to a few experts only. It was founded in 1889 by Emile Mors in Paris, where he started building automobiles in 1895, after a view experiments with steam driven vehicles.

The chain car on exhibit is from 1898. It was a highly progressive vehicle equipped with a two-cylinder motor with 850 ccm displacement and an output of 4 hp. The body was made by Rothschild of Paris. As was customary at that time, a chain was used for transmission. Small guard chains were mounted on top of the wheels to remove horseshoe-nails. The maximum speed was 25 km/h.

Mercedes „Knight"

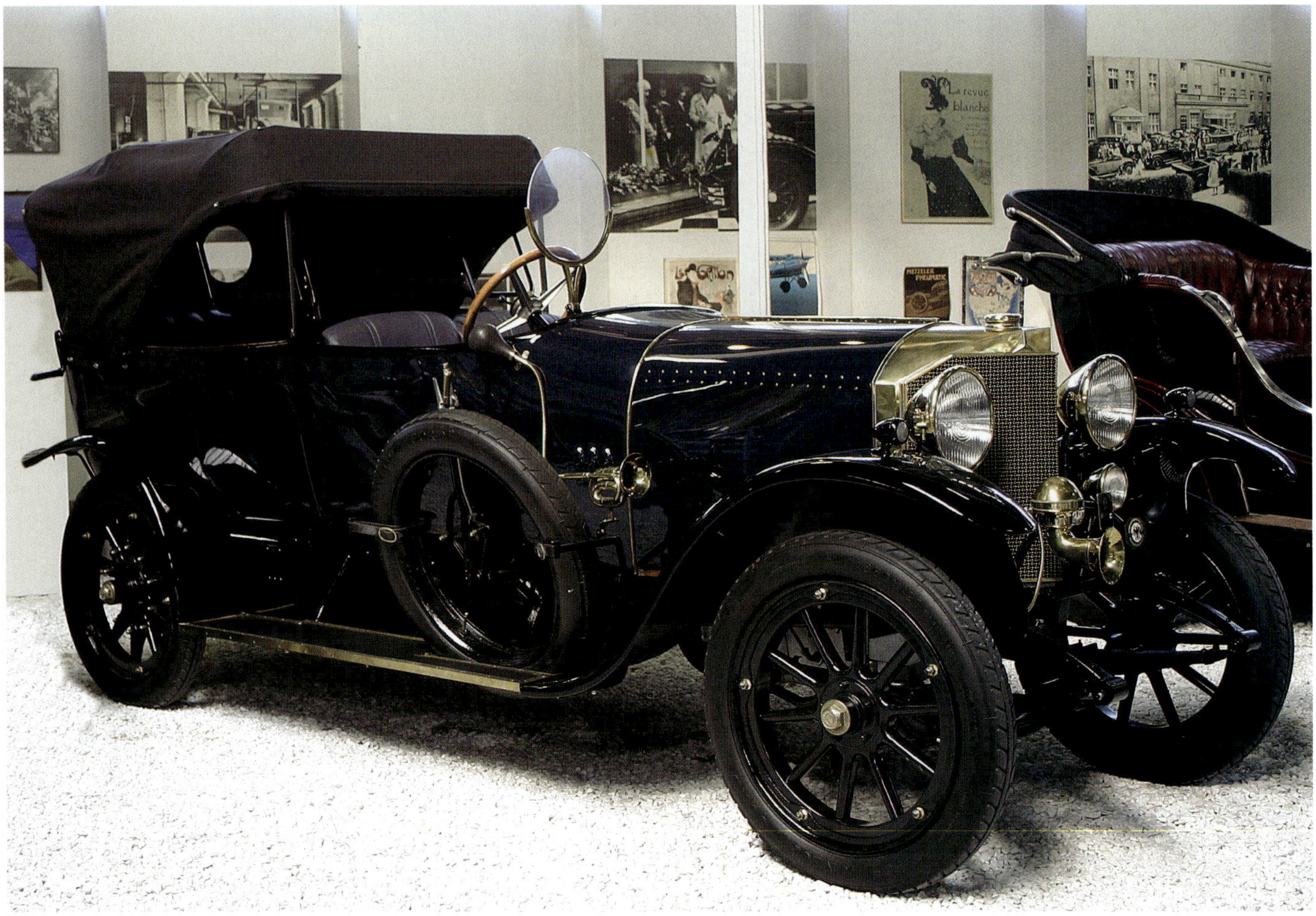

Die Mercedes „Knight" Modelle besaßen Motoren mit einer speziellen Schiebersteuerung, die 1909 von der Daimler-Motoren-Gesellschaft von ihrem Erfinder, dem Amerikaner Charles Y. Knight, lizenziert wurde. Der Verbrennungsprozess wurde nicht durch normale Ventile sondern durch zwei röhrenförmige Schieber gesteuert, deren Auslässe sich zwischen Kolben und Zylinder bewegten. Von diesem Typ wurden in den Jahren 1910 bis 1923 insgesamt 5350 Exemplare gefertigt. Die Motoren drehten nur relativ langsam (maximal 1800 Upm), hatten aber ein enormes Drehmoment.

Technische Daten Baujahr: 1919; Motor: 4 Zyl. / 4 Liter / 45-50 PS

The Mercedes "Knight" models were equipped with special sleeve-valve engines, which had been licensed by the Daimler-Motoren-Gesellschaft from its inventor, the American Charles Y. Knight, in 1909. The combustion process was not controlled by normal valves, but by two tubular slide valves with ports that moved between the cylinders and pistons. Between 1910 and 1923 about 5350 specimen of this model were built. The engines rotated rather slowly (max. 1800 rpm) but had an enormous torque.

Technical Data Year of Construction: 1919; Motor: 4-cyl. / 4 litres / 45-50 hp

Mercedes 22/40

Das Fahrgestell des bereits mit einem Kardanantrieb versehenen Fahrzeugs wurde 1912 von Daimler / Stuttgart nach England geliefert und dort mit einer passenden Karosserie versehen. Der Wagen befindet sich in einem fast neuwertigen Originalzustand. Die Karbidlampen, Claxton- und Kautschukballhupen sowie die anderen Zubehörteile sind vollständig erhalten. Modelle dieses Typs in einem derart guten Erhaltungszustand sind äußerst selten und erzielen bei Auktionen höchste Preise.

Technische Daten Baujahr: 1912; Motor: 5,6 l / 4 Zyl. / 40 PS

The chassis of this car, which was already equipped with cardan drive, was delivered by Daimler / Stuttgart in 1912 to England where it was completed with a matching body. The car is in a like new, original condition. Acetylene lamps, claxton- and rubberball-horns as well as the other accessories are original parts. Specimens of this model in excellent condition such as this are very rare and will get top prices in auction sales.

Technical Data Year of Construction: 1912; Motor: 5.6 l / 4-cyl. / 40 hp

Mercedes 37/70 Sechszylinder Kettenwagen von 1907

Dieser Mercedes 37/70 wurde 1907 gebaut. Er wird von einem 6-Zylinder-Motor mit 9,5 Litern Hubraum und 70 PS Leistung angetrieben. Jeweils zwei Zylinder sind zu einem Block zusammengefaßt. Die Kraftübertragung erfolgt mit zwei Ketten. Der Erstbesitzer war der amerikanische Mercedes-Importeur Walter C. Alan. Nachdem der Wagen auch nach drei Jahren aufgrund seines hohen Preises noch nicht verkauft war, wurde er aus der Ausstellungshalle genommen und eingelagert. Erst 1944 erwarb Marianne Wing, ein Mitglied der Familie Alan, den Wagen für $ 500.- für ihren Mann, der ihn 1985 an einen amerikanischen Sammler weiter verkaufte. Dieser kam jedoch mit der alten Technik nicht zurecht und schenkte ihn daher einer Kirche, die ihn 1992 an den jetzigen Besitzer und Leihgeber verkaufte. Der Wagen ist voll verkehrstauglich und wird jedes Jahr im Sommer mehrere tausend Kilometer gefahren.

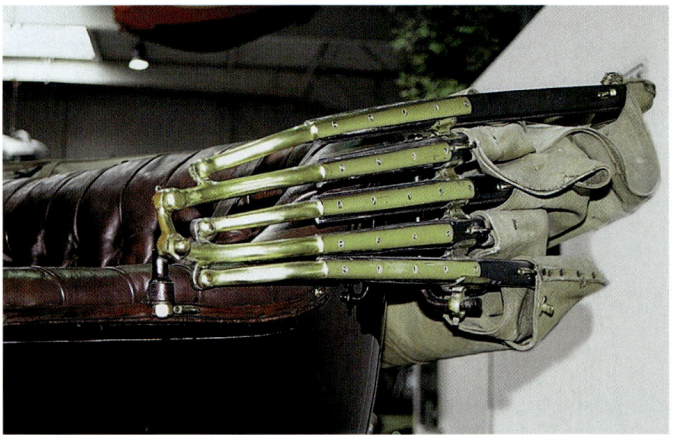

This Mercedes 37/70 is from 1907. It is driven by a 6-cylinder-motor with 9.5 liters displacement and an output of 70 hp. Two cylinders each are combined in a block. The car is equipped with chain drive. The first owner of this vehicle was the American Mercedes-importer Walter C. Alan. When the car had not been sold after three years due to its high price, it was removed from the exhibition room into storage. In 1944, Marianne Wing, a member of the Alan family, purchased the car for $ 500.- for her husband, who sold it in 1985 to an American collector. But he was not able to cope with the old technique and thus donated it to a church which sold it in 1992 to its present owner who gave it to the museum on loan. The car is absolutely roadworthy and is driven over a distance of several thousand kilometers in summer each year.

Mercedes 28/95

Die atemberaubend schöne Karosserie des Mercedes 28/95 ist eine Original-Werkskarosserie aus dem Sindelfinger Werk. Die Mercedes-Designer setzten über viele Jahrzehnte Maßstäbe im Karosseriebau. Der Spitzkühler aus Messing und die Holzbeplankung sind charakteristisch für die Epoche des 28/95.

Der Wagen gehörte dem Bruder des Maharadscha von Heidarabad. Er wurde 1923 zusammen mit einem Rolls-Royce „Silver Ghost" nach Indien geliefert. Beide Autos kamen 1966 nach Europa zurück und wurden Ende der 70er Jahre gemeinsam an einen Sammler in Deutschland verkauft, sind also über mehr als sieben Jahrzehnte zusammengeblieben.

Technische Daten Baujahr: 1922; Motor: 7,3 l / 6 Zyl. / 95 PS

The Mercedes 28/95 bodywork of breathtaking beauty is an original manufacturer's product from the factory in Sindelfingen. Over many decades Mercedes designers were trendsetters in the field of bodyworks. The v-shaped radiator made of brass as well as the wooden plankings are characteristic features for the epoch of the 28/95.

The car used to belong to the brother of the Maharaja of Hyderabad. It was shipped to India in 1923, together with a Rolls-Royce "Silver Ghost". Both cars returned to Europe in 1966 and, together, were sold to a German collector in the late seventies, meaning that they stayed together over a time of more than seven decades.

Technical Data Year of Construction: 1922; Motor: 7,3 l / 6-cyl. / 95 hp

Mercedes 22/50

Der 22/50 war einer der ersten Serienwagen von Mercedes mit einem Spitzkühler. Er trägt bereits den berühmten dreizackigen Stern, der erstmals 1911 als Markenzeichen für die Mercedes-Automobile geschützt wurde. Die Kühlerform des 22/50 galt damals als hochmodern und blieb jahrelang ein typisches Merkmal der Mercedes-Wagen. Auch die bootsförmige Karosserie war in der Zeit kurz vor dem 1. Weltkrieg modisch der letzte Schrei.
Technische Daten Baujahr: 1914; Motor: 5,7 l / 4 Zyl. / 50 PS

The 22/50 was one of the first series cars by Mercedes with a v-shaped radiator. It already features the famous threepointed star which was first protected in 1911 as a trademark for Mercedes cars. The radiator design of the 22/50 was regarded as ultra-modern at its time and remained a typical feature of Mercedes cars for many years. The boatlike form of the body was also regarded as stylish in this period shortly before WW1.
Technical Data Year of Construction: 1914; Motor: 5.7 l / 4-cyl. / 50 hp

NSU 8/40

Bevor NSU zum weltgrößten Motorradproduzenten wurde, hatte die Firma bis 1929 Autos produziert. Die frühen NSU-Fahrzeuge, die bis heute erhalten geblieben sind, kann man an den Fingern einer Hand abzählen. Dieser 8/40 von 1914 mit einem 30 PS 2,1 Liter 4-Zylinder Motor wurde von Hugo Müller aus Eibensbach restauriert und dem Museum als Leihgabe überlassen.

Before NSU became the largest motorbike producer worldwide it built cars until 1929. Only very few of the early NSU-vehicles still exist these days. The model 8/40 of 1914 with a 30 hp 2.1 liter 4-cylinder motor was restored by Hugo Müller of Eibensbach and most kindly given to the museum as a loan.

Mercedes 400

Technische Daten
Baujahr: 1924
Motor: 4 l / 6 Zyl. / 70 - 100 PS

Technical Data
Year of Construction: 1924
Motor: 4 l / 6-cyl. / 70 - 100 hp

Dieser mächtige 4-Liter-Mercedes galt zu seiner Zeit als einer der zuverlässigsten und bequemsten Reisewagen. Er wurde u. a. vom Reichspräsidenten Hindenburg als Dienstwagen benutzt. Durch den Kompressor konnte die Motorleistung von 70 auf 100 PS gesteigert werden.

This mighty 4-liter Mercedes was regarded as one of the most reliable and comfortable sedans of its time. It was used as his official car, among others, also by Hindenburg, President of the German Reich. The supercharger made it possible to boost the motor's power from 70 to 100 hp.

Mercedes-Benz 630

Technische Daten
Baujahr: 1928
Motor: 6,2 l / 6 Zyl. / 100-160 PS

Technical Data
Year of Construction: 1928
Motor: 6,2 l / 6-cyl. / 100 - 160 hp

Bei diesem 630 mit Kompressor hat Mercedes nur die Technik geliefert. Der Aufbau stammt von Park Ward, London. Es handelt sich um ein sogenanntes Transformationscabriolet, bei dem wahlweise vorne oder hinten offen gefahren werden konnte. Natürlich konnte auch das gesamte Verdeck abgenommen werden. Wurde der Wagen zur Repräsentation genutzt, saßen die Fahrgäste bei zugeklapptem Verdeck, während der Fahrer im Freien saß. Dies galt in den 20er Jahren als chic. Für Ausflüge bei gutem Wetter wurde das gesamte Verdeck geöffnet, wodurch sich der Wagen in ein großes Cabriolet verwandelte.

To this 630 with supercharger only the mechanics were contributed by Mercedes, while the bodywork was provided by Park Ward, London. It is a so-called transformation convertible which could be opened alternately in front or at the back. Of course, it was also possible to remove the soft top altogether. For show purposes the passengers rode under a closed top while the driver's seat was in the open air. In the twenties this was regarded as "all the rage", or what we now would call "cool". For outings in good weather the whole top was removed which turned the car into a big convertible.

Mercedes-Benz 630 K

Nach dem Ausscheiden von Wilhelm Maybach wurde Paul Daimler, der Sohn des legendären Firmengründers, 1907 zum Chefkonstrukteur von Mercedes ernannt. Nach fast 15 Jahren erfolgreicher Tätigkeit wurde er durch Ferdinand Porsche ersetzt, der in den folgenden Jahrzehnten zu einem der bedeutendsten Automobilkonstrukteure der Welt werden sollte.

Eines der ersten Modelle, die Porsche für Mercedes entwarf, war der 630 K mit einem 6,3 Liter-Sechszylinder-Motor mit Kompressor. Dieser Fahrzeugtyp stellte für Mercedes ein Bindeglied zwischen den Standardfahrzeugen und den Sportwagen dar. Die Karosse des hier gezeigten 630 K ist eine Cabriolet-„C"-Werkskarosserie von Mercedes. Die Höchstgeschwindigkeit liegt bei ca. 140 km/h, der Verbrauch bei ca. 25 Litern Benzin und 0,8 Litern Öl pro 100 Kilometer. Der Motor leistet 110 PS ohne und 160 PS mit Kompressor.

After the retirement of Wilhelm Maybach in 1907, Paul Daimler, the son of the legendary founder of the firm, was appointed as chief designer of Mercedes. After nearly 15 years of successful work he was replaced by Ferdinand Porsche who, in the course of the next decades, was to become one of the world's most eminent design egineers of automobiles.

One of the first models to be designed by Porsche for Mercedes was the 630 K with a 6.3 liter six-cylinder-motor with supercharger. For Mercedes, this type of car represented a connecting link between standard models and racing cars. The bodywork of the 630 K shown here is a convertible "C" factory body made by Mercedes. The maximum speed of the 630 K is about 140 km/h, the gas mileage approximately 25 liters of gasoline and 0.8 liter of oil per 100 kilometers. The motor has an output of 110 hp without and 160 hp with supercharger.

(Gerd-R. Lang, Uhrmachermeister und Gründer von Chronoswiss, mit Tochter Natalie, Uhrmacherin)

„Meine Uhren sind Symbole der Zeit." Sie schlagen eine Brücke zwischen Vergangenheit und Gegenwart und sind für die Zukunft geschaffen. Schön, dass ich auf meiner Zeitreise jetzt von einem Menschen begleitet werde, der meine Begeisterung für dieses u(h)ralte Handwerk teilt. Und statt auf den Zug der Zeit aufzuspringen, bewegen wir uns lieber gemeinsam in der klassischen Tradition vergangener Tage. Mehr über unsere Visionen erfahren Sie im „Buch mit dem Tick".

Juwelier Beilharz, Fleiner Str. 32, 74072 Heilbronn, Tel. +49 (0)7131 68 405, Fax +49 (0)7131 68 437

Chronoswiss, Elly-Staegmeyr-Str. 12, 80999 München, Tel. +49 (0)89 89 26 07-0, Fax +49 (0)89 8 12 12 35, www.chronoswiss.de

Mercedes-Benz 540 K B-Cabriolet

Ein hochkomfortabler Sport- und Tourenwagen mit Kompressor-motor, der zur damaligen Zeit an der Weltspitze war und noch heute ein gesuchter und gern gefahrener Oldtimer ist.

Bemerkenswert an diesem aufwändig und detailgetreu restaurierten Wagen ist das 5-Gang-Getriebe. Dieses Getriebe wurde erst 1939 bei den letzten Modellen nachträglich eingebaut und ist äußerst selten.

Technische Daten Baujahr: 1939; Motor: 5,4 l / 8 Zyl. / 120-180 PS

A highly comfortable sports- and touring car with supercharged engine which was leading worldwide at its time, and remains a much sought after and popular vintage car up to these days.

Remarkable for this splendidly and accurately restored vehicle is the 5-speed gear box. This kind of gear box which was not installed until 1939 and in the very last models only, is very rare.

Technical Data Year of Construction: 1939; Motor: 5,4 l / 8 Cyl. / 120-180 hp

Mercedes-Benz 630

Bei diesem 630 wurden von Mercedes-Benz nur das Fahrgestell und der Motor geliefert. Diese gingen 1928 nach Frankreich. Der Empfänger, ein Monsieur Fagan aus Paris, ließ das Fahrzeug von der Pariser Spezialfirma Saoutchik mit einem extravaganten Aufbau versehen. Die als „Sedanca de Ville" bezeichnete Karosserie ist ein Scheincabriolet mit im Verdeck eingebauten Glasscheiben. Anstelle des Mercedes-Sterns schmückt ein kunstvoll aus Glas gefertigter stolzer Gallischer Hahn von Lalique den Kühlergrill. Auch die Scheinwerfer sind eine Spezialanfertigung, und zwar von Marchal, einem bedeutenden Hersteller von elektrischen Ausrüstungen für Automobile.

Dieses großartig restaurierte Fahrzeug mit der auffälligen Lackierung fasziniert auch heute noch jeden Oldtimer-Liebhaber. Es ist voll fahrbereit und wird regelmäßig benutzt.

Technische Daten Baujahr: 1928; Motor: 6,2 l / 6 Zyl. / 110-160 PS

Of this model 630, only the motor and chassis are by Mercedes-Benz. These were shipped to France in 1928. The recipient, a Monsieur Fagan of Paris, ordered the Paris coach builder Saoutchik to finish the car with an extravagant body. The bodywork known as "Sedanca de Ville" is a transformable limousine broom with glass windows built into a soft top. Instead of a Mercedes star the mascot adorning the radiator grill is a proud French cockerel made of glass by Lalique. The headlights, also a special design, were made by Marchal, a renowned producer of electrical automobile equipment. This magnificently restored vehicle with its striking paintwork still fascinates every oldtimer fan up to this day. It is in absolute running order and is regularly used.

Technical Data Year of construction: 1929; Motor: 6,2 liter / 6-cylinder / 110-160 hp

René Staud - Automobilklassiker neu gesehen

Seit 1983 sind in den Studios von René Staud in Leonberg bei Stuttgart Fotoproduktionen entstanden, die nicht nur in der Fachwelt für Aufsehen gesorgt haben. Zu seinen Automobilfotos sagt Staud: „Als privater Autofan und Sammler ist für mich ein Auto längst kein Auto mehr. Es sind vielmehr die Emotionen und Gefühle, die sich hinter dem jeweiligen Objekt der Begierde verbergen, die ich an's Tages- oder Studiolicht bringen will. Und so sieht man auf meinen Fotos eben nicht einfach nur einen schönen Oldtimer oder Sportwagen, sondern man soll sie mit ansteigender Temperatur und erhöhtem Pulsschlag fühlen und erleben."

Die Rene-Staud-Studios bieten ein umfassendes Dienstleistungsangebot, das von der Vermietung von Fotostudios mit innovativer Beleuchtungstechnik bis zu kompletten Fotoproduktionen reicht. Informationen erhalten Sie unter 07152 / 979930. Falls Sie über einen Internet-Anschluß verfügen sollten Sie es nicht versäumen, die Website der Rene-Staud-Studios zu besuchen. Die Adresse: www.renestaudstudios.de.

Since 1983 the Studio of René Staud in Leonberg near Stuttgart has created photo productions which caused a sensation, not only among experts. Commenting on his photographs of automobiles Staud says: „As a private auto fan and collector, for me a car is no longer a car, but rather all those emotions and feelings behind the respective object of desire which I want to bring to the light of day or that of my studio, respectively. And thus my photos don't just show a beautiful vintage- or sports car, but are to be viewed and experienced with rising temperature and throbbing pulse."

The Staud-Studios located in Leonberg / Germany are offering a comprehensive service, ranging from renting of photo studios equipped with the most innovative lighting technology up to entire photo productions. For further information please call Germany - 7152 - 979930.

If you are on the Internet, you should not miss to visit the website of the Rene-Staud-Studios at www.renestaudstudios.de.

Rene Staud

Bugatti Typ 37 von 1926

Bugatti Typ 57 von 1938

Mercedes-Benz SS „Schwarzer Prinz"

Dieser Mercedes SS (Supersport) wurde 1928 gebaut. Ursprünglich handelte es sich um einen S-Typ, der in die Tschechei geliefert wurde. 1934 wurde der Wagen umfassend modernisiert, was in der damaligen Zeit sehr häufig vorkam. Neben dem leistungsstärkeren 7 l-Sechszylinder-SS-Kompressormotor der zwischen 170 und 225 PS leistete erhielt er zusätzlich eine aufregende Roadster-Sportkarosserie von der Firma Ulec, dem renommiertesten Karosseriebauer von Prag.

Besonders auffällig an dieser Spezialkarosse sind die langen Kotflügel und ganz besonders die lange Motorhaube, die wohl von keinem Mercedes übertroffen wurden. Auch heute erreicht der Wagen noch eine Höchstgeschwindigkeit von rund 200 km/h.

This Mercedes Super-Sportscar was built in 1928. Originally, it was an S-model which was destined for Czechoslovakia. In 1934 the car was completely modernized, which was done quite frequently at that time. Besides the more powerful supercharged 7 liter six-cylinder-motor with an output between 170 and 225 PS, it was additionally equipped with an exciting roadster-sportsbody designed by Ulec, the most renowned coach builder of Prague.

The particularly striking features of this special bodywork are the long fenders and especially the stretched engine hood which probably remains unsurpassed by any other Mercedes up to these days. Even today the car can still reach a speed of about 200 km/h.

Typisch Ibiza Fahrer: Keine halben Sachen.

Der SEAT Ibiza. Genau wie seine Fahrer macht auch der 5-malige Testsieger keine halben Sachen. Mit atemberaubenden Motoren bis zu 110 kW (150 PS) und seinem „extra agilen Fahrwerk". Wie sich das anfühlt? Am besten, Sie finden es selbst heraus. Während einer Probefahrt bei Ihrem SEAT Partner.

Partner des Auto und Technik Museum Sinsheim
Autohaus Kobia, SEAT Vertragshändler, Robert-Mayer-Str. 12
74889 Sinsheim, Telefon: 0 72 61/6 31 39, www.kobia.de

SEAT
auto emoción

seat.de   0 18 05 – 73 28 46 36   (0,12 EURO/Min.)

Mercedes-Benz „Nürburg"

Dieser offene Tourenwagen mit Cabrioverdeck, vier Türen, fünf normalen Sitzplätzen und zwei Klappsitzen war für die Prominenz der frühen 30er Jahre das ideale Auto, um bei Paraden und Eskor-tenfahrten zu repräsentieren. Das Museumsstück kommt aus Prag. Der Wagen wurde von Freiherr von Neurath, dem aus Schwaben stammenden Reichsprotektor von Böhmen und Mähren und früheren Reichsaußenminister, der im Prager Hradschin residierte, benutzt.

Technische Daten Baujahr: 1932; Motor: 4,9l / 8-Zylinder / 110 PS

This open touring car with convertible top, four doors, five regular- and two folding seats was the ideal automobile for prominent figures as a status symbol on occasion of parades and escorted rides. The exhibit at the museum came from Prague. It was used by Baron von Neurath, Governor of Bohemia and Moravia and former Foreign Minister of the German Reich, who originated from Swabia, and was then residing at the Hradschin Castle in Prague.

Technical Data Year of Construction: 1932; Motor: 4.9 l / 8-cyl. / 110 hp

Mercedes-Benz 770 K Cabriolet

Der im Museum gezeigte Mercedes-Benz 770 K wurde im Jahr 1938 als Repräsentationsfahrzeug an die Reichskanzlei ausgeliefert. Technisch befand er sich der mächtige, bei vielen Paraden verwendete Wagen damals auf dem neuesten Stand der Automobiltechnik. So wurden z. B. bei der Konstruktion des Fahrwerks viele Erkenntnisse aus dem Rennwagenbau verwertet. Um die Fahrgäste vor Attentaten zu schützen, hat der Wagen einen minensicheren, gepanzerten Boden. Zusätzlich verfügt er über Scheiben aus mehrere Zentimeter dickem Panzerglas (siehe das Bild rechts unten), gepanzerte Türen sowie eine ausfahrbare Panzerplatte hinter den Rücksitzen. Das Cabriodach hat dagegen naturgemäß keinerlei Panzermöglichkeit. Dieser Umstand sowie die Tatsache, daß z. B. Hitler bei den Paraden meist mit offenem Verdeck fuhr und zudem aufrecht im Wagen stand, lassen den Sinn der Schutzeinrichtungen, die in diesem Fall nur unterhalb der Gürtellinie wirksam waren, jedoch fragwürdig erscheinen.

Angetrieben wurde das Fahrzeug von einem gewaltigen 8-Zylinder-Kompressor-Reihenmotor mit 7,6 Litern Hubraum, der bei nur 3200 Upm bereits eine Leistung von gut 230 PS abgab. Trotz des durch die massive Panzerung bedingten enormen Gewichts erreichte der Wagen dadurch eine Höchstgeschwindigkeit von beachtlichen 140 km/h.

The Mercedes-Benz 770 K on exhibit in the museum was delivered to the "Reichskanzlei" in 1938 to serve for representation purposes. Technologically, the massive automobile that was employed in many parades of the time, was absolutely state-of-the-art. So did the design of the chassis e.g. employ various developments derived from the construction of racing cars. To protect the passengers from assassination attempts the car had a mine-proof armor clad floor.

In addition, it was equipped with windowpanes composed of several centimeters of bullet-proof glass (see picture bottom right), armored doors as well as a retractable armor plate behind the rear seats. Whereas the cabrio soft top, in the nature of things does not have any possibilities to be armor clad. This predicament as well as the fact that Hitler used to ride in parades with the top down, and in addition to that liked to stand in an upright position seem to render these precautions more than dubious considering that they would have offered any protection below the waistline only.

The car was propelled by a colossal 8-cylinder supercharged in-line engine with a displacement of 7.6 liters which produced an output of 230 hp already at a mere 3200 rpm. In spite of the enormous weight caused by the massive armoring this enabled the car to reach a maximum speed of 140 km/h, no less.

Mercedes-Benz „G4"

Vom „G4" wurden zwischen 1933 und 1939 ca. 72 Stück gebaut, von denen nur noch vier existieren. Der dreiachsige Wagen mit mittlerer Geländegängigkeit wird über die beiden hinteren Achsen angetrieben. Er besitzt zwei Getriebe: Ein Fünfgang-Getriebe für den Straßenverkehr sowie ein Untersetzungsgetriebe für Geländefahrt. Als Antrieb dient ein 8-Zylinder-540 K-Motor ohne Kompressor mit 115 PS. Ursprünglich war dieser Fahrzeugtyp als Militärfahrzeug für die Generalstäbe gedacht. Der Großteil der Fahrzeuge wurde jedoch von den Führern des Dritten Reiches verwendet.

Das historisch wertvolle Museumsstück wurde bei der Besetzung Österreichs und danach in Osteuropa eingesetzt. Nach dem Krieg diente es als Feuerwehrfahrzeug. Einem Gönner des Museums ist es zu verdanken, daß das Fahrzeug in den Originalzustand zurückversetzt werden konnte.

About 72 specimens of the "G 4" were built between 1933 and 1939 of which only four are still existing. The three-axle vehicle for moderate cross-country use, had a final drive which was activated over the two rear axles. It was equipped with two gear-boxes: A five-speed transmission for road traffic as well as a reduction gear for cross-country purposes. It was powered by an 8-cylinder 540 K-motor without supercharger. The output was 115 hp. Originally, this car had been conceived as a military vehicle for general staffs. Most of these cars, however, were used by the leaders of the Third Reich.

The historically valuable museum specimen served in the occupation of Austria and thereafter in Eastern Europe. After the war it was used as a fire brigade vehicle. Thanks to a patron of the museum it has been possible to restore the car to its original condition.

Mercedes-Benz 770 K

Von dieser schwer gepanzerten Limousine wurden nur zehn Exemplare gebaut, drei davon sind noch erhalten. Der hier gezeigte Wagen wurde 1943 an die Präsidialkanzlei ausgeliefert und diente u. a. Heinrich Himmler als Dienstfahrzeug. Bei Kriegsende blieb er am Obersalzberg stehen.

Gemäß seinem Einsatzzweck erhielt das durch die Panzerung gut 4,5 Tonnen schwere Fahrzeug eine spezielle Ausstattung. Hierzu gehört u. a. eine zentrale Notverriegelung, die ein Öffnen der Türen von außen verhindert. Um die dicke Frontscheibe aus Panzerglas beschlagfrei zu halten, wird Luft über die Krümmerrohre geleitet und von außen auf die Scheibe geblasen. Der starke Kompressor-Motor verhalf dem Wagen trotz des hohen Gewichts zu einer Höchstgeschwindigkeit von 140 km/h. Aufgrund der enormen Reifenbeanspruchung war die Geschwindigkeit aber auf 80 km/h beschränkt.

Technische Daten Baujahr: 1943; Motor: 7,6 l / 8 Zyl. / 230 PS

But ten of these heavily armoured limousines were built altogether, three of them are still existing. In 1943 the car shown on this page was turned over to the presidential chancellery where it served as a staff car for the high brass, among them also Heinrich Himmler. At the end of the war it was left behind at the Obersalzberg.

According to its intended purpose the vehicle weighing a good 4.5 tons as a result of its armour plating, was equipped with a number of special features; among them emergency power-locks to prevent the doors from being opened from the outside. To keep the thick bullet-proof front window from fogging up, fresh air was conducted through manifold pipes and blown onto the window from outside. The powerful supercharged engine enabled the car to reach a maximum speed of 140 km/h in spite of its heavy weight. However, due to the enormous strain on the tires the speed was limited to 80 km/h.

Technical Data Year of Construction: 1943; Motor: 7.6 liter / 8-cylinder / 230 hp

Mercedes-Benz 500 K

Mit dem 500 K und dem 540 K setzte Mercedes-Benz die Tradition der berühmten S-, SS- und SSK-Modelle fort. Allerdings handelte es sich jetzt nicht mehr um den Alltagsanforderungen mehr oder weniger gut angepaßte Rennwagen, sondern um komfortable Luxusautomobile mit betont sportlichem Charakter.

Beide Modelle wurden in vielen unterschiedlichen Karosserievarianten zu Preisen zwischen 22 000 und 24 000 Reichsmark angeboten. Vom 540 K konnte auch nur der Motor mit Fahrgestell für 15 500 Reichsmark erworben werden. Die meisten Kunden entschieden sich jedoch für ein komplettes Fahrzeug, was zeigt, wie gut die Mercedes-Benz-Karosserien auch bei der sehr anspruchsvollen Kundschaft ankamen.

Der 500 K (diese Seite) stammt aus dem Jahr 1934, war serienmäßig mit einem 5 Liter-8-Zylinder-Reihenmotor ausgestattet, der ohne Kompressor 100 PS und mit Kompressor 160 PS leistete, was für eine Spitzengeschwindigkeit von 160 km/h ausreichte. Das Getriebe besaß vier Gänge, wobei der vierte Gang als Schnellgang ausgelegt war. Der 8-Zylinder-Reihenmotor des 540 K von 1938 (nächste Seite) hat einen Hubraum von 5,4 Litern und eine Leistung von 115 PS ohne und 180 PS mit Kompressor. Dadurch konnten Geschwindigkeiten von über 170 km/h erreicht werden. Bis 1938 besaß das Getriebe vier, danach fünf Gänge.

Mercedes-Benz 540 K

The tradition of the famous S-, SS-, and SSK-models was continued by Mercedes-Benz with the 500 K and the 540 K. Contrary to their predecessors, however, these models were no longer racing cars which had been adapted, more or less successfully, to everyday requirements, but comfortable luxury cars, instead, with emphasis on a sportive character. Both models were offered in various different body versions at prices between 22,000 and 24,000 Reichsmark. The model 540 K could also be had as motor and chassis unit only, and then for a price of 15,000 Reichsmark. Most customers, however, decided in favor of a complete automobile which goes to show the popularity of Mercedes-Benz carbodies also in the classes of a more ambitious clientele.

The 500 K model (previous page) was built in 1934. It is equipped with a standard 5 liter eight-cylinder in-line motor with an output of 100 hp without supercharger, and 160 hp with supercharger, which was adequate for a maximum speed of 160 km/h. The gear-box has four forward speeds with the fourth functioning as an overdrive.

The 8-cylinder in-line motor of the 1938 540 K (this page) has a displacement of 5.4 liters and an output of 115 hp without, and of 180 hp with supercharger. This enabled to reach speeds of over 170 km/h. Up to 1938 the gear-box was equipped with four, and thereafter with five forward speeds.

Mercedes-Benz
380 K C-Cabriolet

Technische Daten
Baujahr: 1934
Motor: 3,8 l / 8-Zylinder-Kompressormotor mit 90 / 140 PS
Höchstgeschw.: 130 km/h
Preis: 19 500 DM

Technical Data
Year of Construction: 1934
Engine: 3.8 liter / 8-cylinder supercharged engine with 90 / 140 hp
Maximum Speed: 130 km/h
Price: 19,500 Reichsmark

Zur Berliner Automobilausstellung 1933 präsentierte Mercedes-Benz das neuentwickelte Modell 380 mit einem 3,8 Liter-Acht-zylinder-Motor, der wahlweise auch mit Kompressor geliefert wurde. Der Wagen glänzte mit einer ganzen Reihe technischer Feinheiten wie dem modernen Motor mit hängenden statt stehenden Ventilen (der allerdings nur kurze Zeit im Volllastbereich bewegt werden durfte), einem Viergang-Getriebe inklusive Schnellgang, einzeln aufgehängten Vorderrädern und einer hydraulischen Bremsanlage. Trotz der fortschrittlichen Technik war der Wagen mit nur 154 verkauften Exemplaren in zwei Jahren wirtschaftlich ein Fehlschlag. Er wurde daher nach 1934 durch den 500 K ersetzt.

Der Erstbesitzer des Museumsstücks war Konsul Willi Sachs, Inhaber von Fichtel & Sachs in Schweinfurt. Der Wagen ist eines der sehr eleganten C-Cabriolets mit zwei Türen und vier Sitzplätzen.

On occasion of the Berlin Auto Show of 1933 Mercedes-Benz presented the newly developed Model 380 with a 3.8 liter eight-cylinder motor that was also offered with a supercharger. The car stood out by a number of technical refinements like the modern motor with overhead- rather than vertical valves (which, however, tolerated operation at full throttle for short periods only), a four-speed gearbox with an overdrive, front wheels with independent suspension and a hydraulic brake system. In spite of its progressive technology, with only 154 units sold in two years the car was a financial flop. After 1934 it was therefore replaced by the 500 K.

The first owner of the specimen on exhibit in the museum was Consul Willi Sachs, proprietor of Fichtel & Sachs in Schweinfurt. The car is one of the highly elegant C-convertibles with two doors and four seats.

Mercedes-Benz 230
Cabriolet A

Technische Daten
Baujahr: 1938
Motor: 6-Zyl. / 2,3l / 55 PS

Technical Data
Year of Construction: 1938
Motor: 6-Cyl. / 2.3l / 55 hp

Ein klassisches Cabriolet von Mercedes-Benz aus der Zeit kurz vor dem 2. Weltkrieg. Der Wagen wurde am 7.10.1938 an die Deutsche Milchwerke AG in Zwingenberg ausgeliefert. Von dort wurde er nach Frankfurt verkauft und kam durch die Wehrmacht nach Polen. Bei diesem Modell gab es keine Kofferraumklappe. Das Gepäck mußte vom inneren Quersitz aus eingeladen werden.

A classical convertible by Mercedes Benz from the period just before WW II. The car was delivered on October 7, 1938 to the Deutsche Milchwerke AG in Zwingenberg. From there it was sold to Frankfurt and was brought to Poland by the German Army. This model did not have a tailgate. The luggage had to be loaded via the interior transverse seat.

Große Kreisstadt Sinsheim

Stadtteile: Adersbach, Dühren, Ehrstädt, Eschelbach, Hasselbach, Hilsbach, Hoffenheim, Reihen, Rohrbach, Steinsfurt, Waldangelloch, Weiler

Modernes Mittelzentrum im Kraichgau

Unter der Burg Steinsberg, dem "Kompass des Kraichgaus" liegt Sinsheim mit rund 35.000 Einwohnern die zweitgrößte Stadt im Rhein-Neckar-Kreis.

Steinbeile und Lanzenspitzen deuten darauf hin, dass die Gegend um das heutige Sinsheim bereits 5000 bis 2000 v. Chr. besiedelt war. Helvetier, Kelten und Römer hinterließen ihre Spuren.

Erste urkundliche Erwähnung findet Sinsheim im Jahre 770 im Lorscher Codex. Das Stadtwappen mit dem Reichsadler stammt aus dem Jahre 1300.

Viele Kriege und Revolutionen erlebte die Stadt von 1618 bis 1815. Bei der Badischen Revolution 1848/49 spielte Sinsheim eine nicht unbedeutende Rolle.

Einen Überblick über die Stadtgeschichte bietet das im alten Rathaus untergebrachte Stadtmuseum mit einem sehenswerten Lapidarium.

Ein in die Geschichte eingegangenes Ereignis fand 1730 im sogenannten "Lerchennest", im Stadtteil Steinsfurt statt. In der Nacht vom 3./4. August 1730 versuchte der damalige Kronprinz von Preußen seinem gestrengen Vater zu entfliehen, was ihm nicht gelang. Heute ist dort eine Gedenkstätte an Friedrich den Großen mit Museum untergebracht.

Als modernes Mittelzentrum ist Sinsheim heute Schul-, Kultur-, Gesundheits-, Verwaltungs- und Einkaufszentrum für das gesamte Umland. Als Messestadt für überregionale, nationale und internationale Messen ist Sinsheim nicht nur in Fachkreisen bekannt.

Einen Querschnitt durch die technische Entwicklung im allgemeinen und auf dem Automobilsektor im besonderen sieht man im Auto- und Technik Museum. Ergänzt wurde dieses Freizeitvergnügen durch ein IMAX 3D Kino.

Eine attraktive Fußgängerzone sowie eine ausgewogene Handelsstruktur in der Innenstadt machen den Einkauf in Sinsheim zum Vergnügen. Gute Hotels und Gaststätten bemühen sich um das Wohl ihrer Gäste. Die Große Kreisstadt Sinsheim ist nicht nur eine attraktive Wohngemeinde, sondern auch für Gäste und Besucher interessant.

Auskünfte & Informationen: Stadt Sinsheim • Fremdenverkehrsamt • Wilhelmstr. 14-16 • 74889 Sinsheim
Telefon 07261 / 404-109 • Telefax 07261 / 404-165
E-Mail: info@sinsheim.de • Internet www.sinsheim.de

Mercedes-Benz
320 Cabriolet

Technische Daten
Baujahr: 1938
Motor: 3,2 l / 6 Zyl. / 78 PS

Technical Data
Year of Construction: 1938
Motor: 3.2 l / 6 Cyl. / 78 hp

Autobahnbau und Stromlinienform beeinflußten in den 1930er Jahren den Automobilbau. Der Gebrauchs- und Reisewagen erlangte eine immer größer werdende Bedeutung. Daimler-Benz brachte mit dem Typ 320 einen komfortablen Wagen mit einem laufruhigen 6-Zylinder-Motor auf den Markt, der diesen Ansprüchen voll entsprach und zu einem beliebten Fahrzeug des gehobenen Mittelstands wurde.

Motorways and streamline design had a major influence on automobile production in the 1930s. The utility- and traveling car became more and more important With their model 320 Daimler-Benz placed a comfortable car with a quiet 6-cylinder engine into the market which absolutely met these requirements and became a car favored by the higher middle-class.

Mercedes-Benz
170 S Cabriolet A

Technische Daten
Baujahr: 1951
Motor: 4-Zyl. / 1,8l / 52 PS

Technical Data
Year of Construction: 1938
Motor: 4-Cyl. / 1.8l / 52 hp

Zwischen 1949 und 1952 wurden bei Mercedes-Benz ca. 830 Exemplare dieses 170 S Cabriolets gebaut. Die elegante Linienführung dieses wunderschönen Autos ließ die Vorkriegstradition wieder aufleben. Erlesen ausgestattet, im Innenraum mit Holz und Leder ausgeschlagen, kostete der Wagen damals 16 000 DM.

About 830 specimens of this 170 S convertible were built by Mercedes-Benz between 1949 and 1952. The elegant lines of this beautiful car recalled prewar-tradition. Exquisitely equipped, the interior furnished in wood and leather, the car cost DM 16,000 at that time.

Die Maybach-Sammlung - The Maybach Collection

Nach dem Tod seines Gönners Gottlieb Daimler im Jahr 1900 brachen für Wilhelm Maybach bei der Daimler-Motoren-Gesellschaft schwere Zeiten an. In der Geschäftsführung hatte er ähnlich wie Daimler nur wenige Freunde. 1907 schied er schließlich aus der Firma aus. Noch im gleichen Jahr tat er sich mit seinem Freund Graf Ferdinand von Zeppelin zusammen. Schon zu dieser Zeit ließ Maybachs Sohn Karl erkennen, daß er das Talent seines Vaters geerbt hatte. Dies blieb auch dem Grafen Zeppelin nicht verborgen, und so übertrug er dem erst Dreißigjährigen 1909 die technische Leitung über die neu gegründete Luftschiffmotoren Produktion.

Für den Automobilbau begann sich Karl Maybach erst nach Kriegsende zu interessieren, da der Versailler Vertrag Deutschland den Bau von Flugzeugmotoren untersagte. Schon mit seinem ersten Wagen machte Maybach deutlich, welche Art von Autos er bauen wollte: Luxuswagen der höchsten Preiskategorie, die durch perfekte Technik und luxuriöse Ausstattung überzeugen sollten.

Bis zum kriegsbedingten Ende der Automobilproduktion im Jahr 1941 blieb Maybach dieser Linie konsequent treu. Seine Automobile gehörten stets zum besten, aber auch zum teuersten, was sich auf vier Rädern bewegte. Nur wenigen war es vergönnt, einen Maybach zu besitzen. Während der 20 Produktionsjahre wurden nur rund 1800 Fahrzeuge gefertigt, wobei Maybach immer nur Motor und Fahrgestell herstellte.

Im Museum kann eine der weltweit größten Maybach-Sammlungen besichtigt werden, die u. a. den ältesten noch fahrbereiten Maybach-Wagen beinhaltet.

Hard times began for Wilhelm Maybach at the Daimler motor company after the death of his patron Gottlieb Daimler in 1900. Just as Daimler, he had only few friends among the members of the management. In 1907 he left the firm and joined his friend Count Ferdinand von Zeppelin. At this time it was already evident that Maybach's son Karl had inherited his father's talents. This had also become obvious to Count Zeppelin who entrusted the thirty year old engineer with the posi-tion of technical director of the newly founded airship engine production.

Karl Maybach did not discover his interest for automobile design until after the end of the war when the Versailles Treaty had barred Germany from producing aircraft engines. With his first car already, Maybach made it perfectly clear what kind of automobiles he was planning to build: Luxury cars of the top price range which were to convince by perfect technology and luxurious equipment.

This line was consequently adhered to by Maybach up to the end of automobile production that came in 1941, caused by the war. His automobiles were always among the best, but also the most expensive specimen on four wheels. Only tne few had the privilege of owning a Maybach. But 1,800 cars were made in the course of 20 years of production, and only motor and chassis were actually made by Maybach.

One of the largest Maybach Collections worldwide is on exhibit in the Museum, which includes the oldest Maybach automobile in roadworthy condition.

Wilhelm Maybach (Mitte im hellen Anzug) in einem frühen Daimler-Automobil.

Wilhelm Maybach (center with a white suit) in an early Daimler automobile.

Maybach „W 5 SG"

Der im Museum gezeigte fast drei Tonnen schwere „W 5 SG" aus dem Jahr 1928 ist der älteste, noch fahrbereite Wagen aus der Maybach-Produktion. Von seinem Vorgänger, dem „W 3", unterscheidet sich der „W 5" u. a. durch den größeren 7 l Motor, der 120 PS bei nur 2800 Upm leistete („W 3": 5,7 l Motor mit 70 PS bei 2200 Upm). Der Motor zeichnet sich durch eine fantastische Elastizität aus. Schalten war praktisch unnötig. In nur einem Gang konnte der Wagen zwischen 0 und 120 km/h bewegt werden. Nur für Bergfahrten war ein spezieller Untersetzungsgang vorgesehen. Der „SG" verfügte darüber hinaus noch über einen Schnellgang (daher auch der Zusatz „SG"), mit dem eine Spitzengeschwindigkeit von rund 130 km/h erreicht wurde. Diese Spezialgänge wurden ohne Kupplung mit einem Hebel ein- und ausgeschaltet.

Wie alle Maybachs war auch der „W 5" extrem teuer. Je nach Karosserievariante lag der Preis zwischen 31 500 und 33 500 RM. Zum Vergleich: Ein Opel 7 PS kostete zur gleichen Zeit ca. 5 000 RM, ein Hanomag „Kommißbrot" sogar nur 2 500 RM. Man mußte also schon sehr vermögend sein, um sich ein solches Fahrzeug leisten zu können.

Der im Museum gezeigte „W 5" stammt aus dem Besitz von Dr. Vogler aus Bad Ems, dem Leibarzt des berühmten Opernsängers Enrico Caruso. Ein ähnliches Fahrzeug wurde auch an Haile Selassie, den Kaiser von Äthiopien, geliefert.

The "W 5 SG" from 1928, with a weight of almost three tons, which is on exhibit in the Museum, is the oldest automobile from the Maybach production still in roadworthy condition. The difference to its predecessor, the "W 3", is among other things the larger motor of the "W 5", which produced 120 hp at only 2,800 rpm ("W 3": a 5,7 liter motor with 70 hp at 2,200 rpm). An outstanding feature of the motor is its fantastic flexibility. It was practically unnecessary to shift gears, i.e. one gear was sufficient for speeds between 0 and 120 km/h. A special transmission gear was provided for mountain rides only. Beyond that the "SG" had a speed gear (hence the addition "SG") which permitted top speeds of about 130 km/h. These special gears were activated and switched off by lever-action, without clutch.

As with all of the Maybachs, the "W5" was extremely expensive. Depending on the body model, its price was between 31,500 and 33,500 Reichsmarks. In comparison, a contemporary Opel 7 PS cost about 5,000 Reichsmarks, and a Hanomag "Army Bread" only 2,500 Reichsmarks. Obviously, therefore, it required considerable wealth to be able to afford an automobile of this kind.

The "W 5" on exhibit in the Museum was the property of Dr. Vogler of Bad Ems, personal physician of the famous opera singer Enrico Caruso. A similar car was also supplied to Haile Selassie, Emperor of Ethiopia.

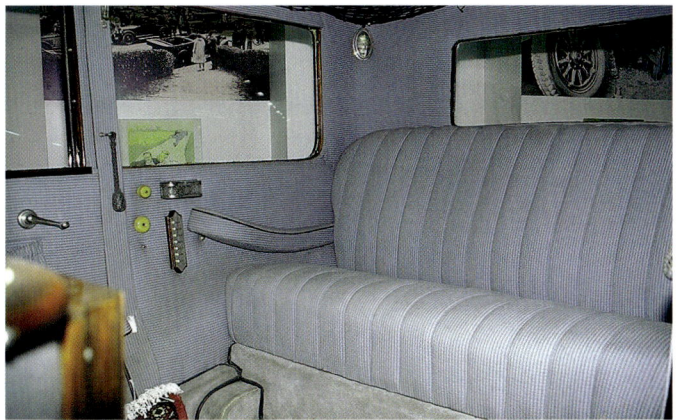

Die luxuriöse Innenausstattung des „W 5" war eine Selbstverständlichkeit.
The luxurious interior fittings of the „W 5" were taken for granted.

_Unsere **Vergangenheit.**

Unsere **Zukunft.** _____

Zukunft hat bei uns Tradition. Seit 1909 arbeiten bei uns Menschen, die Herausforderungen erkennen und innovative Ideen verwirklichen. Aus Inspiration, Leistungswillen und Kundenorientierung entstehen Spitzenleistungen in der Antriebstechnik. Motoren von MTU gehören zu den stärksten, umweltfreundlichsten und sparsamsten in ihren Märkten.

Karl Maybach

Wilhelm Maybach

Die Gründerväter der MTU.
Bauten Motoren für Luftschiffe, Eisenbahnen und den legendären Maybach.

David Amann

Michael Brugger

Sonja Kaufmann

Max Würger

Steffen Vamos

Auszubildende der MTU.
Arbeiten an den Antriebssystemen der Zukunft.

fascination of power

MTU Friedrichshafen GmbH
www.mtu-online.com

Maybach „Zeppelin DS 8"

![Maybach Zeppelin DS 8 black limousine displayed in a museum with a "Museum Sinsheim" license plate]

Wahlweise wurde der „Zeppelin" ab 1931 auch als „DS 8" mit einem 8 Liter-12-Zylinder-Motor produziert. Ab 1934 löste er den „DS 7" ab. Zu dieser Zeit erhielt der Wagen u. a. anstelle des Fünfgang- ein Siebengang-Getriebe, natürlich weiterhin mit dem von Maybach entwickelten Vorwählmechanismus. Aufgrund des hohen Preises und der schwierigen wirtschaftlichen Verhältnisse war die Nachfrage aber gering. Von den maximal 1800 produzierten Maybach-Wagen gehörten nur ca. 200 zur „Zeppelin"-Baureihe, davon waren kaum mehr als 25 „DS 8" mit 8 Liter-Motor.

Technische Daten Baujahr: 1938; Motor: 8 l / 12 Zyl. / 200 PS ; Höchstgeschw.: 160 km/h; Preis: ca. 35 000 RM

From 1913 on the "Zeppelin" was alternatively also produced as a model "DS 8" with an 8-liter, 12-cylinder motor. In 1934 it replaced the "DS 7" altogether. At that time, among other improvements, the five-speed gear was exchanged for a gearbox with seven speeds, of course also equipped with the preselection system designed by Maybach. As a consequence of the high price and straitened situation of the economy, however, the demand was rather modest. Of the approximately 1,800 Maybach cars that were built only about 200 were "Zeppelin" models, hardly more than 25 were "DS 8" with an 8-liter motor.

Technical Data Year of Construction: 1938; Motor: 8 l / 12-cyl. / 200 hp; Max. Speed: 160 km/h; Price: approx. 35,000 RM

Maybach „Zeppelin DS 7"

Der „Zeppelin DS 7", wurde von 1930 bis 1934 gebaut. Die „7" in der Typenbezeichnung verweist auf den Motor mit sieben Litern Hubraum. Der im Museum ausgestellte Wagen hat eine äußerst seltene Karosserie von Erdmann & Rossi. Er wurde 1930 als Direktionsfahrzeug an das Zirkusunternehmen Sembach-Krone geliefert.

Überlebt hat er nur aus Zufall. Der Wagen war an das Deutsche Museum in München übergeben worden und sollte dort als Chassis ohne Karosserie gezeigt werden. Ein Sammler griff jedoch noch rechtzeitig ein und tauschte ihn gegen einen anderen „Zeppelin". 1996 kam es zu einem Zusammentreffen mit der Familie Sembach-Krone (siehe Foto), die bis dahin nicht gewußt hatte, daß der Wagen noch existierte.

Technische Daten Baujahr: 1930; Motor: 7 l / 12 Zyl. / 150 PS; Höchstgeschw.: 145 km/h; Preis: ca. 30 000 RM

The "Zeppelin DS 7" was built from 1930 through 1934. The number "7" in the label is referring to the motor with seven liters displacement. The automobile on exhibit in the museum is equipped with an extremely rare body by Erdmann & Rossi. In 1930 it was supplied as a director's car to the circus enterprise of Sembach-Krone.

Its survival was purely accidental. The car had been handed over to the Deutsche Museum of Munich where it was to be exhibited as a chassis without bodywork. But a collector succeeded in preventing this in the nick of time, and exchanged it for another "Zeppelin". In 1996 a meeting took place with the Sembach-Krone family (bottom picture), who had been unaware up to then of the car's survival and continuing existence.

Technical Data Year of Construction: 1930; Motor: 7 l / 12-cyl. / 150 hp; Max. Speed: 145 km/h; Price: approx. 30,000 RM

Frau Sembach-Krone mit einem ihrer Zirkuselefanten beim Wiedersehen mit dem Maybach Zeppelin.

Mrs. Sembach-Krone with one of her circus elephants at a reunion with the Maybach Zeppelin.

E.L.

IMMOBILIEN GMBH

D - 74363 Güglingen - Eibensbach • Güglinger Straße 7 • ☎ 07135/179-0 • Telefax 07135/3774

Ihr überregionaler Partner auf dem Gewerbeimmobilienmarkt

Wir sind ein Immobilienunternehmen, das über eigene moderne Lager- und Produktionsflächen, Gewerbe- und Industriegrundstücke an idealen Standorten verfügt.

Zum Beispiel in:
Filderstadt, Hamburg, Hannover, Heilbronn, Ilsfeld, Kornwestheim, Münchingen, Neuhausen, Nürnberg, Sinsheim, Stuttgart und Wendlingen.

E.L. IMMOBILIEN investiert, plant und baut gewerbliche Lager, Produktionshallen und Bürohäuser nach Ihren individuellen Wünschen.

Referenzliste:
Auto & Technik Museum Sinsheim/Speyer
Bertrandt, Bosch, Breuninger, **C**omBake, **E**STE, **G**KN, **H**ertie, Hetzel, Hörbiger, **K**noche & Barth, **L**idl, **M**annesmann, Mc Donald's/Alpha, **R**henania, Rohleder, **S**iemens, Steinle, **T**engelmann, TNT, Trans-O-Flex, Trumpf, **U**nion-Spezial und UPS

Wir sind der Spezialist mit Schwerpunkt Vermietung von bestehenden, modernen Gewerbeliegenschaften.

Suchen Sie ein geeignetes Mietobjekt? - Wenden Sie sich an uns und nutzen Sie die langjährige Erfahrung unseres Hauses.

D - 74363 Güglingen - Eibensbach • Güglinger Straße 7 • ☎ 07135/179-0 • Telefax 07135/3774

Maybach „DSH"

Neben den „Zeppelin"-Modellen mit dem aufwendigen 12-Zylinder-Motor bot Maybach ab 1931 mit dem „W 6" und ab 1934 mit dem „DSH" auch wesentlich preisgünstigere Typen mit 6-Zylinder-Motoren an („DSH" = Doppelsechs halbe, also halber 12-Zylinder). Die wenigen, die sich einen Maybach leisten konnten, entschieden sich jedoch auch weiterhin für den 12-Zylinder. Vom „W 6" wurden nur 100 und vom „DSH" sogar nur 50 Exemplare produziert. Das Museumsstück wurde nie restauriert und befindet sich daher in einem unverfälschten Originalzustand.

Technische Daten Baujahr: 1934; Motor: 5,1 l / 6 Zyl. / 130 PS; Höchstgeschw.: 135 km/h; Preis: ca. 25 000 RM

Besides the "Zeppelin"-models with their superior 12-cylinder motors, Maybach started also to offer considerably less expensive, 6-cylinder models with the "W 6" in 1931 and from 1934 on the "DSH" (meaning double-six-half, or in other words half of a 12-cylinder). Those few who were able to afford a Maybach, however, continued to prefer the 12-cylinder. A mere number of 100 were produced of the "W 6", and even 50 only of the "DSH". The museum's exhibit was never restored and thus remains in its unchanged, original condition.

Technical Data Year of Construction: 1934; Motor: 5,1 liter / 6-cylinder / 130 hp; Maximum Speed: 135 km/h; Price: approx. 25,000 Reichsmarks

Maybach „SW 35"

Spätestens Mitte der dreißiger Jahre schien absehbar, daß die Zeit der großen schweren Reisewagen zumindest vorläufig vorbei war und dafür eine Nachfrage nach hochwertigen Automobilen der 3,5- bis 4-Liter-Klasse bestand. Maybach brachte daher ab 1935 einen im Vergleich zum „Zeppelin" deutlich kleineren und auch preiswerteren Wagen mit 3,5-Liter-Motor auf den Markt, den „SW 35". Das Kürzel „SW" steht hier für „Schwingachswagen" mit einzeln aufgehängten Rädern an der Vorder- und Hinterachse. Zuvor waren alle Maybachs mit starren Achsen versehen gewesen.

Mit einem Preis von rund 13 800 RM für das Fahrgestell und über 20 000 RM für ein komplettes Fahrzeug war der „SW 35" aber immer noch wesentlich kostspieliger als ein vergleichbarer Mercedes oder Horch, die ab ca. 10 000 RM zu haben waren. Einen Maybach zu fahren, blieb weiterhin teuer. Die Schwingachswagen wurden weitgehend unverändert bis 1941 gebaut. Am erfolgreichsten war der „SW 38" mit ca. 520 Exemplaren. Vom „SW 35" bzw. „SW 42" wurden jeweils nur ca. 50 Stück hergestellt.

Der hier gezeigte Wagen wurde 1936 an das Schweizer Postministerium in Bern geliefert und lange als Repräsentationsfahrzeug gefahren. Zu dieser Zeit war die Devisenlage des Dritten Reiches bereits so angespannt, daß das Auto für nur 11 000 Schweizer Franken verkauft werden mußte, während es in Deutschland in dieser Ausstattung mit Golde-Schiebedach über 23 000 RM kostete.

Technische Daten Baujahr: 1935; Motor: 3,5 l / 6 Zyl. / 140 PS Höchstgeschw.: 140 km/h; Preis: ca. 20 000 RM

In the mid-thirties at the latest the end of the huge, heavy sedans was in sight, at least temporarily, and that the automobiles now in demand were high-quality cars of the 3,5- to 4-liter class. As a consequence, starting in 1935, Maybach introduced the "SW 35" into the market, a car with a 3,5 liter motor which was distinctly smaller and moderate in price as compared with the "Zeppelin". The abbreviation "SW" stands for swing axle-car with independent suspension of wheels at front- and rear-axles. Before, all Maybach automobiles had been equipped with rigid axles.

But with a price of approx. 13,800 Reichsmarks for the chassis and over 20,000 Reichsmarks for a complete vehicle, the "SW 35" was still much more expensive than a comparable Mercedes or Horch which cost about 10,000 Reichsmarks. To drive a Maybach kept being expensive. The swing-axle car was built up to 1941 without any major changes. With about 520 specimens the SW 38 was the most successful model, while only about 50 units were built of the "SW 35" and of the "SW 42", respectively.

In 1936 the automobile shown here was supplied to the Swiss Postmaster General's office in Bern, where it was used for public and social functions over many years. The foreign exchange situation of the Third Reich was already so tight at that time that the car had to be sold for only 11,000 Swiss Francs, while the price in Germany in this class with Golde-sunroof was in excess of 23,000 Reichsmarks.

Technical Data Year of Construction: 1935; Motor: 3.5 liter / 6-cylinder / 140 hp; Price: approx. 20,000 Reichsmarks

Maybach „SW 38"

Der „SW 38" war das vorletzte Maybach-Modell. Er kam ab 1936 auf den Markt und löste den „SW 35" ab. Der Hubraum des 6-Zylinder-Motors wurde auf 3,8 Liter erhöht, nicht um die Leistung (ca. 140 PS) zu steigern, sondern um die nachlassende Benzinqualität auszugleichen. 1939 folgte der „SW 42" mit nochmals vergrößertem Hubraum bei gleicher PS-Leistung. 1941 wurde die Automobilfertigung zugunsten der Rüstungsproduktion eingestellt und nach Kriegsende nicht wieder aufgenommen. Maybach baute weiter Motoren und ging 1965 in der MTU Friedrichshafen GmbH auf. Die hier gezeigten Maybach „SW 38" Cabriolets von 1937 zeigen deutlich den Trend weg vom Repräsentationsfahrzeug hin zum sportlichen Cabriolet.

The "SW 38" was the second-to-last Maybach-model. It came on the market in 1936 to replace the "SW 35". The capacity of the 6-cylinder-motor was raised to 3.8 liters, not to increase the output (approx. 140 hp) but to make up for the deteriorating quality of gasoline. In 1939 it was followed by the "SW 42" with once more enlarged displacement while the output remained the same. In 1941 finally automobile production was abandoned for the production of arms and not resumed after the end of the war. Maybach continued to build motors and was incorporated into the MTU Friedrichshafen GmbH in 1965. The new trend from a prestigious automobile to a sportive car is clearly evident by the two Maybach "SW 38" convertibles shown here.

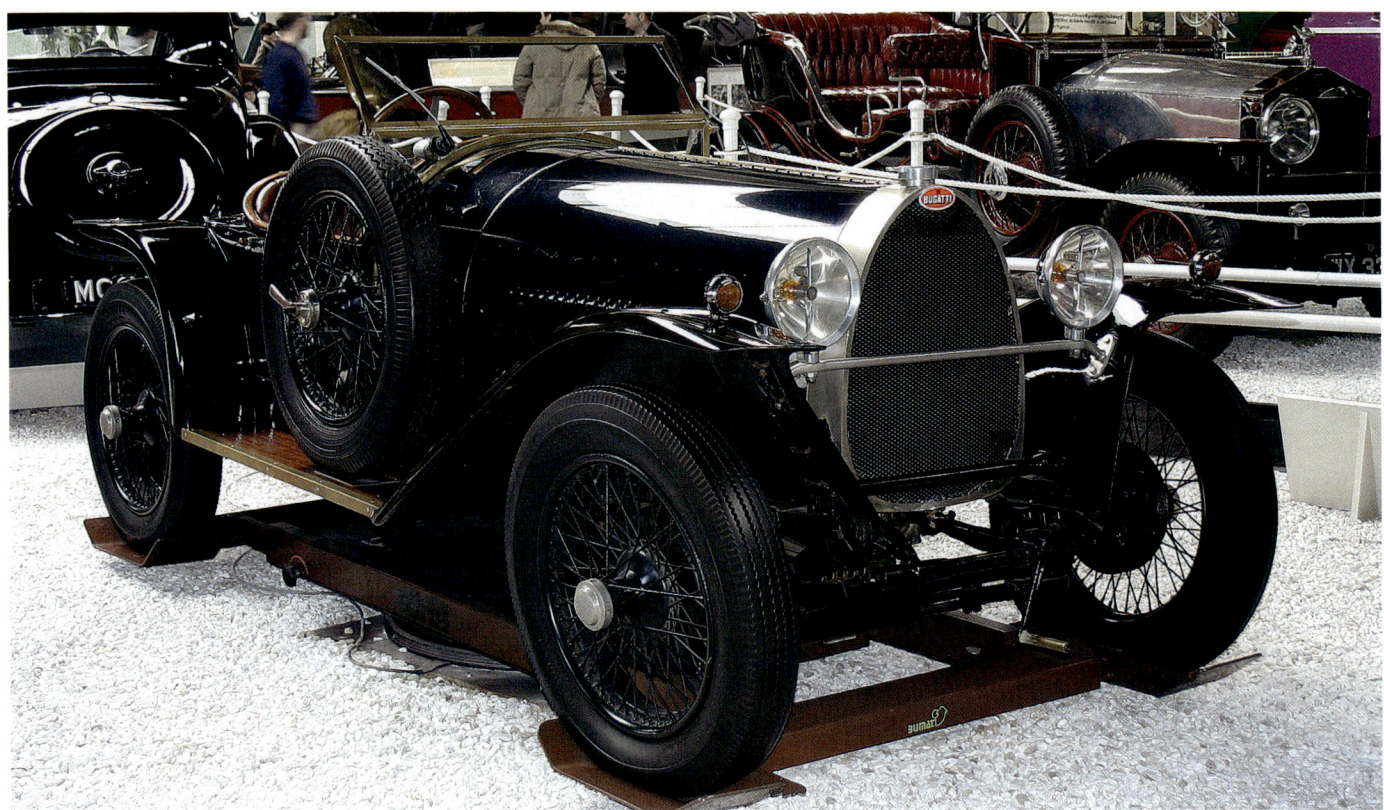

Der Ettore Bugatti, geboren 1881 in Mailand, gilt zurecht als einer der größten Pioniere der Automobilgeschichte. Bereits im Alter von 20 Jahren verkaufte er 1902 den Entwurf für ein alltagstaug-liches Automobil an den elsässischen Fabrikanten de Dietrich. Nachdem er einige Jahre als Konstrukteur für Mathis und die Motorenfabrik Deutz gearbeitet hatte, gründete er 1910 in Molsheim / Elsaß seine eigene Automobilfabrik und entwarf von nun an, von einigen Ausnahmen wie dem Peugeot „BéBé" abgesehen, nur noch eigene Automobile. Legendär wurde Bugatti durch die enge Verbindung zwischen seinen Rennwagen und den alltagstauglichen Automobilen. Einige der bedeutendsten Grand-Prix-Wagen von Bugatti, darunter der weltberühmte Typ 35, werden weiter hinten bei den historischen Rennwagen vorgestellt.

Neben den Rennwagen entstanden in Molsheim aber auch hochexklusive sportliche Repräsentationswagen, die in ihrem Prestigewert einem großen Mercedes oder Maybach ebenbürtig waren. Wie zu dieser Zeit bei Luxuswagen üblich, hat auch Bugatti bei vielen Wagen die Karosserie nicht selbst gebaut, sondern nur den Motor und das Fahrgestell geliefert. Die besten Karosseriefirmen der Welt wetteiferten beim Bau immer neuer Traumwagen.

Der hier gezeigte Typ 30 war der erste in Serie produzierte Bugatti. Insgesamt wurden zwischen 1922 und 1926 ca. 600 Stück gefertigt. Der Motor hat acht Zylinder, einen Hubraum von 1991 ccm und leistet als Tourer ca. 75 und als Rennwagen ca. 100 PS. Die Höchst-geschwindigkeit lag bei rund 120 - 145 km/h. Diese absolute Rarität ist vermutlich der erste 8-Zylinder, der von Bugatti gebaut wurde.

Der Entwurf des Bugatti Typ 44 in Postkutschenform von 1927 auf der nächsten Seite geht auf Ettore Bugattis Sohn Jean zurück. Der 3-Liter Achtzylinder-Motor leistet 80 PS. Daneben gibt es aber noch viele andere Varianten, die auf dem gleichen Grund-typ basieren.

Bugatti Typ 44

Ettore Bugatti, who was born in Milan in 1881, is regarded, and rightly so, as one of the greatest pioneers of automobile history. In 1902, at an age of but 20, he sold the design for a car fit for everyday use to the Alsatian manufacturer de Dietrich. After working for some years as design engineer for Mathis and the Motorenfabrik Deutz, he founded his own automobile factory in Molsheim, Alsace in 1910 and from that time on designed automobiles for his own production only, apart from a few exceptions like the Peugeot model "Bébé".

Bugatti won his legendary reputation as a result of the close connection between his racing cars and automobiles for everyday use. Some of the most distinguished grand-prix cars by Bugatti, among them the world-famous model Type 35 will be introduced later on in this book in the racing car section.

At the same time, however, a number of highly exclusive, sportive and very distinguished cars were built in Molsheim, the prestigious value of which was equal to that of a big Mercedes or Maybach. As customary with luxury cars at that time, the bodywork of many models was not factory-produced by Bugatti, who only supplied the motor and chassis. The best coach builders of the world used to compete in creating constantly new dream cars.

The Type 30 shown on the opposite page was the first Bugatti produced in series. In total about 600 specimen were built between 1922 and 1926. The engine has 8 cylinders, a capacity of 1991 ccm, and a power between 75 hp (touring version) and 100 hp (racing version). The maximum speed was 120 - 145 km/h. This absolute rarity was probably the first 8-cylinder car ever built by Bugatti.

The Type 44 in stage-coach style shown on this page was designed by Ettore Bugatti's son Jean in 1927. The 3-liter eight-cylinder motor produced 80 hp. But there are many other versions besides built upon the same basic model.

Jean (links) und Ettore Bugatti - Geniale Schöpfer zeitloser Automobile.
Jean (left) and Ettore Bugatti - Ingenious designers of timeless automobiles.

Bugatti Typ 41 „Royale"

Mit dem „Royale" wollte Bugatti ein Luxus-Automobil für die allerhöchsten Kreise schaffen. Für Kaiser und Könige war es gedacht, und entsprechend hoch waren die Maßstäbe, die Bugatti bei der Konstruktion anlegte. Die Grundlage für den Antrieb bildete der Prototyp eines Flugzeugmotors, den er 1923 im Auftrag der französischen Regierung konstruiert hatte. Der riesige 8-Zylinder-Motor besaß einen Hubraum von 12,7 Liter und war damit das größte, für ein Serienauto gedachte Aggregat seiner Zeit. Zylinder und Kurbelgehäuse waren in einem Block integriert. Hierdurch erhielt der Motor zwar trotz der enormen Verbrennungsdrücke eine hohe Stabilität, dafür musste aber zum Einschleifen der Ventile, eine damals oft erforderliche Routinearbeit, der Motor ausgebaut und komplett zerlegt werden.

Bei den Abmessungen des Fahrgestells stieß Bugatti ebenfalls in bis dahin ungekannte Dimensionen vor. Die Spurweite betrug 1,6 Meter und der Radstand 4,3 Meter, einen halben Meter mehr als beim größten damals produzierten Rolls-Royce.

Mit dem „Royale" hat Bugatti zweifelsohne noch einmal Automobilgeschichte geschrieben. Wirtschaftlich gesehen war dieses monumentale Fahrzeug aber ein Fehlschlag. Mit einem Preis, der den eines Rolls-Royce um das Dreifache überstieg, hatte er sich zu weit von den durch die Weltwirtschaftskrise geprägten wirtschaftlichen Realitäten entfernt. Erst im April 1932 wurde der erste Wagen ausgeliefert, insgesamt fanden nur drei Exemplare einen Käufer. Der Prototyp sowie die weiteren bis dahin gebauten Exemplare wurden nach dem Krieg an Sammler verkauft. Das Museumsstück ist eine autorisierte Replik, die für eine französische Filmproduktion angefertigt wurde.

With the "Royale" Bugatti wanted to create a luxury car for high-ranking persons. It was intended for kings and emperors and correspondingly high were the standards applied by Bugatti in its design. Its motor was based on the prototype of an aircraft engine which had been developed by him in 1923, commissioned by the French government. The huge 8-cylinder engine had a capacity of 12.7 liter and thus was the largest unit of its time intended for a series automobile. Cylinder and crankcase were integrated in one block. And although this gave tremendous stability to the engine in spite of the enormous combustion pressure, reseating the valves - a frequently necessary routine at that time - required to dismantle the engine and to disassemble it completely.

As far as the size of the undercarriage was concerned Bugatti also ventured into unprecedented dimensions. The track width was 1.6 meters and the wheel distance 4.3 meters, half a meter more than with the largest Rolls-Royce produced at that time.

There can be no doubt that with the "Royale" Bugatti had once more succeeded in writing automobile history. But from a financial point of view this monumental vehicle was a failure. With a price three times that of a Rolls-Royce he had distanced himself too far from economical realities that were marked by the world economic crisis. It was not until 1932 that the first car was delivered, and in the end but three specimen altogether found a buyer. The prototype as well as the other specimen which had been produced were sold to collectors after the war. The museum's exhibit is an authorized replica which had been built for a French film production.

Bugatti Typ 57 „Ventoux"

Der Bugatti Typ 57 war der letzte Bugatti, der in größeren Stückzahlen produziert wurde. Er trägt die Handschrift von Jean Bugatti, dem talentierten Sohn von Ettore Bugatti, der die Geschicke der Firma ab 1936 in die Hand genommen hatte. Eine wesentliche Neuerung war, daß Bugatti sich mit dem Typ 57 auf ein Grundmodell konzentrierte und dieses in unterschiedlichen Karosserievarianten anbot. Daneben wurden auch Fahrgestelle mit Motor verkauft, die dann von anderen Firmen veredelt wurden. Die Karosserie des auf dieser Seite gezeigten Wagens ist jedoch eine von Jean Bugatti entworfene Werkskarosserie.

Die Produktion des Typ 57 begann 1933. Bis 1939 wurden 725 Exemplare in unterschiedlichen Ausführungen hergestellt. Der Typ 57 war eine Schöpfung von Jean Bugatti, die auch zu seinem Schicksal wurde. 1939 kam er bei Testfahrten mit einer modifizierten Sportversion mit Kompressormotor von der Straße ab und verunglückte tödlich.

The Bugatti Type 57 was the last Bugatti to be produced on a larger scale. It shows the hand of Jean Bugatti, the talented son of Ettore Bugatti, who had taken the firm's fortune in his hands as of 1936. An essential novelty was that, with the Type 57, Bugatti concentrated on one basic model which he offered in varying body versions. Besides, the firm also sold chassis and motors only, which were then completed by other manufacturers. The body of the car shown here is, however, a company made body designed by Jean Bugatti.

Production of the Type 57 started in 1933. Until 1939, 725 specimens were built in different styles. The Type 57 was a creation by Jean Bugatti, which was also to become fateful for him. On occasion of tests of a modified sports version with a supercharged engine in the year 1939, he drove off the road and suffered a fatal accident.

Für den Antrieb des Typ 57 sorgte ein neu entwickelter Achtzylinder-Motor mit zwei obenliegenden Nockenwellen und 3,3 Litern Hubraum. Er leistete je nach Ausführung zwischen 135 und 200 PS, was für Geschwindigkeiten von 160 bis 180 km/h ausreichte.

The Type 57 was powered by a newly developed 8-cylinder-motor with two overhead camshafts, driven by a vertical shaft, and a displacement of 3.3 liters. Depending on the model it produced between 135 and 220 hp, which was sufficient for speeds from 160 to 180 km/h.

Audi „Alpensieger" Typ „C"

Im Jahr 1909 verließ August Horch nach einem Streit mit dem Vorstand die nach ihm benannten Horch-Autowerke in Zwickau und gründete in unmittelbarer Nachbarschaft eine neue Firma. Da er diese nicht erneut „Horch" nennen durfte, gab er ihr den Namen „Audi", was dem lateinischen Wort für „Horch!" entspricht.

Der ab 1911 gebaute „Alpensieger" hat ganz entscheidend zum Ruhm der Firma beigetragen. In den Jahren 1912 bis 1914 beherrschte der Wagen die österreichischen Alpenrennen. Das im Museum gezeigte Fahrzeug ist der älteste, noch fahrbare Audi-Wagen der Welt.

Technische Daten Baujahr: 1912; Motor: 3,6 l / 4 Zyl. / 35 PS; Höchstgeschw.: 90 km/h

Following disagreements with the board of directors August Horch left the Horch-Autowerke in Zwickau, which was named after him, in 1909 and founded a new firm in the immediate vicinity. Since he was not free to use the name „Horch" again he named his new firm „Audi" which is Latin for „Horch!", or „Listen!" in English.

The „Alpensieger", which means „Winner of Alpine Contests" contributed decisively to the image of this firm. From 1912 through 1914 this car dominated the Austrian Alpine Races. The automobile on exhibit in the museum is the oldest Audi car in the world that is still fit to drive.

Technical Data Year of Construction: 1912; Motor: 3.6 liter / 4-cylinder / 35 hp; Maximum Speed: 90 km/h

1992
1991
1990
1989
1988
1987
1986
1985
1984
1983
1982
1981
1980
1979
1978
1977
1976
1975
1974
1973
1972
1971
1970
1969
1968
1967
1966
1965
1964

Seit über 30 Jahren versucht die Zeit ihn einzuholen.

Der NSU RO 80 wird „Auto des Jahres".

Wahre Schönheit ist unvergänglich. Und fasziniert die Menschen bis heute. Klare Linien und aerodynamischer Stil, verbunden mit technischer Raffinesse, schufen einen echten Klassiker: den RO 80 von NSU. Mit seinem Design setzte er Maßstäbe, die heute bei Audi fortbestehen. Um auch weiterhin schöne Autos zu bauen und neue Klassiker zu schaffen.

Columbia Elektroauto

standen aber damals wie heute einer weiten Verbreitung des Elektroantriebs entgegen. In 100 Jahren ist die Automobilindustrie beim Elektroantrieb also nicht wesentlich voran gekommen.

Beide Fahrzeuge befanden sich im Besitz der Familie Rockefeller und sind noch heute voll fahrbereit. Der Fahrer konnte zwischen zwei Vorwärtsgeschwindigkeiten wählen. Beim oben gezeigten Modell waren die Vorderräder sogar bereits mit pneumatischen Stoßdämpfern versehen. Der Wagen befindet sich in einem hervorragenden Originalzustand, selbst die Kotflügel aus Leder sind erhalten. Das unten gezeigte Fahrzeug wurde durch einen von Ferdinand Porsche entwickelten, direkt wirkenden Radnabenmotor ohne Kette und Differential angetrieben.

Two particularly interesting exhibits are the cars with elec-trodrive shown here. They there built by Columbia / USA around the year 1900. At this time they could already built a car with batteries which could operate for about four hours. But then as now, the small radius of action as well as the costly and heavy batteries stood in the way of a widespread use of the electrodrive. Thus, with respect to the electrodrive the automobile industry has made no major progress in 100 years.

Both cars were owned by the Rockefeller family and are still in running order today. The driver has a choice between two forward speeds. The model shown at the top was already equipped with pneumatic shock absorbers at the front wheels. The vehicle is in an excellent, original condition with even the leather fenders intact. The car shown below was driven by a direct-acting chainless wheel-hub motor, developed by Ferdinand Porsche.

Zwei besonders interessante Ausstellungsstücke sind die beiden hier gezeigten Elektrofahrzeuge der Firma Columbia / USA aus der Zeit um 1900. Schon damals konnte man elektrisch angetriebene Auto-mobile bauen, die im Batteriebetrieb ca. 4 Stunden liefen. Die geringe Reichweite sowie die schweren Batterien

Brasier Stadtcoupé

produzierte bis 1926 Automobile unter der Markenbezeichnung „Brasier".

Das ab 1904 gebaute Stadtcoupé ist ein historisch bedeutsames Fahrzeug, da es eines der ersten Automobile in Limousinenform war. Bei dieser früher auch als „Innenlenker" bezeichneten Bauart sitzt der Fahrer in einer geschlossenen Kabine hinter Glas und ist so vor der Witterung geschützt. Erstaunlicherweise setzte sich diese Bauart erst nach dem Ersten Weltkrieg durch. Das Museumsstück stammt von 1908. Es wird von einem 1,7l 4-Zylinder-Motor mit 11 PS Leistung angetrieben.

This model, whose name has been almost forgotten by now, originated in 1905 from the firm of Richard-Brasier. Henri Brasier, at first, had started out as a partner of Messrs. Mors, mentioned before on page 8, prior to joining the firm of Georges Richard in 1902. Upon the retirement of Richard, Brasier continued the business on his own, producing cars up to 1926 under the brand name "Brasier".

The City Coupé, whose production started in 1904, is a vehicle of historical significance since it was one of the first automobiles built as a sedan. This model was formerly known in Germany also as "Innenlenker", which literally says that the driver was now sitting "within", i.e. in a closed cabin behind glass and thus protected from inclement weather. Amazingly enough this design did not assert itself until after WW I. The museum exhibit is from 1908. It is driven by a 1.7l 4-cylinder-motor with 11 hp.

Die heute weitgehend vergessene Marke Brasier ging 1905 aus der Firma Richard-Brasier hervor. Henri Brasier war zunächst Teilhaber bei der bereits weiter vorne erwähnten Firma Mors gewesen, ehe er im Jahr 1902 in die Firma von Georges Richard eintrat. Als sich Richard zurückzog, führte Brasier die Geschäfte alleine weiter und

Grout Brothers Automobil mit Dampfantrieb

Dieses Fahrzeug von Grout Brothers stellt eine besondere Kuriosität dar. Obwohl es im Jahre 1899 gebaut wurde, also zu einer Zeit, als der Benzinmotor bereits allgemein in Gebrauch war, wurde es von einer kleinen zweizylindrigen Dampfmaschine angetrieben. Diese gab bei einem Betriebsdruck von maximal 20 atü gut 8 PS Leistung ab. Je nach Stellung des Dampfhebels konnte das Fahrzeug stufenlos vor- bzw. rückwärts bewegt werden. Die Maximalgeschwindigkeit betrug ungefähr 50 km/h, die Reichweite ca. 70 km. Wäre da nicht der große Wasserverbrauch, vielleicht wären auch heute noch Autos mit einem solchen Motor ausgerüstet.

This vehicle by Grout Brothers is a special curiosity. Although built in 1899, and hence at a time when petrol motors were already in general use, it was driven by a small, two-cylinder steam engine. At an operating pressure of maximally 20 atmospheres above atmospheric pressure this engine had an output of ca. 8 hp. Depending on the position of the steam lever the vehicle could be moved variably forward or in reverse, respectively. The maximum speed was approx. 50 km/h, the radius of operation about 70 km. Had it not been notorious for the enormous quantities of water required, who knows, cars might be equipped with motors of this kind up to these days.

American La France „Simplex"

Technische Daten
Baujahr: 1912
Motor: 9,5 l / 4 Zyl. / 98 PS

Technical Data
Year of Construction: 1912
Motor: 9.5 l / 4-cyl. / 98 hp

Die geniale Konzeption des Mercedes-Simplex übte auch in Amerika einen großen Einfluß auf den Automobilbau aus. Dies ging so weit, daß eine ganze Reihe von kleineren Firmen, u. a. auch American La France, dieses revolutionäre Fahrzeug praktisch identisch nachbauten und eigene „Simplex"-Modelle auf den Markt brachten. Motor, Achsen, Getriebe, Lenkung, kurzum alles wurde exakt kopiert. Lediglich die technische Ausgestaltung der Fahrgestelle fiel etwas gröber und stärker aus. Die Wagen wurden zu etwa 60 % als Feuerwehrfahrzeuge und zu etwa 40 % als Renn- und Sportwagen verkauft.

The inventive concept of the Mercedes-Simplex also had a considerable influence on American automobile production. This went so far that quite a number of smaller firms, among them American La France, practically copied this revolutionary car, introducing their own "Simplex" models into the market. Motor, axles, transmission, steering mechanism, in short every part was copied down to detail. Only the technical outfit of the chassis turned out somewhat clumsier and stronger. About 60 % of the vehicles were sold as fire brigade cars and about 40 % as racing- and sports cars.

Renault Doppelphaeton

Technische Daten
Baujahr: 1912
Motor: 2,8 l / 4 Zyl. / 12 PS
Höchstgeschw.: 95 km/h

Technical Data
Year of Construction: 1912
Motor: 2.8 liter / 4-cyl. / 12 hp
Maximum Speed: 95 km/h

Renault gehört zu den französischen Automobilproduzenten der ersten Stunde. Schon 1898 konstruierte Louis Renault sein erstes Automobil, für das er einen Motor von De Dion verwendete. Noch im gleichen Jahr gründete er zusammen mit seinen Brüdern Marcel und Fernand eine Automobilfabrik, die sich binnen weniger Jahre zu einer der größten Autofirmen Europas entwickelte.

Der gezeigte Doppelphaeton entstand 1912. Als Phaeton bezeichnete man vor dem 1. Weltkrieg offene Reisewagen mit zwei (einfacher Phaeton) bzw. vier (Doppelphaeton) Sitzen. Charakteristisch für die Renault-Modelle dieser Zeit sind die stark abfallende Motorhaube und der in die Spritzwand integrierte Kühler.

Renault belongs to the pioneers of French automobile production. As early as 1898 Louis Renault constructed his first automobile, using a motor from De Dion. In that same year he founded an automobile factory together with his brothers Marcel and Fernand, which, in the course of a few years, grew into one of the largest car manufacturers of Europe.

The doublephaeton shown on this page was built in 1912. Before the First World War the name "phaeton" stood for a roadster with two seats (single phaeton) or four seats (doublephaeton), respectively. Characteristic features for Renault models of that time are the extremely slanting hood as well as the radiator built into the splash guard.

Ford T-Modell

Ab 1909 Bis weit in die zwanziger Jahre hinein waren Automobile in Europa den wohlhabenden Bevökerungsschichten vorbehalten. Dies lag zum einen an der aufwendigen Fertigung und dem dadurch von vornherein hohen Preis. Zum anderen wurde das Auto aber auch in vielen Ländern lange Zeit als nicht wirklich notwendig angesehen und daher zusätzlich mit hohen Luxussteuern belegt. Ganz anders entwickelte sich die Situation in Amerika, wo Henry Ford mit seinem T-Modell das Automobil zu einem Massenverkehrsmittel machte, das für fast jedermann erschwinglich war.

Ford verzichtete bei diesem legendären Fahrzeug ganz bewußt auf alle nicht absolut notwendigen Teile wie Tachometer oder Benzinuhr und führte zusätzlich mit äußerster Konsequenz die Fließbandfertigung ein. Hierdurch wurde das Auto äußerst billig. So kostete ein Standardmodell 1914 knapp $ 500.-, was rund vier Monatslöhnen

eines Industriearbeiters entsprach. Pro Wagen verdiente die Firma aber trotzdem noch $ 50.-, was Ford bald zu einem steinreichen Mann machte. Neunzehn Jahre lang war das T-Modell das meistgebaute Auto der Welt. Insgesamt wurden über 15 Millionen Stück produziert. Erst viele Jahre später konnte VW mit seinem Käfer diesen Rekord brechen. Der hier gezeigte Wagen ist ein typisches Serienmodell von 1917 mit einem 2,9 l-Motor mit 20 PS.

Until well into the twenties automobiles in Europe were a privilege of the well-to-do classes. This was partly due to the costly production and the consequently high price. Another reason was that for a long time the automobile was not regarded as a real necessity in many countries and thus burdened additionally with high luxury taxes. In America, on the other hand, the situation took an entirely different turn with Henry Ford's Model T which made the automobile into a means of transportation for the masses that almost everyone was able to afford.

The production of this legendary car Ford deliberately realized without all parts that were not absolutely necessary, such as speedometer and fuel gauge, and, additionally, was absolutely consequent in introducing progressive assembly. In 1914 the price for a standard model was just under $ 500.00, in these days the equivalent of about four monthly wages of an industrial worker. In spite of this the firm still made a profit of $ 50.00 per car, which before long made Ford into a man rolling in money. For nineteen years the Model T remained the car with the largest production numbers in the world. A total of more than 15 million units were produced altogether, and many years had to pass before Volkswagen succeeded in breaking this record with the Beetle. The car shown here is a typical series model of 1917 with a 2.9 l motor with an output of 20 hp.

Peugeot „BéBé"

Technische Daten
Baujahr: 1912
Motor: 0,9 l / 4 Zyl. / 10 PS

Technical Data
Year of Construction: 1912
Motor: 0.9 l / 4-cyl. / 10 hp

Die Bezeichnung „BéBé" ist das französische Wort für „Baby", und klein wie ein Baby war dieser von 1912 bis 1920 gebaute Kleinwagen in der Tat. Der Entwurf stammt von Ettore Bugatti, der später mit seinen Rennwagen und Luxusautos Automobilgeschichte schrieb.

The term "Bébé" is the French word for "baby", and this small car, built from 1912 through 1920, was indeed tiny like a baby. The design was by Ettore Bugatti who later made automobile history with his racing- and luxury cars.

Hanomag „Kommißbrot"

Technische Daten
Baujahr: 1926
Motor: 0,5 l / 1 Zyl. / 10 PS

Technical Data
Year of Construction: 1926
Motor: 0.5 l / 1-cyl. / 10 hp

Mit dem wegen seiner Karosserieform im Volksmund als „Kommißbrot" bezeichneten Fahrzeug unternahm Hanomag den Versuch, einen preiswerten Kleinwagen auf den Markt zu bringen. Das minimal ausgestattete Wägelchen mit dem einzelnen Mittelscheinwerfer wurde zwar schnell populär, die Verkaufszahlen blieben aber hinter den Erwartungen zurück. Wer etwas mehr Geld übrig hatte, kaufte sich doch lieber ein weniger spartanisches Fahrzeug wie den Opel 4 PS. Insgesamt wurden zwischen 1925 und 1928 15 775 Exemplare gebaut.

With this car, popularly nicknamed "Kommißbrot" (army bread) on account of its form, Hanomag made an attempt to introduce an inexpensive small car into the market. Although this little car with a minimum of equipment and its single headlight at the center quickly gained popularity, its sales numbers did not come up to expectations. Those who were able to spend a bit more ultimately preferred to buy a car of less scanty comforts, like the Opel 4 PS. Altogether 15,775 units of this car were built between 1925 and 1928.

Messe Sinsheim – der Partner für Ihre Veranstaltungen

Messen · Ausstellungen · Konferenzen · Meetings · Seminare · Konzerte · Events

Messe Sinsheim GmbH
Messe- und
Kongresszentrum

Neulandstraße 30
D-74889 Sinsheim

Tel. +49 72 61 68 9-0
Fax +49 72 61 68 9-220

info@messe-sinsheim.de

Ein Unternehmen der
Schall Firmengruppe

www.messe-sinsheim.de

Mercedes-Benz
370 „Mannheim"

Technische Daten
Baujahr: 1933
Motor: 3,7 l / 6 Zyl. / 75 PS

Technical Data
Year of Construction: 1933
Motor: 3.7 l / 6-cyl. / 75 hp

Es war insbesondere die Weltwirtschaftskrise, die Mercedes-Benz 1930 dazu zwang, erschwingliche Gebrauchswagen zu bauen und den noch frischen Ruhm der SS- und SSK-Modelle für deren Vermarktung zu nutzen. Es entstand u. a. der Typ 370 „Mannheim", der 1933 zu einem Preis von 12 500 Reichsmark angeboten wurde.

It was the world economic crisis in particular that forced Mercedes-Benz in 1930 to build reasonably priced cars for common use and to utilize the fresh fame of their Super Sportscars for marketing purposes. One of the models designed in this line was the 370 „Mannheim" which, in 1933, was offered for sale at 12,500 Reichsmarks.

Mercedes-Benz
260 D Pullmann

Technische Daten
Baujahr: 1936
Motor: 2,6 l / 4 Zyl. / 45 PS

Technical Data
Year of Construction: 1936
Motor: 2.6 liter / 4-cyl. / 45 hp

Mit dem 260 D präsentierte Mercedes-Benz 1936 den ersten von einem Dieselmotor angetriebenen PKW der Welt. Den im Vergleich zu einem Benzinmotor rauheren Lauf machte der Motor durch seine Wirtschaftlichkeit wett. Er verbrauchte nur 9,5 Liter Kraftstoff pro 100 km, ein Drittel weniger als ein vergleichbarer Benzinmotor. Diesel kostete damals außerdem nur halb soviel wie Benzin. Der Diesel-PKW fand auf Anhieb überall dort großen Anklang, wo Langlebigkeit und Wirtschaftlichkeit gefragt waren. Das Museumsstück ist beispielsweise ein typisches Taxi-Fahrzeug mit einer Abtrennung zwischen Fahrer und Fahrgastraum.

With the 260 D the first passenger car world-wide propelled by a Diesel engine was presented by Mercedes-Benz in 1936. Its rather rough run in comparison with a gasoline-motor was compensated by the engine's economic consumption. Per 100 kilometers it needed 9.5 liters (25 mpg) of fuel only, and thus one-third less than a comparable gasoline-motor. Apart from that, at that time the price of Diesel fuel was only half that of gasoline. The Diesel-automobile was a straight-off hit wherever longevity and economy were in demand. The museum's specimen, e.g. is a typical taxi-cab with a partition between driver and passenger compartment.

Mercedes-Benz 170 H - Mercedes-Benz 130

Im Verlauf der langen Firmengeschichte hat Daimler-Benz auch Mercedes-Modelle gebaut, die nicht ohne weiteres auch als solche zu erkennen sind. Die Bilder oben zeigen einen Mercedes-Benz 170 H („H" steht für Heckmotor) aus dem Jahr 1938. Das zu einem Preis von ca. 4300 Reichsmark angebotene Fahrzeug wurde von einem 1,7 l 4-Zylinder-Motor mit 38 PS angetrieben. Da man sich bei Daimler-Benz über die Marktchancen des Wagens unsicher war, wurde das gleiche Modell als 170 V auch mit Frontmotor verkauft.

Die Bilder unten zeigen einen Mercedes-Benz 130 von 1934 mit einem 1,3 Liter 4-Zylinder Motor mit 26 PS, der ebenfalls im Heck eingebaut war. Der Wagen erregte bei der Vorstellung auf der IAMA 1934 in Berlin zwar einiges Aufsehen, der wirtschaftliche Erfolg blieb diesem Modell jedoch versagt. Wegen der starken Hecklastigkeit war der Wagen in Kurven nur schwer zu beherrschen, außerdem traten wegen der Heckmotor-Anordnung häufig Kühlprobleme auf. Das im Museum gezeigte Exemplar wurde während des Krieges wegen der Treibstoffknappheit teilweise auf Holzgas-Betrieb umgestellt. Die Fahreigenschaften wurden durch den schweren Holzvergaser noch problematischer, außerdem war der hubraumschwache Motor für den Holzgasbetrieb nur wenig geeignet.

In the course of the company's long history Daimler-Benz also built Mercedes models that could not automatically be recognized as such. The pictures above show a model 1938 Mercedes Benz 170 H (H for "Heckmotor" = rear engine). This vehicle that was on the market for about 4,300 Reichsmark, was propelled by a 1.7 liter 4-cylinder engine with 38 hp. Since the people at Daimler-Benz were not certain about the chances of this car on the market, the same model was also offered as 170 V with a front engine.

The pictures below show a model 1934 Mercedes-Benz 130 with a 1.3 liter 4-cylinder engine of 26 hp which was also at the rear end. Although the car did cause a stir when it was introduced at the IAMA motor show of 1934 in Berlin, financial success was denied to this model. Due to the fact that it was extremely tailheavy it was highly problematic to control the car in bends, on top of that the placement of the engine in rear frequently caused cooling problems. During the war, caused by the prevailing fuel shortage, the model on exhibit in the museum was partly converted to operate on woodgas. The heavy woodgas producer complicated handling the car additionally, apart from that the low-capacity engine was only inadequately suited for woodgas operation.

Packard Straight Eight

Schon der erste Packard von 1899, ein von einem Einzylinder-Motor angetriebener zweisitziger Wagen, war ein Erfolg. In der Folgezeit baute Packard immer größere und aufwendigere Autos, die sich schnell zu Statussymbolen entwickelten und bei Großgrundbesitzern, Industriemagnaten und Politikern gleichermaßen beliebt waren. Packard bot stets Spitzentechnik zu Spitzenpreisen und war in gewisser Weise für Amerika das, was Mercedes für Deutschland war.

Packard überstand die Wirtschaftskrise der 30er Jahre relativ unbeschadet, da die Modellpalette rechtzeitig um Mittelklassewagen erweitert wurde. Die Marke behielt aber dennoch ihr Luxus-Image und blieb bis zum Zweiten Weltkrieg gut im Geschäft. Nach 1945 ging es jedoch langsam, aber stetig bergab. 1958 wurde Packard mit Studebaker vereinigt und als eigenständige Marke aufgegeben.

Der oben gezeigte Packard Eight entstand 1931. Er verfügt über einen 5,3 Liter-Achtzylinder-Reihenmotor und ist in seinem Stil typisch für die Packard-Fahrzeuge der frühen 1930er Jahre. Das unten gezeigte Straight Eight Coupé, der Name weist auf den 5,3 Liter-Achtzylinder-Reihenmotor hin, stammt von 1929, als Packard den Markt für Luxusautomobile in den USA dominierte. Das zweisitzige Coupé hat einen Schwiegermuttersitz und ein Ablagefach für das Golfgepäck.

The Packard Eight shown above was built in 1931. It is equipped with a 5,3 liter eight-cylinder in-line engine and exhibits the typical design of the Packard automobiles built in the early 1930s. The Straight Eight Coupé shown below, the name is referring to the 5.3 liter eight-cylinder in-line engine, originated in 1929 when Packard was dominating the US market for luxury cars. The two-seater coupé has a jump seat, also known as mother-in-law's seat, and a compartment to stow golf equipment.

Already the first Packard in 1899, a two-seater powered by a one-cylinder-motor, was a success. After that, Packard kept building larger and larger, more and more sophisticated cars which rapidly developed into status symbols enjoying equal popularity with big-style land owners, tycoons of industry and politicians alike. Packard offered top class technology at top prices and thus, in a way, was for America what Mercedes was for Germany.

Packard succeeded in surviving the economic crisis of the thirties comparatively unscathed since the line of models had been changed in time. But Packard still managed to retain their image as a producer of luxury cars and kept enjoying an affluent business up to WW2. After 1945, however, things were steadily going downhill. In 1958 Packard was merged with Studebaker and abandoned as an autonomous brand.

Cord 812 mit Kompressormotor

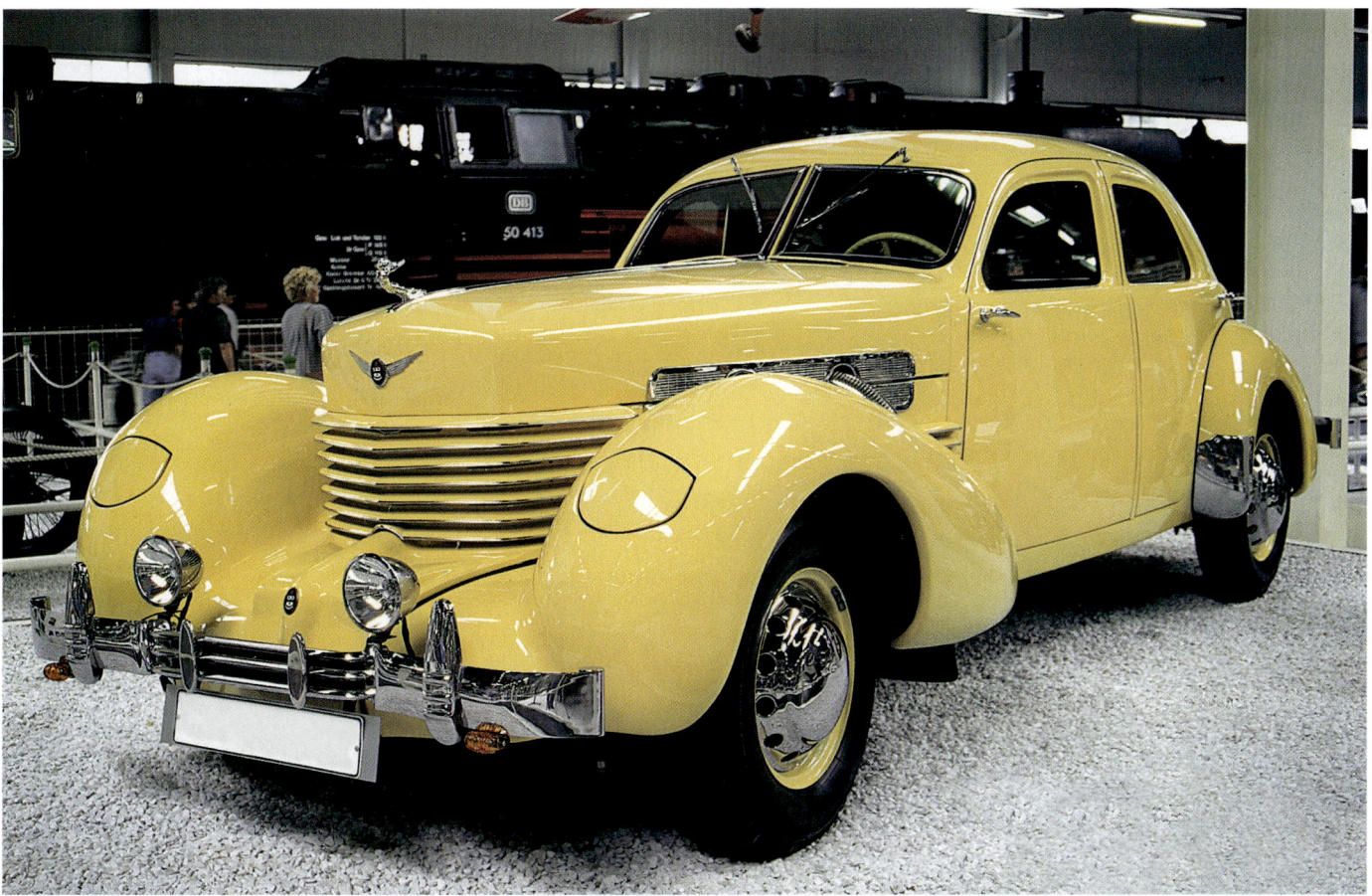

Die Karriere von Errett L. Cord als Automobilproduzent begann im Jahr 1926, als er die bankrotte Autofabrik Auburn, die Edelschmiede Duesenberg und den Motorenhersteller Lycoming übernahm. Innerhalb kurzer Zeit gelang es Cord, Auburn zu sanieren und zu einem profitablen Unternehmen zu machen. Dieser Erfolg gab ihm den finanziellen Spielraum, den er brauchte, um seine Vision von einem perfekten Automobil in die Tat umzusetzen.

Zwei Modelle waren es, mit denen Cord Automobilgeschichte geschrieben hat: Der bei den amerikanischen Traumwagen gezeigte Auburn Speedster 851 und der Cord 810 / 812, beide aus der Feder des genialen Automobildesigners Gordon Buehrig. Die futuristische, streng aerodynamische Karosserie des Cord gilt noch immer als Lehrstück für alle Designstudenten. Der damals übliche verchromte Kühlergrill sowie die Regenrinne am Dach fehlen. Dafür wurden erstmals versenkbare Schlafaugenscheinwerfer verwendet. Auch technisch setzte der Cord Maßstäbe. Der Motor wird mit einem mechanisch angetriebenen Zentrifugalkompressor aufgeladen, die Getriebeschaltung erfolgt elektromechanisch.

Die Kundschaft indes war offenbar überfordert. Nur 2 320 Exemplare dieses Automobils fanden einen Käufer. 1937 war Cord bankrott. Dies bedeutete auch das Ende der Duesenbergs, die nur durch die finanzielle Unterstützung von Cord bis dahin überlebt hatten.

Der im Museum gezeigte, perfekt restaurierte Cord 812 hat beim Concours d'Elegance in Mühlhausen den 1. Publikumspreis gewonnen.

Technische Daten Baujahr: 1937; Motor: 4,9 l / 8 Zyl. / 170 PS; Höchstgeschw. 150 km/h

Erret L. Cord's career as an automobile producer began in 1926 when he acquired the bankrupt car manufacturer Auburn, the noble car manufacturer Duesenberg and the Lycoming motor works. Within a short time Cord succeeded in putting Auburn on an even keel and turning it into a profitable enterprise. This success brought him the financial resources to materialize his vision of a perfect automobile.

Two models were Cord's contribution to make automobile history: The Auburn Speedster, shown in the American Dream Car section, and the Cord 810/812, both of them created by the brilliant automobile designer Gordon Buehrig. The futuristic, strictly aerodynamic body of the Cord is still of model-character in the training of designer students. The then customary chromium-plated radiator-grille and the rails are missing. Instead, this was the first car ever to be equipped with concealed headlights. The Cord automobile was also a trendsetter in the technical field. A mechanically driven centrifugal supercharger is used to boost the motor. Another innovation is an electromechanical gear-shift.

The customers, however, seemed to be overstrained. But 2,320 specimen of this automobile were able to attract a buyer. In 1937 Cord went bankrupt. This also meant the end for the Duesenbergs who only had managed to survive up to then thanks to the financial support by Cord.

The perfectly restored Cord 812 on exhibit in the museum ranked first in the public contest of the Concours d'Elegance in Mulhouse.

Technical Data Year of Construction: 1937; Motor: 4.9 liter / 8-cylinder / 170 hp; Maximum Speed: 150 km/h

Düsenberg J 437 „Weyman Speedster"

Eine der spektakulärsten Sonderausstellungen der letzten Jahre im Technik-Museum Sinsheim war zweifelsohne die Präsentation von sechs einzigartigen Fahrzeugen der Gebrüder Duesenberg, die eigens zu diesem Zweck für zwei Jahre vom Imperial Palace Auto-Museum in Las Vegas / USA ausgeliehen wurden. Ermöglicht wurde diese Ausstellung durch Ralf Engelstad, dem Besitzer des amerikanischen Museums, und Richy Clyne. Der Preis für einen Duesenberg lag damals bei ungeheuren 20 000.- US$, was dem Gegenwert einer stattlichen Villa entsprach. Clark Gable und Gary Cooper fuhren Duesenbergs, ebenso Greta Garbo, James Cagney, der Pressekönig Randolph Hearst und der Exzentriker Howard Hughes. Heute kostet ein solches Juwel 1 Million Dollar und mehr.

One of the most spectacular special shows of the last years at the Technik-Museum Sinsheim, no doubt, was the presentation of six unique automobiles by the Duesenberg Brothers, which were obtained on loan for a two year period especially for this purpose from the Imperial Palace Automobile Museum in Las Vegas, Nevada. Ralf Engelstad, the owner of the American museum, and Richy Clyne made it possible for this exhibition to take place. The price for an automobile of this kind was an outrageous $ 20,000.00 at that time, the equivalent value of a stately home. Clark Gable and Gary Cooper were the owners of Duesenbergs, just as Greta Garbo, James Cagney, the press mogul Randolph Hearst as well as the eccentric Howard Hughes. Today the price of a jewel of this kind is one million dollars and above.

Der Duesenberg war „nur ein Auto", wie der Buckingham Palast „nur ein Haus" ist. Er war die Antwort Amerikas auf Rolls-Royce und alle anderen europäischen Luxusmarken. Mit einem Fahrgestell, gebaut wie für eine Lokomotive, und einer überdimensionalen Maschine bewegte er seine drei Tonnen mit Leichtigkeit und Anmut. Der „Weyman Speedster" wurde regelmäßig von dem berühmten Filmstar Gary Cooper gefahren, was sich als äußerst werbewirksam erwies.
Technische Daten Baujahr: 1931; Motor: 6,9 l / 8 Zyl. / 265 PS

The Duesenberg was "only a car" just as Buckingham Palace is "only a house". It was America's rejoinder to Rolls-Royce and the other European luxury brands. With a chassis, built fit for a railway engine, and an outsized motor, it was able to move its three tons with ease and grace. The fact that the "Weyman Speedster" was frequently driven by the famous moviestar Gary Cooper proved to be of great publicity value.
Technical Data Year of Construction: 1931; Motor: 6.9 l / 8-cyl. / 265 hp

Jaguar SS

Die Anfänge der Firma Jaguar reichen in das Jahr 1927 zurück, als William Lyons mit der Automobilfirma „Standard" eine Verbindung einging und in Blackpool / Großbritannien die SS Car Ltd. gründete. In den Jahren vor der Firmengründung hatte Lyons bereits Seitenwagen für Motorräder unter der Markenbe-zeichnung „Swallow Sidecars" (Swallow = Schwalbe) gebaut. Mit vierrädrigen „Super Swallows" (hierfür steht die Abkürzung „SS") wollte er jetzt in das Automobilgeschäft einsteigen. Den Durchbruch schaffte Lyons mit dem SS 100, der im Jahr 1935 debütierte (Bild oben). Er sollte eine Spitzengeschwindigkeit von 100 Meilen erreichen, daher auch die Bezeichnung „SS 100". Der SS 100 ist der Urtyp aller Jaguar-Automobile. Als Antrieb dient ein 100 PS-Sechszylinder-Motor mit 2,7 Litern Hubraum. Daneben wurde dieser Typ von Jaguar aber auch mit einem 3,5 Liter-Motor mit 125 PS gebaut. 1937 wurde die Modellreihe überarbeitet. Dabei entstand u.a. auch ein viersitziges SS-Cabriolet (Bild unten). Das Museumsstück stammt von 1938. Es ist mit einem 90 PS 2,5 Liter-Sechsylinder-Motor ausgestattet.

The beginnings of the Jaguar company, famous for its sports cars, reach back to 1927 when William Lyons joined the "Standard" automobile firm in founding the SS Car Ltd. in Blackpool, Great Brit-ain. In the years preceding the foundation of the firm Lyons had already built sidecars for motorcycles under the tradename "Swallow Sidecars". With the four-wheeled "Super Swallows" (abbreviated as "SS") he now wanted to go into automobile business. The breakthrough was achieved by Lyons with the SS 100, which made its debut in 1935 (picture top). It was to reach a top speed of 100 miles per hour, hence the name "SS 100". The SS 100 is the prototype of all Jaguar cars. A 100 hp six-cylinder motor with 2.7 liters displacement is located under the hood. Additionally, this Jaguar model was also offered with a 3.5 liter motor with 125 hp. The model series was revived in 1937. One of the resulting models was a four-seater SS-convertible (picture bottom). The specimen on exhibit in the museum originated in 1938. It is equipped with a 2,5 liter six-cylinder motor with 90 hp.

Rolls-Royce „Silver Wraith"

Technische Daten
Baujahr: 1949
Motor: 4,3 l / 6 Zyl. / 126 PS

Technical Data
Year of Construction: 1938
Motor: 4.3 l / 6 Cyl. / 126 hp

Nach dem 2. Weltkrieg wurden in England wie auch in Deutschland viele Vorkriegswagen in einem neuen Gewand auf den Markt gebracht. So erlebte auch der bereits von 1937 bis 1940 gebaute Rolls-Royce Wraith 1949 als Silver Wraith eine Neuauflage. Der Motor ist sehr leistungsfähig und hat ein gutes Durchzugsvermögen. Die Karosserie ist geräumig und entspricht auch heute noch den Ansprüchen an einen komfortablen Reisewagen.

After WWII, in England as in Germany, many prewar cars were put into the market with a new look. Thus the Rolls-Royce Wraith, which had been produced before, from 1937 through 1940, was remodelled in 1949 as Silver Wraith. The motor is powerful and delivers an excellent torque. The body is roomy and, even today, still meets the requirements of a comfortable sedan.

Rolls-Royce „Silver Ghost"

Technische Daten
Baujahr: 1923
Motor: 6-Zyl. / 7,3l / ca. 70 PS

Technical Data
Year of Construction: 1923
Motor: 6-Cyl. / 7.3l / ca. 70 hp

Exzellente Verarbeitung, Laufruhe und Zuverlässigkeit ließen den Rolls-Royce „Silver Ghost" gleich nach seinem Debüt auf der Londoner Automobilausstellung zum „besten Automobil der Welt" werden. Das hier gezeigte Museumsstück wurde für den Maharadscha von Haidarabad / Indien gebaut. Der Maharadscha nutzte den Wagen jahrzehntelang als repräsentatives und zuverlässiges Fahrzeug. Ein interessantes Detail ist das fehlende Reserverad auf der linken Seite. Hier befindet sich ein Haltegriff für den Leibwächter des Maharadscha, der auf dem Trittbrett mitfuhr.

Excellent workmanship, low-noise, performance and reliability won the Rolls-Royce "Silver Ghost" the title of "best automobile of the world" right after its introduction at the London motor show. The exhibit shown here in the museum was built for the Maharaja of Hyderabad in India. The Maharaja used this car for decades as a representative and reliable vehicle. An interesting detail is the missing spare tire on the right hand side. In its place is the grasp hold for the Maharaja's bodyguard who used to accompany his master on the running board.

Rolls-Royce „Phantom II" Boattail Tourer

Nicht nur eingefleischte Oldtimer-Fans bekommen beim Anblick dieses klassischen Rolls-Royce glänzende Augen. Gebaut wurde der von einem Reihensechszylindermotor mit 7,7 Litern Hubraum und 120 PS angetriebene Wagen im Jahr 1933. Der Preis belief sich damals auf 2450 Pfund, was ungefähr dem Gegenwert von 20 Mittelklassewagen entsprach.

Die Geschichte des Fahrzeugs ist so spannend wie das Auto selbst. Entstanden ist das Fahrgestell 1933 in Derby. Von der Karosseriefirma Barker wurde es zunächst mit einem fünfsitzigen Sport-Saloon-Aufbau versehen und an einen reichen englischen Gentleman verkauft. Anfang der fünfziger Jahre tauchte der Wagen bei der Kenya Tea Company im damaligen Britisch-Ostafrika wieder auf, die einen einheimischen Bootsbauer damit beauftragten, den alten Aufbau nach einem Entwurf der Firma Hooper durch eine Teakholz-Karosserie in Bootsform zu ersetzen. Seit 1999 ist das Fahrzeug im Museum Sinsheim zu bewundern.

Not only vintage car enthusiasts will get teary eyed when they catch sight of this classic Rolls-Royce. The car, equipped with a six-cylinder in-line engine and a 7.7 liter displacement of 120 hp, was built in 1933. The price at that time was 2450 Pounds which amounted to the approximate value of 20 mid-middle class cars.

The history of this vehicle is as thrilling as the car itself. The chassis was built in 1933 in Derby. At first it was equipped with a five-seater sport saloon body by the coach builders Barker of London, and sold to a rich English gentleman. In the early fifties the car showed up again at the Kenya Tea Company in then British East Africa, who charged a local boatbuilder with the replacement of the old coachwork by a teakwood body in boatform, built to a design by Hooper of London. Since 1999 the vehicle can be admired at the Museum Sinsheim.

Sonderausstellungen - Special Exhibitions

Die zahlreichen Sonderausstellungen in den Museen Sinsheim und Speyer sind ein fester Bestandteil unseres Museumskonzepts. Sie tragen entscheidend dazu bei, dass es bei uns immer wieder etwas Neues zu bestaunen gibt. Eine kleine Auswahl aus den letzten Jahren zeigt diese Seite. Informationen zu aktuellen Sonderausstellungen finden Sie im Internet unter www.technik-museum.de.

Viele dieser Ausstellungen wurden von unseren Vereinsmitgliedern organisiert. Hierfür möchten wir uns ganz herzlich bedanken und freuen uns schon jetzt auf die für die Zukunft geplanten Aktionen.

The numerous special exhibitions in both Museums Sinsheim and Speyer are an integral part of our museum concept. They contribute decidedly to our endeavours to offer constantly new attractions. A small selection from the last years is shown on this page. Information on current special exhibitions can be found in the internet at www.technik-museum.de.

Many of these exhibitions have been organized by the members of our museum society. We want to thank all of them for their efforts and are already looking forward to actions planned for the future.

Sonderausstellung „Wer kennt ihn noch, den Brennabor?".

Special exhibition "Who still knows the Brennabor?".

Sonderausstellung „Der 2CV - Nicht nur ein Auto, sondern eine Art zu leben".

Special exhibition "The 2CV - Not only a car but a way how to live".

Sonderausstellung „Lancia - Kreativität und Leidenschaft".

Special exhibition "Lancia - Creativity and passion".

Sonderausstellung „Der Mini - Das Jahrhundertkonzept".
Special exhibition "The Mini - Concept of the Century".

Sonderausstellung „100 Jahre Peugeot Motorsport".
Special exhibition "100 Years Peugeot Motor Sports".

Wankel Sonderausstellung aus Anlass des 100. Geburtstags von Felix Wankel.
Wankel special exhibition on the occasion of the 100th birthday of Felix Wankel.

Amerikanische Traumwagen - American Dream Cars

Über zwei Jahrzehnte beherrschten die Straßenkreuzer die amerikanischen Highways. Luxuriös ausgestattet, mit chromblitzenden überdimensionalen Karosserien, riesigen V8-Motoren, einer superweichen Federung und den obligatorischen Weißwandreifen prägten sie das Bild vom „American way of life" wie Hamburger, Petticoats, Rock'n Roll und Coca-Cola. Neben den Wolkenkratzern haben die Straßenkreuzer dem Rest der Welt wohl am deutlichsten demonstriert, daß in Amerika alles etwas größer ist. Besonders In den 50er und 60er Jahren entwickelten sich die gewaltigen, chromblitzenden Karossen zu Standardfahrzeugen, die in Amerika so selbstverständlich waren wie in Deutschland der VW-Käfer.

Doch das Ende für diesen speziellen Typus von Automobil kam jäh. Wie die Dinosaurier waren die Chevys und Fords ganz einfach zu groß geworden, und als auch in Amerika nach der ersten Ölkrise zu Beginn der 70er Jahre die Zeit des Überflusses endgültig vorbei war, begann für die amerikanischen Autofirmen, die die Zeichen der Zeit nicht rechtzeitig erkannt hatten, der Kampf ums Überleben. Noch heute ist es aber der Traum vieler Auto-Fans, einmal mit einem solchen Traumwagen fast schwerelos auf einem endlosen Highway entlanggleiten zu dürfen.

Over more than two decades heavy motor cars dominated American highways. With luxurious outfits, larger-than-life bodies gleaming with chrome, giant V8-motors, supersoft suspensions and the obligatory white-wall tires, they characterized the "American Way of Life", just as Hamburgers, petticoats, rock'n-roll and Coca-Cola. Apart from the skyscrapers, the American cars of that period were probably the best example to demonstrate to the world that, in America, everything is a bit bigger. Particularly in the fifties and sixties, these huge, chrome-gleaming stately vehicles developed into standard cars which were as commonplace in America as was a VW-Beetle in Germany.

But then this special type of automobile met with a sudden end. Just like the dinosaurs, the Chevys and Fords had simply become too big, and when, after the first oil crisis that came in the early seventies, the horn of plenty finally ran dry in America, too, the struggle for survival began for American automobile producers who had failed to see the writing on the wall in time. But even today many automobile-fans are still fantasizing about gliding along, almost floating, in a dream car of this kind.

Oldsmobile „Rocket Ninety Eight" Convertible von 1952

Oldsmobile ist eine der weltweit ältesten Automobilfabriken. Gegründet wurde die Firma im Jahr 1896 in Lansing / Michigan von Ranson Eli Olds, der in Amerika einen der ersten Benzinmotoren produzierte. 1908 geriet die Firma in finanzielle Schwierigkeiten und wurde wie Buick von General Motors übernommen.

1952 war der „Rocket Ninety Eight" das längste Automobil auf Amerikas Straßen und besaß darüber hinaus den stärksten Motor. Der Wagen verfügte bereits über Extras wie Servolenkung, Servobremsen und Automatikgetriebe. Das perfekte, vollrestaurierte Museumsstück hat 16 erste Plätze bei Eleganz-Prämierungen gewonnen. Weltweit existieren nur noch drei Exemplare dieses Typs.

Technische Daten Baujahr: 1952; Motor: 5 l / 8 Zyl. / 160 PS; Länge / Breite: 5,90 m / 2,10 m; Höchstgeschw.: 183 km/h; Neupreis: 3 207.- US$; Produktion: 3 544 Stück

Oldsmobile is one of the oldest automobile manufacturers worldwide. The firm was founded in 1896 in Lansing, Michigan by Ranson Eli Olds, producer of one of the first gasoline fueled motors in America. In 1908 the firm encountered financial difficulties and, like Buick, was taken over by General Motors.

In 1952 the "Rocket Ninety Eight" was the automobile with the greatest length on American roads and, on top of that, had the most powerful motor. The car was already equipped with special features like power steering, power brakes and automatic gear shift. The perfect, completely restored specimen on exhibit in the Museum has been the winner in 16 contests for elegance. Only three specimens of this type are still existing worldwide.

Technical Data Year of Construction: 1952; Motor: 5 liter / 8-cylinder / 160 hp; Length / Width: 5.90 m / 2.10 m; Max. Speed: 183 km/h; Selling Price: $ 3,207; Total Production: 3544 units

Bei seinem Erscheinen war der „Rocket Ninety Eight" das längste Auto auf Amerikas Straßen.

When it came into the market the "Rocket Ninety Eight" was the largest automobile on American roads.

Chrysler „New Yorker De Luxe" Convertible von 1954

Walter Chrysler war Präsident von Buick und stellvertretender Direktor von General Motors gewesen, ehe er im Jahr 1924 seine eigene Automobilfabrik gründete. Schon das erste Modell wurde zu einem herausragenden Erfolg. In den folgenden Jahren übernahm Chrysler stetig weitere Firmen und entwickelte sich neben Ford und General Motors schnell zu einem der führenden Automobilkonzerne.

Der „New Yorker" von 1954 war eines der Spitzenmodelle von Chrysler. Lediglich 724 Stück wurden produziert, von denen heute nur noch fünf Exemplare existieren. Das vor 12 Jahren komplett restaurierte Museumsstück ist somit eine echte Rarität.

Ausgestattet mit allen erdenklichen Extras markiert dieses

Luxusgefährt Chryslers Einstieg in den PS-Wettbewerb, der damals zwischen den Herstellern ausgetragen wurde. In den Anzeigen wurde es mit dem Motto angepriesen: „Alles darunter ist ein Auto von gestern". Über ein Jahrzehnt dominierte Chrysler in dieser Auseinandersetzung mit immer größeren Motoren, die zum Schluß, wie beim weiter hinten gezeigten „300 G", Leistungen von bis zu 450 PS aufwiesen.

Technische Daten Baujahr: 1954; Motor: 5,5 l / V8 Zyl. / 235 PS; Länge / Breite: 5,80 m / 2,10 m; Höchstgeschw.: 200 km/h; Neupreis: 3 938.- US$; Produktion: 724 Stück

Walter Chrysler was president of Buick and vice president of General Motors before founding his own automobile factory in 1924. The first model already turned into a smash hit. In the following years Chrysler kept taking over additional firms and rapidly developed into one of the leading automobile corporations, along with Ford and General Motors.

The "New Yorker" of 1954 was one of Chrysler's top models. Only 724 specimens were produced, five of which are still existing these days. The museum's exhibit, which was completely restored 12 years ago, therefore is a genuine rarity.

Equipped with all imaginable extras, this luxury vehicle marked Chrysler's entry into the hp-competition that was raging at that time between producers. Advertisements were presenting it with the publicity slogan: "Anything less is yesterday's car". Chrysler dominated this rivalry for more than a decade with constantly more powerful motors which ultimately, as with the "300 G" shown later in this section, reached capacities of up to 450 hp.

Technical Data Year of Construction: 1954; Motor: 5.5 liter / V8-cyl. / 235 hp; Length / Width: 5.80 m / 2.10 m; Max. Speed: 200 km/h; Selling Price: US-$ 3,938.00; Total Production: 724 units

Cadillac „Fleetwood" Convertible von 1955

Mit dem „Eldorado Biarritz" stieß Cadillac in vielerlei Hinsicht in neue Dimensionen vor. Die Heckflossen mit den teilweise integrierten Rückleuchten hatten schon fast die Größe eines Flugzeugleitwerks. Die Fahrzeuglänge betrug jetzt fast sechs Meter, was das Auffinden eines geeigneten Parkplatzes nicht gerade leicht machte. Und unter der riesigen Motorhaube verrichtete ein voluminöser 6,4 Liter V8-Motor seine Arbeit, über dessen Benzinverbrauch man besser schweigt. An Zubehör hatte dieses absolute Luxusauto einfach alles, was damals gut und teuer war, u. a. eine Klimaanlage, Servolenkung, elektrische Fensterheber, Automatikverdeck, elektrisch verstellbare Sitze, Scheinwerferdimmer und vieles mehr.

Technische Daten Baujahr: 1959; Motor: 6,4 l / 8 Zyl. / 345 PS; Länge / Breite: 5,90 m / 2,20 m; Höchstgeschw.: 192 km/h; Neupreis: 7 401.- US$; Produktion: 1 320 Stück

For Cadillac the "Eldorado Biarritz" was a venture into new dimensions in more than one respect. The tail fins with their partly integrated rear lights were almost bordering on the dimensions of an airplane's tail unit. The length of the car now had reached nearly 6 meters which was not exactly helpful when it came to finding a parking space. A voluminous 6,4 liter V8-motor, whose fuel consumption is best ignored, was labouring away under the enormous hood. The car was equipped with all extras that were to be had for money at that time, among them air-conditioning, power steering, electric window control, automatic top, electrically adjustable seats, headlight-dimmers and many further accessories.

Technical Data Year of Construction: 1959; Motor: 6,4 liter / 8-cyl. / 345 hp; Length / Width: 5.90 m / 2.20 m; Max. Speed: 192 km/h; Selling Price: $ 7,401; Total Production: 1,320 units

Route 66 – The Legend
Den Alltag hinter sich lassen, die Harley packen
und Gas geben. Freiheit kosten – Sonne, Wind und Wildnis spüren.
Easy rider haben ihre Marke: Route 66.

Route 66 – The Legend
Leave the daily routine behind, load up the Harley and give it
full throttle. Taste the freedom and feel the sun, the wind and the wilderness.
Easy riders have their own brand: Route 66.

For more Info contact
PRIMETTA GmbH · Postfach 36 80 · D-32080 Bad Salzuflen
Telefon +49(0)5222 98 60 20 · Telefax +49(0)5222 98 60 80 · sales@primetta.de
Catch the web: www.primetta.de

Ford „Thunderbird" Convertible von 1958

Von diesem Ford „Thunderbird" Convertible wurden lediglich 2 134 Exemplare gebaut, von denen nur 62 Stück erhalten geblieben sind. Keines davon befindet sich in einem ähnlich perfekten Zustand wie das Museumsstück. Besonders bemerkenswert ist das Verdeck, das vollautomatisch im Kofferraum versenkt werden kann, ganz ohne zusätzliche menschliche Hilfe.

Der Wagen gehörte einem bekannten südamerikanischen Diktator, der ihn nur bei seinen Besuchen in Beverly Hills benutzte. Er wurde unter der Bedingung verkauft, daß der Name des Vorbesitzers niemals preisgegeben würde. Dieses Musterbeispiel für eine vollendete Restaurierung wurde 1994 vom weltweit besten Thunderbird-Experten fertiggestellt.

Technische Daten Baujahr: 1958; Motor: 3,5 l / 8 Zyl. / 300 PS; Länge / Breite: 5,80 m / 2,10 m; Höchstgeschw.: 192 km/h; Neupreis: 3 929.- US$; Produktion: 2 134 Stück

Only 2,134 units of this Ford "Thunderbird" were built altogether; but 62 of them survived, none of which are in a perfect condition similar to that of the museum's exhibit. A particularly remarkable feature is the top that folds away into the trunk fully automatically, without any human assistance.

The car belonged to a well-known South American dictator who only used it on occasion of his visits to Beverly Hills. It was sold under the condition that the name of its former owner would never be revealed. This prime example of a successful restoration was completed in 1994 by the world's foremost Thunderbird expert.

Technical Data Year of Construction: 1958; Motor: 3,5 liter / 8-cylinder / 300 hp; Length / Width: 5.80 m / 2.10 m; Max. Speed: 192 km/h; Selling Price: $ 3,929; Total Production: 2,134 units

Chevrolet „Corvette" Convertible von 1954

Die große Nachfrage nach europäischen Sportwagen veranlaßte General Motors zu Beginn der 50er Jahre zur Entwicklung der „Corvette". Sie wurde 1953 erstmals auf den Markt gebracht und wird bis heute gebaut. Dieses schon lange legendäre Modell entwickelte sich schnell zu einem Verkaufsschlager und wird von vielen als der einzige echte amerikanische Sportwagen bezeichnet. Besonders fortschrittlich war damals die leichte, aus Kunststoff gefertigte Karosserie. Der 6-Zylinder-Reihenmotor des ersten Modells war dagegen eher konservativ. Dies änderte sich mit dem hier gezeigten sehr seltenen Fahrzeug aus dem Jahr 1954, als Chevrolet erstmals einen wesentlich stärkeren V8-Motor verwendete. Das Museumsstück ist die allererste „Corvette" mit V8-Motor und daher äußerst wertvoll. Das Fahrzeug wurde 1994 komplett restauriert

Technische Daten Baujahr: 1954; Motor: 3,7 l / 8 Zyl. / 180 PS; Länge / Breite: 4,50 m / 1,90 m; Höchstgeschw.: ca. 200 km/h; Neupreis: 2 774.- US$; Produktion: 3 640 Stück

The great demand for European sports cars caused General Motors in the early fifties to develop the "Corvette". It was introduced to the market in 1953 and is still being built up to these days. This model, which has enjoyed a long-standing legendary reputation, rapidly turned into a big seller and, by many, is being regarded as the only genuine American sports car. A particularly progressive feature at that time was its light fiber glass body. The 6-cylinder in-line motor of the first model, on the other hand, was more on the conservative side. This changed with the very rare vehicle shown here, a model from the year 1954 when Chevrolet used a considerably more powerful V8-motor for the first time. The specimen on exhibit in the Museum is the very first "Corvette" equipped with a V8-motor and thus particularly valuable. The car was completely restored in 1994.

Technical Data Year of Construction: 1954; Motor: 3.7 liter / 8-cylinder / 180 hp; Length / Width: 4.50 m / 1.90 m; Max. Speed: approx. 200 km/h; Selling Price: $ 2,774; Total Production: 3,640

Chevrolet „Corvette" Convertible von 1956

Zwei Jahre liegen zwischen der auf der gegenüberliegenden Seite gezeigten ersten „Corvette" und diesem Modell aus dem Jahr 1956. Von seinem Vorgänger unterscheidet es sich insbesondere durch die Form der Scheinwerfer, das sanft abfallende Heck und die auffälligen Einbuchtungen an beiden Seiten, die von Corvette-Fahrern schnell als „Präriestreifen" bezeichnet wurden. Verglichen mit den meisten anderen amerikanischen Automobilen dieser Zeit war das Styling der „Corvette" aber dennoch eher zurückhaltend. Obwohl das Fahrzeug eindeutig als Sportwagen ausgelegt war, kam auch der Komfort nicht zu kurz, was insbesondere an den bequemen Sitzen und der nicht übermäßig harten Federung zu erkennen war. Der 6-Zylinder, zunächst noch als Option angeboten, hatte aufgrund der geringen Nachfrage bald endgültig ausgedient. Mit dem kraftvollen V8-Motor erreichte die „Corvette" Fahrleistungen, die einem echten Sportwagen in jeder Hinsicht angemessen waren. Von 0 auf 100 km/h beschleunigte der Wagen in 7,5 Sekunden, die Spitzengeschwindigkeit lag bei über 190 km/h. Dies wurde auch von den Fachzeitschriften honoriert, die anerkennend feststellten: „General Motors baut jetzt auch Sportwagen."

Two years passed between the production of the first "Corvette" shown on the opposite page and this model from 1956. The difference to its predecessor is evident in particular in its headlights, the gently sloping back and the conspicuous indentations on both sides which were promptly dubbed "prairie stripes" by Corvette-drivers. Compared with the majority of the other American cars of the period, however, the styling of the "Corvette" was rather restrained. Although the vehicle had definitely been designed as a sports car comfort was not neglected either, considering the soft seats in particular as well as the none too hard suspension. The six-cylinder, first still offered as an option, was soon abandoned for lack of demand. The powerful V8-motor enabled the "Corvette" to achieve a performance which could absolutely compete in every respect with that of a genuine sports car. The car accelerated from 0 to 100 km/h within 7.5 seconds, the maximum speed was over 190 km/h. This was even acknowledged by motor journals with the compliment: "General Motors now also builds sports cars".

Technische Daten
Baujahr: 1956
Motor: 4,3 l / 8 Zyl. / 250 PS
Länge / Breite: 4,50 m / 1,90 m
Höchstgeschw.: ca. 200 km/h
Neupreis: 3 650.- US$
Produktion: 3 467 Stück

Technical Data
Year of Construction: 1956
Motor: 4.3 liter / 8-cylinder / 250 hp
Length / Width: 4.50 m / 1.90 m
Max. Speed: approx. 200 km/h
Selling Price: $ 3,650
Total Production: 3,467 units

Chevrolet „Stingray Corvette" von 1964 und 1969

Bis 1962 waren von der „Corvette", die viel zum Image von Chevrolet beigetragen hat, annähernd 70 000 Exemplare hergestellt worden. Im Herbst des gleichen Jahres erschien eine völlig neue Version dieses legendären Sportwagens, der die Zusatzbezeichnung „Stingray" (auf deutsch „Stachelrochen") erhielt. Die Karosserie bestand nach wie vor aus Kunststoff, war jetzt aber deutlich niedriger und auch etwas kürzer. Das Bild oben zeigt ein „Corvette" Cabriolet dieser Baureihe von 1964. Der 5,4 Liter 8-Zylinder-Motor leistet 212 PS. Das gleiche Modell wurde auch als Coupé angeboten.

Fünf Jahre später erfolgte eine nochmalige Überarbeitung. Sie entspricht dem unten gezeigten Modell von 1969. Das aggressive Design des Wagens begeisterte die Corvette-Fans auf Anhieb. Das Fahrzeug war ebenfalls als Coupé oder als Cabriolet zu haben. Angetrieben von V8-Motoren mit 5,7 bis 7 Litern Hubraum und Leistungen von bis zu 466 PS blieb die „Corvette" weiterhin der ultimative amerikanische Sportwagen.

Up to 1962 a total number of almost 70,000 had been built of the "Corvette" a model that contributed considerably to the image of Chevrolet. In autumn of the same year this legendary sports car was launched in a completely new version with the addition „Stingray" to its name. The bodywork was still made of fiber glass, but now distinctly lower and somewhat shorter as well. The picture above shows a "Corvette" convertible of this series from 1964. The 5.4 liter 8-Cylinder motor had an output of 212 hp. The same model was also offered as a coupé.

Five years later followed a renewed rework corresponding to the model of 1969 shown below. The aggressive design of the car excited Corvette fans from the start. The car was also available as coupé and as convertible. Propelled by V8-motors with 5.7 to 7 liters capacity and an output up to 466 hp, the "Corvette" remained the ultimative American sports car.

Auburn 851 „Boattail Speedster" Convertible von 1935

Bei den klassischen Automobilen wurde bereits auf Errett L. Cord hingewiesen, der mit seinem Cord 812 ein Fahrzeug geschaffen hatte, das seiner Zeit so weit voraus war, daß sich kaum Käufer dafür fanden. Das zweite Modell, mit dem Cord in die Automobilgeschichte eingegangen ist, war der Auburn Speedster 851. Dieses außergewöhnliche, von Gordon Buehrig gestaltete Fahrzeug, erregte nicht zuletzt aufgrund seiner Fahrleistungen erhebliches Aufsehen. In jedem Exemplar befand sich eine Plakette am Armaturenbrett, die garantierte, daß der Wagen mindestens eine Höchstgeschwindigkeit von 100 Meilen / Stunde erreicht.

Technische Daten Baujahr: 1935; Motor: 4,6 l / 8 Zyl. / 150 PS; Länge / Breite: 4,90 m / 1,80 m; Höchstgeschw.: 190 km/h; Neupreis: 3 745.- US$; Produktion: 490 Stück

Erret L. Cord, creator of the Cord 812, a car so far ahead of its time that it hardly found any buyers, has been mentioned before in the vintage car section. The second model that was contributed by Cord to automobile history was the Auburn 851 Speedster. This extraordinary car, designed by Gordon Buehrig, caused quite a sensation, not last on account of its performance on the road. Each car had a plaque at the dashboard, guaranteeing that the vehicle would reach a maximum speed of at least 100 miles per hour.

Technical Data Year of Construction: 1935; Motor: 4.6 liter / 8-cylinder / 150 hp; Length / Width: 4.90 m / 1.80 m; Maximum Speed: 190 km/h; Selling Price: $ 3,745; Total Production: 490 units

Lincoln „Continental MK II" von 1956

am Ende der Verlust pro verkauftem Wagen auf 10 000.- US$ summierte.

Technische Daten Baujahr: 1956; Motor: 6 l / 8 Zyl. / 304 PS; Länge / Breite: 5,87 m / 2,14 m; Höchstgeschw.: 190 km/h; Neupreis: 14 970.- US$; Produktion: 1150 Stück

In den frühen fünfziger Jahren begann die zum Ford-Konzern gehörende Marke Lincoln mit der Entwicklung einer neuen Luxuswagens. Es entstand der „Continental MK II", der 1955 beim Pariser Autosalon debütierte, und mit dem Henry Ford II nicht nur die Dominanz von Cadillac brechen, sondern sogar Rolls-Royce herausfordern wollte. Von seiner Ausstattung bot der Wagen alles, was damals möglich war, allerdings zu einem extremen Preis. Mit knapp 15 000.- US$ war der „Continental MK II" sechsmal so teuer wie der billigste Chevrolet. Die Verkaufszahlen blieben dann auch nach einem kurzen Boom weit hinter den Erwartungen zurück, und Insider vermuten, daß sich

In the early fifties Lincoln, a division of Ford, began developing a luxury car. The result was the „Continental MK II", which made its debut at the Paris Motor Show in 1955. It was intended by Henry Ford II not only to break the dominance of Cadillac, but also as a challenge to Roll-Royce. The car was equipped with everything that was possible and this time, but at an extreme price. At just about $ 15,000 the „Continental MK II" was six times as expensive as the cheapest Chevrolet. Financially, however, it was a disaster. After a brief boom the sales figures kept falling behind expectations and insiders guess that towards the end the loss per sold car may have amounted to $ 10,000.

Technical Data Year of Construction: 1956; Motor: 6 liter / 8-cylinder / 304 hp; Length / Width: 5.87 m / 2.14 m; Maximum Speed: 190 km/h; Selling Price: $ 14,970; Total Production: 1,150 units

Cadillac „De Ville" Convertible von 1958

einem reichen Verehrer geschenkt, der ihr jahrelang nachstellte, und sie mit kostbaren Geschenken überhäufte.

Technische Daten Baujahr: 1958; Motor: 5,7 l / 8 Zyl. / 300 PS; Länge / Breite: 5,80 m / 2,10 m; Höchstgeschw.: 190 km/h; Neupreis: 5 900.- US$; Produktion: 10 810 Stück

Cadillac - this name has been standing for decades for luxury cars from the land of unlimited possibilities. In keeping with this image the „De Ville" of 1958 was another model equipped to meet these standards. It offered everything that an affluent clientele could expect of a Cadillac-car in

Cadillac - dieser Name steht seit Jahrzehnten stellvertretend für Luxusautos aus dem Land der unbegrenzten Möglichkeiten. Auch der „De Ville" von 1958 wurde so ausgestattet, daß er diesem Anspruch voll entsprach. Er bot alles, was die zahlungskräftige Kundschaft in den 50er Jahren von einem Auto von Cadillac erwartete: eine chromblitzende Karosserie mit den für die damalige Zeit typischen Heckflossen, eine in jeder Beziehung luxuriöse Ausstattung und einen kraftvollen V8-Motor, der auch heute noch eine Fahrt in diesem Fahrzeug zu einem Hochgenuß werden läßt. Auch Marylin Monroe besaß einen weißen Cadillac „De Ville". Er wurde ihr von

the fifties: A body gleaming with chrome and complete with tail fins that were typical for this period, equipment that was luxurious in every respect, and a powerful V8-motor which, even these days, can still turn the ride in a car of this kind into a special treat. Among the owners of a Cadillac „De Ville" was Marylin Monroe. Her car, a white convertible, was a gift from a rich admirer who kept courting her for years, showering her with precious presents.

Technical Data Year of Construction: 1958; Motor: 5,7 liters / 8-cylinder / 300 hp; Length / Width: 5.80 m / 2.10 m; Max. speed: 190 km/h; Selling Price: $ 5,900; Total Production: 10,810 units

Cadillac „Eldorado Brougham" Limousine von 1958

Auch für die Maßstäbe von Cadillac war der „Eldorado Brougham" ein außergewöhnliches Fahrzeug. Er war die Antwort auf den Lincoln „Continental", mit dem Henry Ford II versuchte, Cadillac bei den Luxusautomobilen Marktanteile abzunehmen.

Mit dem „Brougham" versuchte Cadillac, den amerikanischen Straßenkreuzer der Luxuskategorie neu zu definieren. Er ist mit allen nur erdenklichen Extras ausgestattet, einschließlich einer Kristallkaraffe mit passenden Whiskygläsern. Ein besonderes Erkennungszeichen war das auffällige Dach aus gebürstetem, rostfreien Stahl. Die vom technischen Standpunkt aus gesehen revolutionärste Neuerung war aber die beim „Brougham" erstmals in einem PKW eingesetzte Luftfederung, die sich jedoch nicht besonders gut bewährte.

Wirtschaftlich betrachtet war der „Brougham" genau wie der „Continental" ein totaler Mißerfolg. Trotz seines extremen Preises, er war der teuerste Wagen, den Cadillac jemals gebaut hat, betrug der Verlust pro Fahrzeug beim Auslaufen der Serie runde

10 000.- US$. Nur 904 Exemplare wurden zwischen 1959 und 1960 verkauft. Wie der Lincoln „Continental" war auch der „Brougham" von Cadillac ganz einfach zu teuer für den amerikanischen Markt.

Technische Daten Baujahr: 1958; Motor: 5,2 l / 8 Zyl. / 335 PS; Länge / Breite: 5,70 / 2,10 m; Höchstgeschw.: 192 km/h; Neupreis: 13 074.- US$; Produktion: 904 Stück

The "Eldorado Brougham" was an exceptional car even for Cadillac standards. It was meant as a rejoinder to the Lincoln "Continental", Henry Ford II's attempt to take a cut of Cadillac's share in the luxury car market.

With the "Brougham" Cadillac ventured to give a new definition to American cars of the luxury class. It is equipped with all extras imaginable, inclusive of a crystal decanter with matching whiskey glasses. A special mark of identification was its conspicuous roof of stainless steel with brushed finish. From a technical standpoint, however, the most revolutionary novelty was the air suspension of the "Brougham" which was used for the first time in a passenger car, although with rather disappointing results.

From a financial standpoint the "Brougham" was a total failure, just as the "Continental". In spite of its enormous price, it was the most expensive car ever to be built by Cadillac, the loss per car amounted to a round sum of $ 10,000 when the model was finally abandoned. But 904 units were sold between 1959 and 1960. Just as the Lincoln "Continental" before, the "Brougham" by Cadillac was simply too expensive for the American market.

Technical Data Year of Construction: 1958; Motor: 5.2 liter / V8-cylinder / 335 hp; Length / Width: 5.70 m / 2.10 m; Max. speed: 192 km/h; Selling Price: $ 13,074; Total Production: 904 units

Ford „Skyliner" Convertible von 1958

Bis 1962 Im Gegensatz zu Buick oder gar Cadillac hat Ford immer preiswerte Autos fürs Volk gebaut. So war auch der „Skyliner" ein Fahrzeug, das sich trotz der luxuriösen Extras wie Servolenkung, Servobremsen und Automatikgetriebe die Masse der Amerikaner leisten konnte.

Eine ganz außergewöhnliche Besonderheit ist das auf Knopfdruck automatisch im Kofferraum versenkbare Stahldach. Es scheint heute unglaublich, daß eine derart erstaunliche Technik schon vor 40 Jahren in einem billigen Ford angeboten wurde. Über Jahrzehnte hat kein anderer Hersteller etwas Vergleichbares auf den Markt gebracht. Der Mercedes SL kam dem zwar nahe, allerdings mit einem Stoffdach. Erst der SLK von 1996 verfügt wie der „Skyliner" über ein versenkbares Stahldach.

Technische Daten Baujahr: 1958; Motor: 4,1 l / V8 Zyl. / 202 PS; Länge / Breite: 5,20 m / 2,10 m; Höchstgeschw.: 192 km/h; Neupreis: 3 359.- US$; Produktion: 58 147 Stück

Contrary to Buick, not to mention Cadillac, Ford has always built reasonably priced cars for the masses. True to this policy the "Skyliner" was another car which in spite of luxury extras like power-steering and -brakes as well as automatic gear shift remained affordable for the majority of Americans.

A very special extra is the steel-top that could be folded away into the trunk automatically just by pressing a button. It appears unbelievable today that an amazing technique of this kind may have been offered 40 years ago already in a low-priced Ford. For decades no other manufacturer offered anything on the market that could compare with this model. Although the Mercedes SL came close, it was equipped with a soft top, and it was not until 1996 that the SLK could boast a fold-away steel-roof, just as the "Skyliner".

Technical Data Year of Construction: 1958; Motor: 4.1 liter / V8-cylinder / 202 hp; Length / Width: 5.20 m / 2.10 m; Maximum Speed: 192 km/h; Selling Price: $ 3,359; Total Production: 58,147 units

Sich auch ohne Worte zu verstehen kommt mit der Zeit.
Oder mit der richtigen Bank.

Landesbank Baden-Württemberg

Gemeinsam erreicht man nicht nur mehr, man erreicht Ziele auch einfacher. Genau deshalb bekommen Sie bei uns eine persönliche Beratung und durchdachte Lösungen, die auch im Detail überzeugen. Das verstehen wir unter einer Partnerschaft. Haben Sie Zeit für ein Gespräch? Mehr Informationen: Telefon (0711) 124-3000 oder www.LBBW.de. **Landesbank Baden-Württemberg. Eine Bank, die weiterdenkt.**

LB≡BW

KNSK

Chrysler „Imperial Crown Southhampton" von 1962

Die vier einzeln stehenden, nicht in die Fahrzeugfront integrierten Scheinwerfer und die auffälligen Heckflossen geben diesem typischen Straßenkreuzer sein charakteristisches Aussehen. Um zu demonstrieren, dass die „Imperial"-Baureihe über allem thront, wählte man als Motorisierung ein standesgemäßes 6,8 l V8-Aggregat mit 350 PS.

The four individually attached headlights, which are not integrated into the front part, as well as the conspicuous tail fins give this car its characteristic appearance. To demonstrate that the "Imperial"-series was standing in solitary splendor, the engine selected for this model, and befitting its station, was a 6.8 litre V8-engine with 350 hp.

Ford Galaxie 500 New York Police Department

Dieser leistungsstarke Wagen von 1968 mit einem 325 PS V8-Motor war bei der New Yorker Polizei im Einsatz. Die hohe Motorleistung und die gute Straßenlage machten den Ford „Galaxie" zu einem idealen Fahrzeug sowohl für die Verbrecherjagd in den Häuserschluchten der großen Metropolen Amerikas als auch für Routineeinsätze wie z. B. Verkehrskontrollen.

This high performance car from 1968 equipped with a 325 hp V8-Engine was used by the NYPD. Its strong motor and the good road-holding qualities made the Ford "Galaxie" a preferred vehicle not only for chasing criminals in the streets of the large cities but also for routine missions like traffic controls.

Sportwagen - Sports Cars

Aston Martin, Jaguar, Ferrari, Lamborghini, Porsche - Wer kennt sie nicht, diese Ikonen des Automobilbaus. In unserer Sportwagenabteilung können Sie viele der schönsten Boliden, die jemals die Werkshallen dieser Edelschmieden verlassen haben, aus nächster Nähe begutachten. Nur wenigen wird es jemals vergönnt sein, einmal in einem solchen Traumwagen die ungestüme Kraft von 500 oder mehr PS zu erleben. Aber ein wenig davon träumen kan man ja.

Aston Martin, Jaguar, Ferrari, Lamborghini, Porsche – who does not know these icons of automobile manufacture. In our sports car department you can examine many of the most beautiful specimen that ever left the workshops of these noble forges close up. But few of us will be granted the experience to feel the reckless power of 500 hp or more. But you can always take time out for a little daydreaming.

Vector W 8 Twin Turbo

Amerikanischer Sportwagen der Superlative von 1993 mit einem 600 PS 6 Liter V-8-Motor, einer überwiegend aus Kevlar gefertigten Karosserie und einem Cockpit wie ein Düsenjäger. Das Museumsstück ist das einzige Fahrzeug dieser Art in Europa.

American sports car of superlatives built in 1993 with a 600 hp 6 liter V8-engine, a body mainly made of kevlar, and a cockpit like a jet fighter. The specimen in the museum is the only car of this type in Europe.

Lamborghini „Diablo"

Am 20. Januar 1990 wurde in Monte Carlo der „Diablo" der Öffentlichkeit präsentiert. Er verfügt über einen Allradantrieb und wird von einem V-12-Motor mit 492 PS angetrieben.

On January 20, 1990 the "Diablo" was introduced to the public in Monte Carlo. It is equipped with a four-wheel drive and is propelled by a V-12 engine with 492 hp.

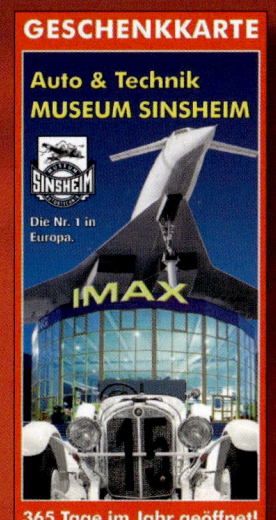

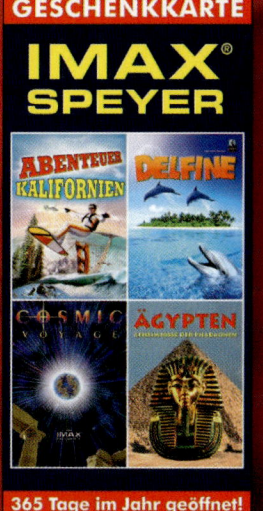
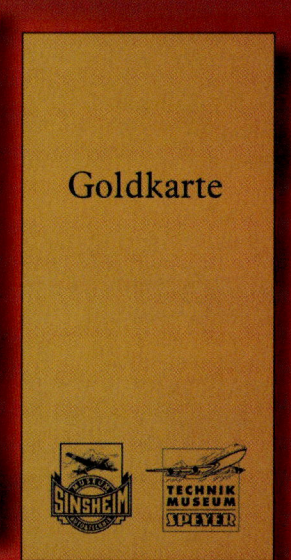

Das aufregendste Ziel bis 2006.

▶ Damals rasten sie über die Pisten und ließen die Herzen von Millionen höher schlagen. Heute begeistern die Silberpfeile im Mercedes-Benz Museum immer noch Besucher aus aller Welt. Hier sehen Sie noch bis 2006 die Autos, mit denen Mercedes-Benz seit über 100 Jahren Automobilgeschichte schreibt. Angefangen bei den ersten Fahr-

zeugen von Daimler und Benz aus dem Jahre 1886 über den ersten Mercedes von 1902, den 300 SL „Flügeltürer", das Traumauto der 50er Jahre, bis hin zu den Fahrzeuglegenden aus den 70ern. Zukunftsweisendes Design, Meilensteine der Technik und die einzigartige Geschichte der Fahrzeuge faszinieren Jung und Alt, heute und morgen – ebenso wie die

neuesten Fahrzeugmodelle von der A-Klasse bis zur S-Klasse. Ein Rundgang durch das Mercedes-Benz Museum weckt Emotionen und zeigt: Zukunft hat Herkunft.

DaimlerChrysler AG · Mercedes-Benz Museum · HPC G328 · Mercedesstraße 137
70327 Stuttgart · Tel. 49 (0) 7 11/17-2 25 78 · Fax 49 (0) 7 11/17-5 11 73
www.mercedes-benz.com/classic

Mercedes-Benz

Mercedes-Benz 300 SL

Der 300 SL mit seinen extravaganten Flügeltüren war der Traumwagen der Nachkriegszeit schlechthin. Angetrieben von einem kernigen Dreiliter-Sechszylindermotor mit 215 PS erreichte dieser damals rund 29 000 DM teure reinrassige Sportwagen je nach Übersetzung Spitzengeschwindigkeiten von bis zu 240 km/h. Aufgrund der geringen Produktionszahl, nur 1 400 Stück wurden zwischen 1954 und 1957 gebaut, ist der 300 SL heute ein teures und besonders begehrtes Sammlerstück.

The 300 SL with its extravagant gullwing doors was the epitome of the postwar dream car. Propelled by a vigorous three-liter six-cylinder motor of 215 hp, this thoroughbred sports car which cost a good DM 29,000 at that time, could reach top speeds of up to 240 km/h depending on its transmission ratio. As a consequence of the limited production number, only 1,400 units of this car were built between 1954 and 1957, the 300 SL is an expensive and highly sought-after collector's item these days.

Lamborghini „Miura P 400 S"

Technische Daten
Baujahr: 1970
Motor: 3,9 l / 12 Zyl. / 370 PS
Mittelmotor quer eingebaut
Höchstgeschw.: 280 km/h

Technical Data
Year of Construction: 1970
Motor: 3.9 l / 12-cyl. / 370 hp
Lateral Center Engine
Max. Speed: 280 km/h

Bei seinem Erscheinen im Jahr 1970 war der „Miura" der kompromißloseste Sportwagen, den man zu dieser Zeit kaufen konnte. Fast jeglicher Komfort wurde zugunsten der Geschwindigkeit geopfert. Nebensächliche Details wie eine ernst zu nehmende Heizung, eine Klimaanlage oder gar einen Kofferraum, in dem mehr als eine Handtasche Platz hat, wurden von den Konstrukteuren um Feruccio Lamborghini ignoriert. Der Motor ist nur durch eine Glasscheibe von der Fahrerkabine abgetrennt, die Geräuschkulisse ist entsprechend. Der gezeigte Wagen ist nur 20 000 km gelaufen und befindet sich in einem fast neuwertigen Originalzustand.

When it was introduced in 1970 the "Miura" was the most uncompromising sports car to be had at that time. Nearly all attributes of comfort had been sacrificed to speed. Trivial details like a heating system deserving this name, air-conditioning, not to mention a trunk affording room for more than a handbag were simply ignored by the designers around Feruccio Lamborghini. The motor is separated from the cockpit by a glass partition only. The background noise is accordingly. The car shown here has run 20,000 kilometers only and thus is in an almost as new original condition.

Lamborghini „Countach LP 500S"

Technische Daten
Baujahr: 1986
Motor: 5 l / 12 Zyl. / 400 PS
Höchstgeschw.: 300 km/h

Technical Data
Year of Construction: 1986
Motor: 5 liter / 12-cylinder / 400 hp
Maximum Speed: 300 km/h

Mit seiner außergewöhnlichen, von Bertone entworfenen Karosserie ist der „Countach" schon heute ein echter Klassiker, ein absoluter Supersportwagen, der noch aggressiver wirkt, als sein Vorgänger, der „Miura". Als Antrieb dient ein V12-Zylinder, der als Mittelmotor vor der Hinterachse liegt, im Gegensatz zum „Miura" aber nicht quer, sondern längs zur Fahrtrichtung.

With its unconventional body designed by Bertone the "Countach" is already counted among the true classics, an absolute super-sports car that gives an even bolder impression than its predecessor "Miura". It is powered by a 12-cylinder positioned as a centrally located engine in front of the rear axle, but contrary to the "Miura" lengthways rather than crosswise to the direction of travel.

Ferrari 342 „America"

Von diesem frühen Ferrari sind nur sechs Stück gebaut worden. Das im Museum ausgestellte Exemplar hat die Fahrgestellnummer 240 AL. Mit dem „America", dem ersten Straßenmodell von Ferrari überhaupt, begann die Zusammenarbeit zwischen der Autoschmiede in Maranello und dem berühmten italienischen Karosseriedesigner Pinin Farina. Trotz seines Alters erreicht der heute fast unbezahlbare Wagen noch immer eine Spitzengeschwindigkeit von annähernd 200 km/h.

Technische Daten Baujahr: 1953; Motor: 4,1 l / 12 Zyl. / 240 PS

But six cars were built of this early Ferrari model. The specimen on exhibit in the Museum has the chassis number 240 AL. The "America", the very first roadworthy model built by Ferrari, started the cooperation of the automobile factory in Maranello with the renowned Italian body designer Pinin Farina. In spite of its age this now prohibitively expensive car can still reach a top speed of nearly 200 km/h.

Technical Data Year of Construction: 1953; Motor: 4.1 liter / 12-cylinder / 240 hp

Aston Martin DB 5 Coupé

Dieses rassige Sport-Coupé der Nobelklasse machte den Namen Aston Martin der breiten Öffentlichkeit bekannt. Der wohl berühmteste Geheimagent aller Zeiten, James Bond alias 007, brachte mit diesem Wagen nicht nur etliche Bösewichte sondern auch zahllose Frauenherzen zur Strecke. Allerdings verfügte er im Vergleich zum Serienmodell auch über etliche Extras, z. B. Maschinengewehre in der Stoßstange sowie einen Schleudersitz auf der Beifahrerseite, mit dem unliebsame Beifahrer zügig nach draußen befördert werden konnten.
Technische Daten Baujahr: 1965; Motor: 4 l / 6 Zyl. / 330 PS

This sleek sports-coupé of high-class design made the name Aston Martin public. With this automobile, the unrivaled, most famous secret agent of all times, James Bond aka 007, conquered not only numerous villains but the heart of many a fair lady as well. But then, compared to the series models his car, after all, can also boast various extras, like machine guns in the bumpers as well as an ejection seat on the passenger side to oust unwanted passengers on the spot.
Technical Data Year of Construction: 1965; Motor: 4 l / 6 Cyl. / 330 hp

Lotus „Elan S 2"

Technische Daten
Baujahr: 1966
Motor: 1,7 l / 4 Zyl. / 115 PS

Technical Data
Year of Construction: 1966
Motor: 1.7 l / 4-cyl. / 115 hp

Der „Elan" war für Lotus der erste echte Verkaufsschlager. Berühmt wurde der Wagen in Deutschland u. a. durch die Fernsehserie „Mit Schirm, Charme und Melone" als bevorzugtes Fahrzeug der Geheimagentin Emma Peel. In den Folgejahren wurde er mit verlängertem Radstand auch als Viersitzer verkauft.

The "Elan" was the first real big seller for Lotus. In Germany the car also became known as the favorite wheels of Emma Peel, special agent of the TV-series "The Avengers". Later it was also sold with increased wheelbase as a four-seater.

Ferrari 250 GT

Technische Daten
Baujahr: 1959
Motor: 3 l / 12 Zyl. / 250 PS

Technical Data
Year of Construction: 1959
Motor: 3 l / 12-cyl. / 250 hp

Die zeitlos schöne Karosserie des 250 GT, dem ersten Ferrari-Cabriolet für den Straßengebrauch, ist ebenfalls von Pinin Farina entworfen worden. In dieser Form wurden bei Ferrari nur 40 Fahrzeuge hergestellt. Dabei ist der im Museum gezeigte Wagen das weltweit einzige Exemplar mit Rechtslenkung. Er wurde im Jahr 1959 in die Kronkolonie Hongkong geliefert und kam über Schweden als Leihgabe in das Technik-Museum nach Sinsheim.

The timeless, beautiful bodywork of the 250 GT, the first Ferrari-convertible built for road use, was also designed by Pinin Farina. Only 40 vehicles in this shape were built by Ferrari. Amongst these the vehicle on exhibit in the museum is the only specimen with right-hand steering. It was shipped to the Crown Colony of Hong Kong in 1959 and came to the Technik Museum in Sinsheim on loan via Sweden.

Ferrari 250 GTO

Technische Daten
Baujahr: 1963
Motor: 3 l / 12 Zyl. / 290 PS
Höchstgeschw.: ca. 280 km/h

Technical Data
Year of Construction: 1963
Motor: 3 l / 12-cyl. / 290 hp
Max. Speed: approx. 280 km/h

Der 250 GTO (Gran Turismo Omologato) ist die Rennversion des 250 GT. Ferrari gewann mit dem GTO mehrfach die Marken-Weltmeisterschaft in der Gran-Tourismo-Klasse. Er ist unbestritten einer der größten Ferrari-Klassiker aller Zeiten. Zwischen 1962 und 1964 wurden nur 39 Exemplare dieses Typs gebaut. Unter den Ferrari-Fans gilt der GTO als der Ferrari schlechthin. Daher wurden etliche Straßen-Ferraris, die ein ähnliches Chassis hatten, wie dieser im Museum ausgestellte Ferrari im GTO-Stil umgebaut.

The 250 GTO (Gran Turismo Omologato) is the racing version of the 250 GT. With the GTO Ferrari repeatedly won the Brand-World-Championship in the Gran-Tourismo-class. It is undisputedly one of the greatest Ferrari-classics of all times. Between 1962 and 1964 only 39 units of this type were built. Among the Ferrari-fans the GTO is regarded as the Ferrari per se. Therefore, several ordinary "street" Ferraris with a similar chassis as the one on exhibit in the museum were redesigned in the GTO-style.

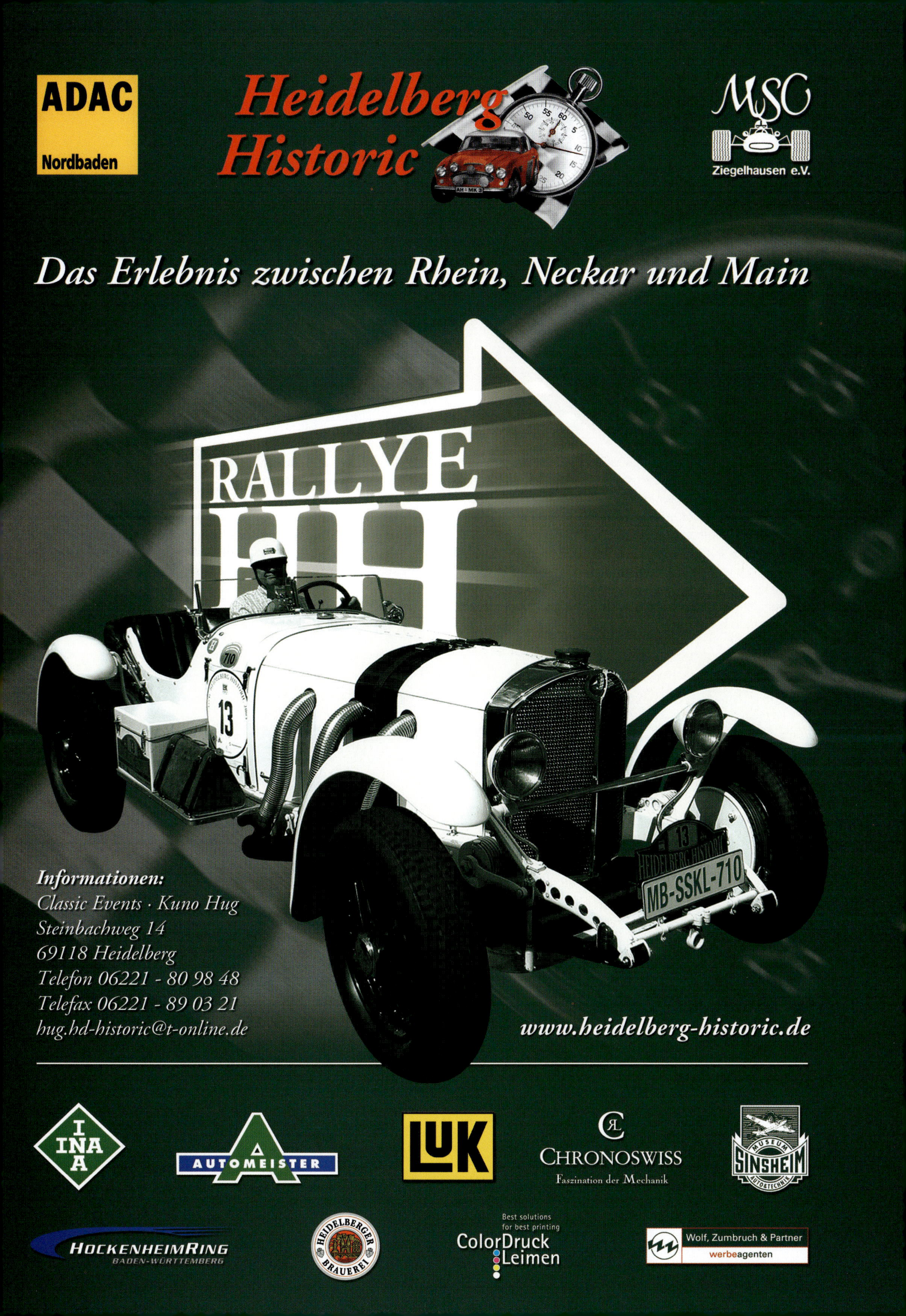

Heidelberg Historic

Das Erlebnis zwischen Rhein, Neckar und Main

RALLYE HH

Informationen:
Classic Events · Kuno Hug
Steinbachweg 14
69118 Heidelberg
Telefon 06221 - 80 98 48
Telefax 06221 - 89 03 21
hug.hd-historic@t-online.de

www.heidelberg-historic.de

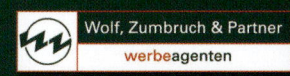

Jaguar D-Type

Technische Daten
Technische Daten
Baujahr: 1954
Motor: 3,4 l / 6 Zyl. / 253 PS

Technical Data
Year of Construction: 1954
Motor: 3.4 l / 6-cyl. / 253 hp

Der Jaguar D-Type galt viele Jahre als unbesiegbar. Von 1955 bis 1957 siegte ein Wagen dieses Typs drei Mal hintereinander beim 24-Stunden-Rennen von Le Mans. Stirling Moss erreichte dabei im Jahr 1954 auf der Hunundieres-Geraden die für damalige Zeiten sagenhafte Spitzengeschwindigkeit von 270 km/h.

Aufgrund eines verheerenden Brandes im Jahr 1957, das das Werk in Coventry fast völlig vernichtete, entschloß man sich bei Jaguar, alle Rennsportaktivitäten vorläufig aufzugeben. Im Jahr 1962 wurde dann der direkt vom D-Type abgeleitete Typ E vorgestellt, mit dem Jaguar einen seiner größten wirtschaftlichen Erfolge feierte.

For many years the Jaguar D-Type was considered unbeatable. From 1955 through 1957 a car of this type won the 24-hours of Le Mans three times in series. In 1954 Stirling Moss reached the 270 km/h mark, a fabulous top-speed for that time, on the Hunundieres-straight.

Because of a devastating fire in 1957, which destroyed the parent plant in Coventry almost completely, Jaguar decided to abandon all racing activities for the time being. In 1962 the Type E, a direct derivative of the D-Type, was introduced, a model that helped Jaguar to achieve one of its greatest financial results.

Jaguar E Roadster

Der Jaguar E war der führende Sportwagen Mitte der 60er Jahre. Das charakteristische Design mit dem runden Kühlerlufteinlass und der schier endlos langen Motorhaube wurden legendär und begeistert Sportwagen-Fans noch heute. Der 4,2 l 6-Zylinder-Reihenmotor des Jaguar E wurde in Le Mans zum ersten Mal vorgestellt und in den 50er Jahren bereits in den Jaguar Rennwagen Typ C und D eingesetzt.
Technische Daten Baujahr: 1966; Motor: 4,2 l / 6 Zyl. / 269 PS

The Jaguar E was the leading sports car of the mid-sixties. Its characteristic design with the round radiator-air intake and the seemingly endless hood became legendary and is filling sports car fans with enthusiasm up to this day. The 4,2 l 6-cylinder in-line engine of the Jaguar E was first presented in Le Mans and used in the Jaguar racing cars Type C and D in the fifties already.
Technical Data Year of Construction: 1966; Motor: 4.2 l / 6 Cyl. / 269 hp

Lamborghini Urraco P 300

Technische Daten
Baujahr: 1978
Motor: 3 l / 8 Zyl. / 265 PS

Technical Data
Year of Construction: 1966
Motor: 3 l / 8-cyl. / 265 hp

Hochelegant und leistungsstark, wenn auch etwas anfällig im Fahrbetrieb, präsentiert sich der Lamborghini Urraco. Ein typischer Sportwagen der 70er Jahre der als Konkurrent zum Ferrari Dino gedacht war.

Highly elegant and powerful, if somewhat temperamental in its performance, would be the correct description for the Lamborghini Urraco. A typical sports car of the seventies that was conceived as a competitor of the Ferrari Dino.

Ferrari „Testarossa"

Technische Daten
Baujahr: 1988
Motor: 4,9 l / 12 Zyl. / 390 PS
Höchstgeschw.: 330 km/h

Technical Data
Year of Construction: 1988
Motor: 4.9 l / 12-cyl. / 390 hp
Max. Speed.: 330 km/h

Im Jahr 1984 präsentierte Ferrari mit dem „Testarossa" ein neues, aufregendes Design. Die Karosserie wurde vom Pinin Farina Designer Leopoldo Fioravanti entworfen. Mit Ausnahme der Türen besteht sie aus Aluminium, was im Vergleich zu einer Stahlkarosserie eine erhebliche Gewichtsersparnis bringt. Die seitlichen Rippen leiten die Luft zu den Kühlern, die hinter dem Fahrgastraum angeordnet sind. Der Frontgrill dient nur als Luftzufuhr für die Klimaanlage und die Scheibenbremsen. Der Wagen beschleunigt in unter 5 Sekunden von 0 auf 100 km/h und erreicht eine Spitzengeschwindigkeit von 330 km/h.

With the "Testarossa" of 1984 Ferrari presented a novel, exciting design. The bodywork was designed by Pinin Farina's designer Leopoldo Fioravanti. Except for the doors it is made of aluminum, resulting in a considerably less weight compared with an all-steel body. The fins at the sides are the air intakes for the radiators positioned behind the cockpit. The front grill serves as an air intake for air-condition and disc braking system only. The car accelerates from 0 to 100 km/h in less than 5 seconds and reaches a top speed of 330 km/h.

Ferrari F 40

Technische Daten
Baujahr: 1991
Motor: 2,9 l / 8 Zyl. / 478 PS

Technical Data
Year of Construction: 1991
Motor: 2.9 l / 8-cyl. / 478 hp

Der F 40 war bei seinem Erscheinen das vermutlich schnellste für den Straßenverkehr zugelassene Auto. Dieser Supersportwagen mit seinem 478 PS starken Achtzylinder-Motor mit Doppelturbolader beschleunigt in nur 11,3 Sekunden auf 200 km/h. Die Höchstgeschwindigkeit liegt jenseits von 340 km/h.

At the time of its presentation the model F 40 was probably the fastest automobile licensed for road traffic. This super sports car with its 478 hp eight-cylinder motor and double turbocharger accelerates up to 200 km/h in but 11.3 seconds. Its maximum speed is beyond 340 km/h.

Huschke von Hanstein Gedächtnisausstellung

Am 5. März 1996 verstarb im Alter von 85 Jahren Huschke von Hanstein, das erste Ehrenmitglied des Auto & Technik Museums Sinsheim. Seit März 1999 zeigt das Museum eine umfangreiche Sonderausstellung zu Ehren des unvergessenen „Rennbarons". Initiiert wurde die Ausstellung von Tobias Aichele, der sich als Fachbuchautor und PR-Profi einen Namen gemacht hat. Die Schirmherrschaft hat Ursula von Hanstein, die Gattin Huschke von Hansteins, übernommen, die auch den größten Teil der Ausstellungsstücke zur Verfügung stellte.

Huschke von Hanstein
1911 - 1996

Huschke von Hanstein konnte auf eine überaus erfolgreiche Karriere als Rennfahrer zurückblicken, als er in den 50er Jahren zu Porsche wechselte. Dort war der Allround-Motorsportmann PR-Chef, Rennleiter und Fotograf in Personalunion. In den folgenden Jahren prägte er als erster weltweit die Öffentlichkeitsarbeit und erfand, ganz Universalgenie, u. a. den Zebrastreifen sowie die Werbung auf den Rennwagen. Zudem führte er den Sturzhelm zum Schutz der Rennfahrer ein. Huschke von Hanstein war es, der die Marke Porsche durch Presseauftritte und Renneinsätze weltweit bekannt machte. Mit dem Firmengründer Ferry Porsche verband ihn eine enge Freundschaft. Bis zuletzt trafen sich die beiden Grandseigneurs zu gemeinsamen Spaziergängen.

Im Rahmen der Ausstellung werden über 15 Autos und Motorräder aus dem Fundus der Werksmuseen von BMW und Porsche sowie aus dem Besitz privater Sammler zu sehen sein,

Die Schirmherrin der Ausstellung Ursula von Hanstein mit Tobias Aichele bei der feierlichen Eröffnung.

The patroness of the exhibition, Ursula von Hanstein, together with Tobias Aichele at the grand opening.

die im unmittelbaren Zusammenhang mit dem Leben und Wirken Huschke von Hansteins stehen. So hat der Rennfahrer beispielsweise auf einer Sonderversion des BMW 328 im Jahr 1940 die Mille Miglia gewonnen. Aber auch einige seiner ehemaligen Dienstwagen (Porsche 356, 911 und 928) werden gezeigt. Daneben sind in den liebevoll dekorierten Vitrinen viele persönliche Erinnerungsstücke wie der erste Sturzhelm von Hansteins sowie zahlreiche Siegerpokale ausgestellt. Unser Dank gilt allen, die diese einmalige Ausstellung ermöglicht haben.

On March 5, 1996 Huschke von Hanstein, the first honorary member of the Auto & Technik Museum Sinsheim, died at the age of 85. Since March of 1999 the museum has been showing a comprehensive special exhibition in honor of the unforgotten "Racing Baron" . The initiator of this exhibition was Tobias Aichele, who has made a name for himself as a reference book author and PR-pro. The patroness is Ursula von Hanstein, Huschke von Hanstein's wife, who also provided the main part of the exhibits.

When joining the Porsche firm in the fifties, Huschke von Hanstein was able to look back on a most successful career as a racing driver. For Porsche the allround-motorsports-pro became their chief PR-manager, head of racing teams and photographer, all in one. In the following years he was first in shaping public relations work worldwide and invented, universal genius that he was, among other innovations the zebra-crossing as well as advertising on racing cars. In addition to that he introduced the crash helmet for the protection of racing drivers. It was Huschke von Hanstein who made the name Porsche world-famous with promotion- and press events as well as with racing activities. He was a close friend of the founder father, Ferry Porsche and, up to the end, the two old gentlemen would meet regularly to go for walks.

The exhibition will show more than 15 automobiles and motorbikes, coming from the stock of the company museums of BMW and Porsche as well as from the possessions of private collectors, which are closely connected with the life and work of Huschke von Hanstein. As an example the special version of the BMW 328 which took the racing driver to his victory of 1940 when he won the Mille Miglia. But some of his official cars (Porsche 356, 911 and 928) are also on exhibit. Besides, there are elaborately decorated show cases with many memorabilia of a personal nature, like von Hanstein's first crash helmet as well as numerous trophies. Our gratitude goes out to all who helped to create this unique exhibition.

Im Rahmen der Ausstellung werden neben Siegerpokalen und historischen Fahrzeugen auch viele persönliche Erinnerungsstücke aus dem Leben des „Rennbarons" Huschke von Hanstein gezeigt. - Besides trophies and vintage cars the exhibition is also showing numerous memorabilia from the private life of the "Racing Baron" Huschke von Hanstein.

Porsche Sonderausstellung

Eine besondere Attraktion speziell für Sportwagenfans ist die permanente Porsche-Sonderausstellung im Auto & Technik Museum Sinsheim. Die ständig wechselnden Exponate stammen zum Teil aus den Beständen des Porsche-Rennsportmuseums, zum Teil von privaten Leihgebern.

Das Bild oben zeigt einen Porsche 917/30, der bei der CanAm-Meisterschaft 1973 eingesetzt wurde. Zwei Abgas-Turbolader verhalfen dem 5,4 l 12-Zylinder-Motor zu beachtlichen 1100 PS. Mark Donohue sicherte sich mit diesem Wagen überlegen den begehrten CanAm-Titel.

Der Wagen links unten ist ein Porsche 718 RS 60 Spyder von 1960. Der 1,6 l 4-Zylinder-Motor leistet 160 PS. Dieser Typ war insbesondere bei Langstreckenrennen sehr erfolgreich. So gelang Porsche mit dem RS 60 z.B. der erste Sieg beim 12-Stunden-Rennen von Sebring.

Der Porsche rechts unten ist ein 935 Turbo von 1977. Dieses Modell mit einem 2,9 l 6-Zylinder-Motor mit 630 PS war der erste für Privatteams käufliche Porsche-Rennwagen. Das Museumsstück wird noch heute bei Veteranenrennen gefahren.

A special attraction, in particular for fans of sports cars, is the permanent Porsche Special Exhibition at the Auto & Technik Museum Sinsheim. The exhibits, which are constantly exchanged, are partly originating from the stock of the Porsche Racing Sports Museum, and partly from private donors on loan.

The picture on top shows a Porsche 917/30, which was participating in the CanAm-Championships of 1973. Two turbo superchargers boosted the 5.4 l 12-cylinder engine to a respectable 1100 hp. Mark Donohue won the coveted CanAm title with this car.

The car at the bottom left is a Porsche 718 RS 60 Spyder of 1960. The 1.6 l 4-cylinder engine has an output of 160 hp. This model was particularly successful in long-distance races. This way, Porsche was successful e.g. in winning the 12-hour-race of Sebring with the RS 60 for the first time.

The Porsche at the bottom right is a 935 Turbo of 1977. This model with a 2.9 l 6-cylinder engine and an output of of 630 hp was the first Porsche racing car which could be purchased by private racing teams. The museum's exhibit is still participating in vintage car races these days.

Das Automobil ist immer auch Sportgerät gewesen und besonders während der Anfangszeit des Automobilbaus hat die extrem hohe Beanspruchung des Materials, den der Renneinsatz mit sich bringt, ganz wesentlich zur technologischen Weiterentwicklung beigetragen. Den Rennwagen ist daher im Museum ein breiter Raum gewidmet. Neben vielen Klassikern von Bugatti, Mercedes und vielen anderen präsentiert das Museum die größte permanente Formel-1-Ausstellung Europas. Seite an Seite sehen Sie hier die legendären Rennmaschinen, mit denen sich die größten Formel-1-Fahrer der letzten Jahrzehnte unvergessliche Duelle geliefert haben. McLaren, Lotus, Williams, Benetton, ehemals pilotiert von Alain Prost, Nigel Mansell, Michael Schumacher oder dem unvergessenen Ayrton Senna - alle sind sie vertreten. Sogar ein Exemplar des legendären sechsrädrigen Tyrrell von 1976 kann in unserer Ausstellung bewundert werden.

The automobile has always been figuring as an item of sports equipment as well, and in the early days of automobile manufacture, in particular, the extremely stringent wear and tear materials were subjected to under racing conditions acted as considerable contribution to technological development. Racing cars, therefore, are granted a wide space in the museum. Besides many classics from Bugatti, Mercedes, and many others the museum presents the largest permanent Formula-1 exhibition in Europe. Side by side you can see the legendary racers that served the most prominent Formula-1-drivers of the last decades to put up their memorable duels. McLaren, Lotus, Williams, Benetton, formerly piloted by Alain Prost, Nigel Mansell, Michael Schumacher or the unforgotten Ayrton Senna – they are all represented here. You can even admire a specimen of the legendary six-wheel Tyrrell of 1976 in our exhibition.

Der Bugatti Typ 57 Baujahr 1938 im Bild oben ganz links ist noch heute voll funktionsfähig, wie diese bei einer Winter-Rallye Anfang Januar in Österreich gemachte Aufnahme beweist.

The Bugatti Type 57 built in 1938 shown at the very left in the top picture is still in absolutely roadworthy condition as is proven by this photograph taken during a winter rallye in Austria early in January.

American La France „Funkenblitz"

Der American La France „Funkenblitz" stammt von 1907. In Aussehen und Technik ist er typisch für die Fahrzeuge jener Zeit. Der großvolumige Motor mit 9,5 Litern Hubraum leistet 95 PS. Die Kraftübertragung erfolgt mittels zweier Ketten auf die hintere Starrachse. Der Wagen hat vorne keine Bremsen, dafür aber hinten eine Außenbandhandbremse sowie eine Innenbackenfußbremse. Von einem hinterher fahrenden PKW wurde er mit einer Spitzengeschwindigkeit von 145 km/h gestoppt.

Dieses interessante Fahrzeug hat eine bewegte Vergangenheit. Nach vielen Sporteinsätzen diente der Wagen in einer amerikanischen Kleinstadt als Feuerwehrfahrzeug und fiel dann in einen Dornröschenschlaf, aus dem er erst Jahre später wieder erweckt wurde. Seine größte Bewährungsprobe bestand er jedoch 1997 bei der Veteranen-Rallye von Peking nach Paris.

Erstmalig waren im Jahr 1907 fünf Automobilpioniere zu dieser auch noch nach heutigen Maßstäben mörderischen Wettfahrt aufgebrochen, die sie über eine Strecke von 16 000 km von Peking über den Himalaja und quer durch Asien nach Paris führen sollte. In den folgenden 90 Jahren scheiterten alle Versuche, diese Wettfahrt zu wiederholen. Doch als jetzt das politische Tauwetter diesen Traum zahlloser Rallye-Fans Realität werden ließ, stand für Museumsleiter Hermann Layher und fünf weitere Vereinsmitglieder sofort fest, daß sie dabei sein würden. Drei Teams wurden gebildet. Rolf Meyer und Gerrit Geiser sollten mit einem Mercedes 280 SE an den Start gehen, Mark Klabin und Jörg Holzwarth mit einem Landrover Baujahr 1968. Hermann Layher und sein Beifahrer John Dick wählten den 90 Jahre alten, offenen American La France, das älteste Fahrzeug im Teilnehmerfeld.

Es folgten Monate akribischer Vorbereitungen. Die Fahrzeuge wurden komplett überholt, Ersatzteile mußten angefertigt und eine Vielzahl von Formalitäten erledigt werden, bevor das Abenteuer endlich beginnen konnte. Die ersten vier Tage der Rallye, die über knapp 2000 Kilometer von Peking zum Fuße des Himalaja führten, verliefen mit Ausnahme einiger gebrochener Ventile beim „Funkenblitz", die jedoch schnell ersetzt werden konnten, ohne größere Probleme. Beim Aufstieg zu den Gipfeln des gewaltigsten Bergmassivs der Welt, wies dann die Natur Mensch und

Das Museumsteam bei der Ankunft in Paris.
The museum's team at their arrival in Paris.

Maschine in ihre Schranken. Nach 3000 Kilometern wurde das Team Layher / Holzwarth aufgrund einer schweren Unterkühlung vom Rennarzt aus der Wertung genommen und nach Deutschland zurückgeschickt.

Doch selbst in diesem Moment der Enttäuschung dachten sie nicht an Aufgabe. Der „Funkenblitz" wurde per LKW nach Peking zurückgebracht und von dort nach Istanbul geflogen. Als das Rallyefeld dieses Etappenziel erreichte, war das Team Layher / Holzwarth wieder dabei. Sie waren gesundheitlich soweit wieder hergestellt, daß sie die letzten 3 000 Kilometer von der Türkei über Griechenland bis nach Paris absolvieren konnten. Auch der „Funkenblitz" hat die Rallye wohlbehalten überstanden und kann jetzt in dem Zustand, in dem er die Ziellinie in Paris überfuhr, im Auto & Technik Museum Sinsheim bewundert werden.

The Amercian La France "Funkenblitz" (spark lightning) originated in 1907. Both his outward appearance and technology are typical for vehicles of that time. The large-volume engine with 9.5 liter displacement has an output of 95 hp. Transmission is brought of by chain drive to the rigid rear axle. The vehicle has no front wheel brakes, but instead a rear external band brake as well as an internal expanding footbrake. A car following behind timed its top speed at 145 km/h.

This interesting vehicle has an eventful past. Subsequent to running at many sports events it served as a fire engine in a small American town and then lapsed into oblivion to be brought back to life after many years. But it passed its greatest test in 1997 on occasion of the Peking to Paris Rallye.

In 1907 five automobile pioneers set out for the first time to race this rallye, a murderous competition even by today's standards, that should lead them over a distance of 16 000 km from Peking over the Himalayas and across Asia to Paris. In the following 90

years all attempts to repeat this competition were thwarted. But now that the political thaw seemed to bring this dream of countless rallye-fans within reach, it was settled for Hermann Layher, the director of the museum, and five further club members that they were going to take part. Three teams were formed. Rolf Meyer and Gerrit Geiser were going to participate with a Mercedes 280 SE, Mark Klabin and Jörg Holzwarth with a Landrover, model 1968. Hermann Layer and his co-pilot John Dick choose the old, open American La France, the oldest vehicle in the field of contestants.

Following were months of meticulous preparations. The cars were completely overhauled, spare parts had to be made and numerous formalities complied with before the adventure finally could begin. Apart from some broken valves of the "Funkenblitz", which could be replaced without delay, the first four days of the Rallye, going over just under 2000 kilometers from Peking to the Himalayan foothills, did not cause any problems at all. But then, climbing to the summits of the world's most colossal mountain range, man and machine were put in their place by nature. After 3000 kilometers the Layher/Holzwarth Team was taken out of classification by the attending physician due to hypothermia and sent back to Germany.

But even at this moment of bitter disappointment they did not even consider giving up. Aboard a truck the "Funkenblitz" was brought back to Peking and from there by freight plane to Istanbul. When this stage of the Rallye was reached by the field, the Layher/Holzwarth Team joined them again. Their health had been recovered to a point that permitted them to complete the last 3000 kilometers from Turkey via Greece to Paris. The "Funkenblitz" also survived the rallye in good shape and can now be viewed at the Auto & Technik Museum Sinsheim in the very condition in which it passed the finishing-line in Paris.

Experimentalfahrzeug „Brutus"

Unter der Projektbezeichnung „Brutus" befindet sich in den Werkstätten des Museums ein außergewöhnliches Fahrzeug im Aufbau, das wie der Maybach Spezialrennwagen in der Tradition des Blitzen-Benz steht. Nach dem 1. Weltkrieg waren viele Flugzeugmotoren vorhanden, da Deutschland keine Flugzeuge besitzen durfte. Diese wurden auf diverse Fahrgestelle montiert und für Rennzwecke verwendet.

Beim Projekt „Brutus" bildet ein Fahrgestell mit Kettenantrieb von 1908 die Grundlage. Auf dieses wird ein 12-Zylinder-Flugmotor mit einem Hubraum von 46 Litern und einer Dauerleistung von 500 PS bei 1500 Upm montiert, der von unserem Vereinsmitglied Hans Dittes in Spanien aufgefunden wurde. Der Reiz dieses Fahrzeugs wird nicht zuletzt darin bestehen, bei einer Umdrehungszahl von nur ca. 800 Upm eine Geschwindigkeit von weit über 100 km/h zu erreichen. Das Bild oben zeigt den Wagen mit dem Brutus-Team (von links: Dieter Reiffert, Manfred Fink, Rajko Crncec, Willi Hartmann, Edmund Hoffmann).

An extraordinary vehicle is currently being constructed in the museum's workshops under the project name "Brutus", which - like the Maybach special racing car - is following the tradition of the Blitzen-Benz. After WW I many aircraft engines were available since Germany was not allowed to own aircraft. These engines were installed on old undercarriages and used to perform races.

An undercarriage with chaindrive of 1908 is being used as a basis for the "Brutus" project. A 12-cylinder aircraft engine with 46 liters displacement and a constant performance of 500 hp at 1500 rpm, that was located in Spain by our club member Hans Dittes, will be mounted on top. The attraction of this vehicle will not least be due to the fact that it is going to reach a speed of far beyond 100 km/h with about 800 rpm only. The picture above shows the vehicle with the Brutus-team (from left: Dieter Reiffert, Manfred Fink, Rajko Crncec, Willi Hartmann, Edmund Hoffmann).

Maybach Spezialrennwagen

Im Gegensatz zu Mercedes hat Maybach im Motorsport nie eine besondere Rolle gespielt. Durch den Einsatz einiger Privatleute wurde der Name Maybach jedoch in den zwanziger Jahren zu einem Begriff in einer ganz speziellen Kategorie des Automobilsports, nämlich den Rekordfahrten über kurze Distanzen.

Hierzu wurden riesige Maybach-Zeppelinmotoren in Personenwagen-Chassis eingebaut und mit mächtigen Getrieben versehen. Das gezeigte Exponat ist typisch für diese Art von Fahrzeug. Der 6-Zylinder-Motor hat einen Hubraum von 23 Litern und leistet 300 PS. Die endlos lang wirkende Motorhaube verhindert, daß das Fahrzeug beim Beschleunigen vorne abhebt. Der Spezialrennwagen kann somit durchaus als Vorläufer der heutigen Dragster angesehen werden. Die Spitzengeschwindigkeit des außergewöhnlichen Gefährts liegt bei über 160 km/h, die bei einer Umdrehungszahl des Motors von nur 1 050 Upm erreicht werden.

Contrary to Mercedes, Maybach has never been playing an eminent role in motor sports. Thanks to the commitment of a few private investors, however, the Maybach name became a term in the twenties to denominate a very special category of automobile sports, namely short-distance-record races.

For this purpose enormous Maybach-Zeppelin-engines were installed in chassis of passenger cars and equipped with huge transmissions. The specimen on exhibit is a typical representative of these kind of cars. The 6-cylinder-engine has a displacement of 23 liters and generates 300 hp. Each of the six cylinders of the former Zeppelin-engine has a displacement of almost 4 liters (bottom picture). The hood of seemingly endless length prevents the car's front from lifting off on acceleration. The special racing car thus can definitely be regarded as a predecessor of today's dragsters. The maximum speed of this extraordinary vehicle is at 160 km/h which are accomplished by the engine with an rpm of 1,050 only.

Mercedes-Benz SSK

Klassiker

Wie alle Automobilhersteller kämpfte auch Daimler-Benz gegen Ende der zwanziger Jahre als Folge der Weltwirtschaftskrise ums Überleben. Die Erfahrungen der vorangegangenen Jahre hatten gezeigt, daß in solchen schlechten Zeiten technisch anspruchsvolle Automobile mit hohem Prestigewert noch die besten Marktchancen hatten. Man entschied sich daher zum Bau einer Reihe betont sportlicher Fahrzeuge, die nicht nur Rennen gewinnen, sondern auch als Alltagsautos genutzt werden konnten. Die Besitzer sollten sich direkt mit den Erfolgen der siegreichen Rennfahrer identifizieren können.

Den Anfang der zunächst unter der Federführung von Ferdinand Porsche entwickelten Modellreihe machte ein verkürzter Tourenwagen mit erhöhter Motorleistung, der mit der Zusatzbezeichnung „K" für „verkürzte Bauform" versehen wurde. Ihm folgten die Sport- und Supersportwagen „S" bzw. „SS" und schließlich der „SSK".

Der „SSK" war zwischen 1928 und 1931 der erfolgreichste deutsche Rennwagen und einer der weltweit besten Sportwagen überhaupt. Der bis heute legendäre Rudolf Caracciola feierte mit diesem Modell zahllose Triumphe. Beim „Großen Preis von Deutschland" 1928 errang Mercedes einen Dreifachsieg mit Caracciola an der Spitze. 1931 konnte Mercedes, wieder mit Caracciola, erstmals die Siegesserie der Italiener bei der Mille Miglia durchbrechen. Im gleichen Jahr zog sich Mercedes aus dem Rennsport zurück und kehrte erst 1934 mit neuen Grand-Prix-Wagen wieder zurück.

Der im Museum gezeigte „SSK" von 1929 ist auch heute noch voll renntauglich. 1988, 1992, 1994 und 1996 nahm er u. a. an der historischen Mille Miglia teil. In zwei Tagen und einer Nacht wurden dabei auf der Strecke von Brescia über Rimini nach Rom und wieder zurück über 1 600 km zurückgelegt. Der 6-Zylinder-Motor mit 7 Litern Hubraum leistet ohne Kompressor rund 170 PS. Mit Kompressor stehen kurzzeitig bis zu 225 PS zur Verfügung. Die Spitzengeschwindigkeit liegt noch immer bei über 200 km/h.

As a consequence of the world-wide economic crisis, Daimler-Benz, like all other automobile manufacturers in the late twenties, also had to struggle for survival. Experience of past years had shown that in hard times like this technically ambitious cars with a high- prestigious value still had the best prospects on the market. As a consequence, it was decided to build absolutely sporty automobiles which were not only potential winners of races but also cars for everyday use. The owners should be able to establish a direct identification with the triumphs of successful racing champions.

The first of a number of models, which at the start were designed under the leadership of Ferdinand Porsche, was a shortened touring car with increased engine performance which was marked with the suffix "K" for "shortened model" (the German word for short is "kurz"). It was followed by the sports- and super-sportscars "S" and "SS", respectively, and finally by the "SSK".

Between 1928 and 1931 the "SSK" was one of the most successful German racing cars and generally one of the best sports cars world-wide. The unforgettable Rudolf Caracciola achieved innumerable triumphs with this model. In the "Grand Prix of Germany" race at the Nürburgring. In 1928 Mercedes were triple winners with Caracciola in front. In 1931 Mercedes, once more with Caracciola, succeeded for the first time in breaking the series of wins of the Italians in the Mille Miglia. That same year Mercedes retired from racing sport and did not return until 1934, then with new Grand-Prix cars.

The "SSK" of 1929 on exhibit in the Museum is still absolutely fit for use in racing competitions. In 1988, 1992, 1994 and 1996 it participated in the classic Mille Miglia competition. In two days and one night a distance of more than 1,600 kilometers was covered on the route from Brescia via Rimini to Rome. Without supercharger the 6-cylinder motor with 7 liters capacity has an output of a round 170 hp. A short-term performance of up to 225 hp is possible with supercharger. The top speed is above 200 km/h.

Rudolf Caracciola bei seinem ersten Sieg beim „Großen Preis von Deutschland" auf dem Nürburgring im Jahr 1928.

Rudolf Caracciola at his first win in the „Grand Prix of Germany" on the Nürburgring in 1928.

Amilcar CC

Technische Daten
Baujahr: 1921
Motor: 1 l / 4 Zyl. / 30 PS
Höchstgeschw.: 120 km/h

Technical Data
Year of Construction: 1921
Motor: 1 l / 4-cyl. / 30 hp
Max. Speed: 120 km/h

Bis zu ihrer Übernahme durch die Firma Hotchkiss im Jahr 1939 entstanden bei Amilcar Fahrzeuge einer Gattung, die in Frankreich mit dem Begriff „Voiturette" bezeichnet wurde. Hierbei handelt es sich um offene, einfach gebaute und spartanisch ausgestattete Automobile mit zwei bis drei Sitzen für den sportlich ambitionierten Fahrer mit eher kleinem Geldbeutel.

Der CC war 1922 das erste von Amilcar gebaute Automobil. Das zierlich wirkende Fahrzeug wurde noch im Gründungsjahr der Firma der staunenden Öffentlichkeit vorgestellt. Ausgestattet mit einem 903 ccm Motor erreichte der CC immerhin 80 km/h. Für das äußerst sportliche Fahrgefühl sorgten das fehlende Differential und die ungemein harte Federung.

Up to their takeover by the Hotchkiss firm in 1939 Amilcar produced cars that were referred to in France as "Voiturette". They were open, simply built and sparingly equipped automobiles with two to three seats, intended for the driver with sporty ambitions but rather limited means.

The CC from 1922 was the first automobile built by Amilcar. This model of dainty appearance was introduced to the amazed public still in the firm's year of formation. Equipped with a 903 ccm motor the CC did manage to reach a respectable speed of 80 km/h. The exceedingly sporty driving experience was accomplished by the missing differential and an extremely hard suspension.

BMW Ihle

Auf der Basis des Austin Seven bauten die Dixiwerke in Eisenach ab 1927 einen kleinen Sportwagen. Nach der Übernahme des Werks durch BMW wurde der Wagen als „BMW-Dixi" weitergebaut. Für Rennzwecke wurde der Wagen vielfach modifiziert. So fertigten die Gebrüder Ihle in Bruchsal windschlüpfrige Rennkarosserien für den „Dixi".

Bei dem gezeigten Fahrzeug handelt es sich um einen von nur 3 originalen „Dixi DA 1" aus dem Jahr 1929, der ursprünglich für einen Tübinger Universitätsprofessor gebaut wurde. Der Wagen wiegt nur 450 kg und erreicht ca. 85 km/h.

Starting in 1927 the Dixiwerke of Eisenach produced a small sports car which was based on the Austin Seven. After the firm was taken over bei BMW, production was continued and the cars named "BMW-Dixi". The car was modified in many ways for racing purposes. For instance, the firm Ihle of Bruchsal produced aerodynamic bodies for the "Dixi".

The car on exhibit in the museum is one of only three original "Dixi DA 1" which were produced in 1929. It had originally been built for a university professor from Tübingen. The car weighs only 450 kg and reaches a top speed of approx. 85 km/h.

Bugatti Typ 35C

Ettore Bugatti hatte schon früh eine Schwäche für den Motorsport entwickelt, nicht zuletzt aufgrund der großen Werbewirksamkeit von Erfolgen in dieser äußerst populären Disziplin. Anfang der zwanziger Jahre war er schließlich soweit, daß er selbst aktiv in das Geschehen eingreifen konnte. Seine erfolgreichste Zeit kam aber erst, als sich die großen Hersteller wegen der hohen Kosten zunehmend vom Motorsport zurückzogen und das Feld weitgehend den vielen Privatfahrern überließen. Das Besondere an den Wagen von Bugatti war nämlich, daß sie jeder, der über die entsprechenden Mittel verfügte, kaufen konnte. So gingen bald zahlreiche Bugatti-Rennwagen an den Start und eilten von Sieg zu Sieg. Insbesondere in der Zeit der freien Formel zwischen 1928 und 1933, die den Konstrukteuren praktisch freie Hand beim Bau ihrer Rennwagen ließ, waren die Bugattis das Maß aller Dinge.

Der hier gezeigte Typ 35C von 1930 ist eine der gelungensten Konstruktionen von Bugatti. Mit der klar gezeichneten Karosserie, den Breitspeichen-Aluminiumrädern, dem charakteristischen hufeisenförmigen Kühlergrill und seinen überlegenen Fahreigenschaften ist er der Prototyp eines Sportwagens von zeitloser Perfektion. Als Antrieb diente ein 8-Zylinder-Kompressormotor mit zwei Litern Hubraum und einer Leistung von 130 PS. Die Höchstgeschwindigkeit lag bei ca. 205 km/h.

Ettore Bugatti discovered his love for motor sports early on. Not the least reason for his enthusiasm was the great publicity value of victories in this highly popular field. In the early twenties he was finally ready to try his own hand in these events. But his most successful time did not come until the dominant producers kept giving up motor sports as too costly, leaving the field more or less to the host of amateur drivers. A speciality of the cars by Bugatti has to be mentioned in this connection, namely that anyone who had sufficient means at his disposal was able to buy one. As a consequence legions of Bugatti-racing cars met at the starting lines before long and won race after race. Particularly in the free formula period between 1928 and 1933, when engineers had a free hand in the design of racing cars, Bugatti was the measure of all things.

The Type 35 of 1930 shown here is one of the most successful designs of Bugatti. With its clearly defined bodywork, widespoke aluminum wheels, horseshoe-shaped radiator grill, and its superior handling characteristics it represents the prototypic sports car of timeless perfection. It was propelled by an supercharged 8-cylinder-motor with two liters displacement and a performance of 130 hp. Its maximum speed was approximately 205 km/h.

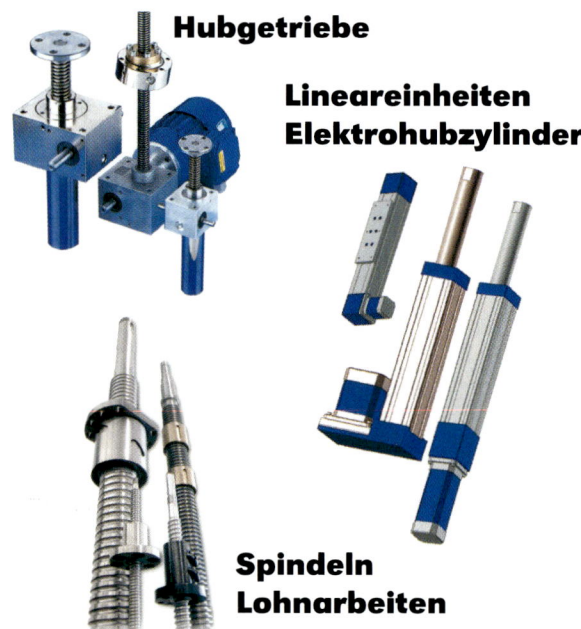

Bugatti Typ 37

Technische Daten
Baujahr: 1926
Motor: 1,5 l 4 Zylinder
Leistung: 60 PS ohne und 90 PS
mit Kompressor
Höchstgeschw.: ca. 150 km/h
ohne und 170 km/h mit Kompressor

Technical Data
Year of Construction: 1926
Motor: 1.5 l 4-cylinder
Output: 60 hp without and 90
hp with supercharger
Max. Speed: approx. 150 km/h
without and 170 km/h with
supercharger

Fünf Jahre lang, von 1927 bis 1932, beherrschte der Bugatti Typ 37 die Sport- und Rennwagenklasse für 1,5-l-Autos. Aufgrund seines günstigen Preises und seiner großen Zuverlässigkeit erfreute er sich bei den vielen Privatfahrern größter Beliebtheit.

Der Vorbesitzer des Museumsstücks war der rennsportbegeisterte Graf Lobkowitz aus dem Rennstall von Vladimir Gut, der bei einem Rennunfall ums Leben kam. Der Wagen hatte ursprünglich einen Kompressor, der jedoch später ausgebaut wurde.

For five years, from 1927 through 1932, the Bugatti Type 37 dominated the sport and racing car class for cars of 1.5 liters. As a consequence of its moderate price and great reliability it was highly popular with the large number of amateur drivers.

The previous owner of the museum's exhibit was the racing enthusiast Count Lobkowitz from the racing team of Vladimir Gut, who died in a racing accident. Originally, the car was equipped with a supercharger which then was removed.

Bugatti Typ 57

Technische Daten
Baujahr: 1938
Motor: 3,3 l / 8 Zyl. / 135 PS
Höchstgeschw.: ca. 160 km/h

Technical Data
Year of Construction: 1938
Motor: 3.3 l / 8-cyl. / 135 hp
Max. Speed: approx. 160 km/h

Der zweisitzige Typ 57 war nicht nur ein hervorragender Rennwagen, sondern auch voll alltagstauglich. Am Sonntag konnte man mit ihm schwere Rennen bestreiten und am Montag mit dem gleichen Wagen zur Arbeit fahren. Der Stil der sehr seltenen Spezialkarosserie trägt die Handschrift von Jean Bugatti, dem talentierten Sohn des „Patron" Ettore Bugatti.

The double-seater Type 57 was not only an excellent racing car but absolutely fit for everyday use as well. On Sunday you could use it to participate in veritable races and on Monday the same car would take you to the office. The style of the very rare special bodywork shows the hand of Jean Bugatti, the talented son of the "padrone" Ettore Bugatti.

Tyrrell P 34

Zur Saison 1976 präsentierte Ken Tyrrell den ersten und bislang einzigen sechsrädrigen Formel-1-Wagen. Durch die sehr schmalen Vorderräder sollte der Luftwiderstand verringert werden. Dieses Ziel wurde jedoch kaum erreicht, da die Hinterräder unverändert blieben und sich somit die Stirnfläche des Wagens kaum änderte.

Zunächst schien der P 34 aber zu überzeugen. Neben einigen guten Plazierungen gelang ein Doppelsieg beim Grand-Prix von Schweden. In der Saison 1977 geriet er aber zunehmend ins Hintertreffen und wurde daher 1978 durch eine konventionelle Konstruktion ersetzt. Ein Wiedersehen mit diesem interessanten Fahrzeug feierte das Tyrrell-Team 1996 bei einem Museumsbesuch anläßlich des auf dem Hockenheimring ausgetragenen Grand-Prix von Deutschland.

Technische Daten Baujahr: 1976; Motor: 3 l / 8 Zyl. / 420 PS Ford-Cosworth V8-Saugmotor; Höchstgeschw.: ca. 300 km/h

In time for the 1976 season Ken Tyrrell presented the first, and so far only, six-wheeler formula-1-car. The very narrow front-wheels were to reduce air resistance. But this goal was hardly achieved since the rear wheels and thus the buttend remained unchanged with the result that there was next to no difference in the drag coefficient.

At first, however, the P 34 appeared convincing. In addition to some good places a double win was achieved at the Grand-Prix of Sweden. But it kept falling behind in the 1977 season and was thus substituted in 1978 by a more conventional design. A reunion with this interesting car was held by the Tyrrell-team in 1996 when they visited the Museum on occasion of the Grand-Prix of Germany taking place at the Hockenheimring.

Technical Data Year of Construction: 1976; Motor: 3 liter / 8-cylinder / 420 hp Ford-Cosworth V8-unsupercharged engine; Maximum Speed: approx. 300 km/h

March 761

Technische Daten
Baujahr: 1976
Motor: Ford Cosworth 3 l V8-
Motor mit 480 PS
Fahrer: Ronnie Petterson

Technical Data
Year of Construction: 1976
Engine: Ford Cosworth 3 l V8-
engine with 480 hp
Driver: Ronnie Petterson

Ronnie Petterson begann seine Formel-1-Karriere 1970 bei March. Seine weiteren Stationen waren Lotus und Tyrrell. Er bestritt insgesamt 122 Grand Prixs, von denen er 10 gewinnen konnte, startete 14 Mal aus der ersten Reihe und sammelte insgesamt 206 Punkte. Bei einem Rennen in Monza verunglückte er 1978 tödlich.

Ronnie Petterson started his formula-1 career in 1970 with March. His next stops were Lotus and Tyrrell. He participated in 122 Grand Prixs, 10 of which he was able to win, started 14 times from the pole position, and succeeded in gathering 206 championship points. In 1978 he was killed in a fatal accident in Monza.

Williams FW 09

Technische Daten
Baujahr: 1984
Motor: 1,5 l / 6 Zyl. / 680 PS
Honda-Turbomotor

Technical Data
Year of Construction: 1984
Motor: 1,5 l / 6-cyl. / 680 hp
Honda turbo-charged engine

Das Highlight der Saison 1983 war zweifelsohne der BMW-Turbomotor, der Nelson Piquet den Weltmeistertitel brachte. Damit war klar, daß die nächsten Jahre den aufgeladenen Motoren gehören würden. Auch bei Williams hatte man dies erkannt und sich zu einer langfristigen Zusammenarbeit mit dem japanischen Automobilgiganten Honda entschieden, der mit einem starken 1,5 l Turbotriebwerk wieder in die Formel 1 einsteigen wollte. Die erste gemeinsame Saison 1984 verlief jedoch eher enttäuschend. Der größte Erfolg war der Sieg von Keke Rosberg beim Grand Prix von Dallas. Die Zukunft sollte aber zeigen, daß Williams den richtigen Weg eingeschlagen hatte.

The highlight of the 1983 season, no doubt, was the BMW turbo engine which helped Nelson Piquet win the world championship. With that it was clear that the next years would belong to supercharged motors. This was also realized by Williams and they decided to enter into a long-term cooperation with the Japanese automobile giant Honda, who were planning to go into formula 1-racing once more with a strong 1.5 liter turbo-engine. But the first joint season in 1984 turned out to be rather disappointing. The greatest success was the first place of Keke Rosberg at the Grand-Prix of Dallas. Future developments were to show, however, that Williams had made the right decision.

Williams FW 10

Technische Daten
Baujahr: 1985
Motor: 1,5 l / 6 Zyl. / 750 PS
Honda-Turbomotor

Technical Data
Year of Construction: 1985
Motor: 1,5 l / 6 Zyl. / 750 PS
Honda-Turbomotor

Der FW 10 war der erste Formel-1-Rennwagen mit Kohlefaserchassis, der von Patrick Head konstruiert wurde. Obwohl er von Beginn an mit der Konkurrenz mithalten konnte, erwies er sich insbesondere in der zweiten Saisonhälfte als besonders stark. Pilotiert von Keke Rosberg und Nigel Mansell konnte der Wagen vier Grand-Prix-Siege erringen. Dies war ausreichend für den dritten Platz in der Konstrukteurs-Meisterschaft.

The FW 10 was the first Formula-1 racing car with a carbon-fibre chassis constructed by Patrick Head. Although wholly competitive when it first appeared the FW10 came on especially strong in the second half of the season. Piloted by Keke Rosberg and Nigel Mansell it scored four Grand Prix wins. That was enough for third place in the Constructor's Cup.

Zakspeed F1

Technische Daten
Baujahr: 1987
Motor: 1,5 l 4-Zylinder Zak-
speed Turbomotor mit 748 PS

Technical Data
Year of Construction: 1987
Motor: 1.5 l 4-cylinder Zak-
speed turbo engine with 748 hp

Nur zwei deutsche Teams haben es bis heute ernsthaft versucht, in der Formel 1 Fuß zu fassen. Eines davon war das Zakspeed-Team von Erich Zakowski aus dem Eifelstädtchen Niederzissen. Anfangs stammten sowohl das Chassis als auch der Turbo-Motor aus dem eigenen Haus. Nach dem Verbot der Turbomotoren Ende 1988 fuhr Zakspeed noch zwei Jahre mit Yamaha-Motoren weiter, allerdings weitgehend erfolglos. 1990 mußte das Team aus finanziellen Gründen schließlich aufgeben.

But two German teams have made serious attempts up to now to gain a foothold in the formula 1. One was the Zakspeed team founded by Erich Zakowski from the small town Niederzissen in the Eifel-region. At the beginning both the chassis and the turbo engine were built in-house. When turbo engines were banned towards the end of 1988, Zakspeed continued to race with Yamaha engines for two more years. However, with little success. Finally the team had to retire for financial reasons in 1990.

Sauber Petronas C21

Technische Daten
Baujahr: 2002
Motor: 3 l Petronas 780 PS V10
mit 4 Ventilen pro Zylinder

Technical Data
Year of Construction: 2002
Motor: 3 l Petronas 780 hp V10
with 4 valves per cylinder

Mit diesem Wagen starteten die Fahrer Nick Heidfeld und Filipe Massa in die Formel-1-Saison 2002, um den im Vorjahr von Sauber errungenen 4. Platz in der Konstrukteursmeisterschaft zu verteidigen. Dies gelang jedoch nicht, da es Sauber insbesondere in der zweiten Saisonhälfte kaum gelang, Punkte zu sammeln. Am Ende stand der 5. Platz, was aber in Anbetracht der übermächtigen Konkurrenz noch immer ein respektables Ergebnis war.

With this car the pilots Nick Heidfeld and Filipe Massa started into the formula-1-season 2002 to defend the 4th place in the constructor's championship that Sauber had won in the year before. But their efforts were not crowned by success mainly due to the fact that, particularly in the second half of the season, Sauber did not succeed in winning any points to speak of. The ultimate result was the 5th place, a respectable result nonetheless in view of the powerful competition.

Williams FW 19

Technische Daten
Baujahr: 1997
Motor: Renault 700 PS V10
Motor mit 3 l Hubraum

Technical Data
Year of Construction: 1997
Motor: Renault 700 hp V10
engine with 3 l displacement

Nachdem Damon Hill als Weltmeister 1997 bei Williams keinen Vertrag mehr erhielt kam Heinz Harald Frentzen ins Team und startete in die neue Saison mit einer Reihe von Misserfolgen. Mit dem Kanadier Jaques Villeneuve hatte er außerdem einen übermächtigen Teamkollegen, der ständig Bestleistungen zeigte. Mit sechs Siegen und vielen weiteren Platzierungen gewann Jaques Villeneuve schließlich den Weltmeistertitel.

When Damon Hill, world-champion of 1997, had no longer been contracted by Williams, Heinz Harald Frentzen joined the team and started the new season with a number of flops. Besides, he had a superior team-mate in the Canadian Jaques Villeneuve who always achieved top-performance. With six first places and many following positions Jaques Villeneuve finally won the world-championship title.

Williams FW 21

Technische Daten
Baujahr: 1997
Motor: Supertec 780 PS
Renault V10 Motor mit 3 l
Hubraum

Technical Data
Year of Construction: 1997
Motor: Supertec 780 hp
Renault V10 engine with 3 l
displacement

Der FW 21 von 1997 war eines der weniger erfolgreichen Fahrzeuge des Williams Teams, was nicht zuletzt an dem kaum konkurrenzfähigen Supertec Motor lag. Bei diesem handelte es sich im wesentlichen um einen von Mechachrome modifizierten Renault-Motor des Vorjahrs. Trotzdem gelang es Ralf Schumacher mit dem FW 21 immerhin 35 WM Punkte zu erringen. Sein Teamkollege Alex Zanardi blieb dagegen ohne Punkte.

The FW 21 of 1997 was one of the less successful cars of the Williams Team, not least due to the hardly competitive Supertec engine, essentially a Renault engine of the previous year, that had been modified by Mechachrome. Nevertheless, Ralf Schumacher succeeded in winning a respectable 35 world championship points with the FW 21. His team-mate Alex Zanardi, on the other hand, was left with no points at all.

Lotus JPS 98 T

Dieser schwarze Bolide aus der Saison 1986 wurde von der Formel-1-Legende Ayrton Senna pilotiert. Er errang insgesamt acht Pole Positions, mußte sich in den Rennen aber meist den Williams und den McLaren beugen. Mit vier zweiten Plätzen und Siegen bei den Großen Preisen in Jerez und Detroit beendete Senna die Saison als vierter des Gesamtklassements.

Technische Daten Baujahr: 1986; Motor: 1,5 l / V6-Zylinder 800 PS Renault-Turbomotor

This black racing car from the 1986 formula-1 season was piloted by the legendary Ayrton Senna. He won altogether eight pole positions with this car, but, more often than not, had to cede first place to Williams and McLaren. With four runner-up placements and victories at the Grand Prixs of Jerez and Detroit Senna finalized the season as number four of the championship.

Technische Daten Year of Construction: 1986; Engine: 1,5 l / V6-Cylinder 800 PS Renault turbo-charged engine

Benetton-Ford 189

Technische Daten
Baujahr: 1989
Motor: 3,5 l / 8 Zyl. / 680 PS
Ford Saugmotor

Technical Data
Year of Construction: 1989
Motor: 3,5 l / 8-cyl. / 680 hp
Ford unsupercharged engine

Mit der Saison 1987 begann eine langfristige Zusammenarbeit von Benetton mit Ford, die nach dem Verbot der Turbomotoren zunehmend erfolgreicher verlief und bis 1994 Bestand hatte. Der im Museum gezeigte Benetton 189 wurde in der Saison 1989 eingesetzt, die dem Rennstall mit respektablen 39 WM-Punkten den vierten Platz in der Konstrukteurswertung einbrachte. Beim Großen Preis von Suzuka / Japan konnte der Italiener Alessandro Nannini mit diesem Wagen seinen ersten GP-Sieg für Benetton herausfahren.

Starting with the 1987 season, a long-term cooperation between Benetton and Ford began that became increasingly more successful after the ban on turboengines and lasted until 1994. The Benetton 189 on exhibit in the Museum took part in the season of 1989 which brought a fourth place in the constructors title rating for the team with a respectable 39 world-championship points. At the Grand Prix of Suzuka, Japan the Italian Alessandro Nannini was able to win the first GP-victory for Benetton.

McLaren MP4 (Weltmeisterfahrzeug 1991 mit Ayrton Senna)

Der Große Preis von San Marino in Imola im Jahr 1994 ist als eines der tragischsten Rennen in die Formel-1-Geschichte eingegangen. Nach vielen Jahren ohne schweren Unfall wurde zuerst der österreichische Nachwuchsfahrer Roland Ratzenberger Opfer eines tödlichen Trainingsunfalls. Beim Rennen kam es dann zur Katastrophe. Gehetzt von Michael Schumacher verlor der verbissen kämpfende Ex-Weltmeister Ayrton Senna in der Tamburello-Kurve nach einem Bruch der Lenksäule die Kontrolle über seinen Williams-Renault und raste in die Begrenzungsmauer. Ein Teil der Vorderachse durchschoß das Helmvisier, Ayrton Senna war auf der Stelle tot. Mit ihm verlor der Motorsport einen der besten Rennfahrer aller Zeiten. Die Akribie, mit der Senna ständig nach technischen Verbesserungen suchte, und die völlige Fixierung auf seinen Beruf als Rennfahrer wurden zum Vorbild für die heutige Fahrergeneration.

Schon aus diesem Grunde ist der im Museum gezeigte McLaren MP4 ein ganz besonderes Fahrzeug. Mit diesem, von einem Honda-Motor angetriebenen Wagen bestritt Ayrton Senna die Formel-1-Saison 1991. Am Ende stand mit sieben Siegen und drei zweiten Plätzen der dritte Weltmeistertitel nach 1988 und 1990. Selten zuvor hatte ein Fahrer eine Saison so eindeutig beherrscht wie Senna 1991.

Technische Daten Baujahr: 1991; Motor: 3,5 l / 12 Zyl. / 700 PS Honda-Saugmotor

The 1994 Grand Prix of San Marino in Imola went down into formula 1-history as one of the most tragic races. After many years without any serious accidents the first incident to occur was the fatal training accident of the Austrian junior driver Roland Ratzenberger. The race itself culminated in a disaster. Rushed by Michael Schumacher, the ex-world-champion Ayrton Senna, who was defending with great determination, lost control of his Williams-Renault in the Tamburello bend after his steering column had broken, and tore into the boundary wall. A part of the front axle penetrated the helmet's visor, killing Ayrton Senna on the spot. With him motor sport lost one of the best racing pilots of all times. The persistence that kept Senna constantly searching for technical improvements as well as his total fixation on his calling as a racing car pilot were adopted as an example by the generation of today's drivers.

If only from this reason, the McLaren MP4 on exhibit in the Museum is a very special car. It is propelled by a Honda engine and served Ayrton Senna to excel in the formula 1 season of 1991. The season ended with the third world-champion-title, after the titles of 1988 and 1990. It hardly ever happened before that a driver dominated a season so obviously as Senna did in 1991.

Technical Data
Year of Construction: 1991; Motor: 3.5 liter / 12-cylinder / 700 hp Honda unsupercharged engine

McLaren-Honda MP 4/5

Technische Daten
Baujahr: 1989
Motor: 3,5 l / V10-Zyl. Honda
Saugmotor mit 700 PS

Technical Data
Year of Construction: 1989
Motor: 3,5 l / V10-cyl. Honda
non-supercharged engine with
700 hp

Ob mit oder ohne Turbo, McLaren-Honda fuhr immer mit an der Spitze. Mit einem 3,5 Liter V10-Saugmotor holte sich Alain Prost auf McLaren seinen dritten WM-Titel und verließ daraufhin das Team, da er nicht länger mit seinem Intimfeind Ayrton Senna zusammen fahren wollte.

With or without turbo-charger, McLaren-Honda was always among the leaders. With a 3,5 liter V10 unsupercharged engine Alain Prost won his third world championship title after which he left McLaren since he did not want to race together with his rival Ayrton Senna in the same team any further.

McLaren-Peugeot von 1994

Technische Daten
Baujahr: 1994
Motor: 3 l / V10-Zyl. Peugeot-
Motor mit 700 PS

Technical Data
Year of Construction: 1994
Motor: 3 l / V10-cyl. Peugeot-
Motor with 700 hp

Nach großen Erfolgen in der Sportwagen-Weltmeisterschaft wagte Peugeot den Sprung in die Königsklasse des Motorsports: die Formel 1. Das Weltmeister-Team McLaren wurde in der ersten Saison exklusiv mit Peugeot-Motoren beliefert. Die beiden Fahrer Mika Häkkinen und Martin Brundle standen im Premierenjahr bei 16 Rennen acht Mal auf dem Siegerpodest. Am Ende stand für Häkkinen der vierte Platz in der Fahrerwertung, in der Konstrukteurswertung belegte McLaren ebenfalls den vierten Platz.

After achieving great success in the sports-car world championship Peugeot ventured into the major league of motorsports : The formula 1. In the first season the McLaren team was provided with Peugeot engines exclusively. In the first year the two pilots Mika Häkkinen and Martin Brundle stood on the winners' pedestal eight times out of 16 races. In the end Häkkinen won the fourth place in the drivers' championship, and McLaren also took fourth place in the constructors' rating.

West McLaren-Mercedes

McLaren ist eines der erfolgreichsten Formel-1-Teams. Bis zur Saison 1999 konnte McLaren 10 Mal die Fahrerweltmeisterschaft und 8 Mal den Konstrukteurstitel erringen. Im Jahr 1995 begann eine langfristig angelegte Zusammenarbeit mit Mercedes-Benz als Motorenlieferant. Nach den üblichen Anlaufproblemen erwiesen sich die neuen Silberpfeile schnell als äußerst konkurrenzfähig. Den vorläufigen Höhepunkt markiert der Gewinn des Fahrer- und des Konstrukteurstitels im Jahr 1998 mit den Piloten Mika Hakkinen (Weltmeister) und David Coulthard.

Der West Mercedes McLaren im Museum entspricht dem Stand der Saison 1997. Der 10-Zylinder-Motor hat einen Hubraum von 3 Litern und leistet ca. 700 PS. Das Gesamtgewicht einschließlich Fahrer beträgt 600 Kg.

McLaren is one of the most successful formula 1 teams. Up to the season of 1999 McLaren succeeded 10 times in winning the drivers' world-championship, and 8 times the title of constructors of the year. In 1995 a cooperation planned for the long term began with Mercedes-Benz as supplier of engines. After the usual problems of the start-up phase the new "Silberpfeile" ("Silver Arrows") soon proved to be highly competitive. The high points, for the time being, were marked by the drivers'- and constructors' titles of 1998 with the pilots Mika Hakkinen (world champion) and David Coulthard.

The West Mercedes McLaren at the Museum is corresponding to the status of the 1997 season. The 10-cylinder engine has a displacement of 3 liters and an output of about 700 hp. The total weight, inclusive of driver, is 600 kg.

Benetton-Renault B 195 (Weltmeisterfahrzeug 1995 mit Michael Schumacher)

Am 23. August 1991 betrat ein junger Rennfahrer die Formel-1-Bühne, der schon bald Rennsportgeschichte schreiben sollte. Eddie Jordan gab einem gewissen Michael Schumacher die Chance, in seinem Formel-1-Team etwas Grand-Prix-Luft zu schnuppern. Der bedankte sich brav und fuhr den Jordan-Ford im belgischen Spa-Francorchamps in der Qualifikation auf Anhieb auf den siebten Startplatz. Ein Kupplungsschaden setzte dem Höhenflug im späteren Rennen aber leider ein jähes Ende. Trotz des kurzen Auftritts war Flavio Briatore auf den jungen Deutschen aufmerksam geworden. Der Benetton-Teamchef war gerade auf der Suche nach einem hungrigen jungen Piloten, der seinem in die Jahre gekommenen Spitzenfahrer Nelson Piquet Beine machen sollte. In einer Nacht-und-Nebel-Aktion warb er Schumacher von Jordan ab und steckte ihn in seinen Benetton. Dies war das Ende des dreimaligen Weltmeisters. Schumacher war dem Altstar so überlegen, daß dieser nach der Saison 1991 entnervt von der Formel-1-Szene abtrat und sich in die amerikanische Cart-Serie zurückzog.

Im darauffolgenden Jahr bestritt Michael Schumacher seine erste komplette Formel-1-Saison. Am Ende standen 53 WM-Punkte, der erste Sieg, errungen beim Großen Preis von Belgien in Spa-Francorchamps und der dritte Platz in der Fahrerwertung auf seinem Konto. Nach einem weiteren Lehrjahr, das er als Vierter beendete, war es 1994 endlich soweit - mit Michael Schumacher war erstmals ein deutscher Fahrer in der Formel 1 Weltmeister geworden. Nur ein Jahr später gelang es ihm, dieses Kunststück mit dem hier gezeigten Benetton B 195 zu wiederholen.

Technische Daten Baujahr: 1995; Motor: 3 l / V-10 Zyl. / 700 PS Renault Saugmotor

On August 23, 1991 a young racing driver who was to make racing sport history before long, made his entry on the formula 1-scene. Eddy Jordan gave a certain Michael Schumacher the chance to take a whiff of Grand-Prix-air in his formula 1-team. With a polite "thank you", Schumacher drove the Jordan-Ford straight to starting grid number 7 in the qualifications at Spa-Francorchamps, Belgium. A clutch defect in the subsequent race, unfortunately, brought this flight of fancy to a sudden end. In spite of this brief appearance Flavio Briatore had taken notice of the young German driver. The boss of the Benetton team was just then searching for a hungry young pilot to act as an incentive for his top-driver Nelson Piquet who was getting on in years. In a clandestine operation he attracted Schumacher away from Jordan, shoving him into his Benetton. This was the end of the three-time world-champion. Schumacher's predominance over the ex-champion was so immense that, after the 1991 season, the latter, unnerved, abdicated from the formula 1-scene to retire into the American cart-series.

In the following year Michael Schumacher performed his first complete formula 1-season. In the end his score consisted of 53 world-championship points, the first victory which he won at the Grand-Prix of Belgium in Spa-Francorchamps, and the third place in the drivers' rating. Following a further year of apprenticeship, which he concluded as number four, the feat was finally accomplished in 1994 - with Michael Schumacher a German driver had become world-champion in formula-1 for the first time. Just one year later he was able to repeat this feat with the Benetton B 195 shown here.

Technical Data Year of Construction: 1995; Motor: 3 liter / V10-cylinder / 700 hp Renault unsupercharged engine

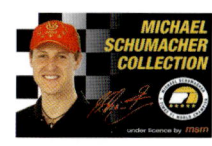

Jordan 191

Mit diesem Wagen begann die einmalige Formel-1-Karriere von Michael Schumacher. Der Irländer Eddie Jordan war 1991 mit dem Sponsor „7 Up" in die Formel 1 eingestiegen. Als sein belgischer Fahrer Bertrand Gachot nach einem tätlichen Angriff auf einen Taxifahrer verhaftet wurde, suchte Jordan für den Grand Prix von Belgien nach einem Ersatzfahrer. Michael Schumacher erhielt so seine erste Chance und fuhr im Training auf Anhieb unter die Top 10. Im Rennen mußte Schumacher wegen eines Defekts nach wenigen Metern aufgeben. Sein imposanter Auftritt verhalf ihm aber zu einem Vertrag bei Benetton.

Technische Daten Baujahr: 1991; Motor: 3,5 l Ford V8 mit 680 PS

With this car Michael Schumacher started his unique formula-1-career. With "7 Up" as a sponsor the Irishman Eddie Jordan joined the formula-1 in 1991. When their Belgian driver Bertrand Gachot was arrested after assaulting a cabby, Jordan was looking for a substitute pilot for the Grand Prix of Belgium. This way Michael Schumacher got his first chance and in the training runs, right away, succeeded in finishing among the Top 10. In the race itself a defect in the material forced Schumacher to give up after a few meters. But his impressive performance helped him to win a contract with Benetton.

Technical Data Year of Construction: 1991; Motor: 3,5 l Ford V8 with 680 hp

Arrows A19

Technische Daten
Baujahr: 1998
Motor: 3 l Yamaha-Motor mit 700 PS

Technical Data
Year of Construction: 1998
Motor: 3 l Yamaha-Motor with 700 hp

Arrows wurde 1978 vom ehemaligen Formel-1-Piloten Jackie Oliver gegründet. Das Team war anfangs recht erfolgreich und konnte sogar Grand-Prix-Siege erringen, der Sprung nach ganz oben gelang jedoch nie. Im Jahr 1998 erhielt Arrows mit Tom Walkinshaw einen neuen Teamchef, der allerdings mit dem A19 und Mika Salo als Fahrer ebenfalls nicht an die alten Erfolge anknüpfen konnte.

Arrows was founded in 1978 by the former formula-1-pilot Jackie Oliver. In the beginning the team was quite successful and even managed to win Grand Prix competitions, but they failed to make the leap to the top. In 1998 Tom Walkinshaw became the new boss of the Arrows team but, with the A 19 and Mika Salo as pilots, he did not succeed in taking up the triumphs of previous times.

Arrows A23

Technische Daten
Baujahr: 2002
Motor: 3 l Asiatech-Motor mit 720 PS

Technical Data
Year of Construction: 2002
Motor: 3 l Asiatech-engine with 720 hp

In der Saison 2002 konnte das wenig glückreiche Arrows-Team mit Heinz-Harald Frentzen einen neuen Fahrer gewinnen. Aufgrund chronischer Unterfinanzierung und anhaltender Erfolglosigkeit wurde der Vertrag mit dem vom Konkurs bedrohten Team jedoch bereits im August 2002 wieder aufgelöst.

In the 2002 season the rather hapless Arrows-Team succeeded in winning a new pilot in Heinz-Harald Frentzen. Due to chronic financial problems and continuing failure, however, the contract with the team that was threatened by bankruptcy was canceled again in August of 2002 already.

Sauber-Petronas
C 15

Technische Daten
Baujahr: 1996
Motor: 3 l / 10 Zyl. / 670 PS
Ford-Zetec Motor

Technical Data
Year of Construction: 1996
Motor: 3 l / 10-cyl. / 670 hp
Ford-Zetec engine

Mit großen Erwartungen startete das Schweizer Sauber-Team mit den Fahrern Heinz-Harald Frentzen und Johnny Herbert in die Saison 1996. Gestärkt wurde der Optimismus durch das brandneue Ford-Zetec-Triebwerk aus der Motorenschmiede von Cosworth, über den Sauber exklusiv verfügen konnte. Der von 8 auf 10 Zylinder umgestellte Motor war das achte Triebwerk seit dem Beginn der Kooperation zwischen Ford und Cosworth. Das Triebwerk leistet 670 PS bei 15 800 Upm. Zur großen Enttäuschung von Sauber konnte der neue Motor die in ihn gesetzten Hoffnungen nicht erfüllen.

With the drivers Heinz-Harald Frentzen and Johnny Herbert the Swiss Sauber-Team started into the 1996 season with great expectations. Their optimism was buoyed by the Ford-Zetec-power unit from the engine manufacturer Cosworth, which was at the exclusive disposal of Sauber. The engine, which had been converted from 8 to 10 cylinders, was the eighths power unit since the beginning of the cooperation between Ford and Cosworth. The output was 670 hp at 15 800 rpm. But to Sauber's great disappointment the new engine could not come up to the expectations placed in it.

Jordan Mugen
Honda 198

Technische Daten
Baujahr: 1998
Motor: 3 l / 10 Zyl. / 800 PS
Mugen-Honda Motor

Technical Data
Year of Construction: 1998
Motor: 3 l / 10-cyl. / 800 hp
Mugen-Honda engine

Neben einigen anderen Neuerungen wurden in der Saison 1998 erstmals Rillenreifen anstelle von profillosen Slicks für die Formel-1-Teams vorgeschrieben, um die Kurvengeschwindigkeiten zu reduzieren. Der hier gezeigte Jordan 198 entspricht dem Reglement dieser Saison. Mit den Fahrern Damon Hill und Ralf Schumacher konnte Jordan seine Position in der Formel-1-Hierarchie festigen. Insgesamt sammelte das Team 34 WM-Punkte, was für den 4. Platz in der Konstrukteurswertung reichte.

Besides some other innovations, the rules for the 1998 season for the first time called for grooved tires instead of unprofiled slicks for the formula 1 teams, to reduce curve speeds. The Jordan 198 on exhibition is in compliance with the rules for this season. With the drivers Damon Hill and Ralf Schumacher Jordan succeeded in consolidating its position in the formula 1 hierarchy. The team gathered totally 35 world championship points, enough to rank fourth in the constructors' scoring.

Visionen sind Augenblicke
höchster Inspiration.

Unter dem Namen **hofmann** **info****com** präsentieren sich die Unternehmen der Firmengruppe Hofmann als Mediendienstleister.

Damit ist **hofmann** **info****com** Komplettanbieter für Druckerzeugnisse einerseits und Mediendienstleistungen andererseits - ein Ansprechpartner - ein Leistungspartner.

Visionen werden Wirklichkeit.

„The Blue Flame" - Schnellstes Raketenfahrzeug aller Zeiten

Eine der größten Sensationen im Museum Sinsheim ist das Rekordfahrzeug „The Blue Flame", das schnellste raketengetriebene Landfahrzeug aller Zeiten. Am 7. Oktober 1970 stellte der Amerikaner Gary Gabelich mit dieser Kreuzung aus Auto und Rakete auf dem Bonneville-Salzsee mit einer Durchschnittsgeschwindigkeit von 1001,671 km/h einen phantastischen neuen Weltrekord auf.

Geschwindigkeitsrekorde sind fast so alt wie das Auto selber. Der erste offizielle Rekord für Fahrzeuge mit Brennstoffantrieb datiert aus dem Jahr 1902. Am 9. April dieses Jahres erreichte W. K. Vanderbilt mit einem Automobil von Mors eine Geschwindigkeit von 122,449 km/h. Den Endpunkt für radgetriebene Fahrzeuge setzte der Amerikaner B. Summers am 12. November 1965 mit 658,649 km/h. Dieser Rekord wurde nicht mehr ernsthaft angegriffen. Schon einige Jahre zuvor hatten andere Fahrer mit raketen- bzw. düsengetriebenen Fahrzeugen wesentlich höhere Geschwindigkeiten erzielt und eindeutig bewiesen, daß der absolute Weltrekord in der Zukunft Fahrzeugen mit einem Schubantrieb vorbehalten sein würde.

Einen Meilenstein setzte dabei Gary Gabelich, der mit der „Blue Flame" („Blaue Flamme"), über 1000 km/h erreichte. Der Name für das Rekordfahrzeug war durchaus zutreffend. Als Treibstoff diente nämlich eine höchst explosive Mischung aus flüssigem Erdgas und Wasserstoffsuperoxyd, das die „Blue Flame" auf einem blauen Feuerstrahl vorantrieb. Dreizehn Jahre lang hielt Gary Gabelich nicht nur den Rekord für Raketenfahrzeuge, sondern den absoluten Geschwindigkeitsrekord für Landfahrzeuge überhaupt. Erst am 4. Oktober 1983 gelang dem Engländer Richard Noble eine Verbesserung. Mit seiner düsengetriebenen „Thrust 2" schaffte er in der Wüste von Black Rock in Nevada eine Durchschnittsgeschwindigkeit von 1019,44 km/h. Im Oktober 1997 erreichte Andy Green mit der von Richard Noble entwickelten „Thrust SSC", einem von zwei Phantom-Düsentriebwerken angetriebenen Monster, die sagenhafte Rekordgeschwindigkeit von 1227,7 km/h (schneller als Schallgeschwindigkeit!).

Technische Daten Hersteller: Reaction Dynamics Corp. Milwaukee und Natural Gas Industry, Institute of Gas Technology, Chicago; Antrieb: Erdgasgetriebener Raketenantrieb, Brenndauer 20 Sekunden; Leistung: ca. 58 000 PS; Chassis: Leichtmetall-Rohrrahmen mit genieteter Aluminiumverkleidung; Bremsen: Scheibenbremsen und Bremsfallschirm. Maße: Länge 11,64 m, Höhe 1,82 m, Radstand 7,77 m, Gewicht 2 950 kg.

"The Blue Flame" - Fastest rocket vehicle of all times

One of the greatest sensations at the Museum Sinsheim is the record breaker "The Blue Flame", the fastest rocket-propelled surface-craft of all times. On October 7, 1970 the American Gary Gabelich set a fantastic new world record with this hybrid between car and rocket, when he reached an average speed of 1.001,671 km/h on the Bonneville flat.

Speed records are almost as old as the automobile itself. The first official record for fuel-propelled vehicles dates from the year 1902. On April 9 of that year, W.K. Vanderbilt reached a speed of 122,499 km/h with an automobile by Mors. The final point for vehicles with wheel-drive was set by the American B. Summers on November 12, 1965 with a speed of 658,649 km/h. Any serious attempts to equal or top this record were no longer made. Some years before already other drivers had achieved substantially higher speeds with rocket- or jet-propelled vehicles, respectively, proving beyond any doubt that the future absolute world-record was reserved for vehicles with thrust propulsion.

A milestone in this field was set by Gary Gabelich who reached a speed of over 1,000 km/h with the "Blue Flame". This name was absolutely befitting for the record-breaking vehicle, since the fuel, a highly explosive mixture of fluid natural gas and hydrogen peroxide, made it ride on a blue jet flame. For 13 years not only the record for rocket propelled vehicles but the absolute speed record for surface-craft in general was held by Gary Gabelich. It was not until October 4, 1983 that the Englishman Richard Noble succeeded in achieving an improvement, when he reached an average speed of 1.019,44 km/h in the desert of Black Rock, Nevada with his jet-propelled "Thrust 2". With the "Thrust SSC", developed by Richard Noble, a monster propelled by two Phantom Jet engines, Andy Green achieved the phenomenal record speed of 1227,2 km/h (faster than the speed of sound) in October of 1997.

Technical Data Producer: Reaction Dynamics Corp. and Milwaukee Natural Gas Industry, Institute of Gas Technology, Chicago; Propulsion: Natural gas-fuelled rocket propulsion, combustion time 20 seconds; Power: approx. 58,000 hp; Undercarriage: Light-metal tubular frame with riveted aluminum covering; Brakes: Disk brakes and brake chute. Dimensions: 11,64 m length, 1,82 m height, 7,77 m wheelbase; Weight 2,950 kg.

HEIDELBERGER

ANNO

1603

PILSENER

Anno 1603
erließ Kurfürst Friedrich IV. von der Pfalz
die strenge „Heidelberger Bierordnung".
In dieser Tradition braut
die Heidelberger Brauerei heute
eine Pilsspezialität von erlesener Qualität –
Heidelberger 1603 Pilsener.

Eine spezielle Rezeptur sowie ein besonders
schonendes Brauverfahren
garantieren seinen einmaligen Geschmack.

HEIDELBERGER 1603 PILSENER - FEINHERB UND FRISCH

HEIDELBERGER BRAUEREI GMBH, KURPFALZRING 112, 69123 HEIDELBERG
TEL.: 06221/9014-0, WWW.HEIDELBERGER-BRAUEREI.DE

Motorräder - Motorcycles

Nur wenigen ist jedoch bekannt, daß Gottlieb Daimler und sein genialer Helfer Wilhelm Maybach noch vor dem Automobil das Motorrad erfunden haben. Am 10. November 1885, also ein gutes halbes Jahr vor der ersten dokumentierten Fahrt des Benz'schen Dreirads, unternahm Wilhelm Maybach mit einem von ihm konstruierten Motorrad die ersten Fahrten in der Umgebung von Stuttgart. In den rund 120 Jahren, die seither verstrichen sind, hat das Motorrad eine wechselvolle Geschichte durchlaufen. Bis in die 1950er Jahre hinein diente es in erster Linie als verhältnismäßig billiges Fortbewegungsmittel für alle, die sich kein Auto leisten konnten. Mit dem zunehmenden Wohlstand und dem Aufkommen preiswerter Automobile verschwand das Motorrad dann für ein Jahrzehnt fast völlig von den Straßen. Erst Ende der 1960er Jahre wurde es als Freizeitfahrzeug und als Ausdruck eines besonderen Lebensgefühls wiederentdeckt. Die rund 300 Motorräder, die ständig im Auto & Technik Museum Sinsheim gezeigt werden, dokumentieren alle Entwicklungsstufen von den Anfängen bis zur Jetztzeit.

Only few are aware that Gottlieb Daimler and his brilliant assistant Wilhelm Maybach invented the motorcycle even before the automobile. On 10 November 1885, and hence a good six months before the first documented ride of Benz's tricycle, Wilhelm Maybach took on his first ride with a self-constructed motorcycle in the outskirts of Stuttgart. In the good 120 years that have passed meanwhile the motorcycle has experienced many contrasts and changes. Up into the 1950s it was mainly used as an inexpensive means of transport for those who were not in a position to afford a car. With growing prosperity and the advent of moderately priced cars the motorcycle all but vanished from the roads for a decade. And it was not until the late 1960s that it was rediscovered as a leisure time vehicle and expression of a special lifestyle. The roughly 300 motorcycles on permanent exhibit in the Auto & Technik Museum Sinsheim document the complete history of motorcycles from the beginnings to our days.

Bilder oben: Motorrad-Ausstellung in der Halle 1, „Ace" Special XP-4 Weltrekord Motorrad von 1923, Standard Sport 500 von 1930. Bild links: BMW R 25/2 von 1952.

Pictures top: Motorcycle exhibition in hall 1, 1923 "Ace" Special XP-4 world record motorcycle, 1930 Standard Sport 500. Picture left: 1952 BMW R 25/2.

Indian „Power Plus" Gespann

Über viele Jahrzehnte war Indian eine der berühmtesten Marken, die von vielen amerikanischen und europäischen Herstellern kopiert wurde. Die Geschichte dieser legendären Motorradfirma begann im Jahr 1900, als sich die beiden ehemaligen Radrennfahrer Hendee und Hedstrom zusammentaten, um gemeinsam ein Motorfahrrad zu entwickeln. Schon der erste, im Jahr 1901 vorgestellte Prototyp besaß die auffällige rote Lackierung, die später zum Markenzeichen der Indian-Motorräder werden sollte. Das zweite charakteristische Merkmal, der mit nur 42° außerordentlich spitzwinklige V-Motor, erschien erstmals im Jahr 1907.

Die Indian-Modelle gehörten zu den erfolgreichsten Motorrädern in der Frühphase der Motorisierung, und zwar nicht nur in Amerika, sondern auch in Europa. Hierzu haben nicht zuletzt die Rennerfolge beigetragen, die sie u. a. bei der Tourist Trophy auf der Isle of Man erringen konnten. 1912 wurden 20 000 Einheiten gefertigt, 1914 waren es bereits 60 000. Nach dem Ersten Weltkrieg erlebte Indian eine weitere Blütezeit und blieb über Jahrzehnte einer der wichtigsten Konkurrenten von Harley-David-

son. Das Ende kam dann wie für viele andere Hersteller in den fünfziger Jahren. Im Jahr 1953 wurde die Produktion eingestellt, nachdem sich die neuen Modelle am Markt nicht mehr behaupten konnten.

Das gezeigte „Power Plus"- Gespann stammt aus dem Jahr 1917. Der Seitenwagen, ein Eigenbau aus Holz, entstand um 1925. Als Antrieb dient ein typischer Indian-V-Motor mit 1 000 ccm und 18 PS.

For many decades Indian was one of the most famous brands which was copied by many American and European manufacturers. The history of this legendary motorbike firm began in 1900, when the two former racing cyclists Hendee and Hedstrom joined forces to develop a motorcycle together. The first prototype already, that was presented in 1901, stood out by the conspicuous red paintwork which, later on, was to become the trademark of Indian-motorbikes. The second characteristic feature, the extremely acute-angled motor of but 42°, was first introduced in the year 1907.

Indian-models belonged to the most successful motorbikes in the early stage of motorization in America and in Europe. This was not least due to the victories in races that they succeeded in winning, among other events, also in the Tourist Trophy in the Isle of Man. While 20,000 units were built in 1912, the production number had increased to 60,000 by 1914. Indian experienced a further heyday following WWI and, for decades, remained one of the most serious competitors of Harley-Davidson. Like for many other manufacturers, their end then came in the fifties. Production was discontinued in 1953 when the new models failed to keep their share of the market.

The „Power Plus" motorbike plus sidecar shown here is from 1917. The side-car, an in-house design made of wood, was built in 1925.The drive was a typical Indian V-motor with 1,000 ccm and 18 hp.

Indian „Scout"

Technische Daten
Baujahr: 1928
Motor: 600 ccm /
V2-Zylinder / 12 PS

Technical Data
Year of Construction: 1928
Motor: 600 ccm /
V2-Cylinder / 12 hp

Mit den amerikanischen Truppen waren im Verlauf des Ersten Weltkriegs auch viele Indian-Motorräder nach Europa gekommen. Dies hat wesentlich dazu beigetragen, daß die Motorräder aus Springfield in den 20er Jahren zu einer festen Größe auf dem europäischen Motorradmarkt wurden. Sie genossen zu Recht den besten Ruf und gehörten zu den begehrtesten Zweirädern. Eine der erfolgreichsten Konstruktionen war die 1919 erstmals vorgestellte „Scout", die der Firma über viele Jahre Verkaufserfolge bescherte.

During WWI many Indian-motorbikes had come to Europe together with the American troops. This promoted the motorcycles from Springfield and helped them gain a firm position on the European motorbike-market. Their excellent reputation was highly deserved and they belonged to the most coveted bikes of their time. One of the most successful models was the "Scout", first presented in 1919, which brought the firm big sales figures for many years.

Die kleineren „Scout" Motorräder erhielten später durch Modelle mit größeren Motoren Verstärkung. Dieses Exemplar stammt von 1936 und ist mit einem 750 ccm Motor mit 35 PS ausgerüstet. Nach dem 2. Weltkrieg wurden die „Scout" Modelle aus dem Programm genommen, was wesentlich zum Niedergang von Indian beitrug.

The "Scout" motorcycle series was later reinforced by models with larger engines. This specimen is from 1936 and is equipped with a 750 ccm motor with 35 hp. After WW II. the "Scout" models were discontinued which significantly contributed to the decline of Indian.

Indian Steilwand Motorrad

In früheren Jahren waren Steilwandshows mit Motorrädern eine beliebte Attraktion auf Jahrmärkten. Heute ist diese Art von Akrobatik kaum noch zu sehen. Wir sind daher Stolz, dass es uns gelungen ist, diese alte Tradition wieder aufleben zu lassen: Im Rahmen des alljährlichen Motorrad-Klassiker-Treffens am ersten Oktober-Wochenende präsentiert das Museum die Steilwand-Show von Henny Kroeze. Auf einer historischen Holz-Steilwand von 1936 zeigen Henny Kroeze und seine Truppe atemberaubende Fahrmanöver auf der steilen Wand, u.a. mit drei historischen Indian-Motorrädern!

Das Bild oben zeigt ein solches Indian Steilwand Motorrad auf einer Rollenbank. Um dem Publikum einen Eindruck davon zu geben, was Sie während der Show erwartet, werden die Motorräder auf einer solchen Rollenbank in voller Fahrt präsentiert und die Akrobatik gezeigt, die später auf der Steilwand zu sehen ist. Von Zeit zu Zeit kann auch im Museum eine alte Indian auf den Rollen live fahrend bewundert werden.

In former years wall-of-death shows featuring motorbikes were a popular attraction on country fairs. These days these kind of acrobatic shows are rare if not extinct. It is with great pride, therefore, to show that we succeeded in reviving this old tradition: On occasion of our annual motorbike-classics-meet on the first October weekend the Museum takes pride in presenting the wall-of-death show of Henny Kroeze. On a historic wooden wall-of-death from the year 1936 Henny Kroeze and his team are performing breathtaking manoeuvres on the steep wall, among others with three historic Indian-motorbikes.

The picture above shows an Indian wall-of-death motorbike of this kind upon a roller-bank. To convey an impression to the spectators of what they may expect during the show the motorbikes are presented on a roller-bank of this kind in full speed complete with acrobatics which are going to be performed later on in the wall-of-death. From time to time there will also be an opportunity at the Museum to admire an old Indian performing live on the rollers.

Museumsleiter Hermann Layher auf dem Indian Steilwand Motorrad.
The director of the museum Hermann Layher on the Indian wall-of-death motorbike.

Indian „Ace"

Fünfzehn Jahre lang, von 1927 bis 1942, hat Indian große Motorräder mit längs eingebauten 4-Zylinder-Motoren hergestellt. Die beiden hier gezeigten Maschinen markieren den Anfangs- und den Endpunkt dieser bemerkenswerten Modellreihe.

Die Indian „Ace" war das erste von Indian verkaufte 4-Zylinder-Modell. Entwickelt wurde diese Maschine von den Brüdern Henderson für ihre „Ace"-Motorradfabrik, die 1927 von Indian aufgekauft wurde. An der ursprünglichen Konstruktion wurde zunächst nichts geändert. Neu war lediglich der Indian-Schriftzug auf dem Tank. Der Motor hat einen Hubraum von 1 265 ccm und leistet ca. 30 PS. Die Höchstgeschwindigkeit liegt bei rund 130 km/h. Die im Museum gezeigte Maschine ist eines der allerersten unter dem Namen Indian verkauften 4-Zylinder-Motorräder und entsprechend wertvoll.

Bereits 1929 erschien der Nachfolger der „Ace", der von nun an unter der Bezeichnung „Indian Four" vertrieben wurde. Zur genaueren Unterscheidung diente eine Typenbezeichnung. Das erste „Indian Four"-Modell von 1929 war der Typ 401, die letzte Serie von 1942 erhielt die Typenbezeichnung 442.

Die hier gezeigte „Indian Four" gehört zur letzten Serie. Auffällig sind die großen Schutzbleche mit den breiten Radabdeckungen. Diese wurden zusammen mit der Hinterradfederung als wesentliche Neuerung ab dem Jahr 1940 eingeführt. Bemerkenswert sind auch der stilistisch hervorragend gelungene Motorblock und das weit hochgezogene, waagerechte Auspuffrohr.

Der Hubraum des Motors war über die gesamte Zeit unverändert geblieben, lediglich die Leistung war auf jetzt 40 PS gesteigert worden, was für ca. 145 km/h ausreichte. Von 1942 bis 1945 konzentrierte sich Indian auf den Bau von Militärmotorrädern mit 2-Zylinder-Motoren. Nach dem Krieg wurde die Produktion der großen 4-Zylinder nicht wieder aufgenommen.

Indian Four von 1941

For fifteen years, from 1927 through 1942, Indian built big motorbikes with longitudinally installed 4-cylinder motors. The two bikes shown on this page are marking beginning and end of this remarkable string of models.

The Indian "Ace" was the first 4-cylinder-model sold by Indian. The bike had been developed by the Henderson brothers for their "Ace"-motorbike factory which was bought by Indian in 1927. At first no changes were made on the original design. The only novelty was the Indian signature on the fuel tank. The motor has a capacity of 1,265 ccm and generates approx. 30 hp. The maximum speed is a round 130 km/h. The bike on exhibit at the museum is one of the first 4-cylinder-motorbikes sold under the name of Indian and correspondingly valuable.

The year 1929 already saw the advent of the successor model of the "Ace", which was henceforth sold under the name "Indian Four". A type code was used to distinguish the various models. The first "Indian Four" model of 1929 was type 401, the last series of 1942 was typed 442.

The "Indian Four" of 1941 shown here belonged to the last series. Prominent features are the big mudguards with their broad wheel covers, which were introduced as essential novelties as of 1940, together with rear wheel spring suspension. Further remarkable characteristics are the motorblock of excellent stylistic design as well as the elevated, horizontal exhaust pipe.

The motor's capacity had remained unchanged in all that time, only the output had been increased to reach the present 40 hp, sufficient for a speed of about 145 km/h. From 1942 through 1945 Indian concentrated on building military motorbikes with 2-cylinder-motors, and the production of the big 4-cylinder models was no longer resumed after the end of the war.

Mars A 20

Mars war eine Eisenofenfabrik in Nürnberg, in der später auch Fahrräder hergestellt wurden. Im Jahr 1903 begann man mit dem Bau von Motorrädern und Automobilen. Der Autobau blieb eine kurze Episode, die bereits 1908 wieder beendet wurde. Die Motorrad Produktion wurde dagegen bis Mitte der Zwanziger Jahre weitergeführt.

Das berühmteste Modell war die 1920 von Claus Franzenberg entworfene und bis 1925 gebaute, legendäre „Weiße Mars", die, für viele

unbekannt, auch in roter und grüner Lackierung erhältlich war. Dieses fantastische Motorrad, ein wichtiger Meilenstein in der Zweirad-Geschichte, wurde von einem Zweizylinder Boxermotor angetrieben, der nach den Plänen von Franzenberg exklusiv für Mars von Maybach in Friedrichshafen hergestellt wurde. Ein auffälliges Merkmal ist die Kurbel, mit der der Motor gestartet wurde. Der luftgekühlte Motor hatt einen Hubraum von 956 ccm und leistet ca. 8 PS. Der Rahmen besteht aus geschweißtem und genietetem Stahlblech. Das Motorrad wiegt rund 140 kg und erreicht eine Höchstgeschwindigkeit von ca. 90 km/h.

Die beiden im Museum gezeigten Mars-Motorräder wurden von „The Classic Bike Mike" Mike Kron aus Krautheim-Klepsau restauriert. Sie befinden sich in einem perfekten Zustand und sehen aus, als wenn sie die Werkshalle in Nürnberg gerade eben erst verlassen hätten. Sie sind die absolute Sensation bei jedem Veteranentreffen. Das Bild auf der gegenüberliegenden Seite unten zeigt den Restaurator mit der weißen Mars auf der Rennstrecke von Montlhery bei Paris. Im Mai 2002 erhielt die Maschine dort den Preis für das außergewöhnlichste Motorrad.

Mars was a factory for iron ovens in Nuremberg and later also built bicycles. In 1903 the company started to produce motorcycles and automobiles. Automobile production remained a brief episode which already ended in 1908. The manufacturing of motorcycles, however, was continued until the middle of the twenties.

The most famous model was the legendary "White Mars". It was designed in 1920 by Claus Franzenberg and built until 1925. Unknown to many, the "White Mars" was also available in green and red painting. This fantastic motorcycle, a milestone of motorcycle history, was propelled by a 2-cylinder transverse flat engine designed by Franzenberg which was manufactured by Maybach in Friedrichshafen exclusively for Mars. A striking feature is the starting-handle which is required for starting of the engine. The air-cooled engine has a displacement of 956 ccm and an output of approx. 8 hp. The frame is made of welded and bolted sheet-steel. The motorcycle weighs about 140 kg and reaches a maximum speed of approx. 90 km/h.

The two Mars motorcycles on exhibit in the museum were restored by "The Classic Bike Mike" Mike Kron from Krautheim / Klepsau. They are in perfect condition and look as if they had just left the factory halls in Nuremberg. They are absolute show-stoppers at every classic bike meeting. The picture at the lower right hand side shows Mike Kron with the white Mars on the racing track of Montlhery near Paris where the bike was awarded the prize for the most exceptional motorcycle in 2002.

BMW R 32

Die Bayerischen Motoren Werke AG wurden während des Ersten Weltkriegs gegründet und produzierten zunächst Flugzeugmotoren für die deutsche Armee. Da der Versailler Vertrag nach Kriegsende Deutschland die Flugzeugproduktion verbot, mußte BMW auf andere Geschäftsfelder ausweichen. So entschloß man sich Anfang der zwanziger Jahre zur Herstellung von Motorrädern. Hier bot sich die Chance zum Absatz großer Stückzahlen, denn Motorräder waren in dieser Zeit die einzigen Kraftfahrzeuge, die sich eine breitere Schicht leisten konnte. Die R 32 war die erste Eigenentwicklung der Münchner Firma und wird daher zu Recht als das erste echte BMW-Motorrad bezeichnet. Bereits bei diesem Modell finden sich zwei Konstruktionsmerkmale, die für die BMW-Motorräder charakteristisch bleiben sollten - der Kardanantrieb und der Boxermotor mit den zwei gegenüberliegenden Zylindern.

Das Museumsstück ist die erste R 32, die BMW produziert hat. Insgesamt wurden 3 100 Stück in reiner Handarbeit gefertigt. Mit dem quergestellten Boxermotor, dem Kardanantrieb und dem verwindungssteifen Rohrrahmen war dem Konstrukteur Max Friz ein großer Wurf gelungen. Dank der ebenfalls revolutionären hinteren Steckachse war der Radausbau ein Kinderspiel.

Technische Daten Baujahr: 1923; Motor: 486 ccm 2-Zyl.-Boxermotor mit 8,5 PS, Dreiganggetriebe und Kardanantrieb; Leergew.: 122 kg; Höchstgeschw.: 90 km/h; Preis: 2 200 Goldmark

The Bayerische Motoren Werke AG were founded during WWI and, at first, produced airplane-engines for the German Army. Since the Versailles Treaty prohibited Germany from building air planes after the end of the war, BMW had to switch to other fields of business. In the early twenties, therefore, a decision was made to build motorcycles. Here was a chance to sell large numbers since, at that time, motorbikes were the only vehicles affordable by the masses. The R 32 was the first in-house design of the firm and is, therefore, justly described as the first true BMW-motor-cycle. This first model already has two design features that were to remain characteristic for all BMW motorbikes - the cardan- or universal drive and the two cylinder transverse flat engine.

The specimen shown in the museum is the first R 32 produced by BMW. Altogether 3,100 units were built, i.e. produced by hand. The transverse positioned flat engine, the cardan drive and the tubular frame of high torsional strength all contributed to the great hit accomplished by the designer Max Friz. Thanks to the likewise revolutionary half shaft rear axle, removing a wheel was a child's play.

Technical Data Year of Construction: 1923; Motor: 486 ccm, 2-cylinder-flat engine with 8.5 hp, three-speed gear, and cardan drive; Unladen Weight: 122 kg; Maximum Speed: 90 km/h; Price: 2,200 Goldmarks

Produktion der R 32 im Jahr 1924. Die Fließbandfertigung war zu dieser Zeit in Deutschland noch weitgehend unbekannt.

R 32 production in 1924, at which time assembly lines were still widely unknown in Germany.

BMW R 62

Technische Daten
Baujahr: 1928
Motor: 745 ccm 2-Zyl.-Boxer-
motor mit 18 PS, Dreigangge-
triebe, Kardanantrieb
Leergew.: 155 kg
Höchstgeschw.: 115 km/h
Preis: 1 450 Reichsmark

Technical Data
Year of Construction: 1928
Motor: 745 ccm 2-cylinder-flat
engine with 18 hp, three-speed
gear, cardan drive
Unloaden Weight: 155 kg
Maximum Speed: 115 km/h
Price: 1,450 Reichsmarks

Fünf Jahre nach der legendären R 32 erschienen 1928 zwei neue BMW-Modelle mit 750 ccm-Motor, die R 62 und die R 63. Die auch für den Seitenwagenbetrieb ausgelegten Maschinen erwiesen sich schnell als sehr zuverlässige Touren- und Reise-motorräder. Zu dieser Zeit bestimmten bereits das Fließband und die Großserie die Produktion, wodurch sich der Preis deutlich reduzierte und das Motorrad endgültig zum Volksfahrzeug wurde.

Five years after the legendary R 32, two further BMW-models with 750 ccm-motors, the R 62 and the R 63, were launched in 1928. These bikes, which could also be equipped with sidecars, rapidly proved to be highly reliable touring- and long distance-motorcycles. Since factories, at that time, were already operating with progressive assembling, the price could be significantly reduced and the motorbike thus definitely became a vehicle for the masses.

BMW R 47
Renngespann

Schon in den ersten Jahren erkannte man bei BMW die Bedeutung des Motorsports für den Absatz und die Weiterentwicklung der eigenen Produkte. So entstand 1927 eine aus der R 32 entwickelte Sportversion, die u. a. anstelle der hinteren Keilklotzbremse eine Kardanbremse sowie eine bessere Vorderradbremse aufwies. Der 494-ccm-Motor mit vergrößerten Kühlrippen leistete 18 PS, womit die Soloversion der R 47 ca. 110 km/h erreichte. Insgesamt wurden von diesem Modell 1 720 Stück gebaut.

The significance of motor sports for sales figures as well as for progress in the design of corporate products was realized by BMW in the course of the first years already. Accordingly, a sport-version developed from the R 32 was built in 1927, equipped with a transmission brake instead of the wedge block rear-wheel brake and with a better front-wheel brake. The 494-ccm-motor with enlarged cooling fins generated 18 hp which made the solo-version of the R 47 reach a speed of approx. 110 km/h. Altogether 1,720 units were built of this model.

Motorräder - Motorcycles

Ein höchst ungewöhnliches Fortbewegungsmittel ist dieses einrädrige Motorrad, das um die Jahrhundertwende von Erich Edison-Puton in Paris gebaut wurde. Obwohl es voll funktionsfähig ist, hat sich das hier verwirklichte extravagante Bauprinzip nicht durchsetzen können und geriet bald in Vergessenheit.

Mit einem Originalkorpus und einem Originalmotor aus Paris wurde das Fahrzeug vom Restaurator Ferdinand Schlenker aus Sexau rekonstruiert. Das Museumsstück ist voll fahrbereit und wurde von Herrn Schlenker auf dem Museumsparkplatz mehrfach vorgeführt.

Technische Daten
Baujahr: um 1910
Motor: 150 ccm 1-Zylinder-De Dion-Motor mit 3,5 PS

A highly extraordinary means of transportation is this monowheel-motorcycle, also known as unicycle, that was built by Erich Edison-Puton in Paris at the turn of the century. Although fully functional, the extravagant concept carried into effect in this model did not meet with acceptance and was soon forgotten.

An original body as well as an original motor from Paris were used by the restorer Ferdinand Schlenker of Sexau to reconstruct the vehicle. The exhibit at the Museum is fully operational, as demonstrated by Mr. Schlenker repeatedly at the parking lot of the Museum.

Technical Data
Year of Construction: 1910
Motor: 150 ccm 1-cylinder-De Dion-motor with 3.5 hp

Ferdinand Schlenker bei einer seiner Versuchsfahrten mit dem Einrad-Motorrad.

Ferdinand Schlenker on occasion of one of his test-rides with the monowheel-motorcycle.

Ardie

Die Markenbezeichnung „Ardie" leitet sich vom Namen des Firmengründers Arno Dietrich ab, der die Motorradfabrik 1919 in Nürnberg gegründet hatte. Bis 1958 entstanden bei Ardie Gebrauchsmotorräder mit Ein- und Zweizylindermotoren, zumeist mit Hubräumen bis 500 ccm, wobei sowohl eigene Entwicklungen als auch Einbaumotoren wie z. B. von JAP (GB) verwendet wurden. Ende der fünfziger Jahre mußte Ardie wie viele andere Motorradhersteller die Produktion einstellen.

The brand-name "Ardie" derived from the name of the firm's founder, Arno Dietrich, who started the motorbike factory in 1919 in Nürnberg. Up to 1958 Ardie built utility bikes with one- and two-cylinder-engines, mostly with capacities up to 500 ccm, using both in-house developments as well as installation motors, e.g. by JAP(GB). As many other manufacturers of motorcycles Ardie had to discontinue production in the late fifties.

Ardie Tourenmodell

Das Ardie Tourenmodell gehörte zu den preiswertesten und beliebtesten deutschen Halblitermaschinen seiner Zeit.
Technische Daten Baujahr: 1928; Motor: 1-Zyl.-JAP (GB)-Motor mit 484 ccm und 9,5 PS

The Ardie Touringmodel was among the least expensive and most popular German half-liter-bikes of its time.
Technical Data Year of Construction: 1928; Motor: 1-cylinder-JAP (GB)-motor with 484 ccm and 9.5 hp

Ardie 750

Zwischen 1927 und 1929 wurden ca. 1 300 Stück dieses Typs gebaut, wobei ein Teil der Maschinen mit einem 1 000 ccm-Motor ausgerüstet war. Das fortschrittliche Modell verfügte bereits über einem Gasdrehgriff.
Technische Daten Baujahr: 1928; Motor: 2-Zyl.-JAP-V-Motor mit 750 ccm und 18,2 PS

Approximately 1,300 of this model, some of them equipped with a 1,000 ccm-motor, were built between 1927 and 1929. The progressive model already had twist-grip hand throttle control.
Technical Data Year of Construction: 1928; Motor: 2-cylinder-JAP-V-motor with 750 ccm and 18.2 hp

Brough „Superior SS 100"

Die Marke „Brough" wurde um die Jahrhundertwende von William Brough begründet. Ab 1919 baute sein Sohn George, der im Streit die väterliche Firma verlassen hatte, in Nottingham eine eigene Motorradfabrik auf. Die Namen seiner Modelle versah er mit dem Zusatz „Superior", um so zu demonstrieren, daß sie den von seinem Vater gebauten Motorrädern überlegen waren.

George Brough legte von Beginn an äußersten Wert auf höchste Qualität, und so galten seine Produkte bald als eine Art von Rolls-Royce auf zwei Rädern. Dies hatte natürlich Auswirkungen auf den Preis, und genau wie ein Rolls-Royce nur wenigen zugänglich ist, blieben auch die Brough-Motorräder einem kleinen Kreis von finanzkräftigen Motorrad-Enthusiasten vorbehalten.

Ein besonders berühmter Fan dieser Nobelmarke war der britische Oberst T. E. Lawrence, besser bekannt unter dem Namen Lawrence von Arabien. Er war ein persönlicher Freund von George Brough und besaß eine ganze Kollektion von „Superior"-Modellen. Man mag es als eine Ironie des Schicksals betrachten, daß er bei einer Ausfahrt mit einem seiner Lieblingsmotorräder tödlich verunglückte.

Nur 3 000 Brough-„Superior" wurden zwischen 1919 und 1940 gefertigt. Nur wenige haben die Zeit überdauert. Sie gehören zu den kostbarsten Motorrad-Oldtimern, die, wenn sie überhaupt von ihren Besitzern verkauft werden, bei Versteigerungen astronomische Preise erzielen.

Das Museumsstück stammt von 1936 und gehört zur letzten „Superior"-Serie, die bei Brough gebaut wurde. Angetrieben wird dieses phantastische Motorrad von einem 2-Zylinder-Motor von „Matchless" mit 39 PS.

The "Brough" brand was founded around the turn of the century by William Brough. As of 1919 his son George, who had parted with his father on bad terms, started his own motorcycle factory at Nottingham. He added "Superior" to the names of his models to demonstrate that they surpassed the motorbikes built by his father.

Right from the start George Brough was attaching great importance to quality and his products thus soon gained the reputation of something like a Rolls-Royce on two wheels. Needless to say, this affected the price and just as a Rolls Royce is available to a few only, Brough motorcycles remained the privilege of a small circle of well-off motorbike fans.

Among the most famous fans of this noble brand was the British Colonel T. E. Lawrence, better known as Lawrence of Arabia. He was a personal friend of George Brough's and owned an entire collection of "Superior" models. It might be called irony of fate that he met his death in a fatal accident while out on a ride with his favourite motorbike.

Only 3,000 Brough "Superior" were built between 1919 and 1940. But few of them survived the times. They are among the most precious motorbike-oldtimers which, if sold by their owners at all, will fetch astronomic prices in auction sales.

The museum's exhibit from 1936 is one of the last "Superior" models built by Brough. This fantastic motorbike is propelled by a 2-cylinder-39 hp-motor by "Matchless".

Vincent „Rapide C"

Die überaus leistungsstarken „Rapide"-Motorräder des kleinen englischen Herstellers Vincent hatten schon vor dem Zweiten Weltkrieg für einiges Aufsehen gesorgt. Der 998 ccm V2-Motor war der Garant für eine überlegene Leistung, die sich nicht zuletzt in unzähligen Beschleunigungs- und Geschwindigkeitsweltrekorden niederschlug. Er wurde in modifizierter Form bis in die 70er Jahre hinein eingesetzt, wobei die Leistung durch Aufladung auf bis zu 400 PS gesteigert wurde. Wirtschaftlich blieb der große Erfolg jedoch aus, wofür in erster Linie der hohe Preis dieser Motorräder der Extraklasse verantwortlich war. Das Anfang der 50er Jahre produzierte C-Modell war der vorletzte Typ dieser Serie. Der Motor leistet 45 PS, die Höchstgeschwindigkeit liegt bei ca. 175 km/h. Die unzähligen Rennsiege, die mit der „Rapide C" errungen wurden, haben viel zum legendären Ruf der Vincent-Motorräder beigetragen.

The exceedingly powerful "Rapide"-motorbikes by the small British manufacturer Vincent had drawn some attention prior to WWI already. The 998 ccm V2-motor guaranteed a superior performance which became evident not least in innumerable acceleration- and speed records. In a modified form it was used up into the seventies; an increase in performance was achieved by supercharging up to 400 hp. A financial success, however, failed to materialize which was mainly the fault of the exorbitant price for these topclass motorcycles. The C-model built in the early fifties was the last but one type of this series. The motor produced 45 hp, the maximum speed is about 175 km/h. The innumerable victories won with the "Rapide C" in races contributed a great deal to the legendary reputation of Vincent-motorcycles.

Harley-Davidson

Harley-Davidson V/VL Gespann von 1931

Als Antwort auf die legendäre Indian „Scout" brachte Harley-Davidson 1929 u. a. die V / VL mit 1200 ccm-Motor und 28 PS Leistung auf den Markt. Das Museumsstück befindet sich in einem technisch und optisch hervorragenden Originalzustand.

Harley-Davidson V / VL Motorbike-Sidecar-Combination of 1931 with a 1,200 ccm-motor generating 28 hp. It was one of the models launched by Harley-Davidson as a rejoinder to the legendary Indian "Scout". The museum's exhibit is in an excellent original condition, both technically as well as in its outward appearance.

Harley-Davidson SV von 1940

Eine zeitlos schöne Harley mit 1200 ccm 2-Zylinder-V-Motor mit 29 PS
A Harley of timeless beauty with a 1,200 ccm 29 hp 2-cylinder-V-motor

Harley-Davidson wurde 1901 von William Harley und Arthur Davidson gegründet. Zwei Jahre später brachten sie ihr erstes, selbstkonstruiertes Motorrad auf den Markt, eine 1-Zylindrige Maschine mit 405 ccm und 3 PS. Das erste Modell mit dem für diese Marke so charakteristischen V-Motor entstand bereits 1909. Somit reicht die Tradition von Harley-Davidson, der heute einzigen amerikanischen Motorradfabrik, noch um einiges weiter in die Vergangenheit zurück als die von BMW.

Daß Harley-Davidson noch heute existiert, liegt sicherlich nicht zuletzt an dem Umstand, daß die Modelle speziell der fünfziger und sechziger Jahre den amerikanischen Geschmack sehr gut trafen und durch Filme wie „Easy Rider" zum Bestandteil des Lebensgefühls einer ganzen Generation wurden.

Harley-Davidson was founded in 1901 by William Harley and Arthur Davidson. Two years later they introduced their first in-house-designed motorbike on the market, a 1-cylinder model with 405 ccm and 3 hp. The first model with the V-motor characteristic for this brand originated in 1909 already. As far as seniority is concerned, therefore, the tradition of Harley-Davidson, the only American motorbike factory of our times, reaches further back even than that of BMW.

That Harley-Davidson is still existing these days is definitely due not least to the fact that the models, specifically those of the fifties and sixties, were a great hit with the American public and, as a result of movies like "Easy Rider", became part of the way of life of a whole generation.

Harley-Davidson „Electra Glide"

Mit Modellen wie der „Electra Glide", die schnell zum bevorzugten Fahrzeug sowohl der Highway-Polizei als auch der Hells-Angels wurde, festigte Harley-Davidson nach dem Krieg seine Position als Produzent bequemer Reisemotorräder mit extrem großvolumigen Motoren. Nicht zuletzt aufgrund der zahllosen Hollywood-Filme, in denen solche Maschinen auftraten, wurde dieses Motorrad in den 60er und 70er Jahren zu einem Kultobjekt hochstilisiert. Die „Electra Glide" wird seit 1965 in kaum veränderter Form produziert und erfreut sich auch heute noch dank ihres einzigartigen Images einer großen Beliebtheit.

Technische Daten Baujahr: 1981; 1207 ccm V2-Zyl.-Motor mit 66 PS

With models like the "Electra-Glide", which rapidly turned into the favourite vehicle not only of the highway police but of Hells-Angels as well, Harley-Davidson consolidated their reputation after the war as a producer of comfortable touring-bikes with extremely large-volumed motors. Not last due to numerous Hollywood movies starring such bikes this motorcycle was hyped into a cult object in the sixties and seventies. The "Electra Glide" has been built since 1965 in an almost unchanged form and, keeps enjoying high popularity up to these days.

Technical Data Year of Construction: 1981; 1207 ccm V2-cylinder motor with 66 hp

Norton

Wie bei vielen anderen Firmen war es auch bei Norton ein Renn-erfolg, der den Ruhm der Marke begründete. Im Jahr 1907 hatte sich der Norton-Fahrer H. Rem Fowler durch seinen bei der ersten Tourist-Trophy (T. T.) auf der Ile of Man herausgefahrenen Sieg in der 2-Zyl.-Klasse über 259 km mit einem Durchschnitt von 58,29 km/h einen Namen gemacht. Die Maschine besaß damals noch einen Peugeot-Motor. Der Firmeninhaber James L. Norton war von da an bei jedem T. T.-Rennen dabei. 1924 gab es gleich zwei Norton-Siege, denen bis 1939 noch 16 weitere folgen sollten. Bis dahin gab es noch 11 Europa-Meisterschaften. Nach dem Zweiten Weltkrieg holte sich Norton 16 T. T.-Siege und acht Weltmeister-titel sowie unzählige weitere Sporterfolge. In diesen Jahrzehnten gehörten die Nortons zu den beliebtesten Motorrädern. Ab 1968 war das Modell „Commando" ein Welterfolg, 1974 ging es mit Wankel-Motor-Model-len weiter. 1977 lief die Produktion aus.

Like many other firms, Norton also used the victory won by them in a race as a basis for the future fame of their brand. In the year 1907 the Norton-driver H. Rem Fowler had made a name for himself in the Tourist Trophy (T.T.) in the Isle of Man by winning the 2-cylinder-class over a distance of 259 km at an average speed of 58.29 km/h. At that time the bike was equipped with a Peugeot motor. From now on the firm's owner James L. Norton did not miss a single race. In 1924 Norton were even able to achieve a double victory, which was to be followed by 16 further wins by 1939, up to which time eleven European-championships were won besides. After WWII 16 T.T.-victories and eight world champion-ships as well as innumerable further sports events were won by Norton. In these decades Norton models were among the most popular motorbikes. The model "Com-mando" was a world success as of 1968. In 1974 came models equipped with Wankel-motors. Production was discontinued in 1977.

Norton ES 2

Kurz nach dem erneuten Sieg bei der Tourist Trophy im Jahr 1927 präsentierte Norton zwei neue Modelle, die CS 1, eine Serienausführung der Siegermaschine mit Königswelle, und die hier gezeigte ES 2 ohv, die über viele Jahre gebaut wurde. **Technische Daten** *Baujahr: 1937; Motor: 1 Zyl. / 490 ccm / 22 PS*

Shortly after winning another victory at the Tourist Trophy in 1927, Norton presented two new models: the CS 1, a series model of the winning bike with king-shaft, and the model ES 2 ohv that was built for many years. **Technical Data** *Year of Construction: 1937; Motor: 1-cylinder / 490 ccm / 22 hp*

Norton „Manx"

Die Norton „Manx" ist ein typischer Vertreter der Rennmotorräder der frühen 50er Jahre. Bei zahllosen Straßenrennen belegten Motorräder dieses Typs die ersten Plätze. **Technische Daten** *Baujahr: 1961; Motor: 500 ccm / 1 Zyl. / 50 PS*

The Norton "Manx" is a model typical for racing bikes of the early fifties. Motor-bikes of this type won first places in innumerable road race events. **Technical Data** *Year of Construction: 1961; Motor: 500 ccm / 1-cylinder / 50 hp*

NSU Tourenmotorrad

Dieser NSU-Oldtimer mit einem 493 ccm 12 PS-V2-Motor stammt von 1926. Zu dieser Zeit produzierte NSU außer Automobilen insgesamt 5 926 Motorräder und 20 201 Fahrräder. 1929 wurde die Autoproduktion an Fiat verkauft. NSU widmete sich von nun an ganz der Motorradproduktion und war 1953 der weltgrößte Motorrad-Hersteller.

This oldtimer by NSU with a 493 ccm 12 hp V2-motor is from 1926, at which time NSU produced altogether 2,926 motorcycles and 20,201 bicycles besides automobiles. Automobile production was sold to Fiat in 1929 and NSU started to concentrate on building motorbikes exclusively. In 1953 they were the world's greatest motorcycle producer.

Das erste in Neckarsulm gebaute Motorrad, ausgestattet mit einem Schweizer Zedel-Motor, erschien 1901. Ab 1904 bauten die „Neckarsulmer Fahrzeugwerke AG" die ersten eigenen Motoren in die Fahrwerke ein. Von Anfang an spielte der Sport

NSU 300 TS

Eine klassische NSU mit englischer Linienführung aus dem Jahr 1931 mit einem 298 ccm 7 PS-1-Zyl.-Motor

A classic NSU model of decidedly British appearance from the year 1931, with a 298 ccm 7 hp 1-cylinder motor

eine große Rolle. Bei der ersten T. T. 1907 belegte der Neckarsulmer Fahrer Martin Geiger in der 1-Zyl.-Klasse den 5. Platz, und bis zum Ende der Motorrad-Produktion im Jahr 1964 sah man NSU-Motorräder regelmäßig auf den ersten Plätzen. 1953 war die Fabrik der größte Motorradhersteller der Welt. Insgesamt fünf Weltmeistertitel sowie viele Weltrekorde krönten die Bemühungen der Konstrukteure wie Dr. Georg Schwarz, Otto Reitz, Walter Moore und Albert Roder, um nur einige zu nennen. Zwei schwere Wirtschaftskrisen überstand NSU mit Fleiß und Geschick, aber der Zusammenbruch der Motorradindustrie ab 1955 kostete zuerst dem Motorradbau und später, aufgrund von Fehlplanungen, dem gesamten Werk die Selbständigkeit. Die Produktionseinrichtungen für den Motorradbau wurden 1966 nach Jugoslawien verkauft, die Automobilherstellung wurde 1969 mit der von Audi vereinigt und in den Volkswagen-Konzern eingegliedert.

Besonders herausragende NSU-Konstruktionen waren u. a. ab 1930 die 1-Zylinder-500er Renn- und Supersportmodelle mit Königswellenmotor, das weiter hinten gezeigte NSU-Kettenkrad mit dem 1,5-Liter-Opel-Motor aus der Zeit des Zweiten Weltkriegs, die 98er Viertakt-Fox ohv von 1948 und die 250er Viertakt-Max von 1952 mit ihrem „Schubstangen"-Nockenwellenantrieb, der weltweit einmalig bieb, und auch von den Japanern nicht nachgebaut wurde.

The first motorcycle built in Neckarsulm, equipped with a Swiss Zedel-motor, was launched in 1901. As of 1904 the firm, whose complete name was "Neckar-sulmer Fahrzeugwerke AG", installed their first own motors in the wheelbase. Sports were playing a major roll right from the beginning. In the first T.T. of 1907 the Neckarsulm-driver Martin Geiger took fifth place in the 1-cylinder-class, and up to the end of motor-bike production in 1962 NSU-bikes could regularly be found in the front places. In 1953 the factory was the greatest motorcycle producer world-wide. The efforts of engineers and designers like Dr. Georg Schwarz, Otto Reitz, Walter Moore and Albert Roder, to name but a few, were crowned by altogether five world-championships as well as many world records.

Two severe economic crises were mastered by NSU with diligence and skill. But the breakdown of motor cycle industry beginning in 1955 lost first the motorbike pro-duction and, later on, as a consequence of misplanning the whole factory, their inde-pendence. The production engineering and equipment required to build motorcy-cles was sold to Yugoslavia in 1966, while automobile pro-duction was joined with that of Audi in 1969 and incor-porated into the Volkswagen group.

Among the particularly noteworthy NSU-designs were as of 1930 the 2-cyl-inder 500 ccm racing- and supersports-models with ver-tical-shaft-motor, the NSU motorcycle tractor with a 1.5 liter Opel-motor from the WWII period, which is shown later in the Military History section of this brochure, the 98 fourstroke-Fox ohv from the year 1948, and the 250 ccm fourstroke-Max of 1952 with its "push rod"-camshaft drive, that was to remain unique world-wide, and was not even copied by the Japa-nese either.

NSU 201 ZD „Pony"
Typisches Alltagsmotorrad von NSU, das sich durch große Zuverlässigkeit und geringe Kosten auszeichnete.
Technische Daten Baujahr: 1935; Motor: 1 Zyl. / 198 ccm / 6,5 PS

Typical NSU-motorcycle for everyday-use, which excelled by great reliability and modest costs.
Technical Data Year of Construction: 1935; Motor: 1-cylinder / 198 ccm / 6.5 hp

NSU 251 OSB „Super-Max"
Die robusten Max- und Super-Max-Modelle, die in den Rennausführungen auch bei den Motorsportveranstal-tungen für Furore sorgten und zahllose Titel errangen, hatten entscheidenden Anteil am Aufstieg von NSU zum weltgrößten Motorrad-Fabrikanten.
Technische Daten Baujahr: 1958; Motor: 1 Zyl. / 248 ccm / 17 PS

The robust Max- and Super-Max-models, whose racing versions also created sensations in motor sports events and won innumerable titles, played a decisive part in NSU's rise to the position of the world's greatest manufacturer of motorcycles.
Technical Data Year of Construction: 1958; Motor: 1-cylinder / 248 ccm / 17 hp

NSU 1000 und NSU 2000 Weltrekord-Motorräder

Einmal im Guinnes Buch der Rekorde stehen, wer möchte das nicht gerne? Franz Langer, der Konstrukteur dieser beiden Motorräder, hat es geschaft. Mit der oben gezeigten NSU 1000 hielt er über viele Jahre den Weltrekord für das Motorrad mit dem hubraumstärksten Einzylinder-Motor.

Als Basis für die einzigartige Maschine diente eine NSU 600 OSL aus dem Jahr 1939 in verstärkter Ausführung, bei der der Hubraum auf 1 Liter aufgebohrt wurde. Das rund 180 Kilogramm schwere Motorrad leistet ca. 40 PS und ist rund 90 km/h schnell. Langer mußte für sein Rekordmotorrad eine spezielle Kupplung entwickeln, um ein Absterben des großvolumigen Motors bei der Beschleunigung verhindern zu können.

Die NSU 1000 wurde inzwischen von einem 1-Zylinder-Motorrad mit 1,5 Litern Hubraum übertrumpft. Um den Rekord wieder zu erlangen, wurde die rechts unten gezeigte „Bison 2000" gebaut, und für den Weltrekord angemeldet. Angetrieben wird die Maschine von einem riesigen 1-Zylinder-Motor mit 2 Litern Hubraum.

To be listed in the Guinness Book of Records, who would not want this to happen one time? Franz Langer, the designer of these to motorcycles did make it. With the NSU 1000 shown above he was holding the record over many years for the motorbike equipped with the one-cylinder engine with the largest displacement. The basis for this unique machine was a NSU 600 OSL from 1939 in a boosted version which had its capacity enlarged to 1 liter. The motorbike weighing a good 180 kilograms has an output of approximately 40 hp and achieves a top speed of about 90 km/h. To prevent the large-volume engine from stalling during acceleration, Langer had to develop a special clutch for his record-breaking motorbike.

The NSU 1000 has meanwhile been outdone by a 1-cylinder motorbike with a capacity of 1,5 liters. To win the record back the "Bison 2000" shown at the bottom was built and registered for the world record. The machine is powered by a gigantic 1-cylinder motor with a capacity of 2 liters.

Horex

Horex „Regina Sport" (Einport)
*Die „Regina" war in den 50er Jahren eines der beliebtesten Motorräder
der 350er-Klasse. Heute erlebt diese hervorragende Maschine als
begehrtes Oldtimer-Motorrad ein grandioses Comeback. Der Lenker und
der Schalldämpfer des Museumsstücks sind Sonderzubehör.* **Technische
Daten** *Baujahr: 1954; Motor: 1-Zyl.-Motor mit 342 ccm und 19 - 20 PS*

*The "Regina" was one of the most popular 350-class-motorbikes of the
fifties. Today this excellent bike has a terrific come-back as a sought-after
oldtimer-motorcycle. Handlebars and muffler of the museum's exhibit
are optional accessories.* **Technical Data** *Year of Construction: 1954;
Motor: 1-cylinder motor with 342 ccm and 19 - 20 hp*

Über viele Jahre baute die von Fritz Kleemann in den 20er Jahren gegründete Firma
Horex im kleinen Bad Homburg Motorräder, die zum Besten gehörten, was auf zwei
Rädern unterwegs war. Eines der erfolgreichsten Modelle war die „Regina", die
1950 erstmals vorgestellt wurde und sich
in der Wirtschaftswunderzeit als wahrer
Verkaufsschlager erwies. Aber auch diese
renommierte Motorradschmiede erlag der
eisernen Auslese des Marktes. Anfang der
60er Jahre brachte die Massenproduktion
preiswerter Kleinwagen auch für Horex
das Aus.

Horex S 35
*Die Horex-Motorräder besaßen stets das Image eines kernigen Motorrads nach englischem
Vorbild. Die S 35 aus der Zeit vor dem Zweiten Weltkrieg machte da keine Ausnahme.*
Technische Daten *Baujahr: 1936; Motor: 1-Zyl.-Motor mit 344 ccm und 12,5 PS*

*Horex-motorbikes have always had the image of a robust motorcycle in the British fashion. In
this the model S 35 from the time before World War II was no exception.*
Technical Data *Year of Construction: 1936; Motor: 1-cylinder with 344 ccm and 12.5 hp*

Over a period of many years the Horex
company, founded in the twenties by Fritz
Kleemann in the small community of Bad
Homburg, was building motorcycles which
belonged to the best en route on two
wheels. One of the most successful models
was the "Regina" which was first presented
in 1950 and turned into a veritable sales hit
in the era of the economic miracle. But this
renowned motorbike forge, too, fell prey to
the merciless selection of the market. In the
early sixties mass production of small cars
also forced Horex to close down.

Zündapp

Nach dem Ersten Weltkrieg begann die ehemalige „Zünder- und Apparatebau GmbH" von Fritz Neumeyer in Nürnberg von 1921 an mit dem Bau von Motorrädern mit dem Markennamen „Zündapp". Die ersten fünf Maschinen waren Nachbauten der englischen Levis. Ab 1922 begann man bei Zündapp, eigene Ideen zur Serienproduktion zu bringen. Neumeyers Pläne kreisten um einfache Volksmotorräder. Ein „Motorrad für Jedermann" wollte er bauen, und mit einem kleinen Zweirad mit 2,25 PS-Motor ohne Getriebe in einem billigen Einrohrrahmen gelang ihm das auch. Später folgte ein Zweigang-Getriebe und dank weiterer Verbesserungen entwickelten sich aus diesen Anfängen immer leistungsfähigere Alltagsfahrzeuge, die in großen Stückzahlen verkauft werden konnten. Schließlich konnte sich die Fabrik auch dem Bau größerer Modelle widmen. Ab 1933 gab es 2-Zylinder-Boxermodelle mit 400 ccm sowie einen großen 4-Zylinder mit 791 ccm. Mit diesen Modellen wurden auch der Stahlprofilrahmen und der Kardanwellenantrieb eingeführt. Im Verkauf dominierten allerdings weiterhin die kleineren Brot- und-Butter-Modelle mit Hinterradkette. Für die Wehrmacht wurde eine 750 ccm Seitenwagen-Maschine mit Seitenwagen- antrieb und Rückwärtsgang produziert.

Wie bei den meisten anderen Motorradfabrikanten, die den Krieg halbwegs überlebt hatten, ging es auch bei Zündapp nach 1945 schnell wieder bergauf. Erneut waren es die All- tagsmodelle, die den Markterfolg brachten. Der 600er-Typ KS 601 mit dem verbesserten Vorkriegs-ohv-Boxermotor machte als Gespannmaschine („Grüner Elefant") im Rennsport und als Reise-Motorrad Furore. Zündapp war über viele Jahre im Sport engagiert und gewann auch mit den kleinen 50- und 80-ccm- Maschinen viele Titel. 1958 schloß das Werk Nürnberg, 1984 die Fabrik in München. Die Produktionsanlagen wurden nach China verkauft.

After the end of WWI the former "Zünder- und Apparatebau GmbH" of Fritz Neumeyer in Nürnberg began building motor- cycles with the brand name "Zündapp" in 1921. The initial five motorbikes were copies of the British Levis. As of 1922 Zündapp began launching ideas of their own into series production. Neumeyer's plans were targeted at building uncomplicated motorbikes for the general people. His aim was to build a "bike for everyone", and he did succeed in this with a small bicycle with 2.25 hp-motor without gearbox installed in an inexpensive single-tube frame. A two-speed-gear was to follow and, thanks to further improvements, these beginnings were leading to continu- ally more efficient bikes for everyday use which could be sold in large numbers. Finally, the factory was in a position to focus its attention on the production of more powerful models. Starting in 1933 they were building opposed 2-cylinder-flat engine-models with 400 ccm as well as a big 4-cylinder with 791 ccm. Sectional steel frame and cardan shaft drive were introduced together with these models. The sales figures, how-ever, continued to be domi- nated by the smaller bread-and-butter models with rear wheel chain. A 750 ccm sidecar bike with sidecar-drive and reverse gear was built for the army.

As with most other motorbike factories which had managed to survive the war in reasonably good shape, things also quickly

began to pick up at Zündapp after 1945. Once more it were the ordinary models that brought profitable sales figures. As a motor-bike-sidecar-combination (Green Elephant) the 600 ccm Type KS 601 with the improved prewar-ohv-flat engine was a great success in racing sport and as a touring bike. Zündapp engaged in sports for many years and won many titles with their small 50- and 80 ccm-bikes. The Nürnberg factory closed down in 1958, the plant in Munich in 1984. Production equipment was sold to China.

Zündapp K 800 Gespann

Der Zündapp-Typ K 800 wurde von 1933 bis 1938 in Nürnberg hergestellt. Der seitengesteuerte 4-Zylinder-Boxer-motor leistete 20 - 22 PS bei 4 800 Upm. Weitere wesentliche Merkmale waren das 4-Gang-Kugelschalt-Ketten-getriebe, der Profilrahmen aus Preßstahl und der Kardanantrieb. Die K 800 wurde meist als Gespann- und weniger als Solomaschine eingesetzt. Bei einem Gewicht von 230 kg erreichte das Motorrad eine Spitzengeschwindigkeit von 125 km/h und verbrauchte solo ca. 5 l / 100 km.

The Zündapp Type K 800 was built from 1933 through 1938 in Nürnberg. The L-head opposed 4-cylinder-flat engine produced 20 - 22 hp at 4,8000 rpm. Further essential features were the 4-speed ball gear with chain and sprocket drive, the sectional moulded steel frame and the cardan drive. The K 800 was mainly used as a sidecar-combination rather than a solobike. With a weight of 230 kilograms the motorcycle could reach a top speed of 125 km/h at a consumption of 5 liters / 100 km (47 mpg) as a solo bike.

KTM 660 Rallye (Siegermotorrad Rallye Paris - Dakar 2001)

Der größte Traum von KTM ist in Erfüllung gegangen: KTM gewinnt im Jahr 2002 die härteste Rallye der Welt von Paris nach Dakar, bei der rund 10 000 km in 21 Etappen zurückgelegt werden müssen, davon ein Großteil in der afrikanischen Wüste.

Dabei stellte das KTM-Team nicht nur den Sieger sondern belegte gleich die ersten fünf Plätze. Ein Rekord, den es bisher in der Geschichte der Rallye noch nicht gab. Das im Museum ausgestellte Exponat ist das Original-Siegermotorrad von Fabrizio Meoni, dem es 2002 gelang, seinen Triumph auf einer KTM 950 Rallye zu wiederholen.

Die KTM 660 Rallye ist ein Motorrad für die Kategorien „Produktion" und „Marathon", das auch von Privatfahreren erworben werden kann. Die Motorräder werden speziell für Rallies produziert und in einer „ready-to-race" Version ausgeliefert, die nicht auf öffentlichen Straßen gefahren werden darf. Angetrieben wird die Maschine von einem 1-Zylinder Viertaktmotor mit einem Hubraum von 654 ccm und einer Leistung von 65 PS bei 7500 U/min.

KTM's fondest dream came true: In 2002 KTM won the most demanding rally of the world from Paris to Dakar which requires about 10,000 km to be covered in 21 legs, the major part of the distance in the African desert. On this occasion the KTM-team not only provided the winner but at the same time took the leading five places as well. The exhibit shown in the museum is the original winner's bike of Fabrizio Meoni who succeeded in 2002 to repeat his triumph on a KTM 950 Rally.

The KTM 660 Rally is a motorcycle for the categories "Production" and "Marathon" which is also for sale to private riders. These motorbikes are special productions for rallies; they come in a "ready-to-race" version which are not for road use. The bike is powered by a 1-cylinder four-stroke engine with a capacity of 654 ccm and an output of 65 hp at 7500 rpm.

Lokomotiven

Die industrielle Revolution im 18. und 19. Jahrhundert schaffte die Grundlage für viele neue technische Entwicklungen. Eine davon war die Erfindung der Eisenbahn. Begonnen hatte alles mit der Dampfmaschine. Zwischen 1765 und 1784 war es dem Engländer James Watt gelungen, Wärmeenergie in Bewegungsenergie umzuwandeln. Damit stand erstmals eine nicht müde werdende Kraftquelle zum Antrieb von Maschinen zur Verfügung. Schon früh wurden Überlegungen angestellt, Dampfmaschinen auch zum Antrieb von Fahrzeugen zu verwenden. Die ersten Versuche scheiterten jedoch an dem sehr ungünstigen Verhältnis zwischen Gewicht und Leistung. Der erste Durchbruch erfolgte im Jahr 1804, als es dem Walliser James Trevithick gelang, eine Grubenbahn mit Hilfe einer Dampfmaschine zum Rollen zu bringen. Der Verdienst, die erste voll funktionsfähige Eisenbahn geschaffen zu haben, wird im allgemeinen George Stephenson zugeschrieben, der seine erste Eisenbahnstrecke 1822 in der Grafschaft Durham zwischen Stockton und Darlington eröffnete. In Deutschland begann das Eisenbahnzeitalter 1835 mit der Verbindung Nürnberg - Fürth. Die erste dort verwendete Lokomotive, der „Adler", wurde ebenfalls von George Stephenson gebaut.

Noch heute geht von der Eisenbahntechnik eine Faszination aus, der sich kaum jemand entziehen kann. Die rund 20 Lokomotiven, die im Museum Sinsheim in voller Größe bewundert werden können, beeindrucken die Besucher nicht zuletzt aufgrund ihrer gewaltigen Ausmaße, die in den Museumshallen besonders zur Geltung kommen.

The industrial revolution of the 18th and 19th century created the basis for many new technological developments. One of them was the invention of the railway. It all began with the steam engine. Between 1765 and 1784 the Englishman James Watt succeeded in converting thermal energy into kinetic energy. Early on it was deliberated to use steam engines also for the propulsion of vehicles. But the first attempts failed due to the highly unfavorable weight/power proportion. The first breakthrough came in 1804 when the Welshman James Trevithik succeeded in setting a mine railway in motion by means of a steam engine. The merit to have built the first, fully functional railway is generally attributed to George Stephenson, who opened his first railway line in 1822 in County Durham between Stockton and Darlington. In Germany the railway age started in 1835 with the line Nürnberg - Fürth. The first locomotive used there, the "Adler" ("Eagle"), was also built by George Stephenson.

Up to this day it is hard to escape the fascination that is still radiating from railways and their technology. The 20 lifesize locomotives that can be admired at the Museum are impressing the viewer not last by their enormous size, which becomes particularly obvious in the indoor exhibition at the Museum.

Henschel Rangierlok von 1946 - Henschel switcher locomotive built in 1946.

BMAG Güterzug-Dampflokomotive

Technische Daten
Baujahr: 1940
Baureihe: 1'E'h2
Leistung: 2000 PS
Länge: 22,9 m
Höchstgeschw.: 80 km/h

Technical Data
Year of Construction: 1940
Series: 1'E'h2
Performance: 2000 PS
Length: 22.9 m
Max. Speed: 80 km/h

Die Güterzuglokomotiven der Baureihe 50 zählten zu den besten Konstruktionen der Deutschen Reichsbahn. Am Ende der Dampflokzeit waren sie zur Universalgattung geworden. Die niedrige Achslast ermöglichte einen Einsatz auch auf Neben-strecken. Bis 1943 wurden 3164 Maschinen dieser Baureihe von nahezu allen europäischen Lokomotivfabriken gebaut. Trotz der Kriegsverluste waren 1945 noch sehr viele Maschinen übrigge-blieben. Allein bei der Deutschen Bundesbahn wurden 2159 einsatzfähige Lokomotiven registriert.

The freight-train engines of the 50 series were among the best designs of the Deutsche Reichsbahn (German Railway Company). Towards the end of the steam-engine-era they had become general-purpose models. The low axle load permitted their use also on secondary lines. Up to 1943 altogether 3164 engines of this series were produced by nearly all European builders of locomotives. In spite of war losses, many engines were remaining in 1945. A number of 2159 operational locomotives were registered alone by the German Bundesbahn.

Henschel Güterzug-Dampflok

Technische Daten
Baujahr: 1939
Baureihe: 1'E'h3
Leistung: 2500 PS
Länge: 22,6 m
Höchstgeschw.: 80 km/h

Technical Data
Year of Construction: 1939
Series: 1'E'h3
Performance: 2500 PS
Length: 22.6 m
Max. Speed: 80 km/h

Beim Bau der ersten Güterzuglokomotiven der Einheitsbauart vollzog sich dieselbe Entwicklung wie bei den ersten Schnellzuglokomotiven. Nach einer ersten Serie von 10 Maschinen, die ab dem Jahr 1926 gebaut wurden, lief anschließend ab 1937 der Bau von größeren Stückzahlen an. Bis 1945 wurden ungefähr 2000 Exemplare im In- und Ausland in Dienst gestellt. Ab Mitte der 50er Jahre wurden 32 Maschinen der Baureihe 44 auf Ölhauptfeuerung umgestellt. Mit der Einführung der neuen Betriebsnumerierung bei der Deutschen Bundesbahn ab Januar 1968 erhielten die kohlegefeuerten Dampflokomotiven der Baureihe 44 die Nummer 044 und die ölgefeuerten Loks die Nummer 043.

The construction of the first freight-train-engines of identical design followed along the same developments as the first fast-train-engines. After a series of 10 engines, production of which was started in 1926, series production commenced subsequently in 1937. Starting in the mid-fifties 32 specimen of the 44 series were converted to main oilfiring. Together with the introduction of the new numerical system by the German Federal Railway as of January 1968 the coalfired steam engines of the 44 series received the reference number 044, and the oilfired engines the reference number 043.

Gebirgslokomotive „Krokodil" aus der Schweiz

Technische Daten
Baujahr: 1921
Baureihe: CE 6/8 II
Leistung: 1650 KW
Länge: 19,5 m
Gewicht: 128 to
Höchstgeschw.: 65 km/h

Technical Data
Year of Construction: 1921
Series: CE 6/8 II
Performance: 1650 KW
Length: 19.5 m
Weight: 128 tons
Max. Speed: 65 km/h

Die Schweizer Bundesbahn nahm im Jahr 1909 mit der Gotthardbahn den Betrieb ihrer wichtigsten internationalen Bahnverbindung auf. Da es auf der steilen Strecke mit Dampflokomotiven ständig Probleme gab, wurde in den 20er Jahren eine neue Elektro-Lokomotive konzipiert, die nicht nur eine große Zugkraft besaß sondern obendrein auch wendig genug war, um die engen Kehren am Gotthard zu meistern. Unter dem Namen „Krokodil" ist diese herausragende Lok später legendär geworden. Unter den charakteristischen Vorbauten sind je zwei Fahrmotoren mit 700 KW Stundenleistung installiert, die über eine Kuppelstange die drei Antriebsachsen pro Vorbau antreiben. Die ausgestellte Lok wurde bis Anfang der 80er Jahre eingesetzt.

With the "Gotthardbahn" the Swiss Federal Railways commenced their most important, international railway line in 1909. Since the steep section kept causing problems for steam engines, a new electric engine was designed in the twenties, which not only had great traction force but, on top of that, was also maneuverable enough to master the short radius curves at the Gotthard. Under the name "Crocodile" this outstanding locomotive subsequently won legendary fame. Two drive motors with an output of 700 kWh each are installed below the characteristic attachments to drive the three live axles per attachment via a coupling rod. The locomotive on exhibition was in service up to the early eighties.

Gebirgslokomotive „Krokodil" aus Österreich

Technische Daten
Baujahr: 1922
Baureihe: E 980 108906
Leistung: 1900 KW
Länge: 22,4 m
Gewicht: 110 to
Höchstgeschw.: 70 km/h

Technical Data
Year of Construction: 1922
Series: E 980 108906
Performance: 1900 KW
Length: 22.4 m
Weight: 110 tons
Max. Speed: 70 km/h

Dieses „Krokodil" aus Österreich legte auf den Strecken der österreichischen und der deutschen Bundesbahn etliche Millionen Schienenkilometer zurück. Auf ihrer letzten Fahrt zum Bahnhof Sinsheim wurde sie im Herbst 1989 zusammen mit ihrer italienischen „Schwester", die sich im Technik Museum Speyer befindet, von einer Diesellok gezogen. Die Verladung war eine Sensation. Drei Riesenkräne hoben die 110 Tonnen schwere Lok fast spielend vom Gleis auf einen Tieflader, mit dem sie die letzten zwei Kilometer zum Museum transportiert wurde.

This „Crocodile" from Austria covered quite a few million of railway-track-kilometers in the rail networks of the Austrian and German Federal Railways. On its last ride to Sinsheim station, which it took together with its Italian twin sister, both of them were pulled by a diesel engine. Loading was a sensation. Three giant cranes lifted the 110-ton locomotive, almost like a toy, from the tracks onto a low bed trailer which brought it the last two kilometers to the Museum.

Ihr Partner in Gesundheitsfragen

kompetente Hilfe aus einer Hand

Inh.: M.Merkle

Pro Medic

Therapie-Zentrum
Sinsheim

Eberhard-Layher-Str.7
74889 Sinsheim
Tel.: 07261/9756-0
Fax.: 07261/9756-10
Internet: www.therapiezentrum-snh.de
E-Mail: info@therapiezentrum-snh.de

Physiotherapie

Massage, Krankengymnastik, Lymphdrainage, Manuelle Therapie,
Wärme- & Kältetherapie, Elektro-, Ultraschall- & Lasertherapie,
Skoliosebehandlung, Schlingentischtherapie
Haus- & Heimbesuche

Ergotherapie

für Kinder & Jugendliche bei z.B. Entwicklungsstörungen
für Erwachsene bei z.B. Unfällen, Operationen, Rehabilitation
für ältere Menschen bei z.B. Rheuma, Schlaganfall, Endoprothetik

Logopädie

bei Sprachentwicklungsstörungen, Lese- &
Rechtschreibproblemen,
Schluckproblemen / -störungen, Stimmproblemen / -störungen,
Lispeln, Näseln, Stottern, Aphasie, sonst. Artikulationsproblemen

Med. Trainingstherapie

Medizinisches Gerätetraining, Cardiotraining, Wirbelsäulentraining
unter ständiger Beratung & Betreuung durch Therapeuten
Gesundheitskurse - Rückenschule, Wirbelsäulengymnastik, usw.
ENDO-Sports, Fit ab 60, Fit for Kids

Krupp Güterzug-Dampflokomotive

Technische Daten
Baujahr: 1939
Baureihe: 1'D1'h2
Leistung: 2200 PS
Länge: 23,9 m
Höchstgeschw.: 90 km/h

Technical Data
Year of Construction: 1939
Series: 1'D1'h2
Performance: 2200 PS
Length: 23.9 m
Max. Speed: 90 km/h

Schon im Jahr 1936 zeigte sich, daß man mit dieser ersten schnellfahrenden Güterzug-Dampflok der Baureihe 41 eine Universal-Gattung für mittelschwere Züge zur Verfügung hatte. Das neuentwickelte Fahrwerk wurde mit der ausgezeichneten Kesselkon-struktion der Baureihe 03 gepaart. Zu Beginn der 50er Jahre erhielt ein Großteil der nach 1945 in Westdeutschland verbliebenen Maschinen neue, vollständig geschweißte Ersatzkessel. Von den so umgebauten Lokomotiven wurden 40 Stück ausgewählt und mit einer Ölhauptfeuerung ausgerüstet.

It became evident back in 1936 already that with this first high speed freight train steam engine of the 41 series a general-purpose type was now available for medium-heavy trains. The newly developed undercarriage was combined with the excellent 03 series boiler design. In the early fifties most of the engines remaining in Germany after 1945 were equipped with new, completely welded replacement boilers. Forty of the thus reconstructed locomotives were chosen for equipment with a main oilfiring system.

Kriegslokomotive Ostfront

Heißdampf für Lokführer und Heizer lebensgefährlich. Auf dem Führerstand herrschte vorne an der Feuerung auch im tiefsten Winter eine große Hitze, im hinteren Teil war die Mannschaft dagegen Zugluft mit -40°C und weniger ausgesetzt. Gesundheitsschäden blieben dabei nicht aus.

The 52 series was created in 1942 as a simplified variant of the 50 series. All parts which were not absolutely necessary were dispensed with and the design adapted to simplest production facilities. The main

Die Baureihe 52 entstand im Jahr 1942 als vereinfachte Variante der Baureihe 50. Auf alle entbehrlichen Teile wurde verzichtet und die Konstruktion auf die einfachsten Fertigungsmöglichkeiten zugeschnitten. In erster Linie war die Lokomotive für den Material- und Truppentransport zu den verschiedensten Kriegsschauplätzen vorgesehen. Bis zum Jahr 1951 wurden ca. 6200 Lokomotiven dieser Baureihe hergestellt.

Da die üblicherweise schwarzen Lokomotiven auf den weißen Schneefeldern Rußlands leicht zu sehen und daher ein leichtes Ziel für die feindlichen Flugzeuge waren, wurden Tarnversuche wie mit der hier gezeigten Zebrabemalung unternommen. Neben Bomben und Geschossen war aber auch der unter ca. 14 Bar Druck stehende

purpose of this locomotive was to transport material and troops to the various theaters of war. Up to 1951 approximately 6,200 locomotives of this series were produced.

Since the commonly black locomotives were highly visible on the white snowfields of Russia offering an easy target for enemy aircraft, attempts at camouflage were made with a zebra-pattern as shown here. But besides bombs and bullets the superheated steam under a pressure of approx. 14 bar was an additional lifethreatening hazard for engineer and stoker. At the front of the cab near the furnace the staff had to contend with a terrific heat even in the depths of winter, while in the back they were exposed to drafts of -40°C and below. Health defects were the inevitable consequence.

J. A. Maffei Dampflokomotive

Diese Schnellzuglokomotive fuhr von 1919 bis 1933 für die Badische Staatsbahn und zog mühelos Züge mit mehr als 500 Tonnen Gewicht. Mit einer Höchstgeschwindigkeit von ca. 180 km/h war sie eine der schnellsten Lokomotiven der Welt. Sensationell ist der Raddurchmesser von 2,10 m (die Ausführungen 01 und 03 hatten einen Raddurchmesser von nur 2,00 m) und der mit Dampf betriebene 4-Zylinder-Motor.

Im Jahr 1948 wurde die Maffei Dampflokomotive gegen eine jetzt in Dresden ausgestellte bayerische S 3/6 Lok getauscht, und bis 1971 auf DDR-Strecken eingesetzt. Nach ihrer Ausmusterung konnte das imponierende Gerät im Verkehrsmuseum Dresden besichtigt werden. Nach harten und zähen Verhandlungen ist es gelungen, dieses besondere Stück deutscher Eisenbahngeschichte für das Museum Sinsheim zu erwerben.

Technische Daten Baujahr: 1919; Baureihe: 2'C1'h4v; Leistung: 2700 PS; Länge: 23,6 m; Höchstgeschwindigkeit: ca. 180 km/h

This fast-train-engine served from 1919 through 1933 for the Badische Staatsbahn (Railway of the State of Baden) pulling effortlessly trains with more than 500 tons of weight. With a top speed of approximately 180 km/h it was one of the fastest locomotives of the world. Particularly remarkable are the wheel diameter of 2.10 m (the versions 01 and 03 had a wheel diameter of only 2.00 m) and the steam driven 4-cylinder-motor.

In 1948, the Maffei steam locomotive was exchanged for a Bavarian S 3/6 locomotive, now on exhibit in Dresden, and was in service in the GDR up to 1971. Upon its retirement this imposing piece of machinery with a wheel diameter of 2.10 m could be viewed at the traffic museum in Dresden. After hard and tenacious negotiations the Museum Sinsheim succeeded in acquiring this unique piece of German railway history for their exhibition.

Technical Data Year of Construction: 1919; Series: 2'C1'h4v; Performance: 2700 PS; Length: 23.6 m; Max. Speed: approx. 180 km/h

Die Maffei Dampflokomotive bei der Ankunft im Bahnhof Sinsheim.

The Maffei steam locomotive at its arrival at the railway station Sinsheim.

Nutzfahrzeuge und Traktoren - Utility Vehicles and Tractors

Motorbetriebene Fahrzeuge wurden von Beginn an auch als Zugmaschinen und zum Transport schwerer Lasten verwendet. Die ersten dieser Nutzfahrzeuge, die insbesondere in der Landwirtschaft Verwendung fanden und ganz wesentlich zur Steigerung der landwirtschaftlichen Produktion im 19. Jahrhundert beigetragen haben, wurden durch Dampfmaschinen angetrieben. Sie waren bereits jahrzehntelang im Einsatz, bevor das erste Automobil von Carl Benz das Licht der Welt erblickte. Daneben gab es viele Bestrebungen, den Dampfantrieb auch bei kleineren Fahrzeugen einzusetzen. Dampfmaschinen sind im Verhältnis zu ihrer Leistung aber außerordentlich schwer, teuer und kompliziert in der Bedienung, so dass sie für den Antrieb z.B. von Personenfahrzeugen kaum verwendbar sind. Bei den Nutzfahrzeugen erreichte der Dampfantrieb jedoch eine erhebliche Verbreitung und es dauerte einige Zeit, bis er von den Benzin- und Dieselmotoren abgelöst wurde.

Die hier gezeigte dampfgetriebene Zugmaschine aus England stammt z.B. aus dem Jahr 1917, aus einer Zeit also, zu der das Automobil bereits seinen Siegeszug angetreten hatte. Gebaut wurde das imposante Gefährt, das über viele Jahre bei einem Schaustellerbetrieb im Einsatz war, von der damals weltbekannten Firma John Fowler & Co. im englischen Leeds. Das Fahrzeug ist 6,83 m lang, 2,10 m breit und mit Kamin 3,73 m hoch. Das Gewicht beträgt 16 Tonnen, der Achsabstand liegt bei 3,20 m. Es handelt sich um ein echtes Vielzweckfahrzeug, das nicht nur für Zugzwecke, sondern auch als Seilwinde und zur Elektrizitätserzeugung verwendet werden konnte.

From the beginning, motor-driven vehicles were also used as tractors and to transport heavy loads. The first of these utility vehicles which were mainly used for farming purposes and contributed significantly to the large increase of agricultural production in the 19th century, were powered by steam engines. They had been in service for decades already before the first automobile of Carl Benz saw the light of day. At the same time extensive efforts were made to employ steam engines in smaller vehicles as well. But, in comparison to their output, steam engines are extremely heavy, quite expensive and complicated to operate which makes them rather unsuitable for the use for instance in passenger cars. In utility vehicles, however, steam engines were widely used and it took some time until they were finally replaced by gasoline and Diesel engines.

The steam powered towing vehicle from England shown here, e.g., is from 1917, and thus from a time when the automobile had already begun its victorious advance around the world. The imposing vehicle, which served a business of fairground and circus performers for many years, was built by Messrs. John Fowler and Co. of Leeds in England, who were world-famous at that time. The vehicle is 6,83 m long, 2,10 m wide and 3,73 m high, complete with chimney flue; it weighs an impressive 16 tons and has a center distance of 3,20 m. It is a veritable multipurpose vehicle which could be used not only as a tractor, but also as a cable winch and to generate electricity.

Dreschmaschinenlokomobil

Um 1800 ernährte die Arbeit eines Bauern außer die Angehörigen des eigenen Hofs nur einen einzigen Nichtlandwirt. Heute erzeugt eine landwirtschaftliche Arbeitskraft Nahrungsmittel für 40 Personen und mehr. Dieser Produktivitätszuwachs hat im wesentlichen zwei Ursachen: Die Mechanisierung der Arbeitsvorgänge und die Verbesserung der Anbaumethoden auf der Basis exakter wissenschaftlicher Erkenntnisse, wobei insbesondere die auf die Arbeiten von Justus von Liebig zurückgehende Kunstdüngung zu nennen ist.

Eingeleitet wurde die Mechanisierung der Landwirtschaft durch die Nutzbarmachung der Dampfkraft. Ein Beispiel für eine frühe, dampfbetriebene landwirtschaftliche Maschine ist das hier gezeigte Dreschmaschinenlokomobil. Solche Lokomobile wurden von Ochsen oder Pferden aufs Feld gezogen und dienten insbesondere zum Antrieb von Dreschmaschinen. Es handelte sich also um eine Art beweglicher Stationärmotor. Die Befeuerung erfolgte mit Holz oder Stroh, nur in Ausnahmefällen wurde Kohle verwendet. Das Gerät stammt aus dem Jahr 1915. Die Dampfmaschine verfügt über einen Zylinder mit 5,3 Litern Hubraum und leistet ca. 15 PS.

In about 1800 the labor of a farmer was just sufficient to feed the members of his own farmstead and only one single non-farmer besides. Today an agricultural labourer can produce food for 40 people or more. Essentially, there are two reasons for this increase of productivity: mechanisation of work processes and improvement of growing methods based on accurate scientific discoveries, and here in particular the introduction of artificial fertilizers as a result of the research work of Justus von Liebig.

Utilization of the power of steam initiated the mechanization of agriculture. An example for an early, steam-powered agricultural machinary is the threshing machine locomobile shown here. Such locomobiles were hauled to the field by oxen or horses and used particularly to drive threshing machines. It thus was a kind of mobile stationary engine. It was fuelled with wood or straw, and with coal in exceptional cases only. The machine is from the year 1915. It has a steam cylinder of 5.3 liters displacement producing about 15 hp.

Lanz-Bulldog von 1921

Die Mannheimer Heinrich Lanz AG war über Jahrzehnte führend im Schlepperbau. Zuerst als fahrbare Kraftquelle für kleine Dreschmaschinen und andere landwirtschaftliche Arbeitsgeräte gedacht, entwickelte sich der Lanz-Bulldog bald zu einer zuverlässigen Zugmaschine für die Bodenbearbeitung. Als Antrieb diente ein einzylindriger Glühkopfmotor mit 6,2 Litern Hubraum und Verdampfungskühlung, der mit unterschiedlichsten Brennstoffen betrieben werden konnte. Er leistete ca. 12 PS bei 420 Upm. Damit erreichte der Schlepper 5,5 km/h. Wesentlich wichtiger war jedoch die Zugleistung von fünf Tonnen. Die Kraftübertragung erfolgte über eine Kette und ein Differential auf die Hinterräder. Die ersten Lanz-Bulldogs hatten kein Schaltgetriebe. Für eine Rückwärtsfahrt mußte der Motor umgeschaltet werden. Rund 6 100 Stück wurden bis 1927 gebaut.

The Heinrich Lanz AG of Mannheim was a leading manufacturer of tractors for decades. At first intended as a mobile power source for small treshing machines and other equipment for agricultural use, the Lanz-Bulldog soon turned into a reliable towing vehicle for farming purposes. It was powered by a one-cylinder hot-bulb engine of 6.2 liters displacement with evaporation cooling, which could be operated with the most diverse kinds of fuel. It generated approximately 12 hp at 420 rpm, permitting the tractor to reach a speed of 5.5 km/h. Of much more importance, however, was the traction power of five tons. Power transmission was via a chain and differential to the rear wheels. The first Lanz-Bulldogs did not have a gearbox. Going backwards required reversing the motor run. Around 6,100 units were built up to 1927.

Fordson Traktor

Technische Daten
Baujahr: 1925
Motor: 4,4 l / 4 Zyl. / 27 PS

Technical Data
Year of Construction: 1925
Motor: 4.4 l / 4-Cyl. / 27 PS

Mit der Herstellung seines ersten Traktors im Jahr 1917 erfüllte sich der Autobauer Henry Ford seinen Jugendtraum. Mit dem Fordson-Traktor (der Name leitet sich von der Herstellerfirma „Henry Ford & Sohn" ab) hatte er ein Fahrzeug geschaffen, das die harte Landarbeit entscheidend erleichterte. Der Motor weist konstruktiv viele Ähnlichkeiten zum T-Modell auf. Der Vergaser war umschaltbar, so daß mit Benzin gestartet und mit Petroleum gefahren werden konnte. In Deutschland, England und Amerika wurden ca. 250 000 Stück dieses Typs gebaut. In Rußland entstanden bis 1940 mehr als 200 000 Lizenzbauten des Fordson-Traktors.

By producing his first tractor in 1917 the automobile builder Henry Ford had made his own dream from childhood come true. With the Fordson-Tractor (derived from the producer's name "Henry Ford & Son") he had created a vehicle that contributed greatly to facilitating hard field work. The constructional features of the motor closely resembled those of the model T. The carburettor was convertible which permitted to start with gasoline and drive with petroleum. About 250,000 units of this type were built in Germany, England and America. More than 200,000 license models of the Fordson-Tractor were built in Russia up to 1940.

Mercedes-Benz „Muli Oe"

Technische Daten
Baujahr: 1928
Motor: 4,2 l / 1 Zyl. / 26 PS

Technical Data
Year of Construction: 1928
Motor: 4.2 l / 1-Cyl. / 26 PS

Von diesem Schlepper mit Dieselmotor wurden nur 150 Stück produziert. Davon existieren weltweit nur noch drei Exemplare. Der Schlepper hat eine Verdampferkühlung sowie eine gefederte Vorderachse. Normalerweise besitzt er drei Vorwärts- und einen Rückwärtsgang. Vom Vorbesitzer wurde der dritte Gang jedoch ausgebaut, um die Geschwindigkeit auf 6 km/h zu reduzieren, wodurch er den Schlepper ohne Führerschein fahren durfte.

But 150 units of this tractor with a Diesel engine were built. Only three of them are still existing world-wide. The towing-machine has an evaporation cooling and a spring-suspension at the front axle. Usually it was equipped with three forward- and one reverse speed. The previous owner, however, removed the third speed to reduce the maximum speed to 6 km/h which allowed him driving the vehicle without a driving license.

Lanz-Bulldog mit Kühler

Technische Daten
Baujahr: 1929
Motor: 10,3 l / 1 Zyl. / 30 PS

Technical Data
Year of Construction: 1929
Motor: 10.3 l / 1-cyl. / 30 hp

Die Motoren der frühen Lanz-Bulldogs besaßen eine Verdunstungskühlung. Der Wasserverbrauch lag bei diesem Verfahren bei ca. 100 Litern pro Tag. Die Besonderheit bei diesem Fahrzeug ist der Einbau eines Sonderkühlers. Durch diese Maßnahme konnte der Wasserverbrauch auf ca. 20 Liter pro Tag vermindert werden.

The engines of early Lanz-Bulldogs were equipped with an evaporation radiator. The water consumption of this process was about 100 liters per day. The extraordinary feature of this vehicle is the installation of a special radiator permitting a reduction of the water consumption to approx. 20 liters a day.

Lanz-Allzweck-bulldog D 7506

Der 7506 ist mit einem 1 Zyl.-Zweitakt-Niederdruckmotor mit Glühkopfzündung und Schlitzsteuerung ausgerüstet. Das Fahrzeug hat sechs Vorwärts- und zwei Rückwärtsgänge. Der Allzweckbulldog fand als Ackerschlepper und als Zugfahrzeug bei den Pioniereinheiten des Heeres Verwendung.

Technische Daten
Baujahr: 1939
Motor: 4,8 l / 1 Zyl. / 25 PS

The 7506 is equipped with a one-cylinder two-stroke low compression engine with hot-bulb-ignition and slit-timing. The gearbox has six forward- and two reverse speeds. The general purpose bulldog was used as a farm tractor and as a towing vehicle by the engineering units of the army.

Technical Data
Year of Construction: 1939
Motor: 4.8 l / 1-cyl. / 25 hp

Lanz Eilbulldog

Technische Daten
Baujahr: 1940
Motor: 10,3 l / 1 Zyl. / 55 PS

Technical Data
Year of Construction: 1940
Motor: 10.3 l / 1-cyl. / 55 hp

Das Flaggschiff der Lanz-Flotte war sicherlich der 55 PS starke Eil-Bulldog mit Fünfganggetriebe. Die Spitzengeschwindigkeit des mit Dieselöl betriebenen Fahrzeugs liegt bei 33 km/h, was bei einem Gewicht von fast fünf Tonnen eine bemerkenswerte Leistung ist. Der Tankinhalt liegt bei rund 200 Litern, die Druckluftbremse kann bis zu zwei LKW-Anhänger abbremsen. Sammler zahlen astronomische Summen für ein solches Fahrzeug.

The 55 PS Lanz-Speed-Bulldog was certainly the most prestigious vehicle of the Lanz-fleet. The maximum speed of the speed-bulldog, which was equipped with a diesel fuel engine, was about 33 km/h, quite remarkable for a vehicle with a weight of almost five tons. The tank capacity was about 200 liters, the pneumatic brakes could slow down two truck trailers. Collectors pay exorbitant prices for a vehicle of this type.

Lanz-Verkehrsbulldog

Der Verkehrsbulldog von 1940 ist mit einem liegenden Einzylinder-Zweitakt-Niederdruckmotor mit Glühkopfzündung und Schlitzsteuerung ausgerüstet. Die Leistung beträgt 45 PS bei 650 Upm. Das Fahrzeug hat sechs Vorwärts- und zwei Rückwärtsgänge.

The road-bulldog of 1940 is equipped with a horizontal one-cylinder two-stroke low compression engine with hot-bulb-ignition and slit-control. The power output is 45 hp at 650 rpm. The vehicle has six forward and two reverse speeds.

Lanz Bulldog D 8506 mit Seilwinde

Technische Daten
Baujahr: 1941
Motor: 1-Zylinder/10,3 l/35 PS

Technical Data
Year of Construction: 1941
Motor: 1-Zylinder/10.3 l/35 PS

Dieser perfekt restaurierte Lanz Bulldog von 1941 ist mit einem liegenden 1-Zylinder-Zweitakt-Niederdruckmotor mit Glühkopfzündung und Schlitzsteuerung ausgerüstet. Nach Umkonstruktion des Getriebes besitzt das Fahrzeug 6 Vorwärts- und 2 Rückwärtsgänge und erreicht eine Geschwindigkeit von bis zu 18 km/h. Das Besondere an diesem Bulldog ist die Seilwinde, die das Fahrzeug zu einer vielseitig verwendbaren Arbeitsmaschine macht.

This perfectly restored Lanz Bulldog of 1941 is equipped with a horizontal 1-cylinder, two-stroke, low compression engine with hot-bulb ignition and slot steering. Due to a re-designed transmission the vehicle has six forward and two reverse speeds and can reach a speed of up to 18 km/h. The specialty of this Bulldog is a cable winch which turns this vehicle into a versatile working machine.

Lanz Eilbulldog

Technische Daten
Baujahr: 1940
Motor: 1-Zylinder/10,3 l/55 PS

Technical Data
Year of Construction: 1940
Motor: 1-Zylinder/10.3 l/55 PS

Der Lanz-Eilbulldog war der exklusivste und schnellste Vertreter seiner Gattung. Die geschwungenen Kotflügel geben ihm ein besonders elegantes Äußeres. Vor dem Starten mußte der Glühkopf mit einer Lötlampe vorgeglüht werden. Das Fahrzeug erreicht eine für einen Bulldog bemerkenswerte Höchstgeschwindigkeit von 30 - 35 km/h. Der ausgestellte Eilbulldog-„Roadster" kam im schrottreifen Zustand aus der ehemaligen DDR ins Museum und wurde komplett restauriert.

The Lanz-Speed-Bulldog was the most exclusive and fastest representative of its kind. The curved mudguards contribute to its particularly elegant appearance. Prior to starting, the cylinder head had to be preheated by a blowtorch. The vehicle reached a maximum speed of 30 - 35 km/h, quite remarkable for a bulldog. The speed-bulldog-„roadster" on exhibit came to the museum from the former DDR, ready for the scrap heap and was completely restored.

Maurer Typ V II b LKW mit Reibradantrieb - Opel 4 to Regellastwagen

Das Bild oben zeigt einen der ältesten noch existierenden LKW. Er stammt von 1907 und wurde von der Firma Maurer in Nürnberg gebaut. Der wassergekühlte 2-Zylinder-Motor mit 2,7 l Hubraum leistet 12 PS, was für eine Höchstgeschwindigkeit von ca. 25 hm/h ausreicht. Das Fahrzeug wurde 1917 in einer Scheune versteckt und vergessen. Erst 1984 wurde es entdeckt und restauriert.

Eine interessante Besonderheit ist der unten gezeigte Opel-LKW. Es handelt sich um einen sogenannten „Regellastwagen". Dies waren in wesentlichen Teilen genormte, militärtaugliche LKWs, deren Kauf vom Staat subventioniert wurde, allerdings nicht ohne Hintergedanken. Im Falle einer Mobilmachung wurden die Fahrzeuge nämlich vom Militär bevorzugt eingezogen. Mit dem Ausbruch des Ersten Weltkriegs erwies sich damit der Erwerb eines solchen Fahrzeugs für die Besitzer als ein schlechtes Geschäft.

The picture above shows one of the oldest trucks still existing worldwide. It was built in 1907 by Maurer of Nuremberg. The water-cooled 2-cylinder engine with a capacity of 2,7 l has an output of 12 hp, sufficient for a top speed of about 25 km/h. In 1917 the vehicle was hidden in a barn and forgotten. It was not discovered until 1984 when it was restored.

An interesting rarity is the Opel truck shown below. It is a so-called „Specification-Truck". These were trucks with their major parts made according to standard specifications. They were fit for military use and their purchase was eligible for government subventions, albeit not without ulterior motives, since such vehicles were first to be confiscated by the military forces in case of mobilization. At the outbreak of the First World War, therefore, the purchase of such a vehicle turned out to be a bad investment for its owner.

Krupp Südwerke LKW

Ein typischer LKW aus der Zeit kurz nach dem Zweiten Weltkrieg mit einem 3-Zylinder 4,1 Liter 2-Takt Doppelkolben-Dieselmotor. Der Krupp-Südwerke-LKW hat eine maximale Zuladung von ca. 4,3 Tonnen, erreicht eine Höchstgeschwindigkeit von ca. 60 km/h und verbraucht rund 24 Liter Diesel pro 100 km.

A typical truck from the time shortly after WWII with a 3-cylinder two-stroke, 4.1 liter twin piston Diesel-engine. The Krupp-Südwerke truck has a maximum loading capacity of approx. 4,3 tons, will reach a top speed of about 60 km/h and consumes approximately 24 liters of diesel fuel per 100 km.

Caterpillar D9 Planierraupe

Neben LKWs sind in der Nutzfahrzeugabteilung im Museum Sinsheim auch zahlreiche Baumaschinen ausgestellt, darunter diese eindrucksvolle Planierraupe von Caterpillar. Bei ihrer Vorstellung im Jahr 1954 war die Cat D9 die bis dahin weltgrößte Planierraupe. Ein Jahr später war sie auf den Großbaustellen der Welt im Einsatz. Das gigantische Fahrzeug wiegt 25 Tonnen und wird von einem Cat D353 Turbodieselmotor angetrieben. Zwei Ausführungen wurden angeboten, das Modell 18A mit Direktantrieb und das Modell 19A mit Drehmomentwandler.

Trotz ihres Alters von annähernd 50 Jahren ist die Planierraupe noch immer voll einsatzfähig und in der Lage so ziemlich alles einzuebnen, was sich ihr in den Weg stellt. Welche Kräfte dabei wirken, können die Besucher in dem bei der Raupe gezeigten Video anschaulich erleben.

Technische Daten Baujahr: 1956; Motor: 6-Zylinder-Turbodiesel mit 24 Litern Hubraum und einer Leistung von 286 PS

Besides commercial vehicles, the department for utility vehicles at the Museum Sinsheim also has various specimen of building machinery on exhibit, among them this impressive bulldozer by Caterpillar. At its introduction in 1954 the Cat D9 was the biggest bulldozer worldwide that was built up to that time. One year later it was performing on construction sites all over the world. The gigantic vehicle has a weight of 25 tons and is powered by a Cat D353 turbine diesel-engine. On offer were two versions, Model 18A with direct drive, and Model 19A with torque converter. In spite of its age of nearly 50 years this bulldozer is still completely fit for use and in a position to level as good as anything getting in its way. On a video at the bulldozer visitors can watch in graphic detail what kind of forces are at work to this end.

Technical Data Year of Construction: 1956; Motor: 6-Cylinder-turbodiesel with 24 liters displacement and a power of 286 hp

Mit Wasserkraft betriebene Gattersäge

Ein nicht alltägliches Ausstellungsstück im Auto & Technik Museum Sinsheim ist diese mit Wasserkraft betriebene Gattersäge aus der Zeit um 1870. Über viele Jahrzehnte hat sie in einem Sägewerk bei Geislingen ihren Dienst verrichtet. Die Stämme wurden auf dem Wasserweg angeliefert, die fertigen Balken und Bretter mit Pferde- oder Ochsenkarren abtransportiert. Fast alles ist aus Holz gefertigt. Im Gegensatz zu den heutigen Sägen, die mit vier oder fünf Sägeblättern ausgerüstet sind, hat diese Gattersäge nur ein Blatt. Damals war Arbeitszeit billig. Um einen Balken zu sägen, mußte der Stamm vier Mal umgespannt und komplett durchgesägt werden. Schon 30 Jahre später arbeitete man mit mehreren Sägeblättern und konnte so die Arbeitszeit halbieren.

A truly exceptional exhibit at the Auto & Technik Museum Sinsheim is this water powered gangsaw from about 1870. For many decades it was doing its work in a sawmill in Geislingen. The trunks were ferried to the mill by water and the processed beams and planks were transported by horse or oxen carts. It is almost entirely made of wood. In contrast to nowadays saws which are equipped with four or five blades this gangsaw has but one saw blade. Human labor was inexpensive at that time. To saw one beam the trunk had to be rechucked four times and sawn through completely. Thirty years later already several sawblades were used which permitted to cut the production time in half.

1-Zylinder Heißdampfmaschine

Von 1929 bis 1961 erzeugte diese Heißdampfmaschine der Papierfabrik Bohnenberger & Cie. in Niefern den benötigten Strom für die Frabrikation. Der einzelne Zylinder mit einem Hubraum von 211 Litern wird von Frischdampf mit einer Temperatur von 350°C und einem Druck von 12 Atü betrieben. Die Dampfmaschine hat eine Leistung von 1200 PS und erzeugt 100 Kilowatt / Stunde elektrische Energie.

Über viele Jahre hatte die Papierfabrik nach der Stilllegung dieses technischen Wunderwerks versucht, einen Interessenten zu finden, der die Maschine vor dem Verschroten bewahrt. Erst 1981 fand sich mit dem Auto & Technik Museum Sinsheim ein Abnehmer, der es sich zutraute, die riesige Anlage sachgerecht zu zerlegen und funktionsgerecht wieder aufzubauen. Stück für Stück wurde das Kraftwerk zerlegt und nach Sinsheim transportiert, wo es jetzt als ein Denkmal der Industriegeschichte in Aktion bewundert werden kann.

From 1929 through 1961 this superheated steam engine of the papermill Bohnenberger & Cie. in Niefern provided the required electricity for the factory. The single cylinder with a capacity of 211 liters is powered by live steam with a temperature of 350°C and a pressure of 12 AEP. The steam engine has an output of 1200 hp generating electric power of 100 kilowatt-hours.

Following its shut-down the papermill had been trying for many years to find someone willing to save the machine from scrapping. But it took until 1981 before an interested party was found in the Auto & Technik Museum Sinsheim who trusted that they were capable of expertly dismantling the huge machinery and rebuilding it again ready to function. Part by part the power station was dismantled and brought to Sinsheim where it can now be admired in action as a memorial to industrial history.

Die größte Tanzorgel der Welt

In Sinsheim befindet sich die größte Tanzorgel der Welt, gebaut von der belgischen Firma Mortier. Das Grundinstrument entstand 1912. In der jetzigen Ausführung verfügt die Tanzorgel über 900 Pfeifen, ein Saxophon, zwei Akkordeons mit 41 Pianotasten und 120 Bässen (chromatisch) sowie eine vollständige Schlagzeugausrüstung. Die Mortier-Orgel ist 8 m breit, 7 m hoch, und 4,4 m tief, belegt eine Grundfläche von über 30 qm und spielt die gesamte Palette der Tanzmusik sowie klassische Werke. Gesteuert wird das gewaltige Instrument durch einen Lochkartonstreifen mit einer Breite von 435 mm. Hinter der Orgel sind über 1000 Notenbücher gelagert, die in der ganzen Welt gesammelt wurden.

The world's largest dance-organ, also known as calliope, built by the Belgian firm Mortier, is stationed in Sinsheim. The basic instrument was built in 1912. In its present design this dance-organ is equipped with more than 900 pipes, a saxophone, two accordeons with 41 piano-keys and 120 basses (chromatic) as well as a complete set of percussions. The Mortier-Organ is 8 m wide, 7 m high, and 4,4 m deep, covers a floor area of more than 30 square meters, and can play the whole range of dance music as well as classical pieces. A 435 mm wide cardboard punch-tape is used to control the colossal instrument. More than 1,000 books of music from all over the world are being stored behind the organ.

Hooghuys Orgel

Die Firma Hooghuys wurde 1880 von Louis und Edmond Hooghuys in Willebroek / Belgien gegründet. Sie ist eine der bedeutendsten Firmen des klassischen Großorgelbaus und bekannt für eine optimale Klangfarbengestaltung. Die Hooghuys-Orgel im Museum mit ihrer fantastischen Fassade ist einzigartig in der Welt. Sie entstand um 1910 und umfaßt 84 Tonstufen.

The Hooghuys firm was founded in 1880 by Louis and Edmond Hooghuys in Willebroek / Belgium. It is one of the most important companies of classic large organ production. Its instruments are famous for their optimal timbre. The Hooghuys organ in the museum with its fantastic front is absolutely unique. It was built around 1910 and has a range of 84 degrees.

Decap Großorchestrion

Dieses prachtvolle Instrument entstand Mitte der dreißiger Jahre. Es befindet sich in der Halle 2 in Sinsheim. Verankert auf einem drehbaren Podest spielt das Orchestrion auf Wunsch populäre Melodien.

This magnificent instrument was built in the mid-thirties. It is stationed in Hall 2 at Sinsheim. Anchored to a turntable-platform the instrument will play popular tunes on request.

Aeolian Grand Konzertorgel

Hoch oben auf einem Podest befindet sich in der Halle 2 im Auto und Technik Museum Sinsheim eine echte Sensation, die größte selbst-spielende Orgel der Welt. Das als Konzert- und Kathedralorgel gedachte Instrument wurde von der Schweizer Orgelbauanstalt Gatringer in den Jahren zwischen 1928 und 1930 gebaut. Der mechanische Steuerteil stammt von der amerikanischen Firma Aeolin. Mitte der achtziger Jahre gelangte die Aeolien Grand nach Sinsheim, wo sie von der Firma Arnold umfassend restauriert wurde. Dieses unvergleichliche Meisterwerk der Orgelbaukunst ist 8 m hoch, 6 m breit und 7 m tief und besitzt 2500 Pfeifen. Die größte Pfeife ist 8,5 m lang, wiegt ca. 435 kg und erzeugt einen akustisch nicht mehr wahrnehmbaren Ton mit einer Frequenz von nur 16 Hz. Die kleinste Pfeife ist ein Winzling von 8 mm Länge und 10 Gramm Gewicht. Sie erzeugt einen gerade noch hörbaren Ton von 18000 Hz. Durch die vollautomatische Steuerung kann die Orgel so gespielt werden, als hätte der Organist 60 Finger. Die Orgelsteuerung ist von unten einsehbar, da das Instrument auf einem Gitterrost steht. Die mehr als 1000 Musikrollen, die für die Aeolin Grand vorhanden sind, umfassen die gesamte Palette moderner und klassischer Musik.

High upon a dais in Hall 2 at the Auto und Technik Museum Sinsheim is a true sensation, the biggest self-playing organ of the world. The instrument conceived as concert- and cathedral-organ, was built from 1928 through 1930 by the Swiss organ builders Gatringer. The mechanical control unit originated from the American firm Aeolin. In the mid-eighties the Aeolin Grand was brought to Sinsheim where it was thoroughly restored by Messrs. Arnold. This unique masterpiece of organ building is 8 m high, 6 m wide, and 7 m deep, and equipped with 2,500 pipes. The biggest pipe is 8,5 m long, weighs about 435 kg, and produces an acoustically no longer perceptible sound of only 16 Hz. The smallest pipe is a midget, 8 mm long and weighing 10 grams. It produces a sound of 18,000 Hz which is just about audible. The fully automatic control permits the organ to be played as if the organist had 60 fingers. The organ's control is visible from below since the instrument is positioned on a grate. The more than 1,000 music rolls available for the Aeolin Grand cover the entire range of modern and classical music.

Decap Großorchestrien

Zwei imposante Großorchestrien des weltberühmten belgischen Herstellers Decap. Das Instrument oben mit der wunderschönen Beleuchtung steht in der Halle 2. Das Instrument unten befindet sich in der Halle 1. Es ist auf einer drehbaren Plattform montiert. Die Orchestrien sind voll funktionsfähig und spielen auf Wunsch Unterhaltungsmusik.

Two impressing calliopes built by the world-famous Belgian Decap company. The instrument with the beautiful illumination shown above is located in Hall 2. The instrument shown below is situated in Hall 1. It is mounted on a revolving platform. Both calliopes are fully functional and play popular music by request.

Flugzeuge - Airplanes

Wenn Sie die Faszination der Luftfahrt einmal ganz nah erleben möchten, dann sind Sie im Auto & Technik Museum Sinsheim genau richtig. Über 60 Flugzeuge und Hubschrauber aller Epochen aus dem militärischen und dem zivilen Bereich warten im Freigelände und in den Museumshallen auf Sie. Die Hauptattraktionen sind zweifellos die auf den nächsten Seiten gezeigte Air France „Concorde" und die „russische Concorde" Tupolev Tu-144, die beide in Startposition auf dem Museumsdach aufgestellt wurden. Der Transport dieser legendären Überschallriesen in das Museum Sinsheim hat europaweit für Schlagzeilen gesorgt. Das Museum Sinsheim ist das einzige Museum weltweit, das diese bisher einzigen in Serie produzierten Überschall-Passagierflugzeuge Seite an Seite präsentiert.

Einzigartig ist auch der begehbare Dachbereich auf der Halle 1 (siehe die Bilder rechts). Über Wendeltreppen gelangen die Besucher auf eine riesige Dachterrasse, von der sie nicht nur einen einmaligen Blick über das Museumsgelände und die umliegende Landschaft genießen, sondern auch zahlreiche Flugzeuge, darunter die „Concorde" und die Tupolev 144, aus nächster Nähe von innen und außen besichtigen können.

If you wish to experience the fascination of aviation close up, the Auto & Technik Museum Sinsheim is the very place for you. More than 60 airplanes and helicopters of all periods, from the military as well as civil field, are awaiting you in the open-air grounds and in the museum halls. Main attractions, no doubt, are the Air France "Concorde" and the "Russian Concorde" Tupolev Tu-144 shown on the following pages, both of which were mounted on the museum's roof in take-off position. The transport of these legendary supersonic giants to the Museum Sinsheim were hitting the headlines all over Europe. The Museum Sinsheim is the only museum worldwide presenting the only, so far series produced, supersonic commercial airplanes side by side.

Another singular feature is the walk-on roof of Hall 1 (see pictures on the right-hand side). Via spiral staircases visitors reach an enormous roof-terrace affording not only a unique view of the museum's grounds and surrounding landscape but also the opportunity to inspect numerous airplanes, among them the "Concorde" and the Tupolev 144, up close, inside and out.

Concorde F-BVFB

Zehntausende Zuschauer waren am 24. Juni 2003 zum Flughafen Karlsruhe / Baden-Baden gepilgert, um ein einmaliges Schauspiel mitzuerleben: Die letzte Landung der Air France „Concorde" F-BVFB. Gegen 12 Uhr war die Maschine in Paris gestartet, um über dem Atlantik ein letztes Mal die Schallmauer zu durchbrechen. Zwei Stunden später ging für das Museum ein Traum in Erfüllung, von dem kaum jemand geglaubt hatte, dass er jemals Realität werden würde. Nur zwei „Concorde" wurden nach der Außerdienststellung von Air France an Museen außerhalb Frankreichs vergegeben, eine davon nach Sinsheim. „Die Concorde war ein Meilenstein in der Geschichte von Air France", unterstrich der Air France Vorstandsvorsitzende Jean-Cyril Spinetta. „Die siebenundzwanzigjährige Concorde-Ära war geprägt von Engagement, Rekorden, Enthusiasmus und der Tragödie vom 25. Juli 2000, die sich für immer in unser Gedächtnis eingegraben hat. Die Erinnerung an die Besatzung und die Passagiere des Fluges 4590 wird für immer in uns weiterleben. Wir alle wissen, wie sehr unsere deutschen Freunde von diesem tragischen Ereignis betroffen waren. Die Hommage an die Opfer bewog Air France nun wie selbstverständlich dazu, dem Technik Museum Sinsheim, einem der faszinierendsten Luftfahrtmuseen der Welt, ein Flugzeug aus der Concorde Flotte zu überstellen."

Tens of thousands of onlookers had flocked to the Karlsruhe / Baden-Baden airport on 24 June 2003 in order to watch a unique spectacle: The last touch-down of the Air France "Concorde" F-BVFB. At about 12 noon the craft had taken off in Paris to break through the sound barrier one last time over the Atlantic. Two hours later a dream came true for the Museum - a dream hardly anyone had dared to hope would become reality one day. Two "Concordes" only were given by Air France to museums outside of France upon retirement, one of them to Sinsheim. Jean-Cyril Spinetta, chairman of Air France, emphasized that "The Concorde was a milestone in the history of Air France." He continued "Commitment, records, enthusiasm and the tragedy of 25 July 2000, engraved in our memory for all times, left their indelible marks on the Concorde-era of twenty-seven years. We will commemorate the crew and passengers of Flight 4590 for all times. All of us know how much our German friends had to suffer from this tragic incident. To pay hommage to these victims it was a matter of course for Air France to let the Technik Museum Sinsheim, one of the most fascinating aeronautical museums of the world, have one of the specimen of the Concorde fleet."

Fotos: Elser Film, Museum Sinsheim, Scherer, Sefrin

Oben: Die „Concorde" unmittelbar nach der Landung. Mitte links: Museumsleiter Hermann Layher mit „seiner Concorde". Mitte rechts: Das Museumsteam, das den Transport der „Concorde" nach Sinsheim zu bewältigen hatte. Unten rechts: Museumsleiter Hermann Layher (rechts) mit Guy Tardieu (Vice President External Relations der Air France; links) und Franck Thiebaut (Direktor der Air France für Deutschland; Mitte) bei der Pressekonferenz.

Above: The "Concorde" immediately after touch-down. Mid left: Hermann Layher, Director of the Museum, together with „his Concorde". Mid right: The museum's team responsible for the feat of transporting the "Concorde" to Sinsheim. Below right: Hermann Layher, Director of the Museum (on the right) with Guy Tardieu, Vice President External Relations of Air France (on the left), and Franck Thiebaut, Director of Air France for Germany (centre), at the press conference.

Die F-BVFB mit der Seriennummer 7 wurde am 8. April 1976 in die Air France Flotte aufgenommen. Die Maschine flog vom 1. bis 21. September 1988 um die Welt und legte dabei in 38 Stunden und 13 Minuten 47572 km zurück. Insgesamt brachte diese Concorde 14771 Flugstunden und 5473 Flüge hinter sich.

Viele Arbeiten waren nach der Landung notwendig, um die Königin der Lüfte transportfertig zu machen (siehe die folgende Doppelseite). Spezialisten der Air France und des Auto & Technik Museum Sinsheim bauten die Triebwerke aus, und nahmen die Flügelspitzen und das Heckleitwerk ab. Nach zahlreichen Machbarkeitsstudien und Sitzungen mit den zuständigen Behörden wurde eine optimale Transportstrecke ausgewählt und der Transport akribisch vorbereitet. Wie bei fast allen spektakulären Schwertransporten des Museums waren wieder die Spezialisten der Spedition Kübler und der Firma Scholpp Kräne federführend tätig. Das größte Problem war die extreme Breite des Flugzeugs. Trotz der Demontage der Flügelspitzen betrug diese immer noch stolze 14,45 Meter. Der Transport konnte daher nur auf einem kippbaren Spezial-Tieflader erfolgen (Bild unten rechts). Ansonsten hätte die „Concorde" nicht unter der Autobahnbrücke beim Museum hindurchgepasst.

Der Straßentransport startete am 19. Juli 2003 und dauerte bis in die Morgenstunden des darauf folgenden Tages. Zehtausende Schaulustige säumten noch weit nach Mitternacht die gesperrte Autobahn, um das Großereignis mitzuerleben. Nach dem Zusammenbau wurde die „Concorde" am 17. März 2004 in Startposition auf einem Stahlgerüst über der Halle 2 des Museums verankert.

Wir möchten uns bei Air France ganz herzlich bedanken, dass unseren Museumsbesuchern die Möglichkeit gegeben wurde, den Mythos „Concorde" auch nach der aktiven Zeit dieses fantastischen Flugzeugs weiter zu erleben. Wir haben dies zum Anlass genommen, Air France die Ehrenmitgliedschaft in unserem Museumsverein zu verleihen.

The F-BVFB with the serial number 7 was included in the Air France fleet on 8 April 1976. From the 1st until the 21st September 1976 the craft made a flight round the world thereby covering a distance of 47,572 kilometres in 38 hours and 13 minutes. Altogether, this Concorde accomplished 14,771 flight hours and 5,473 flights.

A lot of work was required after touch down to ready the Queen of the Airways for transport (see following centrefold). Specialists of the Air France and the Auto & Technik Museum Sinsheim removed the engines and dismantled the wing tips as well as the tail unit. After numerous feasibility studies and conferences with the authorities of competent jurisdiction an optimal transport route was determined followed by a meticulous preparation of the transport process. As in almost all heavy transports of the Museum the specialists of Kübler Haulage Contractors and Scholpp Cranes were once more entrusted with the overall control of the operation. The main problem was the extreme width of the craft which, in spite of the now dismantled wing tips, was still measuring an impressive 14.45 metres. Therefore, the transport could only be accomplished on a special tip-up low-loader (picture below right). Otherwise the "Concorde" would not have been able to clear the bridge over the Autobahn at the Museum.

The road transport started on 19 July 2003 and lasted into the early morning hours of the following day. Tens of thousands of spectators kept lining the closed-off Autobahn until long after midnight, to watch the big event. Upon reassembly the "Concorde" was mounted on 17 March 2004 on a tubular-steel scaffolding above Hall 2 of the Museum in take-off position.

We wish to extend our sincere gratitude to Air France for granting the visitors of our Museum the opportunity to keep experiencing the myth of "Concorde" even after the active service of this fantastic aircraft. We have taken this as an occasion to convey the honorary membership in our Museum Society to Air France.

207

Die letzte Reise der AIR FRANCE Concorde F-BVFB

1. Vorbereitung zum letzten Start vom Flughafen „Charles de Gaulle" in Paris am 24. Juni 2003.
2. Im Cockpit bei Mach 2 über dem Atlantik.
3. Landung auf dem Flughafen Karlsruhe / Baden-Baden.
4. Nach der Demontage der Flügelspitzen und des Leitwerks wird der Flugzeugrumpf auf einen Tieflader verladen. Der Transport in das Auto & Technik Museum Sinsheim erfolgt durch die Spezialspedition Kübler / Schwäbisch Hall, die für das Museum schon zahlreiche Schwertransporte durchgeführt hat.
5. Gezogen von zwei LKWs verlässt der Tieflader mit dem einstmals schnellste Passagierflugzeug der Welt den Flughafen.
6. Transport zur Nato-Rampe am Rhein bei Söllingen.
7. Nach der Verladung auf einen Lastenponton wird die Concorde auf dem Rhein Richtung Speyer transportiert.
8. Ankunft des Pontons im Naturhafen Lußhof nahe Speyer.
9. Der Transport auf der gesperrten Autobahn zum 50 km entfernten Auto & Technik Museum Sinsheim konnte nur in der Nacht erfolgen. Durchschnittsgeschwindigkeit: 5 km/h.
10. Nach dem Zusammenbau wurde die Concorde am 23. April 2004 auf das Museumsdach gehoben.
11. Die Concorde und die Tupolev 144, die beiden einzigen Überschall-Passagierflugzeuge, gemeinsam begehbar auf dem Museumsdach - eine weltweit einmalige Sensation.

The Last Travel of the AIR FRANCE Concorde F-BVFB

1. Final preparations before the last take-off from the airport „Charles de Gaulle" / Paris at June 24th, 2003.
2. In the cockpit at Mach 2 above the Atlantic.
3. Landing at the airport Karlsruhe / Baden-Baden.
4. After removal of the wing tips and the tail unit, the fuselage was loaded on a special trailer. The transport to the Auto & Technik Museum Sinsheim was performed by Kübler Haulage Company based in Schwäbisch Hall, which already carried out many heavyweight transports for the museum.
5. Hauled by two trucks, the trailer with the once fastest passenger aircraft in the world leaves the airport.
6. Transport to the NATO-ramp at the Rhine near Söllingen.
7. After loading on a heavy-load pontoon, the Concorde is transported on the Rhine towards Speyer.
8. Arrival of the pontoon at the natural harbor Lußhof near Speyer.
9. The transport on the closed off Autobahn over a distance of 50 km to the Auto & Technik Museum Sinsheim could only take place at night. Average speed: 5 km/h.
10. Upon assembly the Concorde was hoisted up onto the Museum's roof on 23 April 2004.
11. The Concorde and the Tupolev 144, the only two commercial supersonic jets together as walk-in exhibits on the Museum's roof - an unparalleled sensation worldwide.

208

Fotos: Bach, Elser Film, Museum Sinsheim

Die „Concorde" im Museum ist komplett begehbar. Der Aufstieg führt die Besucher auf bis zu 30 Meter Höhe und ist mit Sicherheit einer der ganz besonderen Höhepunkte des Museumsrundgangs.

The "Concorde" at the Museum is a completely walk-in exhibit. The ascent will bring the visitors up to a height of 30 metres and is definitely one of the very special highlights in the tour of the Museum.

Wissenswertes zur AIR FRANCE Concorde F-BVFB

Länge: 62,13 m, Spannweite: 25,56 m, Höhe: 12,22 m, Breite Rumpf: 2,88 m, Flügeloberfläche: 358 m², Länge Kabine: 39,57 m, Breite Kabine: 2,63 m, Höhe Kabine: 1,96 m, Erstflug: 6. März 1976, Indienststellung: 8. April 1976, Überschallflüge: 4.791, Flüge gesamt: 5.473, Flugstunden: 14.771, Schubleistung total: 677,2 kN, Leergewicht: 78.900 Kg, Max. Startgewicht: 185.070 Kg, Max. Landegewicht: 111.130 Kg, Max. Treibstoffmenge: 119.786 Liter, Kraftstoffverbrauch: 428 l / Min., Reiseflughöhe: ca. 16.000 m, Max. Flughöhe: ca. 18.290 m, Reisegeschwindigkeit: Mach 2,02, Max. Geschwindigkeit: Mach 2,02, Startgeschwindigkeit: 397 km/h, Landegeschwindigkeit: 300 km/h, Passagiere max.: 100, Besatzung: 3 Cockpit / 6 Kabine

Things worth knowing about the AIR FRANCE Concorde F-BVFB

Length: 62.13 m, Wing Span: 25.56 m, Height: 12.22 m, Fuselage Width: 2.88 m, Wing Surface: 358 m², Cabin Length: 39.57 m, Cabin Width: 2.63 m, Cabin Height: 1.96 m, First Flight : 6th March 1976, Commission: 8th April 1976, Supersonic Flights: 4,791, Total Flights: 5,473, Flight Hours: 14,771, Total Thrust: 677.2 kN, Net Weight: 78,900 Kg, Max. Take-off Weight: 185,070 Kg, Max. Landing Weight: 111,130 Kg, Max. Fuel: 119,786 Liters, Fuel Consumption: 428 Liters / Min., Cruising Altitude: ca. 16,000 m, Max. Altitude: ca. 18,290 m, Cruising Speed: Mach 2.02, Max. Speed: Mach 2.02, Take-off Speed: 397 km/h, Landing Speed: 300 km/h, Passengers max.: 100, Crew: 3 Cockpit / 6 Cabin

Tupolev Tu-144 - Die „russische Concorde"

In den 60er Jahren wetteiferten die Konstrukteure der britisch/
französischen „Concorde" und der russischen Tupolev 144
darum, wer als erster ein Überschall-Verkehrsflugzeug in die Luft
bringen würde. Spätestens nachdem die Russen 1965 auf dem
Salon de l'Aéronautique in Paris das Modell eines Überschall-
Passagierflugzeugs gezeigt hatten war klar, dass sie diesen
prestigeträchtigen Titel ihren westlichen Kollegen nicht kampflos
überlassen würden. Und tatsächlich hatten sie am Schluß die Nase
vorn. Am 31.12.1968 erhob sich der erste Prototyp der Tupolev
144 in den Himmel. Die „Concorde" folgte erst am 2.3.1969.
Die große Ähnlichkeit zwischen der Tu-144 und der „Concorde"
ließ naturgemäß den Verdacht der Industriespionage aufkommen,
letztlich konnte diese Vermutung aber nicht bewiesen werden.

Das roll-out des weitgehend fertig entwickelten Flugzeugs erfolgte
am 21. Mai 1970 auf dem Moskauer Flugplatz Scheremetjewo. Fünf
Tage später erreichte es mit 2150 km/h als erstes Verkehrsflugzeug
der Welt Mach 2. Als die Tu-144 ein Jahr später auf dem
Luftfahrtsalon 1971 in Paris zum ersten Mal im Westen
erschien, hatte sie bei Übungsflügen bereits eine
Spitzengeschwindigkeit von 2443 km/h erreicht. Den
ersten schweren Rückschlag erlebte das Projekt 1973
als eine Tu-144 bei der Pariser Luftfahrtausstellung vor laufenden
Kameras abstürzte. Nach mehrjährigen Weiterentwicklungen
nahm die Tu-144 schließlich trotzdem am 1. November 1977 den
Liniendienst zwischen Moskau und Alma Ata auf. Nur 7 Monate
später wurden diese Flüge nach einem erneuten Absturz jedoch
wieder eingestellt. Auch die mangelnde Wirtschaftlichkeit mag zu
dieser Entscheidung beigetragen haben. Der letzte reguläre Flug
einer Tu-144 erfolgte am 1. Juni 1978.

Nach langwierigen Verhandlungen ist es dem Museumsverein
zum 20 jährigen Museumsjubiläum 2001 gelungen, ein Exemplar
dieses Flugzeugtyps, der ein wichtiges Kapitel Luftfahrtgeschichte
geschrieben hat, für die Flugzeugausstellung in Sinsheim zu
erwerben. In einem aufsehenerregenden Transport, der über
4000 km von Moskau nach Sinsheim führte und europaweit
ein riesiges Echo gefunden hat, wurde die Tupolev auf
dem Wasser- und Landwege auf das Museumsgelände
transportiert und anschließend in Startposition über
dem Dach der Halle 1 auf drei Stahlstützen
montiert.

In the sixties the designers of the British / French "Concorde" and the Russian Tupolev 144 were competing for the feat to beat the other team in bringing the first supersonic passenger plane into the air. In 1965 at the latest, when the Russians had presented the model of a supersonic passenger plane at the Salon de l'Aeronautique in Paris, it was clear that they would not relinquish this prestigious title to their Western competitors without putting up a fight. And, as a matter of fact, in the end they were ahead by a nose. On December 31, 1968 the first prototype of the Tupolev 144 was rising into the skies. The "Concorde" did not follow until March 2, 1969. The immense likeness of the Tu-144 to the "Concorde" naturally gave rise to the suspicion of industrial espionage, but ultimately it was impossible to prove this conjecture. The roll-out of the airplane, that was as good as fully developed, took place on May 21, 1970 at Scheremetjewo airfield in Moscow. Five days later, with a speed of 2150 km/h, it was the first passenger plane of the world to reach Mach 2. At its first appearance in the West one year later, on occasion of the 1977 aeronautic exhibition in Paris, the Tu-144 had already reached a top speed of 2433 km/h in training flights. The project suffered its first severe set-back in 1973 when a Tu-144 crashed at the Paris air show in front of filming cameras. After several years of further development the Tu-144 finally commenced scheduled service, after all, on the route between Moscow and Alma Ata. Seven months later, however, these flights were discontinued again following another crash. The lack of economicalness might have been another factor contributing to this decision. The last regular flight of a Tu-144 took place on June 1, 1978.

After lengthy negotiations the Museum Association succeeded in acquiring a specimen of this type of plane, which had made an important chapter of aeronautic history, for the airplane exhibition in Sinsheim on occasion of the Museum's 20th Anniversary. In a sensational transport covering a distance of over 4000 km from Moscow to Sinsheim, which attracted lively response all over Europe, the Tupolev was brought by water and over land to the museum's premises where it was mounted on three steel pillars in take-off position above the roof of exhibition hall 1 of the Auto & Technik Museum Sinsheim.

Die fantastische Reise der Tupolev 144 von Moskau nach Sinsheim

In der Nacht zum 8. November 2000 fand eine der spektakulärsten Unternehmungen des Auto & Technik Museum Sinsheim einen triumphalen Abschluß: Gehalten von zwei gewaltigen Kranwagen schwebte der 48 Meter lange Rumpf einer Tupolev Tu-144 auf das Museumsgelände. Begonnen hatte das Abenteuer wenige Wochen zuvor in Moskau. Auf dem Wasserweg war die Maschine zunächst nach St. Petersburg und von dort nach Rotterdam gebracht worden. Danach ging es weiter bis nach Mannheim und anschließend, nach der Verladung auf ein kleineres Schiff, zum Heilbronner Hafen. Die letzten Kilometer mußten zwangsläufig mit einem Spezialtransporter auf dem Landweg zurückgelegt werden. Da aufgrund der gewaltigen Ausmaße der Tupolev eine Fahrt durch das Stadtgebiet von Sinsheim nicht in Frage kam, wurde das zerlegte Flugzeug direkt von der gesperrten Autobahn auf das Museumsgelände gehoben.

Anschließend galt es den Riesenvogel wieder komplett zu montieren und von innen und außen zu konservieren. Gleichzeitig liefen die Planungen zum Bau der mächtigen Stahlpfeiler, die dem 67 Meter langen und rund 100 Tonnen schweren Flugzeug auch im Falle eines Sturms einen sicheren Halt geben sollte.

Am 26. März war dann schließlich alles bereit zum großen Finale. Dies war die Stunde der Spezialisten der Firma Scholpp, die bereits bei der Ankunft das noch zerlegte Flugzeug von der Autobahn auf das Museumsgelände transportiert hatten. Da das Flugzeug aufgrund seiner Länge von einem einzelnen Kran nicht stabil manövriert werden konnte, kam ein Kran-Tandem zum Einsatz. Die Hauptlast trug ein gewaltiger Raupenkran mit einer maximalen Tragelast von 1000 Tonnen (Demag CC 2500), der das Flugzeug am Heck mittels einer Hecktraverse anhob. Um die Last gezielt drehen zu können, wurde das Flugzeug über dem Bugfahrwerk von einem zweiten Kran (Modell Demag AC 300) gehalten. Nach genau geplantem Durchschwenken des Flugzeugs durch die beiden Krane wurde es auf die Stahlkonstruktion bei 35 Meter Ausladung sicher abgesetzt und anschließend fest mit den Podesten am Ende der Stahlpfeiler verschraubt.

The fantastic journey of the Tupolev 144 from Moscow to Sinsheim

During the night of November 8, 2000 one of the most spectacular enterprises of the Auto & Technik Museum Sinsheim found its triumphant conclusion: Supported by two huge crane trucks the 48 meter long fuselage of a Tupolev Tu-144 floated down unto the museum's grounds. The adventure had its beginning a few weeks earlier in Moscow. By sea the craft had been first ferried to St. Petersburg and from there to Rotterdam. From here the journey was continued to Mannheim and subsequently, after it had been loaded unto a smaller ship, to the port of Heilbronn. There was no other choice but to cover the last kilometers on a special transporter by land. Since the enormous dimensions of the Tupolev prohibited a transport through the city of Sinsheim, the dismantled plane was heaved from the closed off Autobahn directly into the museum's grounds.

Then it was necessary to completely reassemble the huge bird and to conserve it inside and out. At the same time plans were made to build the mighty pillars of tubular steel which were to provide a safe support for the plane with a length of 67 m and a weight of a round 100 tons, also in stormy weather.

Then, on March 26th, everything was finally ready for the great finale. This was the hour of the specialists of Messrs. Scholpp, who had already accomplished the feat of transporting the still disassembled plane, upon its arrival, from the Autobahn to the museum's grounds. Since, due to its length, the plane could not possibly be maneuvered safely by one single crane alone, a crane-tandem was used. The main load was supported by a huge caterpillar crane with a maximum load-bearing capacity of 1000 tons (Demag CC 2500), which lifted the plane at the tail by means of a rear traverse. To be able to turn the load precisely, the plane was held by a second crane (model Demag AC 300) above the nose gear. After swinging the plane between the two cranes in a minutely planned passage, it was safely lowered unto the steel construction at a radius of 35 meters and then bolted to the platforms at the end of the steel pillars.

Immmer wieder werden wir gefragt: „Wie sind denn eigentlich die ganzen Flugzeuge, die Lokomotiven und die anderen Riesenteile in euer Museum gekommen?". Eine pauschale Antwort auf diese Frage gibt es nicht, denn jeder Transport eines Großexponats hat seine eigenen Probleme und Besonderheiten. Auf den vorhergehenden Seiten wurde gezeigt, wie die Tupolev 144 und die „Concorde" nach Sinsheim gekommen sind. Im Speyer-Teil des Museumsbuchs finden Sie Berichte über die Transporte des Boeing 747 „Jumbo Jets", des Unterseeboots U-9 und der Chinesischen Dampflock „Qian Jin". Auf dieser Doppelseite möchten wir Ihnen einen Eindruck von einigen spektakulären Großtransporten insbesondere von Flugzeugen geben, die Sie heute auf dem Freigelände des Auto & Technik Museum Sinsheim besichtigen können.

Time and again we will hear the question : "How on earth did all these airplanes, the locomotives and the other huge parts manage to come into your Museum?" There is no one single answer to this question, since each transport of a giant exhibit has its own problems and specialties. On the preceding pages it shows how the Tupolev 144 and the "Concorde" came to Sinsheim. In the Speyer part of the Museum Book you will find reports about the transports of the Boeing 747 "Jumbo Jet", the submarine U-9 and the Chinese steam locomotive "Quin Jin". On this double page we would like to give you an impression of some spectacular large dimension transports particularly of aircrafts, which you can now visit in the open air grounds of the Auto & Technik Museum Sinsheim.

Transport der Iljuschin 14 (oben) und der Tupolev 134 (links unten) nach Sinsheim

Die auf dem Freigelände gezeigte Iljuschin 14 beendete ihren letzten Flug 1988 auf dem Flugplatz Speyer. Um das Flugzeug besser transportieren zu können, wurden die Flügel demontiert. Ein Hubschrauber der Bundeswehr nahm den Flieger dann an den Haken und brachte ihn nach Sinsheim. Das Bild zeigt das Gespann beim Abflug in Speyer.

Die Tupolev 134 wurde 1989 zerlegt und mit einem Tieflader von Manching bei Ingolstadt über die Autobahn nach Sinsheim transportiert. Das Bild zeigt den Transport bei einem Zwischenhalt auf der Autobahnraststätte Hohenlohe.

Transport of the Iljuschin 14 (above) and of the Tupolev 135 (bottom left) to Sinsheim

The Iljuschin 14 shown in the open grounds finalized her last flight in 1988 on the airfield in Speyer. To be able to better transport the plane, the wings were dismantled. A helicopter of the Federal Air Force then took the craft on a hook, transporting it this way to Sinsheim. The picture shows the team at take-off in Speyer.

The Tupolev 134 was disassembled in 1989 and brought on a low-loader from Manching near Ingolstadt to Sinsheim via the Autobahn. The picture shows the transport at a stop on the motorway service area Hohenlohe.

Ankunft der der DC 3 in Sinsheim 1986

Die DC 3, zivile Bezeichnung C 47, kam gemeinsam mit der Ju 52 im teilzerlegten Zustand per Tieflader ins Museum. Das Bild zeigt das Flugzeug beim abladen kurz nach der Ankunft.

Arrival of the DC 3 in Sinsheim 1986

The DC 3, civilian designation C 47, reached the museum together with the Ju 52 on a low loader. The picture shows the airplane during unloading shortly after its arrival.

Aufbau der Iljuschin 18 in Sinsheim 1990

Die Iljuschin 18 wurde 1990 zerlegt auf drei Tiefladern von ihrem letzten Landeplatz in Nürnberg nach Sinsheim transportiert.

Assembly of the Iljuschin 18 in Sinsheim in 1990

The Iljuschin 18 was disassembled in 1990 and brought on three low-loaders from her last landing site in Nürnberg to Sinsheim.

Ankunft des österreichischen „Krokodils" in Sinsheim 1989

Die im Museum gezeigte „Krokodil" Gebirgslokomotive aus Österreich wurde im Herbst 1989 von einer Diesellok zum Bahnhof Sinsheim gezogen. Dort wurde der gut 110 Tonnen schwere Koloss von drei Kränen auf einen Tieflader geladen und ins Museum transportiert.

Arrival of the Austrian "Crocodile" in Sinsheim 1989

In the fall of 1989, the "Crocodile" mountain locomotive on exhibit in the museum was pulled by a diesel engine to Sinsheim station. There, three giant cranes lifted the colossus with a weight of a good 110 tons onto a low loader which then transported the locomotive to the museum.

Iljuschin IL-18 - Tupolev Tu-134

Die Iljuschin IL-18 (oberes Bild) wurde Mitte der 50er Jahre für die russische Fluggesellschaft Aeroflot entwickelt. Die Maschine mit einer Kapazität von 100 Passagieren und einer Höchstgeschwindigkeit von 675 km/h wurde überwiegend auf Mittelstrecken eingesetzt. Die Tupolev Tu-134 (unteres Bild) ist flugzeugtechnisch interessant, da bei diesem Modell erstmals bei einem Verkehrsflugzeug Hecktriebwerke verwendet wurden. Ein weiteres interessantes Merkmal ist das höhenverstellbare Fahrwerk mit dem es möglich war, durch absenken oder ausfahren den Anstellwinkel beim Start und bei der Landung zu beeinflussen. Dadurch war es möglich, die Start- und Landerollstrecke erheblich zu verkürzen.

The Iljuschin IL-18 (picture on top) was developed during the fifties for the Russian carrier Aeroflot. The aircraft with a capacity of up to 100 passengers and a top speed of 675 km/h was mainly used on intermediate distances. The Tupolev Tu-134 (picture below) is quite interesting from a technical standpoint since it was the first passenger plane which employed rear-engines. Another remarkable feature is the landing gear with variable height which, by raising or lowering, allowed to modify the landing or take-off angle. This made it possible to start or land this aircraft on airports with rather short runways.

Auch in den Museumshallen können viele Flugzeuge besichtigt werden, darunter zahlreiche Raritäten aus der Zeit des 2. Weltkriegs. Das Bild unten zeigt eine Focke-Wulf 190, eines der berühmtesten deutschen Jagdflugzeuge. Der Erstflug dieser hochmodernen Maschine erfolgte am 1. Juni 1939, ab 1941 kam sie an allen Fronten zum Einsatz. Aufgrund ihrer hervorragenden Flugeigenschaften und des starken, luftgekühlten BMW-Motors war sie bei ihrem Erscheinen selbst den englischen Spitfire-Jägern überlegen. Erst mit der im Frühjahr 1943 eingeführten Spitfire XII, die insbesondere als Antwort auf die FW-190 entwickelt wurde, verfügte die britische Luftwaffe über einen der FW-190 ebenbürtigen Jäger. Außer als Jagdflugzeug wurde dieser Flugzeugtyp auch sehr erfolgreich als Jagdbomber eingesetzt. Aufgrund ihrer starken Konstruktion konnte die FW-190 eine Bombenlast von bis zu 1 800 kg tragen.

In the halls of the museum there are many further airplanes on exhibit, amongst them many rarities from WW II. The picture at the bottom shows a Focke-Wulf 190, one of the most famous German fighter planes. The first flight of this ultramodern plane took place on 1 June 1939; as of 1941 it saw action in all arenas of war. Due to its excellent handling characteristics and the strong, air-cooled BMW-engine, when it made its first appearance, it was superior even to the British Spitfire-fighters. It was not until spring of 1943 and the introduction of their Spitfire-XII, which had been developed specifically as an equivalent to the FW-190, that the British finally had their own fighter that was evenly matched to the FW-190. Apart from its use as a fighter plane this type was also highly successful as a fighter bomber. Thanks to its sturdy construction the FW-190 was in a position to carry bomb loads of up to 1,800 kg.

Heinkel He-111

Anfang der dreißiger Jahre suchte die Deutsche Lufthansa nach einem neuen Flugzeugtyp für zwei Mann Besatzung und ca. 10 Passagiere. Bei Heinkel begann man daraufhin 1934 mit der Entwicklung der He-111. Da absehbar war, daß der Lufthansaauftrag die Entwicklungskosten nicht decken würde, wurde die Maschine von vornherein auch als Bomber konzipiert. Der Erstflug erfolgte am 24. Februar 1934. Ab Januar 1937 wurden 30 Maschinen des Typs B-1 im Spanischen Bürgerkrieg eingesetzt.

Die He-111 wurde schnell zum Standardbomber der deutschen Luftwaffe. Mit einer maximalen Bombenlast von 2 000 kg ist sie in die Klasse der mittleren Bomber einzustufen. Bei der deutschen Luftwaffe galt sie jedoch als schwerer Bomber, was den einfachen Grund hatte, daß bis kurz vor Kriegsende nicht ernsthaft an der Entwicklung eines echten schweren viermotorigen Bombers gearbeitet wurde. Zum Vergleich: Die schweren Bomber der Alliierten konnten im Schnitt eine Bombenlast von 6 000 bis 8 000 kg befördern.

Nur während der Luftschlacht um England im Frühjahr 1941 unternahm die deutsche Luftwaffe den ernsthaften Versuch eines taktischen Luftkriegs mit Flächenbombardements. Es zeigte sich jedoch schnell, daß die zur Verfügung stehenden Flugzeuge hierfür nicht geeignet waren.

Technische Daten Bauzeit: 1935 - 1944; Spannweite: 22,6 m; Motor: 2 x Jumo 211-F Reihenmotor mit je 1 340 PS; Höchstgeschw.: 470 km/h; Bombenlast: 2 000 kg; Produktion: ca. 7 300 Stück; Startgew.: 13 500 kg

In the early thirties the „Deutsche Lufthansa" was looking for a new type of airplane for a crew of two and about 10 passengers. This prompted Heinkel to start developing the He-111 in 1934. Since it was anticipated that the Lufthansa commission would be insufficient to cover the development costs the plans provided right from the outset an alternative use as a bomber. The first flight took place on February 24, 1934. As of January 1937 30 planes of the Type B-1 were dispatched into action in the Spanish civil war.

The He-111 quickly developed into the standard bomber of the German airforce. With a maximum bomb-load of 2,000 kg it should be classified as a medium bomber. In the German airforce, however, it was regarded as a heavy bomber for the simple reason that, until shortly before the end of the war, no serious efforts had been made to develop a genuine heavy four-engine bomber. The heavy bombers of the Allied Forces, in comparison, were able to carry an average bomb-load of 6,000 to 8,000 kg.

Any serious attempt at tactical aerial warfare with blanket coverage bombing was made by Germany but once, namely in the Battle of Britain. It quickly turned out, however, that the available airplanes were inadequate for this purpose.

Technical Data Production Period: 1935 - 1944; Wing Span: 22,6 m; Engine: 2 x Jumo 211-F in-line engine with 1,340 hp each; Maximum Speed: 470 km/h; Bomb Load: 2,000 kg; Total Production: approx. 15,000 units; Take-off Weight: 13,500 kg

Mit einer maximalen Bombenlast von 2 500 Kg war die He-111 für strategische Einsätze von geringem Wert.

With a maximum bomb-load of 2,500kg the He-111 was of little value for strategic missions.

Junkers Ju-88

Bei keiner anderen Luftwaffe wurde das Konzept des punktgenauen taktischen Einsatzes so konsequent verfolgt wie bei der deutschen Wehrmacht. Die Vorteile dieser Strategie erscheinen einleuchtend. Strategische Flächenbombardements erfordern große, aufwendige Flugzeuge und einen enormen Materialeinsatz bei verhältnismäßig geringer Effizienz. Der taktische Einsatz kann dagegen mit relativ wenig Material eine hohe Effektivität erreichen, allerdings, und dies ist der große Nachteil, nur in einem eng umgrenzten Operationsgebiet. Die Blitzsiege kurz nach Kriegsbeginn und die verlorene Luftschlacht um England haben gezeigt, was die deutsche Luftwaffe im Zweiten Weltkrieg leisten konnte und was nicht.

Die Ju-88 wurde zunächst als mittlerer Horizontalbomber konzipiert. Der erste Prototyp flog am 23. Dezember 1936. Die Maschine wurde danach erheblich modifiziert, um sie auch sturzflugtauglich zu machen. Die Serienproduktion begann 1938. In den folgenden Jahren erwies sich die Ju-88 als eine gelungene Konstruktion, die als Bomber, Fernaufklärer und Nachtjäger eingesetzt werden konnte. Insgesamt wurden ca. 15 000 Stück gebaut. Nur wenige sind erhalten geblieben. Das Museumsstück wurde 1986 aus einem schwedischen See geborgen.

Technische Daten Bauzeit: 1936 - 1945; Spannweite: 20,00 m; Motor: 2 x Jumo 211-J Reihenmotor mit je 1410 PS; Höchstgeschw.: 470 km/h; Bombenlast: 3 000 kg; Produktion: ca. 15 000 Stück; Startgewicht: 14 000 kg

No other airforce pursued the concept of pinpoint aimed tactical action with the persistence displayed by the German army. The advantages of a strategy like this appear obvious. Strategic blanket coverage bombing requires huge, sophisticated airplanes and an enormous investment of material for a comparatively moderate efficiency result. Tactical action, on the other hand, can be highly effective even with a relatively small quantity of material, however, and this is the great disadvantage, in a closely confined field of operation only. The lightning victories right after the beginning of the war and the lost Battle of Britain showed what could be accomplished by the German airforce in WWII, and what could not.

Initially, the Ju-88 had been designed as a medium horizontal flight bomber. The first prototype took off on December 23, 1936. Thereafter, the plane underwent extensive modifications to turn it into a dive bomber. Series production started in 1938. In the following years the Ju-88 proved to be a successful design, which could be used as a bomber, a long-distance reconnaissance plane and as a night fighter. About 15,000 specimens were built altogether. But few are still existing today. The museum's exhibit was salvaged from a lake in Sweden in 1986.

Technical Data Production Period: 1936 - 1945; Wing Span: 20,00 m; Engine: 2 x Jumo 211-J in-line engine with 1,410 hp each; Maximum Speed: 470 km/h; Bomb Load: 3,000 kg; Total Production: appr. 15,000; Take-off Weight: 14,000 kg

Mit der Ju-88 wurde das Konzept des Sturzkampfbombers bei einem relativ großen Flugzeug konsequent umgesetzt.

The Ju-88 represented the logically consistent realization of the dive bomber concept with a comparatively large plane.

Messerschmidt Me-109

Neben dem Ju-87 „Stuka" ist die Me-109 das wohl legendärste deutsche Kampfflugzeug des Zweiten Weltkriegs. Die Entwicklung begann 1934, das erste Versuchsmuster flog am 28. Mai 1935, damals noch unter der Bezeichnung Bf-109. Wie die He-111 und die Ju-88 kam auch die Me-109 ab 1937 im Spanischen Bürgerkrieg zum Einsatz. Sie war dort allen Gegnern überlegen und wurde schnell zum Standardjäger der deutschen Luftwaffe. Während des Krieges wurde die Me-109 ständig weiter verbessert und blieb bis zum Kriegsende ihren Gegnern ebenbürtig. Insgesamt entstanden von diesem Flugzeugtyp bis Mai 1945 über 30 000 Exemplare. Danach wurde die Me-109 noch bis 1958 in Spanien weitergebaut.

Technische Daten Bauzeit: 1935 - 1945; Spannweite: 9,97 m; Motor (1944): Daimler-Benz 605 DC 12-Zyl. V-Motor mit bis zu 2 000 PS; Höchstgeschw.: 727 km/h; Waffen: 1 x 30 mm Mk 108 u. 2 x 15 mm Kanone; Produktion: ca. 35 000 Stück

Apart from the Ju-87 „Stuka" (a dive bomber) the Me-109 is probably the most famous German plane of the Second World War. Development started in 1934, the first experimental model was flying on May 5, 1935, then still under the type identification Bf-109. Like the He-111 and the Ju-88, the Me-109 also was used in action 1937 in the Spanish civil war. There, the plane was superior to all enemies and soon developed into the standard fighter of the German airforce. During the war the Me-109 was constantly improved and remained evenly matched to its enemies right to the end of the war. Altogether 30,000 units of this type were built up to May of 1945. Thereafter, production of the Me-109 was continued in Spain up to 1958.

Technical Data Production Period: 1935 - 1945; Wing Span: 9,97 m; Engine (1944): Daimler-Benz 605 DC 12-Cyl. V-engine with up to 2,000 hp; Max. Speed: 727 km/h; Armament: 1 x 30 mm Mk 108 and 2 x 15 mm cannons; Total Production: approx. 35,000

Eine Me-109 mit einer speziellen Wüstentarnung

A Me-109 with special desert camouflage

Militärgeschichte - Military History

Zu allen Zeiten wurden technische Neuerungen nicht nur zivil, sondern auch militärisch genutzt. Sehr häufig war das Militär sogar die treibende Kraft, die viele Entwicklungen erst möglich gemacht oder aber zumindest wesentlich beschleunigt hat. Typische Beispiele aus der jüngeren Vergangenheit sind die Raketentechnologie und die düsengetriebenen Flugzeuge. Unter dem enormen Druck der militärischen Notwendigkeiten wurden auf diesen Gebieten gegen Ende des Zweiten Weltkriegs in nur wenigen Monaten Fortschritte erzielt, die zu Friedenszeiten viele Jahre benötigt hätten.

Ein Blick auf die „Afrika-Gruppe" - A view of our „Africa-Group"

Historisch betrachtet waren es im wesentlichen drei militärtechnische Entwicklungen, die die Kriegsführung entscheidend beeinflußt haben. An erster Stelle ist hier die Erfindung und die Weiterentwicklung von Explosivstoffen sowie von Gewehren und Geschützen zu nennen, die in einer schon fast beklemmenden Konsequenz von der Vorderladerbüchse bis zur Wasserstoffbombe geführt hat.

An zweiter Stelle steht die umfassende Motorisierung. In weniger als 100 Jahren sind dadurch aus schwer beweglichen Armeen, die zu Fuß pro Tag kaum mehr als 50 Kilometer bewältigen konnten, High-Tech-Streitkräfte geworden, die innerhalb weniger Stunden an jedem Ort der Erde zum Einsatz kommen können. Die jüngste Revolution wurde durch den rasanten Fortschritt in der Mikroelektronik ausgelöst, der Militäraktionen mit einer bis dahin unbekannten Präzision möglich gemacht hat. Der Golfkrieg von 1991 ist hierfür ein eindrucksvoller Beleg.

Ein Museum, das es sich zur Aufgabe gemacht hat, die Gesamtheit der Technikgeschichte darzustellen, kann sich nicht der Pflicht entziehen, auch der Militärtechnik den ihr gebührenden Platz einzuräumen. In der militärhistorischen Abteilung des Technik-Museums Sinsheim steht dabei die Motorisierung der Streitkräfte im Zweiten Weltkrieg im Mittelpunkt. Einen Schwerpunkt bilden hier die Panzerfahrzeuge. Die hervorragend restaurierten und zum Teil einzigartigen Exponate geben einen umfassenden Überblick über die Entwicklung insbesondere der deutschen Panzerfahrzeuge von den späten dreißiger Jahren bis heute.

Einen weiteren Schwerpunkt bilden die Lastkraftwagen und Zugmaschinen. Diese oft als wenig interessant eingestufte Fahrzeuggattung ist aufgrund der vielfältigen Transport- und Versorgungsaufgaben, die ein funktionsfähiges Heer erfordert, auch bei den modernen Streitkräften noch immer von herausragender Bedeutung. Abgerundet wird die Sammlung durch eine Vielzahl weiterer Fahrzeuge, Modelle, Uniformen, Dokumente und viele Dinge des täglichen Lebens, die den entbehrungsreichen Alltag des einfachen Soldaten auch heute noch fühlbar werden lassen. Ein besonderes Anliegen war es uns auch, die Ausstellungsstücke wenn möglich nicht isoliert zu präsentieren, sondern in historische Szenerien wie der mit großer Sorgfalt gestalteten „Afrika-Gruppe" einzubetten. Sie stehen dort als stumme Zeugen einer Epoche, die besonders bei den Älteren schmerzliche Erinnerungen weckt, Erinnerungen an die vielen Männer, Frauen und Kinder, die in diesen Jahren viel zu jung ihr Leben verloren haben

Das Zündapp Kraftrad KS 750 wurde speziell für den Militäreinsatz konstruiert. Es wurde zuerst beim Afrikacorps eingesetzt. Das äußerst stabil gebaute Fahrzeug mit dem typischen Preßstahlrahmen besaß einen Seitenwagenantrieb und einen Rückwärtsgang.

The Zündapp motorcycle KS 70 was a special construction for military use. It was first deployed with the Africacorps. This extremely sturdy construction with its typical pressed steel frame was equipped with sidecar-drive and a reverse gear.

At all times technical innovations were not only used in the civil- but in the military field as well. As a matter of fact, but for the military many inventions would not have been made in the first place, and if at all then only greatly delayed. Typical examples from the recent past are rocket technology as well as jet-propelled airplanes. The progress that was achieved in this field in a few months' time towards the end of WWII under the enormous pressure of military necessities, would have taken many years to materialize in times of peace.

Looking back in time, the nature of warfare, essentially, has been influenced by three fundamental developments of military technology. First and foremost was the invention and further development of explosives along with guns and cannons, leading in almost relentless consequence from muzzle-loaders to the H-bomb. The second factor is the extensive motorization. In less than a hundred years it turned unwieldy armies which, on foot, could hardly manage distances of more than 50 kilometers a day, into high-tech-forces that can be deployed at any given place on earth within a few hours only. The most recent revolution, finally, was triggered by the rapid progress of microelectronics, permitting to conduct military actions with an unprecedented precision. The Gulf War of 1991 serves as an impressive example.

A museum which has made it its goal to demonstrate technological history in its entirety, cannot possibly evade the obligation to award its due place to military technology, too. Along these lines, the Department of Military History at the Technik-Museum Sinsheim is focusing its attention on the motorization of armed forces in the Second World War, with the main emphasis on tanks and armoured vehicles. The superbly restored and partly unique exhibits offer an exhaustive survey of the development of German tanks and armoured vehicles in particular, from the late thirties up to this day. A further center of attention are the trucks or heavy goods vehicles and the towing vehicles or traction engines. As a result of the diverse transport- and supply services required by a functioning army, these kind of vehicles, often disqualified as uninteresting, continue to be of eminent importance also for modern armed forces. The collection is completed by numerous further vehicles, models, uniforms, documents and articles of day-to-day life, conveying a vivid impression of the deprivations of the common soldier's daily struggle for existence.

Furthermore, it was our explicit intention that, rather than isolated, the exhibits should, wherever possible, be displayed in historic surroundings, like the most carefully composed "Africa-Group". They are standing there as silent witnesses of a era that brings back painful memories especially to the senior citizens among us, memories of countless men, women and children, who met their untimely deaths in those years.

Als schon alles verloren war, wurden Halbwüchsige und alte Männer nach einer Schnellausbildung mit primitiver Ausrüstung an die Front geschickt.

When the war had been all but lost, teenagers and old men were sent to the front, inadequately trained and with primitive equipment.

NSU-Kettenkrad - Dieser Fahrzeugtyp, eine Art Kreuzung aus Ketten-Zugmaschine und Motorrad, wurde ab 1941 bei der Deutschen Wehrmacht mit großem Erfolg eingesetzt.

Semitrack motorbike by NSU - This type of vehicle, a hybrid between a tracked towing-vehicle and a motorcycle, was used by the German army as of 1941 with highly successful results.

Wissenswertes zur Geschichte der Panzerfahrzeuge

Panzer wurden erstmals gegen Ende des Ersten Weltkriegs in größerer Zahl eingesetzt. Führend im Panzerbau war zu dieser Zeit England, wo man bereits 1902 Raupenfahrzeuge für den landwirtschaftlichen Einsatz gebaut hatte. Die neue Fahrzeugart wurde mit der Tarnbezeichnung „Tank" versehen, ein Begriff, der sich bis heute erhalten hat.

Ab 1917 hat der für die deutschen Truppen zunächst völlig überraschende massive Einsatz von Panzern dazu beigetragen, das Kriegsglück zugunsten der Alliierten zu wenden. Von besonderer Bedeutung war dabei die Überwindung des Stellungskriegs. Zum Teil über Jahre waren sich die gegnerischen Truppen in ihren Schützengräben gegenübergelegen, ohne daß eine Seite entscheidende Vorteile erzielen konnte. Mit den äußerst geländegängigen gepanzerten Fahrzeugen änderte sich dies schnell. Durch die Panzerung vor den leichten Waffen geschützt, konnten die Tanks die gegnerische Front durchbrechen und den Weg für die nachfolgende Infanterie freimachen.

Die deutsche Armeeführung erkannte erst relativ spät die Bedeutung gepanzerter Fahrzeuge sowohl für das Aufbrechen statisch gewordener Stellungen als auch ganz allgemein für die Offensive. Aufgrund der unzureichenden Kapazität der Rüstungsbetriebe und der unvermeidlichen Anfangsprobleme dauerte es bis zum Frühjahr 1918, bis erstmals auch auf deutscher Seite Panzer in nennenswerter Zahl eingesetzt werden konnten. Zu spät, um noch etwas Entscheidendes zu bewirken.

In der Zeit nach dem Ersten Weltkrieg untersagte der Versailler Vertrag Deutschland den Panzerbau. Ab 1925 begannen aber mehrere Firmen unter strengster Geheimhaltung dennoch mit der Arbeit an entsprechenden Fahrzeugen, die als Traktoren getarnt wurden. 1934 lief die Serienproduktion des Panzer I an, einem mit zwei Maschinengewehren bewaffneten Kampfwagen mit geringem militärischem Wert. 1935 folgte der Panzer II, der aufgrund der schwachen Panzerung und Bewaffnung ebenfalls nur von begrenztem Nutzen war. Eine erhebliche Stärkung der deutschen Panzerwaffe ergab sich 1939 durch die Besetzung der Tschechoslowakei, bei der nicht nur ca. 1 000 Panzer, sondern auch die entsprechenden Fabrikationsstätten in deutsche Hand fielen. Hier ist in erster Linie die Firma Praga und der von ihr gebaute Kampfwagen TNHP zu nennen, eine sehr robuste Konstruktion mit einer 3,7 cm-Kanone und zwei MG. Er wurde als Modell 38 (t) - das „t" steht für „tschechisch" -von der Wehr-

Die ersten Panzer entstanden auf der Basis solcher für die Landwirtschaft konstruierten Raupenfahrzeuge.
The first tanks were based on crawler vehicles like this which had been constructed for agricultural purposes.

macht in großer Zahl eingesetzt. Der erste Panzer aus deutscher Produktion mit einer panzerbrechenden Kanone war der ab 1936 gebaute Panzer III, der ab 1940 mit einem 5 cm und ab 1942 mit einem 7,5 cm Geschütz ausgerüstet wurde.

Der wohl wichtigste Gegner, mit dem sich die deutschen Panzerstreitkräfte im Zweiten Weltkrieg auseinandersetzen mußten, war der russische T 34. Aufgrund seiner hervorragenden Panzerung konnte dieser Kampfwagen nur mit Geschützen ab einem Kaliber von 7,5 cm sinnvoll bekämpft werden. Nur der Panzer IV, der zu Kriegsbeginn nur in geringen Stückzahlen vorhanden war, verfügte von vornherein über eine solche Bewaffnung. In erster Linie als Reaktion auf den T 34 wurde in Deutschland mit der Entwicklung größerer und besser bewaffneter Panzer begonnen. So entstanden der Panzer V „Panther" (eingesetzt ab Sommer 1943) und der „Tiger 1" bzw. der „Tiger 2", der auch als „Königstiger" bezeichnet wurde. Sowohl der „Panther" als auch der „Tiger" bewährten sich sehr gut

Ein deutscher Kampftrupp im 1. Weltkrieg mit zwei erbeuteten englischen Tanks - A German WW 1 combat group with two captured British tanks.

und erwiesen sich ihren Gegnern bald als überlegen. Was aber auch die beste Technik nicht wettmachen konnte, war die zahlenmäßige Unterlegenheit.

Auf der Basis der beschriebenen Konstruktionen entstanden viele weitere gepanzerte Fahrzeuge, z. B. spezielle Panzerjäger ohne Turm oder selbstfahrende Geschütze. So wurde bei der Panzerhaubitze „Hummel" das Fahrwerk des Panzer IV mit der Kraftübertragung des Panzer III kombiniert. Aus dem „Panther" entstand der „Jagdpanther", bei dem die 8,8 cm-Kanone in der Panzerwanne integriert war.

Ein großes Problem der Panzerwaffe ist die Versorgung mit Treibstoff. Speziell im Gelände ist der Treibstoffverbrauch eines Panzers enorm hoch. Die Geschwindigkeit, mit der ein Panzervorstoß erfolgen kann, ist daher entscheidend von der Treibstoffversorgung abhängig. So verbrauchte ein „Tiger 2" im Gelände bis zu 1 000 Liter Benzin pro 100 km, was trotz des Tankinhalts von 860 Litern alle 90 Kilometer ein Nachtanken erforderte. Die Verwendung sparsamerer Dieselmotoren war nicht möglich, da der in den Hydrieranlagen hergestellte synthetische Kraftstoff ausschließlich aus Benzin bestand und Rohöl kaum verfügbar war. Die geringen Mengen an verfügbarem Dieselkraftstoff waren weitgehend der Marine vorbehalten. Bei den technischen Daten werden im folgenden für den Treibstoffverbrauch und die Reichweite meist zwei Werte angegeben, wobei der erste für Straßen- und der zweite für Geländefahrt gilt.

Information worth knowing about tanks and armoured vehicles

In larger numbers tanks were first brought into action towards the end of the First World War. The leading manufacturer of armour plated vehicles at that time was England, where crawler vehicles had been built for agricultural purposes back in 1902 already. This new type of vehicle was cover named "tank", a term that has been retained up to this day. The massive action of tanks starting in 1917 at first took the German troops entirely unaware and helped to turn the fortune of war in favour of the Allies.

Of particular significance in this connection was the defeat of positional warfare. Opposing troops in their trenches had been facing each other across the lines sometimes for years without any possibility for either side to achieve a deciding advantage. This situation quickly changed with the advent of the all-terrain armoured vehicles. Protected from small arms by armour plating, the tanks were able to break through the enemy front, clearing the way for the following infantry.

For a comparatively long time the commanders of the German army failed to recognize the significance of armoured vehicles for both, the disruption of positions that had become static as well as for the offensive in general. As a result of the inadequate capacity of armaments industry and the inevitable starting problems it took until spring of 1918 for any significant numbers of tanks to be available for action on the German side. Too late to succeed in accomplishing a turn of events.

In the period following WWI the Versailles Treaty banned Germany from producing tanks. As of 1925, however, in spite of this ban several firms began their top secret work on corresponding vehicles which were passed off as tractors. Series production of the "Tank I" was started in 1934. It was a combat vehicle equipped with two machine guns, and of comparatively insignificant military value. In 1935 followed the "Tank II" which, since under-armoured and -armed, was also of limited value only. The fleet of German tanks received a considerable boost in 1939 with the occupation of Czechoslovakia, on which occasion not only about 1,000 tanks but the production plants as well fell into German hands. Most important in this regard were the Praga works and their product, the combat vehicle TNHP, a very sturdy construction equipped with a 3.7 cm-cannon and two machine guns. As model 38 (t) ("T" for "tschechisch" or "Czech") it was sent into action by the German army in large numbers. The first tank of German production equipped with an armour-piercing cannon was the Tank III, first built in 1936, which was equipped with a 5 cm gun as of 1940, and with one of 7.5 cm as of 1942.

Probably the most important adversary German armoured forces had to contend with in WWII was the Russian model T 34. As a consequence of its highly protective armour plating, fighting this combat vehicle effectively required guns with a calibre of 7.5 cm and above. Only the Tank IV, which at the beginning of the war was available in limited numbers only, was adequately armed right from the outset. Mainly as a response to the T 34, Germany began developing bigger and better armed tanks. The results were the Tank V "Panther" (in use as of summer 1943), the "Tiger 1" and the "Tiger 2", the latter also referred to as "King Tiger". Both "Panther" and "Tiger" proved to be highly effective and soon superior to their adversaries. But even the best technology could not make up for deficiency in numbers.

Numerous further armour plated vehicles were built on the basis of the constructions described before, among them special tank destroyers without turret, or self-propelling guns. The tank-howitzer "Bumble Bee", e.g., combined the chassis of the Tank IV with the power transmission of the Tank III. The "Panther" was converted into the "Hunting Panther" with the 8.8 cm gun integrated into the tank's hull.

A great problem of armoured forces is the fuel supply. Especially while in cross-country operation a tank's fuel consumption is enormously high. The speed at which a tank advance can be accomplished, therefore, is greatly dependent on the fuel supply. A "Tiger 2" in cross-country-action, e.g., consumed up to 1,000 litres of gasoline per 100 km, which required refuelling every 90 kilometers despite a tank capacity of 860 litres. The utilization of more economic diesel-engines was not possible since the synthetic fuel produced in the German hydrogenation plants only consisted of gasoline. Crude oil was barely available. The small amounts of available diesel fuel had to be delivered mainly to the marine forces. The technical data in the following descriptions will mostly state dual values for fuel consumption and range, the first figure for road- and the second for cross-country-operation.

Kampfpanzer „Tiger 1" - A German "Tiger 1" combat tank

Panzerkampfwagen Praga TNHP (Deutscher Panzerkampfwagen 38 (t))

Mittlerer Kampfpanzer, gebaut von der tschechischen Firma Praga. Nach der Besetzung der Tschechoslowakei im Jahr 1939 wurde der 38 (t) in die deutsche Panzertruppe integriert und füllte dort die Lücken, die aufgrund der zu geringen Produktion des Panzer III entstanden waren. Zu Beginn des Rußlandfeldzugs waren rund 25 % der deutschen Panzer vom Typ 38 (t). Mit dem Auftauchen des weit überlegenen russischen T 34 war die Zeit für dieses verhältnismäßig schwach gepanzerte und bewaffnete Gerät abgelaufen. Die Fahrgestelle von ausgemusterten 38 (t) wurden u. a. zum Bau von speziellen Panzerjägern weiterverwendet.

Technische Daten Bauzeit: 1938 - 1942; Gewicht: 10,5 to; Waffen: 3,7 cm KwK + 2 MG; Motor: Praga 7,7 l / 6 Zyl. / 125 PS; Höchstgeschw.: 42 km/h; Verbr. (100 km): 80 / 120 l; Reichweite: 190 / 120 km; Besatzung: 4 Mann

Medium combat tank, built by the Czech firm Praga. Following the occupation of Czechoslovakia in 1939 the 38 (t) was incorporated into the German armoured forces to close the gaps left by insufficient production numbers of the Tank III. At the beginning of the Russian Campaign, around 25 % of the German tanks were of the type 38 (t). With the appearance of the greatly superior Russian T 34, time had run out for this comparatively under-armoured and -armed piece of equipment. Chassis of the obsolete 38 (t), among other purposes, were reused to build special tank destroyers.

Technical Data Production Period: 1938 - 1942; Weight: 10.5 tons; Armament: 3.7 cm KwK + 2 machine guns; Engine: Praga 7.7 litre / 6-cylinder / 125 hp; Maximum Speed: 42 km/h Consumption per 100 km: 80 / 120 litres; Range of Operation: 190 / 120 km; Crew: 4

Panzerkampfwagen III, Ausführung „N"

Neben dem 38 (t) war der Kampfpanzer III der Standardpanzer der deutschen Panzertruppe während der ersten beiden Kriegsjahre. Die Ausführungen A - M waren nur mit einer 3,7 bzw. 5 cm KwK ausgerüstet, was sich schon bald als völlig unzureichend erwies. Obwohl er bis zum Kriegsende eingesetzt wurde, war auch die Zeit des Kampfpanzers III mit dem Erscheinen des T 34 vorbei.

Das Museumsstück gehörte zur deutschen Armee in Norwegen. Nach 1945 wurde der Panzer von der neuen norwegischen Armee übernommen. Nach seiner Ausmusterung diente er als Zieldarstellungspanzer auf einem Truppenübungsplatz. Er wurde dort von norwegischen Vereinsmitgliedern entdeckt, die ihn in das Technik-Museum nach Sinsheim brachten. Nach einer umfangreichen Restaurierung kann er jetzt dort als eines der ganz wenigen noch erhaltenen Exemplare besichtigt werden.

Technische Daten Bauzeit: 1942 - 1943; Gewicht: 23 to; Waffen: 7,5 cm KwK + 2 MG; Motor: Maybach 12 l / 12 Zyl. / 300 PS; Höchstgeschw.: 40 km/h; Verbr. (100 km): 230 / 350 l; Reichweite: 130 / 90 km; Besatzung: 5 Mann

Next to the 38 (t), the Combat Tank III was the standard tank of German tank forces during the first two years of the war. The A through M versions were equipped with a gun of only 3.7 cm or 5 cm calibre, respectively, which soon proved to be absolutely insufficient. Although it was retained in action up to the end of the war, the time of the Combat Tank III had also run out as soon as the T 34 appeared on the scene.

The museum's exhibit belonged to the German army in Norway. After 1945 the tank was taken over by the new Norwegian army. When it was taken out of service it was used as a target tank in a military training area. There it was discovered by Norwegian members of our society who brought it to the Technik-Museum in Sinsheim. After extensive restorations it is on exhibit now as one of the very few specimens which are still existing.

Technical Data Production Period: 1942 - 1943; Weight: 23 tons; Armament: 7.5 cm KwK + 2 machine guns; Engine: Maybach 12 litre / 12-cyl. / 300 hp; Max. Speed: 40 km/h; Consumption / 100 km: 230 / 350 l; Range of Operation: 130 / 90 km; Crew: 5

Fabrikneue Kampfpanzer III vor der Auslieferung - Brand-new combat tank III prior to delivery

Panzerkampfwagen IV

Die Entwicklung des Panzer IV begann bereits im Jahr 1934. Ab 1936 erfolgte die Serienfertigung. Sowohl von der technischen Konzeption als auch vom geplanten Einsatzzweck unterschied sich der Panzer IV nur wenig vom Panzer III. Er war allerdings von Beginn an mit der stärkeren 7,5 cm KwK ausgerüstet, zunächst mit einem Stummelrohr (Bild links unten) und ab 1942 mit einem Langrohr.

Aufgrund der schnellen Erfolge in den ersten Kriegsjahren wurde der Panzer IV zunächst nur in verhältnismäßig kleinen Stückzahlen produziert. So verfügte die Deutsche Wehrmacht zu Beginnn des Rußlandfeldzugs über 965 Panzer III und nur 439 Panzer IV. Erst als die Unterlegenheit des Panzer III überdeutlich wurde, begann man, die Produktionszahlen wesentlich zu erhöhen. Insgesamt wurden bis Kriegsende ca. 9 000 Stück gebaut, wobei das Fahrwerk und der Motor weitgehend unverändert blieben.

Technische Daten Bauzeit: 1936 - 1945; Gewicht: 23,6 to; Waffen: 7,5 cm KwK + 2 MG; Motor: Maybach 12 l / 12 Zyl. / 300 PS; Höchstgeschw.: 40 km/h; Verbr. (100 km): 240 / 360 l; Reichweite: 190 / 130 km; Besatzung: 5 Mann

Development of the Tank IV began as early as 1934. Series production was commenced in 1936. There was hardly any difference between the Tank IV and the Tank III as far as both technical design and intended use were concerned, with the exception that the Tank IV, right from the beginning, was equipped with a more powerful 7.5 cm gun, first with a short howitzer (bottom left picture), and as of 1942 with a long barrelled gun.

As a consequence of the rapid advance in the first years of the war the Tank IV, at first, was produced in comparatively small numbers only. Thus, at the start of the Russian Campaign, the German army had 965 Tanks III, and only 439 of the Tank IV at their disposal. Only when the inferiority of the Tank III became all too obvious, efforts were made to considerably increase the production numbers. About 9,000 units altogether were built until the end of the war, with the chassis and engine remaining more or less unchanged.

Technical Data Production Period: 1936 - 1945; Weight: 23,6 tons; Armament: 7.5 cm KwK + 2 machine guns; Engine: Maybach12 litre / 12-cylinder / 300 hp; Maximum Speed: 40 km/h; Consumption per 100 km: 240 / 360 litres; Range of Operation: 190 / 130 km; Crew: 5

Panzer IV mit kurzer Kanone - Tank IV with short gun

US-Panzerkampfwagen „Sherman" M4 A3

Der „Sherman" war der Standardpanzer der Westalliierten im Zweiten Weltkrieg. Die Entwicklung begann im März 1941, kaum ein Jahr später, im Februar 1942, liefen die ersten Serienexemplare vom Band. Der Panzer erwies sich als großer Erfolg und wurde schließlich mit über 40 000 Exemplaren zum am meisten gebauten Kampfpanzer der Welt. Auch die Sowjetunion wurde mit diesem Gerät beliefert.

Aufgrund seiner relativ schwachen Panzerung, den schmalen Ketten und der wenig feuerkräftigen Kanone galt der „Sherman" bereits 1943 als veraltet. Er wurde von der amerikanischen Armee aber selbst im Koreakrieg noch eingesetzt und erst 1955 endgültig ausgemustert. In einigen Ländern lief er noch bis in die 70er Jahre hinein. Von den 1 700 Panzern, die von Israel im vierten Nahostkrieg eingesetzt wurden, waren 200 „Shermans". Ob ein Waffensystem veraltet ist oder nicht, hängt schließlich nicht zuletzt davon ab, ob der Gegner etwas Besseres besitzt.

Technische Daten Bauzeit: 1942 - 1945; Gewicht: 33,5 to; Waffen: 7,62 cm KwK + 3 MG; Motor: 8 Zyl. / 450 PS; Höchstgeschw.: 41 km/h; Besatzung: 5 Mann

The "Sherman" was the standard tank of the Allies in WWII. Development began in March of 1941, and hardly one year later, in February of 1942 the first series models were ready for action. The tank proved to be highly successful and, with more than 40,000 units, ultimately became the combat tank with the highest production number world wide. The Soviet Union was also supplied with tanks of this type.

As a consequence of its comparatively light armour plating, narrow tracks and the inadequate firepower of its guns, the "Sherman" was already regarded as obsolete in 1943. But the American army continued to use it, even in the Korean War, and it was not taken out of service for good until 1955. In some countries it was operating up into the seventies. Of the 1,700 tanks used in action by Israel in the fourth Middle East war, 200 were "Shermans". Whether a weapon system is obsolete will always depend, after all, on the adversary's ability to present anything better.

Technical Data Period of Construction: 1942 - 1945; Weight: 33.5 tons; Armament: 7.62 cm KwK + 3 machine guns; Engine: 8-cylinder / 450 hp; Maximum Speed: 41 km/h; Crew: 5

Für die Normandie-Invasion bereitgestellte „Sherman"-Panzer
"Sherman"-tanks on stand-by for Normandy invasion

Panzerkampfwagen T 34 mit 8,5 cm Kanone

Völlig unbemerkt von der deutschen Spionage gelang es der russischen Armee, mit dem T 34 einen überlegenen Panzer zu konstruieren und zu bauen, der wie ein Schock auf die deutschen Truppen in Rußland wirkte. Weder der Großteil der deutschen Panzer noch die Panzerabwehrwaffen waren zur Bekämpfung des T 34 ausreichend. Erst der „Panther" und der „Tiger" waren dem T 34 überlegen, der dann aber immer noch mit der schieren Masse das ausgleichen konnte, was ihm an technischer Raffinesse fehlte. Insgesamt wurden im Verlauf des Zweiten Weltkriegs ca. 15 000 T 34 gebaut, die zuerst mit einer 7,62 cm, später mit einer 8,5 cm KwK bewaffnet waren. Nach 1945 wurde er durch den T 44 ersetzt.

Technische Daten Bauzeit: 1941 - 1945; Gewicht: 28,5 to; Waffen: 8,5 cm KwK + 1 MG; Motor: 500 PS; Höchstgeschw.: 50 km/h; Besatzung: 4 Mann

Unnoticed by the German intelligence service, the Russian army succeeded in designing and building their model T 34, a superior tank that came as a veritable shock for the German troops in Russia. Neither the majority of German tanks nor the anti-tank weapons were adequately equipped to be a match for the T 34. It took the "Panther" and the "Tiger" to finally fight the T 34 effectively. But even then the latter was able to make up by sheer bulk what it was lacking in technical refinement. In the course of WWII an approximate total number of 15,000 were built, first equipped with an 7.62 cm, and later on with an 8.5 cm KwK. After 1945 the model was substituted by the T 44.

Technical Data Production Period: 1941 - 1945; Weight: 28,5 tons; Armament: 8.5 cm KwK + 1 machine gun; Engine: 500 hp; Maximum Speed: 50 km/h; Crew: 4

Ein T 34 rollt von der Fabrik direkt an die Front - A T 34 on its way to the front, straight from the factory

Panzerkampfwagen V „Panther"

Die deutsche Heeresführung war vom T 34 völlig überrascht worden. Mit großer Eile begann man daher noch 1941 mit der Entwicklung eines schweren Kampfpanzers, der der Panzerwaffe wieder die Überlegenheit bringen sollte. Bereits im April 1942 hatten Porsche und Henschel zwei konkurrierende Prototypen fertig. Aus dem Henschel-Prototyp entstand schließlich der „Tiger", der Porsche-Prototyp blieb aufgrund ständiger technischer Probleme ohne Bedeutung. Beide Modelle waren aber zu groß, um als echte Antwort auf den T 34 zu gelten. Man begann daher mit einer völligen Neuentwicklung.

Im Mai 1942 war der erste Prototyp des Panzerkampfwagens V „Panther" fertig, noch im gleichen Jahr begann die Serienfertigung. Nach der Bewältigung einiger Kinderkrankheiten erwies sich der „Panther" dem T 34 tatsächlich als überlegen. Er konnte jedoch nie in den Stückzahlen produziert werden, die für eine Wiedererlangung der Übermacht erforderlich gewesen wären.

Technische Daten Bauzeit: 1942 - 1945; Gewicht: 44 - 45,5 to; Waffen: 7,5 cm KwK + 3 MG; Motor: Maybach 24 l / 12 Zyl. / 700 PS Höchstgeschw.: 46 km/h; Verbr. (100 km): 450 / 670 l; Reichweite: 160 / 100 km; Besatzung: 5 Mann

The command of the German army had been completely taken aback by the T 34. With great haste, therefore, the development of a heavy combat tank to restore the supremacy of the armoured forces was started in l941. In April of 1942 Porsche and Henschel had already completed two competing prototypes. The Henschel-prototype finally developed into the "Tiger", while the Porsche-prototype remained insignificant because of permanent technical problems. But both of these models were too big to represent a true response to the T 34. As a consequence, the development of a completely new design was commenced.

In May of 1942 the first prototype of the Combat Tank V "Panther" had been completed, and series production was started in the same year. After overcoming some teething troubles the "Panther", in fact, proved superior to the T 34. But it could never be produced in numbers required to regain supremacy.

Technical Data Period of Production: 1942 - 1945; Weight: 44 - 45.5 tons; Armament: 7.5 cm KwK + 2 machine guns; Engine: Maybach 24 litre / 12-cylinder / 700 hp; Consumption per 100 kilometers: 450 / 670 litres; Range of Operation: 160 / 100 km; Crew: 5

Panzerjäger „Jagdpanther"

Basierend auf dem Grundmodell des „Panther" wurde eine Reihe von Spezialfahrzeugen gebaut, die aber zahlenmäßig nur von geringer Bedeutung waren. Die Produktionskapazitäten waren noch nicht einmal ausreichend, um eine genügende Anzahl des normalen Kampfpanzers herzustellen. Eine Ausnahme bildete die hier gezeigte Jagdpanzerversion, von der zwischen 1944 und 1945 ca. 382 Stück gebaut wurden.

Jagdpanzer wurden speziell zur Bekämpfung gegnerischer Panzer eingesetzt. Ein Drehturm fehlt, die Kanone ist direkt in die Panzerwanne integriert. Im Gegensatz zur Standardversion wurde beim „Jagdpanther" anstelle der 7,5 cm Kanone eine 8,8 cm Kanone verwendet, die auch bei größerer Schußentfernung noch über eine große Durchschlagkraft verfügte.

Der „Jagdpanther" war mit Sicherheit einer der besten Jagdpanzer des Zweiten Weltkriegs. Nachteilig waren jedoch der mit 11° sehr geringe Schwenkbereich der Kanone sowie das komplizierte Laufwerk, das leicht lahmgelegt werden konnte. Am meisten begrenzte jedoch die zu geringe Stückzahl den militärischen Wert des „Jagdpanther".

Technische Daten Bauzeit: 1944 - 1945; Gewicht: 46 to; Waffen: 8,8 cm Pak + 1 MG; Motor: Maybach 24 l / 12 Zyl. / 700 PS; Höchstgeschw.: 46 km/h; Verbr. (100 km): 460 / 690 l; Reichweite: 240 / 160 km; Besatzung: 5 Mann

The basic model of the "Panther" was used to develop several variants, although those were built in insignificant numbers only. The production capacity was not even great enough to build a sufficient number of the normal combat tanks. An exception was the anti-tank gun variant shown here, of which about 382 units were built between 1944 and 1945.

Tracked anti-tank guns were used especially to fight enemy tanks. There was no revolving turret but the gun was fitted instead directly into the tank's hull. Contrary to the standard model, which was equipped with a 7.5 cm gun, the "Jagdpanther" had a 8.8 cm anti-tank cannon which could penetrate the heaviest tank armour even at considerable distances.

The "Jagdpanther" was definitely one of the best tracked anti-tank guns of WWII. Its disadvantage was that the gun could traverse 11° only as well as the fact that its tracks and suspension could easily be paralyzed. Most of all, however, the military value of the "Hunting Panther" was restricted by the insufficient number produced of this model.

Technical Data Period of Production: 1944 - 1945; Weight: 46 tons; Armament: 8.8 anti-tank-gun + 1 machine gun; Engine: Maybach 24 litre / 12-cylinder / 700 hp; Maximum Speed: 46 km/h; Consumption per 100 km: 460 / 690 litres; Range of Operation: 240 / 160 km; Crew: 5

Panzerjäger „Marder III" (7,5 cm Pak auf 38 (t) - Fahrgestell)

Der „Marder III" diente der Panzerabwehr und kann als Vorläufer der Jagdpanzer angesehen werden. Auf Fahrgestelle des ausrangierten 38 (t) wurden zunächst erbeutete 7,62 cm Paks und ab März 1943 7,5 cm Paks aus deutscher Fertigung montiert. Die Produktion wurde bis Mai 1944 mit nur geringen Modifikationen fortgeführt. Der „Marder III" war lange Zeit die wirksamste Waffe der deutschen Panzerabwehr.

Technische Daten Bauzeit: 1942 - 1944; Gewicht: 10,5 - 11,5 to; Waffen: 7,62 od. 7,5 cm Pak ; Motor: Praga 8 l / 6 Zyl. / 125 PS; Höchstgeschw.: ca. 40 km/h; Verbr. (100 km): 90 / 135 l; Reichweite: 240 / 160 km; Besatzung: 4 Mann

The "Marder III" ("Marten III") served as anti-tank defense and may be regarded as a forerunner of the fighter tanks. The undercarriage of the retired 38 (t) was first mounted with captured 7.62 cm anti-tank guns and, starting in March of 1943, with 7.5 anti-tank guns of German make. The production was continued up to May 1944 with only slight modifications. For a long time the "Marder III" was the most effective weapon of the German anti-tank defense.

Technical Data Period of Production: 1942 - 1944; Weight: 10.5 - 11.5 tons; Armament: 7.62 or 7.5 cm anti-tank guns; Engine: Praga 8 litre / 6-cylinder / 125 hp; Maximum Speed: approx. 40 km/h; Consumption per 100 km: 90 / 135 litres; Range of Operation: 240 / 160 km; Crew: 4

Jagdpanzer 38 (t) „Hetzer"

Mit dem Bau von improvisierten Panzerjägern war die Verwendbarkeit des bewährten 38 (t) noch nicht erschöpft. Als Abschluß dieser äußerst erfolgreichen Baureihe produzierte man bei Praga ab 1944 den Jagdpanzer „Hetzer". Wie beim „Jagdpanther" handelt es sich um ein turmloses Panzerfahrzeug mit einer in die Wanne integrierten Panzerabwehrkanone. Dabei wurde die bewährte 7,5 cm Pak verwendet, die nach rechts versetzt wurde, um die Sicht des Fahrers nicht zu behindern. Im Gegensatz zum „Marder III" wurden beim „Hetzer" nicht alte 38 (t) Fahrgestelle einer neuen Verwendung zugeführt. Die Grundlage bildete vielmehr eine speziell weiterentwickelte Version mit stärkerem Motor und breiteren Gleisketten.

Der „Hetzer" erwies sich schnell als ausgezeichnetes Fahrzeug. Insgesamt entstanden bis 1945 bei Praga über 2 800 Exemplare. Nach dem Krieg wurde der „Hetzer" für das tschechische Heer weitergebaut und auch als Exportartikel in die Schweiz verkauft.

Technische Daten Bauzeit: 1944 - 1945; Gewicht: 16 to; Waffen: 7,5 cm Pak + 1 MG; Motor: Praga 8 l / 6 Zyl. / 160 PS; Höchstgeschw.: 42 km/h; Verbr. (100 km): 120 / 180 l; Reichweite: 260 / 170 km; Besatzung: 4 Mann

The utility of the tried and tested 38 (t) was by no means exhausted with the construction of improvised anti-tank guns. As a conclusion of this most successful series the tank destroyer "Hetzer" ("Chaser") was produced by Praga as of 1944. Just as the "Jagdpanther", this model was an armoured vehicle without turret with an anti-tank gun integrated into the hull. The piece of artillery used for this purpose was the highly reliable 7.5 cm anti-tank gun, which was moved to the right so as not to obscure the driver's vision. Unlike the "Marder III", the "Hetzer" was not built with old re-used 38 (t) chassis as a basis. Instead, a special further developed model was used with a stronger engine and wider tracks.

The "Hetzer" soon proved to be a highly efficient weapon. Up to 1945 altogether 2,800 units of this model were built by Praga. After the war production of the "Hetzer" continued for the Czech army, and also as an export model for sale to Switzerland.

Technical Data Period of Production: 1944 - 1945; Weight: 16 tons; Armament: 7.5 cm anti-tank gun + 1 machine gun; Engine: Praga 8 litre / 6-cylinder / 160 hp; Maximum Speed: 42 km/h; Consumption per 100 km: 120 / 180 litres; Range of Operation: 260 / 170 km; Crew: 4

15 cm Panzerhaubitze „Hummel" (SdKfz. 165)

Aufgrund der guten Erfahrungen, die mit den Sturmgeschützen gemacht wurden, lag es nahe, auch normale Artilleriegeschütze auf Panzerfahrgestelle zu montieren. Bei der „Hummel" verwendete die Firma Alkett eine spezielle Konstruktion, bei der das Fahrgestell des Panzer IV mit dem Antrieb und der Kraftübertragung des Panzer III kombiniert wurde. Hierauf wurde dann eine 15 cm-Haubitze montiert.

Von ehemaligen Artilleristen wird dieses Fahrzeug als eine gelungene Konstruktion beschrieben. Es wurde erstmals im Sommer 1943 bei Kursk eingesetzt. Nachteilig war jedoch, daß nur 18 Schuß Munition mitgeführt werden konnten, wodurch die Besatzung ständig auf Munitionstransporte angewiesen war. 1944 wurde die Verwendung des Namens „Hummel" von Hitler verboten. Stattdessen mußte für dieses Fahrzeug die Bezeichnung „SdKfz. 165" verwendet werden.

Technische Daten Bauzeit: 1942 - 1944; Gewicht: 23,5 to; Waffen: 15 cm FH + 1 MG; Motor: Maybach 12 l / 12 Zyl. / 300 PS; Höchstgeschw.: ca. 40 km/h; Verbr. (100 km): 240 / 360 l; Reichweite: 250 / 160 km; Besatzung: 6 - 7 Mann

As a consequence of the good results achieved with assault guns it seemed only natural to go ahead and also mount ordinary artillery guns on tank chassis. The manufacturer, Alkett, used a special construction for the "Hummel" ("Bumble Bee"): The chassis of the Tank IV was combined with the drive and power transmission of the Tank III, mounting a 15 cm howitzer.

Former artillerymen described this weapon as a successful construction. It was first used in action in summer of 1943 near Kursk. There was a disadvantage, however, in that only 18 rounds of ammunition could be taken along leaving the crew constantly dependent on munitions transports. In 1944 the use of the name "Hummel" was forbidden by Hitler with the order that the weapon must now be referred to as "SdKfz. 165".

Technical Data Period of Production: 1942 - 1944; Weight: 23.5 tons; Armament: 15 cm field howitzer + 1 machine gun; Engine: Maybach 12 litre / 12 cylinder / 300 hp; Maximum Speed: approx. 40 km/h; Consumption per 100 km: 240 / 360 litres; Range of Operation: 250 / 160 km; Crew: 6 - 7

DEMAG Halbketten-Zugmaschine (1 to)

Die Halbketten-Zugmaschinen waren eine spezielle Besonderheit der Deutschen Wehrmacht. In den anderen Streitkräften wurde dieser Fahrzeugtyp nur sehr selten verwendet. Ab 1933 wurden 6 Typen entwickelt und gebaut. Da es sich in erster Linie um Zugmaschinen handelt, bei denen die Traglast eher unwichtig ist, erfolgte die Unterscheidung aufgrund der Anhängelast, die das jeweilige Fahrzeug in mittlerem Gelände noch ziehen konnte. Die kleinste Ausführung war für eine Zuglast von einer Tonne ausgelegt, die größte für 18 Tonnen. Während die kleinen und mittleren Typen insbesondere als Zugmaschinen für Geschütze dienten, war das größte Modell in erster Linie zur Bergung leichter und mittlerer Panzerfahrzeuge gedacht.

Der Antrieb erfolgt über das Kettenlaufwerk, zur Lenkung

wird eine normale LKW-Vorderachse mit luftbereiften Rädern verwendet. Ab einem bestimmten Lenkradeinschlag wird eine der Gleisketten gebremst, um die Lenkwirkung zu unterstützen. Die hier gezeigte DEMAG-Zugmaschine gehört zur kleinsten Kategorie mit einer Anhängelast von maximal einer Tonne.

Technische Daten Bauzeit: 1939 - 1944; Gewicht: 4,9 to mit Zulad.; Motor: Maybach 3,8 l / 6 Zyl. / 100 PS; Höchstgeschw.: ca. 65 km/h; Verbr. (100 km): 38 / 67 l; Reichweite: 230 / 130 km

Half-tracked towing vehicles were a speciality of the German Wehrmacht, while forces of other countries hardly used this type of vehicle. As of 1933 altogether 6 types were developed and built. Since these models were mainly towing vehicles, where the carrying load is of secondary importance, the towing load which could be moved by the corresponding vehicle in medium terrain was used as a distinguishing feature. The smallest type was designed for a towing load of a ton, the biggest for 18 tons. While the small and medium types were generally used as towing machines for guns, the biggest model was intended mainly to salvage light and medium armoured vehicles.

Propulsion was effected via the crawler drive, steering via a normal truck front axle with wheels equipped with pneumatic tyres. A certain lock position of the steering wheel acted as a brake on one of the track chains as backup for the steering effect. The DEMAG towing vehicle shown here belongs to the smallest category with a maximum towing load of 1 ton.

Technical Data Period of Production: 1939 - 1944; Weight: 4.9 tons complete with load; Engine: Maybach 3.8 litres / 6 cylinder / 100 hp; Maximum Speed: approx. 65 km/h; Consumption per 100 km: 38 / 67 litres; Range of Operation: 230 / 130 km

Krauss-Maffei Halbketten-Zugmaschine (8 to)

Mit sechs unterschiedlichen Typen war die Ausstattung der Deutschen Wehrmacht mit Zugmaschinen unnötig komplex. Die einzelnen Modelle wurden dann auch in sehr unterschiedlicher Stückzahl verwendet. Am meisten verbreitet waren die Typen mit ein und drei Tonnen sowie mit acht Tonnen Zugkraft. Die Fünf- und Zwölf-Tonnen-Zugmaschinen waren ungebräuchlich, die große 18-Tonnen-Zugmaschine verlor mit der vermehrten Einführung der schweren Panzer (insbesondere „Panther" und „Tiger", zum Teil auch Panzer IV) zunehmend an Bedeutung. Bei diesen schweren Geräten mit Gewichten bis zu 68 Tonnen war eine Bergung nicht mehr mit Zugmaschinen, sondern nur noch mit speziellen Bergepanzern möglich.

Die auf dieser Seite gezeigte Zugmaschine der Firma Krauss-Maffei (Ausführung KM m11 von 1937) gehörte zur sehr weit verbreiteten 8- Tonnen-Klasse. Sie war das wichtigste Zugfahrzeug für die schwere Artillerie und die legendäre 8,8 cm Flak. Daneben wurde dieser Typ genau wie die kleineren Modelle häufig als Selbstfahrlafette für die leichten Flakgeschütze genutzt.

Technische Daten Bauzeit: 1934 - 1945; Gewicht: 10 to mit Zulad.; Motor: Maybach 6 Zyl. / 115 - 140 PS; Höchstgeschw.: ca. 50 km/h; Verbr. (100 km): 80 / 160 l; Reichweite: 250 / 120 km

With six different types the equipment of the German Wehrmacht with towing vehicles was unnecessarily complex. As a matter of fact, the numbers in which the individual models were actually used varied greatly. Most common were the types with a towing load of one and three as well as of eight tons. The five- and twelve-ton towing machines were rather uncommon, and the big 18-ton towing machine lost its importance with the advent of the heavy tanks (especially the "Panther" and "Tiger", but partly also the Tank IV). These heavy armoured vehicles with weights of up to 68 tons could no longer be salvaged by towing machines, but required special recovery tanks for their rescue.

The towing machine shown on this page, built by Krauss-Maffei (model KM m11 of 1937) belonged in the highly common 8-ton-class. It was the major towing vehicle for heavy artillery and the legendary 8.8 cm anti-aircraft gun. Besides, just as the smaller models, this type was frequently used as a self-propelled gun carriage for lighter anti-aircraft artillery.

Technical Data Period of Production: 1934 - 1945; Weight: 10 tons complete with load; Engine: Maybach 6 cylinder / 115 - 140 hp; Maximum Speed: approx. 50 km/h; Consumption per 100 km: 80 / 160 litres; Range of Operation: 250 / 120 km

Eine Acht-Tonnen-Zugmaschine mit angehängtem Geschütz und aufgesessener Bedienmannschaft - An eight-ton towing vehicle with attached gun, manned by its crew

Opel „Blitz" 3 to LKW mit Holzvergaser

Daimler-Benz mußte 1943 die Produktion des eigenen 3 to-LKWs einstellen und den für die Wehrmacht wesentlich geeigneteren Opel „Blitz" bauen. Da Benzin zu dieser Zeit bereits äußerst knapp war wurden die Fahrzeuge, die nicht für die kämpfende Truppe gedacht waren, wie beim im Museum gezeigten Exemplar mit einem Holzvergaser ausgestattet.

Dieses sehr interessante Fahrzeug zeigt deutlich die Einsparungen von Material gegen Ende des Zweiten Weltkriegs. Das Führerhaus besteht aus gepreßter Pappe und ist mit einer Luke versehen, um Ausschau nach feindlichen Flugzeugen halten zu können. Hinten auf der Ladepritsche befindet sich ein Generator, in dem Holz bei geringer Sauerstoffzufuhr verkokt wurde. Die dabei entstehenden Gase wurden in den vorne angebrachten Filter geleitet und dann dem Motor zugeführt. Mit Benzin betrug die Motorleistung ca. 68 PS, mit Holzgas je nach Holzart zwischen 45 und 30 PS.

Neben einer Klappe zur Gasregulierung ist am Motor noch ein aufgebohrter Motorradvergaser angebracht, um den Motor mit Benzin starten zu können. Falls gar kein Treibstoff verfügbar ist, wird das Holzgas zum Starten erst mit einem kleinen elektrisch betriebenenGebläse angesogen, und dann der Motor angelassen.

In 1943 Daimler-Benz had to discontinue the production of their own 3-ton-trucks to build the Opel "Blitz" which was much better suited for use by the army. Since gasoline was already in extremely short supply at that time, vehicles not intended for use by the fighting troops, as the specimen on exhibit in the museum, were equipped with a wood gas producer.

The fact that, towards the end of WWII, it was necessary to economize on material is clearly evident from this highly interesting vehicle. The driver's cab is made of cardboard with a skylight in its roof to keep a lookout for enemy aircraft. In back on the platform was a wood gas producer with a low intake of oxygen. The gas produced in this process was channelled to the filter mounted in front and from there to the engine. Gasoline-fuelled the engine generated about 68 hp, with wood gas between 45 and 30 hp, depending on the quality of the wood used.

In addition to a valve to regulate the gas intake, a rebored motorcycle carburettor is also attached to the engine to be able to start the motor with gasoline. In the event that no fuel at all was available for the starting process, the wood gas was first aspirated by a small electrically operated blower, and then the engine was started.

Raupenschlepper Ost

Ab 1942 lieferten die österreichische Firma Steyr sowie mehrere Nachbaufirmen ein leichtes Vollketten-Fahrzeug an die Wehrmacht, das als Zugmaschine für die leichte Artillerie gedacht war. Dieser „Raupenschlepper Ost" bewährte sich hierbei allerdings nicht, da die Geschütze durch die ruckartigen Lenkbewegungen ständig dejustiert wurden. Bei der Infanterie erfreute sich das dort als Raupen-Lastwagen verwendete Gerät dagegen einer großen Beliebtheit. Über 25 000 Stück wurden bis Kriegsende in unterschiedlichen Ausführungen gebaut. Bei der Magirus-Variante wurde ab 1944 der Steyr-Benzinmotor durch einen Deutz-Dieselmotor ersetzt, was sich als wesentlich zweckmäßiger erwies. Nach Kriegsende wurden von Magirus aus Restteilen rund 1 500 Waldschlepper in Halbketten-Bauweise mit nur zwei statt der ursprünglich vier Ketten-Laufräder gebaut.

As of 1942 the Austrian company Steyr as well as several other firms which copied this design supplied the German army with a light fully tracked vehicle intended as towing vehicle for light artillery weapons. But this track type tractor proved to be unfit for this purpose since its jerky steering movements kept maladjusting the guns. Among the infantry, on the other hand, by whom the vehicle was used as a tractor-truck, it was highly popular. More than 25,000 units in different versions were built up to the end of the war. As of 1944 the Magirus-variant had its Steyr-gasoline-motor replaced by a Deutz-diesel-engine, which proved to be much more effective. After the end of the war Magirus used their remaining stock to build about 1,500 forest tractors of the half-tracked type with only two- instead of the originally four-wheel treads.

VW Kübelwagen

Kurz vor Kriegsausbruch erhielt Ferdinand Porsche den Auftrag, einen leichten Geländewagen für die Wehrmacht zu entwickeln. Da die Zeit knapp war, entschied er sich, die wesentlichen Konstruktionsmerkmale der bereits bewährten VW-Limousine zu übernehmen. Das Fahrwerk wurde lediglich verstärkt und mit mehr Bodenfreiheit versehen. Darauf setzte Porsche eine leichte Karosserie, die dem militärischen Einsatzzweck entsprach. Der luftgekühlte Boxermotor wurde ebenfalls mit nur wenigen Änderungen übernommen.

Was zunächst wie eine aus der Not heraus geborene Improvisation erscheint, erwies sich schnell als großer Wurf. Der VW-Kübelwagen Typ 62 bzw. Typ 82 war nach übereinstimmender Meinung aller Fachleute der beste leichte PKW, über den die Wehrmacht verfügte. Insbesondere war er trotz seiner zivilen Wurzeln den speziell für das Militär entwickelten PKW deutlich überlegen.

Als Spezialvariante entstand ab 1941 ein schwimmfähiger Kübelwagen (Typen 128 und 166) mit Allradantrieb. Aufgrund seines geringen Tiefgangs, der nur bei ruhigem Gewässer eine gefahrlose Wasserfahrt erlaubte, wurde dieses Fahrzeug jedoch praktisch ausschließlich auf der Straße verwendet. Der Vierradantrieb und die große Bodenfreiheit verhalfen ihm dabei zu einer enormen Geländegängigkeit.

VW Kübelwagen Typ 82 (oben) und VW Schwimmwagen Typ 166 (unten) - VW Bucket-Car Type 82 (top) and VW Amphibious Car Type 166 (bottom)

Shortly before the beginning of the war Ferdinand Porsche was commissioned to develop a light cross-country-vehicle for the army. Since time was of the essence, he decided to adopt the construction features of the tried and tested VW-saloon. The wheelbase was merely reinforced and given more ground clearance. On top of that Porsche mounted a light body fitting the purpose of military service. The aircooled flat engine was also adopted with few modifications.

What first appeared as an improvised, less-than-ideal solution soon proved to be a big hit. All experts agreed that the VW-bucket-car Type 62 or Type 82, respectively, was the best light car at the disposal of the German army. Above all, in spite of its civilian roots, it was clearly superior to all passenger cars specifically designed for military use.

A special variant available as of 1941 was an amphibious bucket car (Types 128 and 166) with four-wheel drive. Due to its small draught, however, which permitted safe amphibious operation in calm waters only, this car was, in fact, used as a road vehicle only, where the four-wheel drive and generous ground-clearance made it ideal for cross-country operation.

VW Käfer Militärausführung 82E

Technische Daten
Baujahr: 1943
Motor: 1,1 l / 4 Zyl. / 25 PS

Technical Data
Year of Construction: 1943
Motor: 1.1 l / 4-cyl. / 25 hp

Neben dem Kübelwagen wurde auch die Limousinenausführung des Käfers in einer spartanisch ausgestatteten Militärversion bei der Wehrmacht verwendet. Die Fahrzeuge dienten überwiegend als Kurier- und Verbindungsfahrzeuge beim Heer und der Luftwaffe.

In addition to the bucket-car, the sedan model of the beetle was also used by the army in a spartan, military version. These vehicles were mainly used as courier- and liaison-cars by army and airforce.

Umgebauter Willy's Jeep

Dieser ehemalige Willy's Jeep der US-Army wurde nach dem Krieg mit einem 1-Zylinder-Motor von Hatz mit Glühkopfzündung ausgerüstet und als Ackerfahrzeug verwendet.

After the war this former Willy`s jeep of the US Army was equipped with a 1-cylinder hot-bulb motor by Hatz and used as an agricultural vehicle.

Ziviles NSU-Kettenkrad

Das ursprünglich für die Fallschirmtruppe gedachte NSU Kettenkrad der Wehrmacht wurde nach dem Kriegsende zivil weiter genutzt. Der leistungsstarke 1,5-Liter-Opel-Motor und der Kettenantrieb machten das Gerät zu einem gut einsetzbaren Ackerfahrzeug, das durchaus einen kleinen Traktor ersetzen konnte.

This half-track bike by NSU of the German Army, originally intended for the paratroopers, also continued to be used after the war for civilian purposes. The powerful 1.5-liter Opel-engine and chain drive made the vehicle into a highly usable farm implement which was able to serve as an adequate substitute for a small tractor.

Maybach „Säge"

Nach dem Krieg wurden viele Militärfahrzeuge für zivile Zwekke umgerüstet. Manchmal wurden jedoch auch andere Fahrzeuge zweckentfremdet. Bei diesem absichtlich nicht restaurierten Gerät handelte es sich ursprünglich um eine Repräsentationslimousine von Maybach. In der Not der Nachkriegszeit wurde diese in eine fahrbare Säge umgewandelt. Dies ist ein ungeheurer Vorgang, wenn man bedenkt, daß Maybach zu jener Zeit die Luxusautomarke schlechthin war und jeder Maybach ein kleines Vermögen kostete.

After the war many military vehicles were converted to fit civilian purposes. But it happened that other vehicles were also adapted to duties for which they had not been intended. This specimen, which was intentionally left unrestored, started out as a prestigious, high-class model by Maybach. In the postwar times of need it was converted into a mobile saw. This is an unheard of transformation considering that, at its time, Maybach used to be the absolute luxury brand and each Maybach was costing a small fortune.

Militärausstellung im Freigelände - Open-air exhibition of military vehicles

Wenn Sie sich für Militärgeschichte interessieren, dann sollten Sie es nicht versäumen, die Sonderausstellung im Freigelände hinter der Halle 2 zu besuchen. In Ergänzung zu den in den Museumshallen gezeigten Exponaten zeigen wir Ihnen hier eine Vielzahl von weiteren Panzern, Geschützen, Selbstfahrlafetten, Militärfahrzeugen und technischen Geräten, insbesondere aus der Zeit nach dem Zweiten Weltkrieg. Der deutsche „Leopard" ist hier genauso vertreten wie der russische T-54 sowie neuere Panzer und Geschütze aus der Schweiz, Amerika, Frankreich, Großbritannien und vielen anderen Ländern.

If you are interested in military history you should not fail to visit our special exhibition in the open air grounds behind Hall 2. As an addition to our indoor exhibits we are presenting a multitude of further military vehicles for you to look at, such as tanks, artillery, gun motor carriages, and other items of technical equipment from the time after World War II. The German "Leopard" can be seen here just as the Russian T-54 as well as recent model tanks and guns from Switzerland, the USA, France, Great Britain and many other countries.

Bergepanzer M 32

Liegengebliebene Kampfpanzer können aufgrund ihres Gewichts nur von speziellen Bergepanzern geborgen werden. Ungepanzerte Fahrzeuge verursachen unter Gefechtsbedingungen zu viele Ausfälle und sind meist auch nicht ausreichend geländegängig. Der M 32 „Sherman Recovery" wurde 1941 entwickelt. Ausgestattet mit dem M 4-Fahrwerk war er auf Anhieb gelungen und erfüllte die in ihn gesetzten Erwartungen.

Due to their weight, disabled combat tanks can only be recovered by special salvage or recovery tanks. Unarmoured vehicles will suffer too many losses in combat situations and, besides, are not sufficiently adapted to cross-country operation. The M 32 „Sherman Recovery" was developed in 1941. Equipped with an M 4-chassis, it was a success right from the start and came up to all expectations.

M 40 „Long Tom"

Schweres amerikanisches Langrohrgeschütz Kal. 155 mm auf Selbstfahrlafette mit 340 PS 9-Zylinder-Sternmotor. Aktionsradius 171 km, Höchstgeschwindigkeit 38 km/h, Schußweite 16,7 km. Acht Mann Besatzung. Produktion ab 1945.

Heavy US-long-barrel-gun, cal. 155 mm, on gun motor carriage with 340 hp 9-cylinder radial engine. Operational range 171 km, maximum speed 38 km/h, range of fire 16,7 km, a crew of eight. Production started in 1945.

So finden Sie uns - How to find us

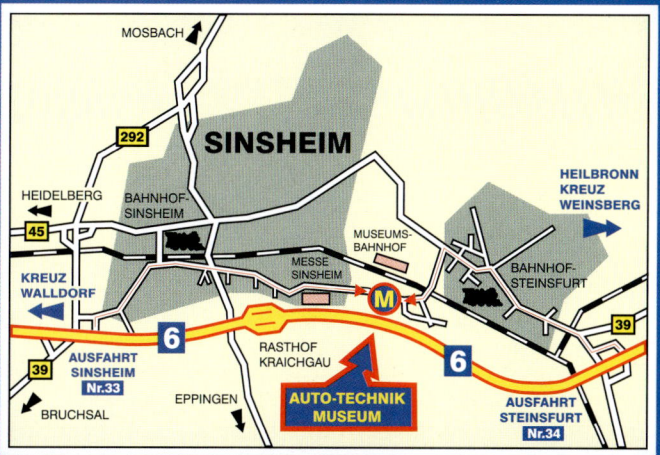

1 Hour South of Frankfurt Airport

Lageplan des Auto & Technik Museum Sinsheim
Ground plan of the Auto & Technik Museum Sinsheim

① Haupteingang, Kasse, Simulatoren
② IMAX 3D Filmtheater mit Bistro
③ Shop
④ American Dreamcars
⑤ Militärabteilung, Afrika-Gruppe
⑥ Flugzeughalle

⑦ Landwirtschaft, Nutzfahrzeuge
⑧ Militärisches Freigelände
⑨ Sprungbootanlage
⑩ Spielplatz
⑪ Restaurant "Museum"
⑫ Restaurant "Airport"

⑬ Eingang Halle 2
⑭ Begehbare Flugzeuge mit Superrutsche
⑮ Formel 1, Weltrekord-Fahrzeuge
⑯ Lokomotiven, Dampfmaschine
⑰ Oldtimer, Luxusautos, Sportwagen, Motorräder, Maschinen u. Motoren
⑱ Begehbares Überschallflugzeug TU 144 (Russische Concorde)
⑲ Begehbares Überschallflugzeug "Air France Concorde"

Das Museum ist 365 Tage im Jahr von 9 - 18 Uhr geöffnet!
The Museum is open 365 days a year from 9 am - 6 pm!

So finden Sie uns - How to find us

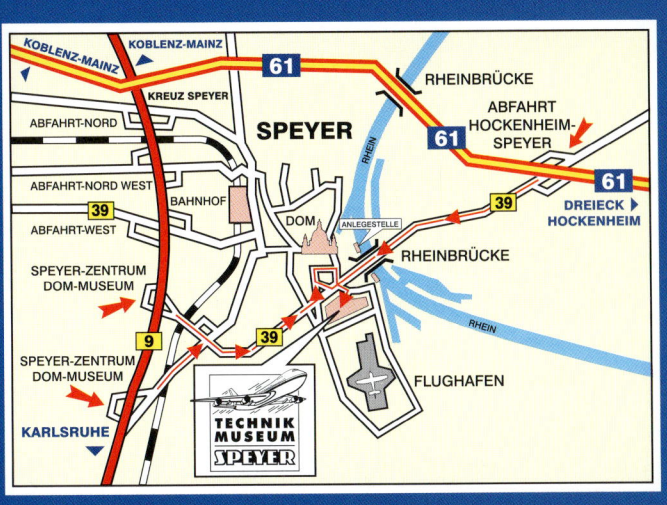

Lageplan des Technik Museum Speyer
Ground plan of the Technik Museum Speyer

- ⊙ Boeing 747 "Jumbo-Jet"
- ① Eingang, Kasse, Gastronomie, Shop
- ② IMAX Classic Filmtheater
- ③ IMAX Dome Filmtheater
- ④ TECHNIK MUSEUM, Liller Halle
- ⑤ TECHNIK MUSEUM Freigelände West
- ⑥ TECHNIK MUSEUM Freigelände Ost
- ⑦ Antonov An 22
- ⑧ U-Boot U9
- ⑨ See, Sprungboote, Snack
- ⑩ Flugzeuge
- ⑪ Marine-Museum
- ⑫ Modellbau-Museum
- ⑬ TECHNIK MUSEUM Wilhelmsbau
- ⑭ Tagungszentrum
- ⑮ HOTEL am TECHNIK MUSEUM
- ⑯ Caravaning Stellplatz
- ⑰ Fest- und Veranstaltungshalle
- ⑱ Pfälzer Weindorf
- ⑲ Einfahrt Geibstrasse
- ⑳ Einfahrt Heinkelstrasse
- ㉑ Statue ORPHEUS

Das Museum ist 365 Tage im Jahr von 9 - 18 Uhr geöffnet!
The Museum is open 365 days a year from 9 a.m. - 6 p.m.!

Impressum

Copyright 2004 by Auto & Technik Museen Sinsheim und Speyer e.V.
und Dr. Hans-Jürgen Schlicht. Alle Rechte vorbehalten.

Konzeption, Texte und Layout

Dr. Hans-Jürgen Schlicht Multimediaproduktionen Neu-Ulm und
Auto & Technik Museen Sinsheim und Speyer e.V.

Dokumentation

Friedemann Klaffke

Druck

Hofmann Druck, Nürnberg

Für die kompetente Durchsicht der einzelnen Kapitel und für vielfältige Anregungen
gilt unser herzlicher Dank unseren Vereinsmitgliedern Jürgen Michels (†), Peter
Seelinger, Gotthard Arnold, Helga Erbacher, Karl Rudolf Fritsche und Christine
Hauer-Malz sowie allen, die zum Gelingen dieses Werkes beigetragen haben.

IMAX® ist ein eingetragenes Warenzeichen
der IMAX Corporation, Mississauga, Kanada.

ISBN 3-9809437-2-0

Wir bedanken uns bei allen Unternehmen und Institutionen, welche diese Ausgabe unseres Museumsbuchs unterstützt haben:

Adolf Würth GmbH & Co. KG
Alfred Kärcher Vertriebs-GmbH
Alfred Scholpp GmbH & Co. KG
Altwert GmbH & Co. KG & Klöckner
Großrohr Center
ARNOLD Pierrot GmbH Mechanische
Musik
Audi Tradition NSU GmbH
Autohaus Kobia GmbH
Baden-Württembergische Bank AG
Bauer Maisto GmbH & Co. KG
Chronoswiss Uhren GmbH
DaimlerChrysler Classic
DICKIE-SCHUCO GmbH & Co. KG
Dörner Elektro + Motoren GmbH
EDEKA SB Union
Einzmann & Hanselmann Versiche-
rungsmakler GmbH
EL Immobilien GmbH

Ensinger Mineral-Heilquellen GmbH
FESTO AG & Co.
Gebr. Märklin & Cie. GmbH
Grob Maschinenbau GmbH + E.u.G.
Grob Vertriebs GmbH
Gummiwerke Fulda GmbH
Heidelberger Brauerei
Helmut Schön GmbH
Herpa Miniaturmodelle GmbH
HM Interdrink GmbH & Co. KG
Hockenheimring GmbH
Hofmann Druck, Nürnberg
Interrace Deutschland
Karlsberg Brauerei
Klaus Reimold GmbH
K+S Hydraulik GmbH
Landesbank Baden-Württemberg
Deutsche Lufthansa AG
Mattel GmbH

Messe Sinsheim
Metallbau Emmeln GmbH & Co. KG
Metzgerei Gollerthan
MTU Friedrichshafen GmbH
Paul Pietsch Verlage GmbH & Co.
PRIMETTA GmbH
Reisebüro Groß
Schäfer & Unger GmbH
Schenker Deutschland GmbH
Schlossverwaltung Schwetzingen
Spedition Kübler GmbH
Stadt Sinsheim
Stadt Speyer
Therapie-Zentrum Sinsheim
Toyota Deutschland GmbH
Verkehrsverbund Rhein-Neckar
Walther Bedachungen GmbH
Wilhelm Hönig & Sohn GmbH

TECHNIK MUSEUM SPEYER

Herzlich Willkommen im TECHNIK MUSEUM SPEYER!

Auf über 15 000 qm Hallenfläche und 100 000 qm Freigelände können Sie bei uns Technik pur erleben. Neben vielen anderen Raritäten aus der Technikgeschichte erwarten Sie bei uns:

- über 70 Flugzeuge und Hubschrauber, davon 10 begehbar, sowie 100 Auto-Oldtimer aus allen Epochen
- 40 historische Feuerwehrfahrzeuge und 20 Lokomotiven
- eine begehbare **Boeing 747 „Jumbo Jet"**
- das größte Propellerflugzeug der Welt: Eine gigantische, begehbare **Antonov 22 Transportmaschine**, Spannweite 64 m
- die **U-9**, ein begehbares ehemaliges **U-Boot** der Bundesmarine
- der Wilhelmsbau mit mechanischen Musikinstrumenten, Puppen, Moden, Uniformen etc., ein Marinemuseum und eine Modellbauausstellung.

Des weiteren bieten wir:

- Spielplätze, computergesteuerte Fahr- und Abenteuersimulatoren, sowie eine eigene Gastronomie
- eine Sprungbootanlage und eine 33 m lange Riesenrutschbahn
- zwei gigantische **IMAX** Großbild-Filmtheater, darunter den einzigen **IMAX** *DOME* Deutschlands mit einer Leinwandgröße von über 900 qm
- einen **Museumsshop** mit Fachliteratur, Modellen, Andenken etc.
- ein eigenes **Museumshotel** mit **Caravan-Stellplatz**
- **Event Service** für **Tagungen und Feiern jeder Art**

In diesem Buch haben wir die schönsten Exponate unseres Museums mit vielen Bildern und detaillierten Informationen für Sie zusammengestellt. Viel Spaß bei der Lektüre wünscht Ihnen

Die Museumsleitung

Welcome to the TECHNIK MUSEUM SPEYER!

Displayed on a covered area of more than 15,000 sqm and 100,000 sqm of open-air grounds we are offering the experience of technology at its best. Besides numerous other rarities straight from the history of technology, further exhibits awaiting you here are :

- more than 70 airplanes and helicopters, 10 of them walk-in craft, as well as 100 historical cars from all periods
- 40 historical fire engines and 20 locomotives
- **a walk-in Boeing 747 "Jumbo Jet"**
- the world's largest propeller plane: A giant, walk-in **Antonov 22 cargo plane** with a wing span of 64 m
- the **U-9**, a walk-in **submarine formerly** of the Federal Navy
- the Wilhelmsbau with mechanical musical instruments, dolls, fashion, uniforms, etc., a naval museum and a model exhibition

Further attractions offered by us :

- playgrounds, computer controlled ride and adventure simulators as well as our own catering facilities
- a jump-boat ride and a giant slide of 33 m length
- two giant **IMAX** large-format theaters, among them Germany's only **IMAX** *DOME* with a screen of more than 900 sqm
- a **museum shop** with specialist literature, models, souvenirs, etc.
- our own **museum hotel** with **caravan / trailer site**
- **event service** for **conferences and events of all kinds**

This book was developed to compile the most outstanding exhibits of our museum with many pictures and detailed information for you. Enjoy reading and viewing this selection.

The Management of the Museum

Antonov An-22
Größtes
Propellerflugzeug
der Welt!

Unterseeboot „U-9",
466 to schwer, und
drei seltene
Kleinst-u-Boote!

Neu!

Boeing 747 „Jumbo Jet",
Größtes
Passagierflugzeug
der Welt!

TECHNIK MUSEUM
SPEYER

TECHNIK MUSEUM
SPEYER

Inhalt - Contents

**Antonov An-2
Größter
Doppeldecker
der Welt!**

**Über 40
historische
Feuerwehr-
Fahrzeuge!**

**Über 20
Lokomotiven und mehr als
70 Flugzeuge und
Hubschrauber!**

**Über 100
Auto-Oldtimer
aller Epochen!**

Die Liller Halle

Die denkmalgeschützte Liller Halle, die imposante Ausstellungshalle des Technik Museum Speyer, ist ein markantes Beispiel der Industriebaukunst zwischen Jahrhundertwende und 1. Weltkrieg.

- Erbaut 1913 in Lesquin / Lille für die Firma Thomson, Houston.
- Abgebaut während des 1. Weltkriegs durch deutsche Truppen.
- Transport nach Speyer und Wiederaufbau für die Pfalz-Flugzeugwerke, die hier 2500 Flugzeuge fertigten.
- Nach dem 1. Weltkrieg bis 1930 erfolgte Nutzung durch französische Truppen.
- Von 1937 bis Anfang 1945 diente sie den Flugzeugwerken Saarpfalz als Werkstatt für alle gängigen Flugzeugtypen.
- Von März 1945 bis 1984 kam es zu einer militärischen Nutzung durch französische Truppen.

Im August 1990 begannen die Renovierungsarbeiten durch das Technik Museum Speyer. Am 11. April 1991 wurde das Gebäude als Ausstellungshalle in Betrieb genommen.

The Liller Hall, a most impressive exhibition building at the Technik Museum Speyer classified as a historical monument, is an example of industrial architecture between the turn of the century and WW I.

- Built in 1913 at Lesquin / Lille for the Thomson Co., Houston.
- Dismantled by German troops during WW I.
- Transport to Speyer and reconstruction for the airplane makers Pfalz-Flugzeugwerke who built 2500 planes at these premises.
- After WW I up to 1930 the building was used by the French Army.
- From 1937 until early 1945 the airplane makers Saarpfalz used it as a workshop for all common types of plane.
- From March 1945 through 1984 it was once more used by French troops.

In August of 1990 renovation work was commenced by the Technik Museum Speyer. Grand opening of the building as an exhibition hall was on April 11, 1991.

Feuerwehren

Eine besondere Spezialität des Museums ist die Sammlung historischer Feuerwehrfahrzeuge, die von den Anfängen der Löschfahrzeuge bis zur Jetztzeit reicht. Mit mehr als 40 Fahrzeugen ist die Feuerwehrensammlung im Technik Museum Speyer eine Sensation nicht nur für Feuerwehr-Fans. Ganz besondere Raritäten sind die riesigen Fahrzeuge aus den USA, insbesondere von Ahrens-Fox, die in dieser Vielfalt nirgendwo sonst in Europa zu sehen sind. Der älteste Wagen stammt aus dem Jahr 1916 und ist damit das älteste voll funktionsfähige amerikanische Feuerwehrfahrzeug in Europa. In den zahlreichen Vitrinen werden zusätzlich viele Ausrüstungsgegenstände von Feuerwehren aus der ganzen Welt gezeigt.

A particular specialty of the Museum is the collection of historic fire engines, reaching from the beginnings of fire extinguishers up to the present time. With more than 40 vehicles the fire engine collection of the Technik Museum Speyer is a sensation, not only for fans of fire fighters. Special rarities are the huge engines from the USA, particularly by Ahrens-Fox, that cannot be found in this variety anywhere else in Europe. The oldest vehicle is from the year 1916 and thus the oldest, fully operational American fire engine in all of Europe. In addition, numerous show cases are displaying a wide range of equipment from fire fighters all over the world.

Das Freigelände

Der Museumspark am Technik Museum Speyer ist ein absoluter Publikumsmagnet. Besonders faszinierend sind die vielen voll begehbaren Ausstellungsstücke wie die Boeing 747 „Jumbo Jet", der Großtransporter Antonov An-22, die U 9, ein ehemaliges U-Boot der Bundesmarine mit einem Gewicht von 466 Tonnen, sowie die zahlreichen weiteren Flugzeuge, Hubschrauber und Lokomotiven. Daneben bieten wir unseren großen und kleinen Besuchern auf dem Freigelände die unterschiedlichsten Freizeitmöglichkeiten, darunter einen großen Spielplatz, eine Bootsprunganlage, ferngesteuerte Modellboote, eine riesige Abenteuerrutschbahn, ein Café und vieles mehr.

Ein absoluter Renner sind die beiden IMAX Großbild-Filmtheater, das IMAX *Classic* und der IMAX *Dome*. Diese Filmtheater der Superlative zeigen im stündlichen Wechsel spektakuläre Filme für die ganze Familie. Auf einer gigantischen Leinwand können Sie sich in Welten entführen lassen, die Sie so noch nie gesehen haben. Ein Besuch im IMAX-Filmtheater ist der Höhepunkt eines jeden Museumsausflugs.

Besonders freuen wir uns über die vielen Schulklassen, Reisegruppen und Vereine, die das Museum und die IMAX Filmtheater besuchen. Für diesen Besucherkreis bieten wir zahlreiche Pauschal-Arrangements zu Sonderpreisen. Daneben können Sie bei uns Räumlichkeiten für Tagungen und Festlichkeiten jeglicher Art mieten. Einzelheiten erfahren Sie von der Museumsleitung. Eine preiswerte Übernachtungsmöglichkeit finden Sie im museumseigenen Hotel mit Caravan-Stellplatz, nur wenige hundert Meter vom Museum entfernt.

The museum park at the Technik Museum Speyer is an absolute crowd-puller. Particularly fascinating are the fully walk-in exhibits such as the Boeing 747 "Jumbo Jet", the large-size cargo plane Antonov An-22, the U 9 submarine formerly of the Federal Navy with a weight of 466 tons as well as numerous further airplanes, helicopters and locomotives. On top of that, in the open-air ground we are offering a variety of leisure time and amusement facilities to our visitors, young and old alike, among them a large play-ground, a boat-spring ride, remote-controlled model boats, a giant adventure slide, a coffee shop and numerous other attractions.

An absolute hit are the two IMAX large-screen theaters, the IMAX *Classic* and the IMAX *Dome*. These film theaters of superlatives are showing hourly changing, spectacular films for the whole family. On a giant screen you will be transported to universes you have never experienced before. A visit to the IMAX theater is the absolute highlight of each excursion to the museum.

We are taking particular pleasure in noting the great number of school classes, tourist groups and clubs who are visiting the museum and the IMAX theaters. Particularly for this category of visitors we are offering special rate package-arrangements. Also, you can reserve and rent facilities from us for conferences, parties and events of any kind. For details please contact the Museum Management. At the museum's own hotel with caravan/trailer site at just a few hundred meters' distance from the museum you will find reasonably priced accommodations.

Der Wilhelmsbau

Nur wenige Schritte von der Liller Halle entfernt befindet sich der Wilhelmsbau. Sein Wahrzeichen ist die vom Speyerer Bildhauer Wolf Spitzer aus Edelstahl geformte, 15 Meter hohe Großplastik „Orpheus". Der Wilhelmsbau ist ein faszinierendes Raritätenkabinett mit tausenden Erinnerungsstücken aus dem 19. und 20. Jahrhundert, die den Zeitgeist längst vergangen geglaubter Tage wieder lebendig werden lassen. Der Jugendstil und die wilden Zwanziger Jahre sind hier genauso vertreten wie die Rock`n Roll Ära. Auf drei Stockwerken erwarten Sie u.a.:

• Eine einzigartige Sammlung mechanischer Musikinstrumente mit vier selbstspielenden Geigen, automatischen Klavieren und Orgeln, Orchestrien, Flötenuhren, Spieldosen und zahlreichen weiteren Raritäten

• Historische Moden und Accessoires

• Juwelen

• Puppen und Spielzeug

• Uniformen, Pickelhauben, Orden und historische Waffen

• Ein Jagdzimmer mit Trophäen aus der ganzen Welt

Ein Besuch des Wilhelmsbau ist ein einmaliges Erlebnis, das Sie sich nicht entgehen lassen sollten.

Just a few steps from the Liller Halle is the Wilhelmsbau. Its hallmark is the towering sculpture "Orpheus" with a height of 15 m, created from stainless steel by the local sculptor Wolf Spitzer. The Wilhelmsbau is a fascinating collection of rare objects from the 19th and 20th century bringing alive the spirit of bygone times. Art Nouveau and the Roaring Twenties are represented here just like the era of Rock'n Roll. Among the exhibits awaiting you on three levels are:

• A unique collection of mechanically operated musical instruments with four self-playing violins, automatic pianos and organs, orchestrions, pipe clocks, musical boxes and numerous further rarities

• Historical fashion and accessories

• Jewels

• Dolls and toys

• Uniforms, medals and historical weapons

• A hunting room with trophies from all over the world

A visit to the Wilhelmsbau is a unique experience which you should not miss.

Die IMAX® Filmtheater

Leinwandgröße 20x26 Meter!

IMAX® Classic

Kuppeldurchmesser 24 Meter!

IMAX® Dome SPEYER

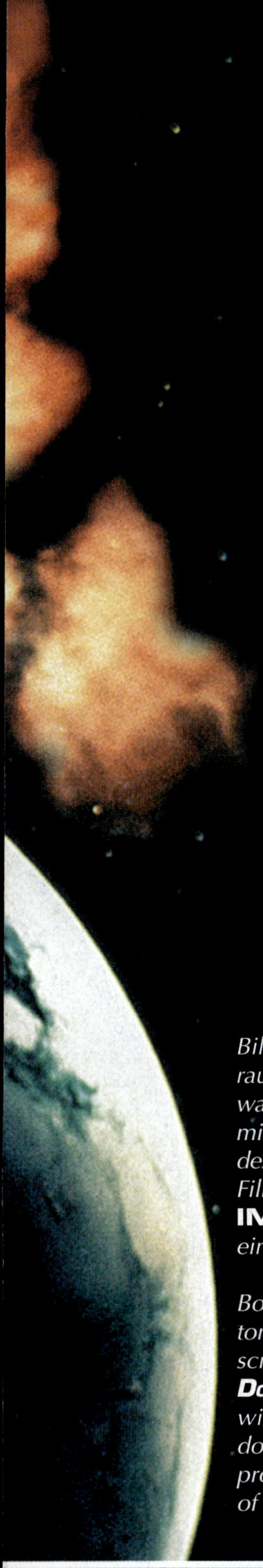

Die beiden **IMAX** Filmtheater auf dem Museumsgelände gehören zu den größten Attraktionen des Technik Museums in Speyer. Die gigantische Leinwand, das einmalige Tonsystem und die brillante Bildqualität von **IMAX** garantieren ein Filmerlebnis, das mit Worten nicht beschrieben werden kann.

IMAX *Classic* Filmtheater Speyer

- Großbild-Filmtheater mit einer **Leinwandgröße von 20 x 26** Metern (so hoch wie fünf Doppeldecker-Busse!)
- 22.000 Watt 6-Kanal-Tonsystem mit unglaublichem Sound
- Hochleistungsprojektor für gestochen scharfe Bilder

IMAX *Dome* Filmtheater Speyer

- Einziges Großbild-Filmtheater mit Kuppelprojektion in Deutschland, **Basisdurchmesser der Kuppel 24 Meter**, **Projektionsfläche 1000 qm** (entspricht der Fläche von 2 Bauplätzen!)
- 22.000 Watt 6-Kanal-Tonsystem mit unglaublichem Sound, drei Tonnen schwerer Hochleistungsprojektor mit Fischaugenoptik
- Kostenlose Besichtigung des **IMAX** Vorführraums

Beide **IMAX**-Filmtheater zeigen im stündlichen Wechsel spektakuläre Filme für die ganze Familie. Fragen Sie im Museum nach dem aktuellen Filmprogramm oder lernen Sie **IMAX** kennen und besuchen Sie die tägliche, kostenlose Sondervorstellung unseres **IMAX**-Kurzfilms „Klassiker".

The two **IMAX** movie theaters in the museums' grounds are among the greatest attractions of the Museum in Speyer. The gigantic screen, the unique sound-system, and the brilliant picture quality of **IMAX** guarantee a movie experience beyond description. You have to experience it yourself.

IMAX *Classic* Movie Theater Speyer

- Large-screen filmtheater with a **screen-size of 20 x 26 meter** (as high as five double-deckers!)
- 22.000 Watt, 6-channel sound-system with an incredible sound
- High-performance projector for needle-sharp pictures

IMAX *Dome* Movie Theater Speyer

- Only large format movie theater with dome-projection in Germany, **dome-basis diameter 24 meters**, **projection area 1000 sqm** (equals the dimension of two building sites!)
- 22.000 Watt, 6-channel sound-system with an incredible sound, high-performance fish-eye lens projector weighing three tons
- Free visit to the **IMAX** projection room

Both **IMAX** movie theaters are showing spectacular films for the whole family on an hourly changing basis. Inquire at the Museum for the current film-program or get to know **IMAX** by visiting the daily, free special showing of our **IMAX** short film "Klassiker".

*Bilder unten (von links): Blick in den Zuschauerraum des **IMAX** Classic mit der riesigen Leinwand. Der Zuschauerraum des **IMAX** **Dome** mit der gigantischen Kuppel. Der Projektorraum des **IMAX** **Dome** mit den zentnerschweren Filmrollen. Großes Bild auf der Doppelseite: Im **IMAX** **Dome** wird der Film auf eine Kuppel mit einem Basisdurchmesser von 24 Metern projiziert.*

*Bottom pictures (from left): View into the auditorium of the **IMAX** Classic with the giant screen. The auditorium of the gigantic **IMAX** **Dome**. The projection room of the **IMAX** **Dome** with the very heavy film rolls. Large picture on double-page: In the **IMAX** **Dome** the film is projected on a dome screen with a basis diameter of 24 meters.*

Aktuelle Filme im IMAX Speyer

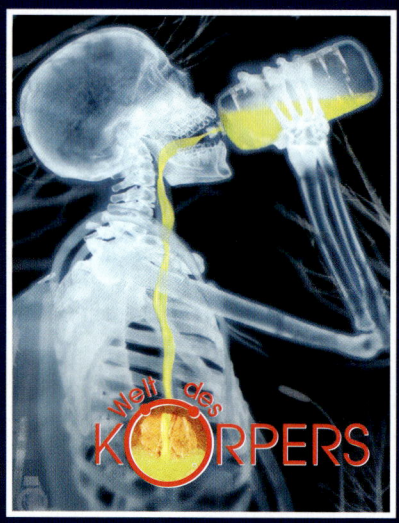

Unternehmen Sie eine faszinierende Reise in den menschlichen Körper. FSK: Frei ohne Altersbeschränkung.

Kommen Sie mit in das Land „Down under". Auf der gigantischen IMAX-Leinwand zeigt dieser Film die atemberaubende Schönheit des Fünften Kontinents. FSK: Frei ohne Altersbeschränkung.

Begleiten ein Film-Team zum Gipfel des höchsten Bergs der Erde und werden Sie Zeuge des Dramas von 1996, bei dem acht Bergsteiger in einer Sturmnacht ihr Leben verloren. FSK: Frei ab 6 Jahren.

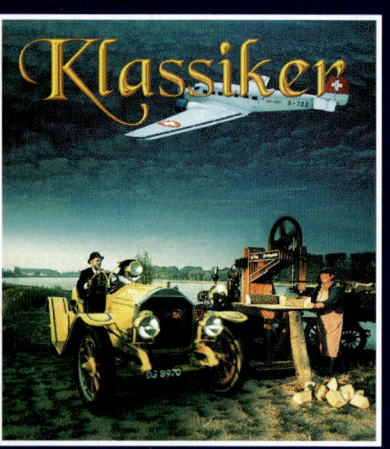

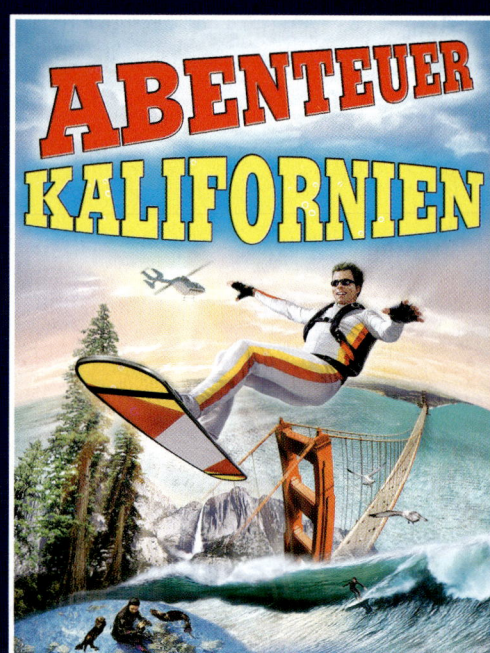

Erleben Sie viele der schönsten Exponate in Aktion im IMAX-Film „Klassiker". Der Film wird täglich als kostenlose Sondervorstellung im IMAX Speyer und im IMAX Sinsheim gezeigt.

Reisen Sie mit Omar Sharif 5000 Jahre zurück in die Vergangenheit und begeben Sie sich auf die Spuren einer geheimnisvollen Zivilisation. FSK: Frei ab 6 Jahren.

Sie fliegen mit einem Skysurfer im freien Fall dem Pazifik entgegen, klettern über die Golden Gate Brücke, surfen durch gigantische Wellenberge und erleben einzigartige Naturdenkmäler in atemberaubenden Bildern. FSK: Frei ohne Altersbeschränkung.

Aktuelle Filme im IMAX Speyer

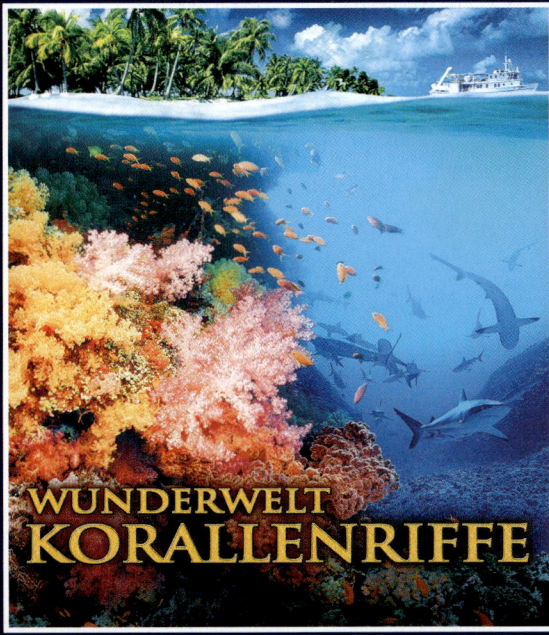

Erforschen Sie mit zwei Wissenschaftlern die Lebensweise der intelligenten Meeressäuger an den schönsten Plätzen der Erde. FSK: Frei ohne Altersbeschränkung.

Begeben Sie sich auf eine fantastische Entdeckungsreise zu den größten und schönsten, aber auch bedrohten Korallenriffen des Südpazifiks. Wunderwelt Korallenriffe - eine Symbiose aus Kunst, Wirklichkeit, Wissenschaft und Unterhaltung. FSK: Frei ohne Altersbeschränkung.

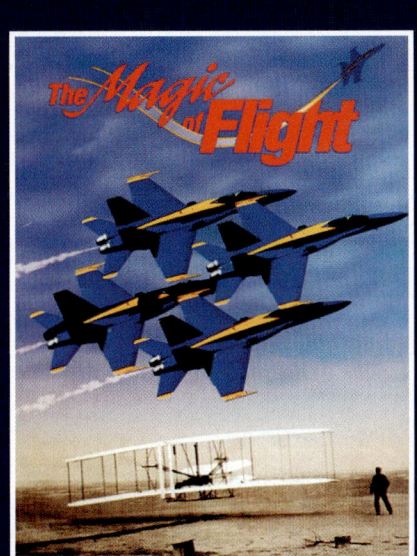

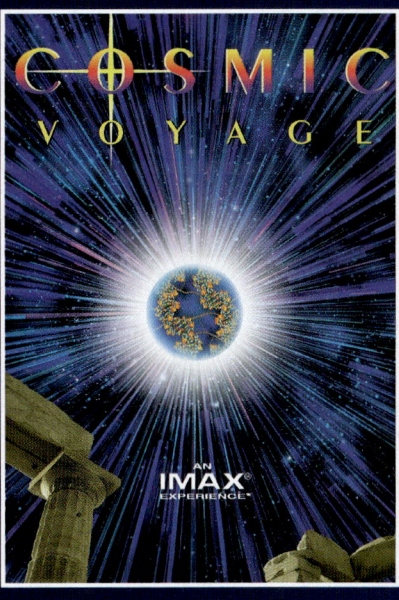

Nehmen Sie Platz und geniessen Sie die rasante Flugshow der „Blue Angels", der weltberühmten Kunstfliegerstaffel der US- Navy. FSK: Frei ohne Altersbeschränkung.

Erleben Sie die aufregendsten Fun-Sportarten vom Wellenreiten bis zum Freeclimbing auf der riesigen IMAX-Leinwand. FSK: Frei ohne Altersbeschränkung.

In „Cosmic Voyage" werden die Besucher Augenzeuge des Urknalls. Sie erleben, wie sich unser Sonnensystem entwickelte und das erste Leben auf dem Planeten Erde entstand. FSK: Frei ab 6 Jahren.

Änderungen vorbehalten!

Veranstaltungen

Einige Veranstaltungs-Highlights der letzten Jahre. SL-Day 2003 (ganz oben), MV Agusta Treffen 2002 (unten links), Flugzeugteile-Börse 2002 (unten rechts).

Some event highlights of the last years. SL-Day 2003 (topmost picture), MV Agusta meeting 2002 (below left), aircraft parts trading convention 2002 (below right).

Das Technik Museum Speyer ist seit vielen Jahren ein begehrter Treffpunkt für die **unterschiedlichsten Veranstaltungen**, die wesentlich zur Attraktivität des Museums beitragen. Ein Highlight des Jahres 2003 war z.B. das Treffen des Mercedes-Benz SL-Club Pagode e.V. bei dem sich 780 Teilnehmer, darunter 364 straßenzugelassene Mercedes SL „Pagode", auf dem Museumsgelände einfanden. Ein fantastischer Weltrekord, der in das Guinness Buch der Rekorde aufgenommen wurde. Auch die Ferrari, MV Agusta und Mini Cooper Fans konnten wir schon in Speyer begrüßen, um nur einige wenige zu nennen.

Aber nicht nur **Oldtimer-Clubs und Vereine sondern auch Firmen**, Schulungs- und Consulting Unternehmen sowie Privatleute profitieren jedes Jahr in gleicher Weise von der einzigartigen Infrastruktur, die das Museum seinen Gästen bietet. In unmittelbarer Nachbarschaft finden sich ein **Tagungszentrum**, eine **Veranstaltungshalle**, ein **Hotel mit Caravan-Stellplatz**, ein großzügiges Freigelände und natürlich das Museum mit zahlreichen Weltsensationen wie der begehbaren Boeing 747, der Antonov 22, der U-9 und den beiden IMAX-Filmtheatern. Hinter den Kulissen sorgt unser Event-Service mit eigener Gastronomie dafür, dass Sie sich von der ersten Minute an ganz um Ihre Gäste kümmern können. Eine Veranstaltung im Technik Museum Speyer ist ein unvergessliches Erlebnis. Rufen Sie uns an (Tel. 06232 / 670843). Wir haben auch für Ihre individuellen Wünsche ein passendes Angebot.

For many years the Technik Museum Speyer has been a much sought-after meeting point for **events of all kinds** presenting an essential contribution to the attractiveness of the Museum. One highlight of the year 2003 e.g., was the meeting of the Mercedes-Benz SL-Club Pagode e.V. where 780 participants, amongst them 364 roadworthy, traffic licensed Mercedes cars Model SL "Pagode", met in the Museum grounds; a fantastic world-record that was entered into the Guinness Book of Records. Ferrari, MV Augusta, and Mini Cooper fans as well, to name but a few, could already be welcomed by us in Speyer.

But not only **vintage car-clubs and -associations but also companies**, training- and consulting firms as well as private persons alike are profiting each year from the unique infrastructure offered by the Museum to our guests. Immediately adjacent are a **conference centre**, a **hall for functions and events**, a **hotel with caravaning site**, spacious open-air grounds and, of course, the Museum with numerous world-sensations like the walk-in Boeing 747, the Antonov 22, the U-9 submarine as well as the two IMAX-theatres. Behind the scenes our event-service together with in-house catering is seeing to it that you will be able to attend to your guests right from the start. An event at the Technik Museum Speyer is an unforgettable experience. Please call us at 06232 / 670843. You may rely on it that we can offer a suitable proposal for your individual requirements.

Museumshotel, Caravaning & Service

Neben den einmaligen Ausstellungen mit tausenden von Exponaten finden Sie im Technik Museum Speyer noch viele weitere Möglichkeiten zum Erleben, Entspannen und Genießen. Wir bieten:

- Eine eigene Gastronomie mit **Restaurant** und Café

- Einen **Museums-Shop**, in dem Sie vom Museumskatalog über Postkarten, Fachliteratur und hochwertigen Modellen alles finden, was das Herz eines Technikliebhabers begehrt

- Ein modern ausgestattetes, ruhig gelegenes **Hotel** mit 105 Zimmern und ausreichend kostenlosen Parkplätzen (Tel. 06232 / 67100). Die komfortablen Räume sind alle mit Dusche / WC, Fernsehgerät und Telefon ausgestattet. Dem Hotel angeschlossen ist ein moderner **Caravan-Stellplatz** mit 70 Plätzen. Im Pauschalpreis eingeschlossen sind hier WC / Dusche / Strom / Wasser und eine Entsorgungsstation.

- **Veranstaltungsräume** für Tagungen, Seminare und Feiern für bis zu 160 Personen sowie eine Veranstaltungshalle mit einer Fläche von 1300 qm. Unsere leistungsstarke Gastronomie sowie der perfekte Service sorgen dafür, das jede Feier bei uns zu einem unvergeßlichen Erlebnis wird. Rufen Sie uns an und schildern Sie uns Ihre Wünsche (Tel. 06232 / 670843). Wir beraten Sie gerne.

Besides the unique exhibitions with thousands of exhibits the Technik Museum Speyer has a lot more of further possibilities to experience, relax and enjoy. We are offering :

- Our own catering facilities with **restaurant** and coffee shop

- A **Museum-Shop** where you will find everything the heart of a true fan of technology may desire, from museum catalogue, picture postcards, specialist literature to high-quality models

- A modern-comfort **hotel** in a quiet location with 105 rooms and sufficient free parking space (Phone 06232 / 67100). All of the comfortable rooms have shower- and toilet facilities, TV and telephone. Adjacent to the hotel is a modern caravan/trailer site with 70 parking spaces. The all-inclusive price here includes toilet / shower / electricity / water and a waste disposal unit.

- **Rooms for events** like conferences, seminars, festivities and parties for up to 160 persons as well as a festival hall with a floor area of 1,300 sqm. Our highly efficient catering staff and perfect service will see to it that every festivity here with us will turn into an unforgettable experience. Please call us and detail your wishes (phone 06232 / 670843). We will be glad to advise you.

21

Flugzeuge - Airplanes

Die Luftfahrt hat in Speyer eine lange Tradition. Bereits 1912 wurde der Flugplatz Speyer gegründet und nur ein Jahr später wurden in unmittelbarer Nachbarschaft zum Flugfeld auf dem jetzigen Museumsgelände die „Pfalz-Flugzeugwerke" errichtet, eine der ersten deutschen Flugzeugfabriken überhaupt. Neben den Pfalz-Flugzeugwerken haben noch zahlreiche weitere Unternehmen in Speyer Luftfahrtgeschichte geschrieben, darunter Heinkel, VFW, VFW-Fokker, Messerschmitt, Bölkow & Blohm (MBB) und Airbus.

Schon bei der Gründung des Technik Museum Speyer war somit klar, dass Flugzeuge einen Schwerpunkt der Ausstellungen bilden würden. Heute können die Besucher in der Liller Halle und auf dem Freigelände über 70 Flugzeuge und Hubschrauber besichtigen. Viele davon sind begehbar. Die Glanzstücke sind ein Boeing 747 „Jumbo Jet" der Lufthansa, der im Frühjahr 2002 in einer spektakulären Aktion zu Land, zu Wasser und in der Luft nach Speyer transportiert wurde, sowie eine Antonov An-22, das größte Propellerflugzeug der Welt.

Ein weiterer Höhepunkt sind die zahlreichen Flugzeuge, die die Farben der berühmtesten Kunstflugstaffeln der Welt tragen. Diese Exponate sind im folgenden mit einem speziellen Logo hervorgehoben. Daneben können in Speyer noch zahlreiche weitere Flugzeuge mit Speziallackierungen bewundert werden. Die Bedeutung der jeweiligen Farbgebung wird im Text beschrieben. Weiterführende Literatur zu den in Speyer gezeigten Flugzeugen finden Sie in unserem Museumsshop, der ein riesiges Angebot an Fachliteratur für Sie bereit hält.

Aviation has a long-standing tradition in Speyer. The Speyer airfield was founded back in 1912 already and but one year later the "Pfalz-Flugzeugwerke", one of the very first German airplane factories, was founded in the immediate vicinity of the airfield on the present museum grounds. In addition to the Pfalz-Flugzeugwerke, numerous further enterprises wrote aeronautical history in Speyer, among them the firms Heinkel, VFW, VFW-Fokker, Messerschmitt, Bölkow & Blohm (MBB) and Airbus.

Back when the Technik Museum Speyer was founded, therefore, it was clear that airplanes were going to play a major role in the exhibitions. Today, visitors can admire more than 70 airplanes and helicopters, both in the Liller Hall and in the open-air grounds. Many of them are walk-in exhibits. Highlights are a Boeing 747 Lufthansa "Jumbo Jet", which was transported to Speyer in spring of 2002 in a spectacular action, on land, by water and airborne, as well as an Antonov AN-22, the world's largest propeller plane.

Further prominent exhibits are the numerous craft bearing the colours of the most renowned aerobatics squadrons of the world, which exhibits will be emphasized by a special logo following hereafter. Apart from that, numerous further aircraft with special paint-jobs can be admired in Speyer. The meaning of the respective color schemes will be described in the caption. More detailed literature regarding the planes on exhibit in Speyer can be found in our museum shop where an enormous variety of specialist literature is available to you.

Klassiker

Erleben Sie viele der schönsten Exponate in Aktion im **IMAX**-Museumsfilm „Klassiker"! Der Film wird täglich als kostenlose Sondervorstellung im **IMAX** Speyer und im **IMAX** Sinsheim gezeigt.

Alle Museums-Exponate im Katalog, die Sie im **IMAX**-Film „Klassiker" erleben können, sind als *Klassiker* gekennzeichnet.

Wright Flyer

Bei dem oben gezeigten Exponat handelt es sich um einen originalgetreuen Nachbau des ersten motorgetriebenen Flugapparats der Gebrüder Wright. Der Wright-Flyer besitzt alle Merkmale eines modernen Flugzeugs wie Höhensteuer, Seitensteuer und, was damals der eigentliche Durchbruch war, eine Flächenverwindung. Heute würde man Querruder dazu sagen. Mit einem selbstgebauten Motor, der ein Kurbelgehäuse aus Aluminium hatte und bei 1200 U/min ca. 12 PS leistete, wurden mit einer Kette zwei gegenläufige Propeller angetrieben.

The exhibit shown at the top is a true-to-the-original reconstruction of the first motor-propelled aircraft by the Wright Brothers. The Wright-Flyer has all characteristic features of a modern airplane, such as elevator- and rudder-controls, as well as the actual breakthrough factor at that time, namely a wing torsion. These days it would be called aileron. Powered by a motor made by the Wright Brothers themselves which had an aluminium crankcase and an output of about 12 hp at 1200 rotations per minute, two counter-rotating propellers were driven by a chain.

Stampe SV.4

Technische Daten
Erstflug: 1933
Spannweite: 8,40 m
Motor: de Havilland Gipsy Major I mit 130 PS Leistung
Höchstgeschw.: 200 km/h
Startgewicht: 780 kg

Technical Data
First Flight: 1933
Wing Span: 8,40 m
Engine: de Havilland Gipsy Major I with 130 hp
Maximum Speed: 200 km/h
Take-off Weight: 780 kg

Die Stampe SV.4 war ein frühes Schulflugzeug der belgischen Luftwaffe. Der Doppeldecker wurde im Jahr 1933 eingeführt, aber erst nach Ende des 2. Weltkriegs in größeren Stückzahlen in Frankreich und Algerien produziert. Insbesondere als Sportflugzeug für den Kunstflug erfreute sich die SV.4 einer großen Beliebtheit.

The Stampe SV.4 was a former training plane of the Belgian Airforce. The biplane was introduced in 1933, but not built in greater numbers until the end of WW II, and then in France and Algeria. The SV.4 enjoyed a great deal of popularity particularly as a sporting aircraft for stunt flying.

Fokker DR 1

Die Fokker DR 1 ist ein Dreidecker, der während des 1. Weltkriegs als einsitziges Kampfflugzeug entwickelt wurde. Geflogen vom „Roten Baron" Rittmeister Manfred von Richthofen wurde diese Maschine berühmt. Das Flugzeug zeichnete sich durch seine Wendigkeit und die damals enorme Steigleistung aus (von 0 auf 1000 m in weniger als 3 Minuten). Angetrieben von einem 9-Zylinder-Motor mit 110 PS erreichte die DR 1 eine Höchstgeschwindigkeit von ca. 165 km/h. Insgesamt wurden von August 1917 bis August 1918 von diesem Typ 322 Maschinen hergestellt. Das oben und links unten gezeigte Museumsstück wurde im Original von Lt. Paul Baeumer, Jasta 2 Bölcke, geflogen. Bei dem rechts unten gezeigten Exemplar handelt es sich um einen originalgetreuen Nachbau der Maschine des „Roten Barons".

The Fokker DR I is a triplane developed during WW I as a single-seater fighter. Piloted by the "Red Baron", Rittmeister Manfred von Richthofen, this plane became famous. What made this plane stand out were its manoeuverability and an enormous climbing capacity for that time (from 0 to 1.000 m in less than 3 minutes). Powered by a 9-cylinder engine with 110 hp, the DR 1 reached a maximum speed of approx. 165 km/h. Totally 322 planes of this type were built from August 1917 through August 1918. The museum's exhibit shown at the top and on the left below was originally piloted by Lieutenant Paul Baeumer, Jasta 2 Bölcke. The exhibit shown at the bottom right is a reproduction of the "Red Baron's" craft.

Fieseler Fi 156 „Storch"

Der „Storch" wurde ab 1937 von der Firma Gerhard Fieseler gebaut. Technische Raffinessen machten es bei Bedarf zum langsamsten Kriegsflugzeug der Welt. Der Fieseler „Storch" wurde als Aufklärungs-, Transport- und Sanitätsflugzeug eingesetzt. Er verblüffte Jagdflieger jeglicher Nationalität, wenn er gegen den Wind praktisch in der Luft stehenblieb oder mit einer Auslaufstrecke von 15 m in einer Waldschneise verschwand. Die Schneegleitkufen wurden von der Firma Hugo Heine Propellerwerk in Berlin gefertigt. Sie ermöglichten die Landung auch auf verschneiten Pisten.

Bei Fieseler entstanden bis Kriegsende 2874 Fi 156. Danach wurde das vielfältig einsetzbare und anspruchslose Flugzeug in Frankreich (als M. S. 500) und der CSSR (als K-65 Cap) noch bis in die 1950er Jahre hinein weitergebaut.

Technische Daten Erstflug: 1936; Spannweite: 14,27 m; Motor: Argus As 10C mit 240 PS; Höchstgeschw.: 175 km/h; Landegeschw.: 50 km/h; Startgewicht: 1320 kg

The Gerhard Fieseler company built the "Storch" ("Stork") starting in 1937. Technical ingenuity turned it, when required, into the slowest war plane of the world. The Fieseler "Storch" was employed as scout-, transport- and ambulance plane. It amazed fighter pilots of every nationality when it hovered, into the wind, in mid-air seemingly without any movement or disappeared into a forest aisle with a landing run of 15 m. The snow-landing skits were built by Hugo Heine Propeller Works of Berlin. They permitted to also land on snow-covered runways.

Up to the end of the war Fieseler built altogether 2874 Fi 156. Thereafter the unpretentious plane of versatile uses continued to be built way into the fifties in France (as M.S. 500) and in Czechoslovakia (as K-65 Cap).

Technical Data First Flight: 1936; Wing Span: 14,27 m; Engine: Argus As 10C with 240 hp; Maximum Speed: 175 km/h; Landing Speed: 50 km/h; Take-off Weight: 1320 kg

Junkers Ju 52/3m

Technische Daten
Baujahr: 1935
Spannweite: 29,25 m
Motor: 3 x BMW 132 zu je
725 PS
Höchstgeschw.: 264 km/h
Startgewicht: 10 000 kg

Technical Data
Year of Construction: 1935
Wing Span: 29,25 m
Engine: 3 x BMW 132 with
725 hp each
Maximum Speed: 264 km/h
Take-off Weight: 10 000 kg

Die Junkers Ju 52 wurde aufgrund ihrer Zuverlässigkeit in den 1930er Jahren zum Standardflugzeug in der Verkehrsluftfahrt. Auch als Militärflugzeug spielte die Ju 52 schon vor dem 2. Weltkrieg eine Rolle. So diente sie z.B. während des spanischen Bürgerkriegs als Kampf- und Transportflugzeug. Die im Museum gezeigte Maschine flog im April 1940 mit Nachschub von Neumünster nach Narvik, wo sie auf dem zugefrorenen Hartvigvaansee landete. Britische und norwegische Flugzeuge griffen an, die Spuren sind noch deutlich zu sehen. Bei der Schneeschmelze versank das Flugzeug im See und lag 46 Jahre in 75 Meter Tiefe. 1986 wurde es geborgen und später in das Technik Museum Speyer gebracht.

Due to its reliability the Junkers Ju 52 became the standard plane of commercial aviation in the 1930s. It also played a part as military plane already prior to WW II. It served, *e.g.*, in the Spanish Civil War as a bomber and transport plane. The plane on exhibit in the Museum flew in April of 1940 with a load of supplies from Neumünster to Narvik where it landed on frozen Lake Hartvigvaansee. British and Norwegian planes attacked, the traces are plainly visible. When thaw melted the ice the plane sank into the lake where it layed 75 m deep for 46 years. It was salvaged in 1986 and later on brought to the Technik Museum in Speyer.

Dornier Do 24 Flugboot

Technische Daten
Erstflug: 1937
Spannweite: 27,00 m
Höchstgeschw.: 300 km/h
Startgewicht: 16 200 kg

Technical Data
First Flight: 1937
Wing Span: 27,00 m
Maximum Speed: 300 km/h
Take-off Weight: 16,200 kg

Die Do 24 war ein hochseefähiges Seenotrettungs- und Transportflugzeug. Sie wurde von der Firma Dornier im Auftrag der holländischen Regierung speziell für Tropeneinsätze konstruiert. Im September 1937 fand die Seeprüfung unter schwierigsten Bedingungen in der Nordsee statt. Danach ging das Flugzeug in Serie und wurde von der Firma Aviolanda in Papendrecht / Holland in Lizenz gebaut. Angetrieben wurde es von drei Bramo-Motoren mit jeweils 1000 PS Leistung. Das ausgestellte Exemplar wurde 1991 im Müritz-See (Mecklenburg) in der ehemaligen DDR geborgen und vom Technik Museum restauriert. Die Tragfläche mit den Motoren und das Heck fehlen.

The Do 24 was an ocean-going sea rescue- and transport plane. It was designed and constructed by Dornier on behalf of the Dutch Government especially for service in the tropics. The nautical test took place in the North Sea in September of 1937 under difficult conditions. Subsequently the plane went onto the production line and was manufactured under licence by Aviolanda in Papendrecht, Holland. Three Bramo motors with a power of 1000 hp each were used as means of propulsion. The exhibit shown was salvaged in 1991 from Lake Müritz (Mecklenburg) in the former GDR and restored by the Technik Museum. The uni-wing with the motors as well as the tail are missing.

Messerschmitt Bf 109 G-4

Von 1936 bis 1945 war die Bf 109 das Standardflugzeug der Tagjagdverbände der deutschen Luftwaffe und mit rund 30 000 Exemplaren das meistgebaute deutsche Flugzeug überhaupt. Das im Technik Museum Speyer ausgestellte Flugzeug gehört zu einer Serie von 1242 gebauten Bf 109 G-4 und ist die einzige existierende Maschine dieser Baureihe auf der Welt. Sie ist außerdem eine von nur zwei originalen Bf 109 in Deutschland, die im 2. Weltkrieg eingesetzt wurde.

Das Museumsstück wurde 1942 in Wien gebaut und vom Jagdgeschwader 52 an der Ostfront eingesetzt, wo sie am 20. März 1943 über dem Schwarzen Meer Motorschaden erlitt. Nach 45 Jahren wurde die Maschine 1987 geborgen. Im Jahr 1995 begann eine dreijährige, mühevolle Restauration in Italien. Im Juni 2001 gelang es der Traditionsgemeinschaft Jagdgeschwader 52 & Luftwaffen - JG 52 - Museum e.V. die Maschine nach Speyer zu holen.
Technische Daten Baujahr: 1942; Spannweite: 9,92 m; Motor: Daimler-Benz DB 605 mit 1475 PS; Höchstgeschw.: 625 km/h

From 1936 through 1945 the Bf 109 was the standard craft of daytime fighter flights of the German Airforce and with an approximate total of 30.000 units it was the German airplane with the overall highest production number. The airplane on exhibit at the Technik Museum Speyer is one of a series of 1242 type Bf 109 G-4 that were built and it is the only existing craft of this series worldwide. Apart from that it is one of but two original Bf 109 which were serving in Germany in WW II.

The museum's exhibit was built in Vienna in 1942 and employed by the fighter squadron 52 on the eastern front where, on March 20, 1943, it suffered engine trouble over the Black Sea. After 45 years the craft was salvaged in 1987. In 1995 a laborious restoration enterprise, which took three years, was commenced in Italy. In June of 2002 the organization "Traditionsgemeinschaft Jagdgeschwader 52 & Luftwaffen - JG 52 - Museum e.V." succeeded in getting the craft to Speyer.
Technical Data Year of Construction: 1942; Wing Span: 9,92 m; Engine: Daimler-Benz DB 605 with 1475 hp; Maximum speed: 625 km/h

Fairey Gannet

Die Fairey Gannet wurde Ende der 40er Jahre als trägergestützter U-Boot-Jäger entwickelt. Eine Besonderheit des dreisitzigen Flugzeugs war der Antrieb. Er bestand aus zwei gegenläufigen Propellern, die von einem Doppelmotor angetrieben wurden. Jeder Propeller konnte unabhängig geregelt und auch ganz abgeschaltet werden. So konnte der Pilot z. B. beim Anflug einen Motor abschalten, wodurch Treibstoff gespart und damit die Reichweite erhöht wurde. Der Erstflug der Fairey Gannet erfolgte am 19. September 1949. Das in Speyer gezeigte Exemplar war bei der Bundesmarine im Einsatz.

Technische Daten Baujahr: 1958; Spannweite: 16,56 m; Motor: Armstrong Siddeley Double Mamba mit 2950 PS; Höchstgeschw.: 500 km/h; Startgewicht: 9800 kg

The Fairey Gannet was designed in the later forties as a carrier-based submarine chaser. An exceptional feature of the three-seater plane was its propulsion which consisted of two counter-rotating propellers driven by a dual engine. Each of the propellers could be independently controlled or switched off altogether. This enabled the pilot to switch off one engine e.g. in approach, thus saving fuel and extending the range of the airplane. The first flight of the Fairey Gannet took place on September 19, 1949. The exhibit shown in Speyer was used by the German Bundesmarine (Federal Navy).

Technical Data Year of Construction: 1958: Wing Span: 16,56 m; Engine: Armstrong Siddeley Double Mamba with 2950 hp; Maximum Speed: 500 km/h; Take-off Weight: 9800 kg

North American Bronco OV-10

Die Bronco wurde in den 60er Jahren für das US Marine Corps entwickelt und später auch für die US Air Force gebaut. Angetrieben wurde das Flugzeug durch zwei Garrett T 76 Propellerturbinen mit einer Leistung von jeweils 1040 WPS. Ausgerüstet mit einem vorwärtsgerichteten Infrarotgerät und einem Laser-Zielmarkierer wurde die Bronco als Aufklärer und Beobachtungsflugzeug speziell in der Nacht eingesetzt. Das gezeigte Exemplar, gebaut 1968, stammt aus den Beständen der Bundesluftwaffe. Es war dort als Ziel-Schleppflugzeug verwendet worden.

Technische Daten Erstflug: 1965; Spannweite: 12,19 m; Höchstgeschw.: 463 km/h; Startgewicht: 6550 kg

The Bronco was developed in the sixties for the US Marine Corps and later on also built for the US Air Force. The plane was powered by two Garret T 75 propeller turbines with an output of 1040 shaft hp each. Equipped with a forward-trained infrared device and a laser target marker the Bronco was used as a scout- and observation plane, especially at night. The specimen on exhibit in the Technik Museum in Speyer, which was built in 1968, originated from the arsenal of the Deutsche Bundesluftwaffe (German Federal Airforce) where it had been used before as a target-tow plane.

Technical Data First Flight: 1965; Wing Span: 12,19 m; Maximum Speed: 463 km/h; Take-off Weight: 6550 kg

Dassault-Bréguet / Dornier „Alpha-Jet" E

Technische Daten
Baujahr: 1977
Spannweite: 9,11 m
Triebwerk: 2 x SNECMA Turboméca Larzac 04 mit je 1350 kp Schub
Höchstgeschw.: 1004 km/h

Technical Data
Year of Construction: 1977
Wing Span: 9,11 m
Engine: 2 x SNECMA Turboméca Larzac 04 with 1350 kp thrust each
Maximum Speed: 1004 km/h

Der „Alpha-Jet" ist eine deutsch-französische Gemeinschaftsentwicklung der 1970er Jahre. Dieser für Unterschallgeschwindigkeit ausgelegte Flugzeugtyp diente bei der deutschen Luftwaffe ausschließlich als leichter Kampfbomber zur Luftnahunterstützung, in Frankreich wurde er auch als Ausbildungsflugzeug eingesetzt. Auch die französische Kunstflugstaffel „Patrouille de France" flog den „Alpha-Jet". Insgesamt wurden rund 350 Maschinen dieses Typs gebaut.

The "Alpha-Jet" is the result of a German-French joint-effort-venture of the 1970s. In the German air force this craft, designed for subsonic speeds, was used as a light fighter-bomber for close-range aerial support only, while the French side also used it as a training plane. In addition to that the Alpha-Jet was also used by the French aerobatic squadron "Patrouille de France". Altogether 350 craft of this type were built.

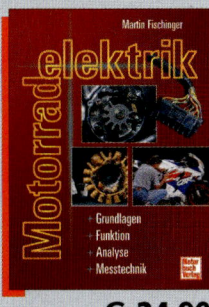

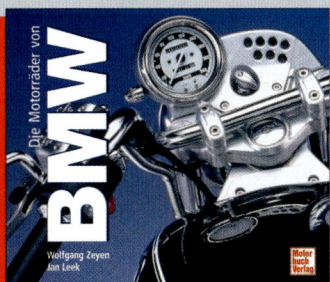
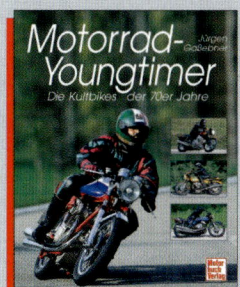

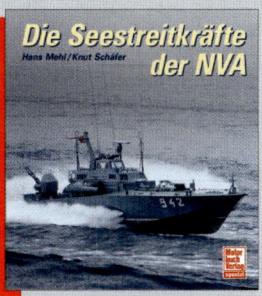

Alouette II

Technische Daten
Baujahr: 1960
Rotordurchmesser: 10,2 m
Triebwerk: Turbomeca
Artoúste mit 395 WPS
Höchstgeschw.: 185 km/h

Technical Data
Year of Construction: 1960
Rotor Diameter: 10,2 m
Engine: Turbomeca Artoúste
with 395 shaft hp
Maximum Speed: 185 km/h

Die Alouette II, entwickelt von der Firma Aérospatiale, war einer der ersten Mehrzweckhubschrauber mit einer Wellenturbine. Er zeichnete sich besonders durch seine Zuverlässigkeit und die vielfältigen Einsatzmöglichkeiten aus. Im Juni 1958 stellte eine Alouette II mit 10 981 m einen Höhenweltrekord für Hubschrauber auf. Die Alouette II wird sowohl im zivilen als auch im militärischen Bereich eingesetzt. Über 1300 Stück wurden gefertigt. Das gezeigte Exemplar stammt von den deutschen Heeresfliegern.

The Alouette II, developed by the Aérospatiale company, was one of the first multiplepurpose helicopters with a shaft turbine. It stands out in particular for its reliability and wide operational range. In 1958 an Alouette II set the altitude world record for helicopters with 10,981 m. The Alouette II is used in both the civil- and military field. More than 1300 units were produced. The item on exhibit came from the German Army Airforce.

Mil Mi-2

Technische Daten
Erstflug: 1961
Höchstgeschw.: 190 km/h
Gipfelhöhe: 4000 m

Technical Data
First Flight: 1961
Maximum Speed: 190 km/h
Top Altitude: 4000 m

Die ersten zwei Prototypen der Mi-2 wurden in der ehemaligen Sowjetunion gebaut. Die Produktion und Weiterentwicklung erfolgte ab 1965 bei PZL / Swidnick in Polen. Angetrieben wird die Maschine von zwei Isotow-Turbinen mit einer Leistung von jeweils 450 WPS. Von 1965 bis 1985 wurden insgesamt 3500 Exemplare für zivile und militärische Zwecke gebaut. Der Hubschrauber hat eine Reichweite von 1700 km und kann 7 bis 9 Passagiere oder 950 kg an Gewicht aufnehmen. Das gezeigte Exemplar stammt aus Beständen der sowjetischen Luftwaffe.

The first two prototypes of the Mi-2 were built in the former Soviet Union. Starting in 1965 production and further development followed at PZL / Swidnick in Poland. The craft is powered by two Isotow-turbines with a performance of 450 shaft hp each. Altogether 3500 units were built from 1965 through 1985 for both civil- and military purposes. The helicopter has a scope of 1700 km and can either accommodate 7 to 9 passengers or hold a load of 950 kg. The craft on exhibit originated from the arsenal of the Soviet Airforce.

Mil Mi-14 PL/BT

Technische Daten
Baujahr: 1980
Rotordurchmesser: 21,3 m
Triebwerk: 2 x Isotow TW 3-117 M Wellenturbinen mit je 2200 WPS
Höchstgeschw.: 230 km/h
Startgewicht: 14 000 kg

Technical Data
Year of Construction: 1980
Rotor Diameter: 21,3 m
Engine: 2 Isotow TW3-117M shaft turbines with 2200 shaft hp each
Maximum Speed: 230 km/h
Take-off Weight: 14000 kg

Der U-Boot Ortungs- und Jagdhubschrauber Mi-14 PL wurde in der Sowjetunion gebaut. Er flog aber auch in anderen Ostblockländern. Dieses Exemplar stammt aus der ehemaligen DDR. Der untere Teil des Rumpfes ist bootsmäßig ausgestaltet, das Fahrwerk ist einziehbar. Der Hubschrauber ist dadurch voll schwimmfähig. Mit zielsuchenden Torpedos und Raketen konnte er auch gegen Schiffsziele eingesetzt werden. In der Ausbuchtung am Bug war ein Ortungsgerät eingebaut.

The submarine-locating and combat helicopter Mi-14 PL was built in the Soviet Union. It also operated in other countries of the Eastern Bloc. The specimen originated from the former GDR. The lower part of the body is built boatlike, the landing gear is retractable. This way, the helicopter is absolutely amphibious. Equipped with homing torpedos and rockets it could also be used against ship targets. A locating device was installed in the bulge at the nose.

Mil Mi-24 P

Technische Daten
Baujahr: ca. 1988
Rotordurchmesser: 17 m
Triebwerk: 2 x Isotow TV 3-117-Wellenturbinen mit je 2200 WPS
Höchstgeschw.: 330 km/h
Startgewicht: 11 500 kg

Technical Data
Year of Constr.: ca. 1988
Rotor Diameter: 17 m
Engine: 2 Isotow TV 3-117-shaft turbines with 2200 shaft hp each
Maximum Speed: 330 km/h
Take-off Weight: 11 500 kg

Wahrscheinlich startete der Prototyp des Mi-24 P bereits 1972 zum ersten Flug. Die Konzeption sah einen kombinierten Kampf- und Transporthubschrauber vor, der bis zu acht voll ausgerüstete Soldaten und vier Tragbahren mitführen konnte. Die Besatzung bestand bei den ersten Versionen aus vier, später nur noch aus zwei Mann, dem vorne sitzenden Waffenoffizier und dem erhöht hinter ihm sitzenden Piloten.

Die Bewaffnung des Mi-24 P bestand aus einer doppelläufigen 23 mm Kanone an der Bugseite, 4 Panzerabwehrraketen, Raketenbehältern mit je 32 Raketen und weiteren Lenkwaffen.

Das Museumsstück stammt aus NVA-Beständen. Die 23 mm Kanone ist nicht montiert, außerdem sind zwei Raketenbehälter durch Zusatztanks ersetzt.

Presumably, the prototype of the Mi-24 P accomplished its first flight in 1972 already. The concept was providing for a combined combat and transport helicopter which could accommodate up to eight soldiers in full equipment and four stretchers. The first versions had a crew of four, while later models were manned by only two, the gunner in front with the pilot on a raised seat behind him.

Armament of the Mi-24 P consisted of a double-barreled 23 mm gun at the nose, 4 anti-tank missiles, 2 containers holding 32 rockets each and further guided missiles.

The museum's exhibit came from the arsenals of the former NVA (National Peoples Army) of the GDR. The 23 mm gun is not mounted, and two rocket containers have been substituted by spare fuel tanks.

Beech 50 Twin Bonanza

Die Twin Bonanza ist ein interessantes Flugzeug, das erste amerikanische Nachkriegsmodell eines zweimotorigen Leichtflugzeugs für einen Piloten und fünf Passagiere. Es handelt sich um einen freitragenden Tiefdecker in Ganzmetallbauweise mit geschlitzten Hinterkantenklappen, einem konventionellen Leitwerk, einziehbarem Dreibeinfahrwerk und nicht zuletzt einem schnittigen Aussehen. Der Erstflug erfolgte 1949. Als Antrieb dienten zwei 260 PS Avco-Lycoming Sechszylinder-Motoren. Die Höchstgeschwindigkeit betrug 375 km/h. Das Flugzeug kam 1988 in einem perfekten Zustand ins Museum, mußte aber voll flugfähig an die Decke gehängt werden da die deutschen Behörden eine Zulassung trotz mehrerer Umbauten verweigerten.

The Twin Bonanza is an interesting airplane, the first American postwar model of a twin-engined light plane for one pilot and five passengers. It is an all-metal, cantilever low-wing plane with slotted trailing edge flaps, a conventional tail unit, retractable tricycle landing gear and, but not least, a stylish appearance. The first flight took place in 1949. Two 260 hp Avco-Lycoming six-cylinder engines were used as propulsion. The maximum speed was 375 km/h. In 1988, the aircraft was acquired by the museum in top condition but finally had to be hung up under the rafters in completely airworthy condition because the German authorities refused to grant permission of the plane in spite of numerous reconstructions.

Lebendige Geschichte und lebensfrohe Gegenwart

Nähere Information:
Tourist-Information Speyer
Maximilianstraße 13
67346 Speyer
Telefon (0 62 32) 14 23 92
Fax (0 62 32) 14 23 32
touristinformation@stadt-speyer.de
www.speyer.de

... herzlich willkommen in der Dom- und Kaiserstadt Speyer am Rhein.

Entdecken Sie die Historische Altstadt,
den Dom zu Speyer – UNESCO-Welterbe –
oder eines der vielen anderen Kulturdenkmäler
wie das Altpörtel, das Judenbad oder
die Dreifaltigkeitskirche.
Auch unsere Museen mit Ideen,
wie das Historische Museum
oder das Technik Museum
mit den IMAX-Filmtheatern
und das Großaquarium Sea Life
freuen sich auf Ihren Besuch.

SPEYER

Dornier C 3605

Von der Dornier C 36 wurden von 1936 bis 1945 150 Exemplare in 5 Baureihen (C 3601 - C 3605) gebaut. Bis 1952 diente das Museumsstück der Schweizer Luftwaffe als Kampfflugzeug, danach wurde es umgerüstet und bis 1987 als Schleppflugzeug für militärische Zieldarstellung genutzt. Dies ist auch der Grund für die auffällige Lackierung. Da bei Manövern mit scharfer Munition auf das geschleppte Ziel geschossen wird, ist es überlebenswichtig, dass das Ziel und das Schleppflugzeug eindeutig zu unterscheiden sind.

Nach 51 Jahren Dienst wurden 1987 die letzten C 3605 von der Schweizer Luftwaffe ausgemustert. Heute fliegen weltweit nur noch acht Exemplare dieses sehr robusten Oldtimers. Das Exemplar des Technik Museum Speyer mit dem deutschen Kennzeichen D-FOXY ist die einzige flugfähige Maschine dieses Typs in Deutschland. Ein zweites Exemplar, das sich im Besitz eines anderen Vereinsmitglieds befindet und im Notfall als Ersatzteilquelle dienen kann, befindet sich im Auto & Technik Museum Sinsheim.

Seit der Eröffnung des Technik Museum Speyer dient der voll flugfähige Oldtimer nicht nur als museales Anschauungsobjekt sondern insbesondere auch als Museumsflugzeug, das bei Flugvorführungen die Zuschauer immer wieder aufs neue begeistert. Auch im Museumsfilm „Klassiker" können Sie das durch seine Größe und die besondere Formgebung herausragende Flugzeug in Aktion erleben. Geflogen wird die D-FOXY vom Museumspiloten und Vereinsmitglied Klaus Marzina.

Technische Daten Erstflug: 1936; Spannweite: 13,74 m; Motor: Avco Lycoming Propellerturbine mit 1115 PS; Höchstgeschw.: 500 km/h; Dienstgipfelhöhe: 9500 m; Reichweite 1250 km

From 1936 through 1945 altogether 150 units of the Dornier C 36 were built in 5 series (C 3601 through C 3605). Up to 1952 the museum's exhibit was used by the Swiss airforce as fighter plane, thereafter it was converted and used as an aerotow for military targets up to 1987. This is what caused the conspicuous paint-job. Since live ammunition is aimed at the towed target in manoeuvres it is of vital importance to be able to tell target and towcraft apart.

After 51 years of action the last C 3605 craft were taken out of service by the Swiss airforce in 1987. These days there are but eight specimen of this highly robust historical craft in active service worldwide. The specimen at the Technik Museum Speyer with the German markings D-FOXY is the only airworthy craft of this type in Germany. A second specimen that is owned by another club member, and which could be used as source for spares if needed, is stationed at the Auto & Technik Museum Sinsheim.

Ever since the opening of the Technik Museum Speyer the fully airworthy historical craft cannot only be viewed as an exhibit of the museum but it is used in particular also as a museum plane which is fascinating onlookers time and again at flight-show performances. You can also see this plane, whose distinguishing features are its size and in particular also its styling, in the museum film "Klassiker". At the controls of the D-FOXY is the museum's pilot and club member Klaus Marzina.

Technical Data First flight : 1936; Wingspan: 13,74 m; Engine : Avco Lycoming turbopropeller with 1115 hp: Max. speed: 500 km/h; Service altitude: max. 9500 m; Range : 1.250 km

Herzlich Willkommen! Welcome!

Das weltberühmte Schloss Heidelberg und Schloss Schwetzingen mit seinem traumhaften Park haben ganzjährig ihre Tore für Sie geöffnet. Welches das schönere von beiden ist? Entscheiden Sie selbst – beide Schlösser liegen nur wenige Kilometer voneinander entfernt.

- Festliche Räume für Tagungen, Bankette, Bälle, Hochzeiten oder Firmen-veranstaltungen finden Sie unter www.schloesser-und-gaerten.de.
- Speisen Sie fürstlich in einem unserer Schlossrestaurants.
- Oder erleben Sie Geschichte live in einer spannenden Führung, die Sie unter Telefon +49 (0) 6221-5384-31, Fax - 30 oder info@service-center-schloss-heidelberg.com buchen können.

The two world-famous castles in Heidelberg and Schwetzingen with its beautiful park both open their doors all year round. So which is the nicer of the two? Why not make up your own mind and take a look at both, as they are just a few miles apart!

- You can find function rooms for meetings, conventions, banquets, balls, weddings or corporate events at: www.schloesser-und-gaerten.de.
- Eat a dinner of kings in one of our castle restaurants.
- Or let history come alive in an exciting tour – available for booking: Tel: +49 (0) 6221-5384-31, Fax +49 (0) 6221-5384-30 E-mail: info@service-center-schloss-heidelberg.com

Schloss Heidelberg / Heidelberg castle

Schloss Schwetzingen / Schwetzingen castle

STAATLICHE SCHLÖSSER UND GÄRTEN

Antonov An-2

Technische Daten
Erstflug: 1947
Spannweite: 18,18 m
Motor: Asch-62-Sternmotor
mit 1000 PS Leistung
Höchstgeschw.: 200 km/h
Startgewicht: 5500 kg

Technical Data
First Flight: 1947
Wing Span: 18,18 m
Engine: Asch-62-rotary motor
with 1000 hp
Maximum Speed: 220 km/h
Take-off Weight: 5500 kg

Die An-2 ist der größte Doppeldecker, der jemals gebaut wurde. Noch heute, 50 Jahre nach dem Erstflug, wird dieses robuste Flugzeug aus sowjetischer Produktion in vielen Ländern geflogen. Die An-2 bietet Platz für 12 bis 14 Passagiere oder 1240 kg Fracht. Sie kann auch auf kleinen und unvorbereiteten Plätzen starten und landen. In der Militärausführung erhielt sie von der NATO den Codenamen „Colt". Das Museumsstück wurde vom Bürgermeister der Stadt Kursk in Südrußland, die mit Speyer partnerschaftlich verbunden ist, gespendet.

The An-2 is the largest biplane which has ever been built. Even today, 50 years after the first flight, this robust biplane from the former Sowjet Union is being flown in many countries. The An-2 accommodates 12 to 14 passengers or holds a load of 1240 kg. It can take off and land even on small and unprepared strips. The code name assigned to its military version by the NATO was "Colt". The specimen on exhibit at the Museum was donated by the Mayor of the City of Kursk in South Russia, the twin town of Speyer.

Rockwell Aero Commander 680F

Technische Daten
Baujahr: 1955
Reichweite: 1100 km
Motor: 2 x Avco Lycoming
GS0-480-A1A6 mit je 340 PS
Höchstgeschw.: 350 km/h
Startgewicht: ca. 3000 kg

Technical Data
Year of Construction: 1955
Range of Operation: 1100 km
Engine: 2 Avco-Lycoming GS0-480-A1A6 with 340 hp each
Take-off Weight: ca. 3,000 kg

Im Jahr 1952 begann der Flugzeugbauer Rockwell in Burton / Ohio mit der Serienproduktion der Typenreihe Aero Commander. Insgesamt wurden über 2000 Exemplare gebaut. Das gezeigte Flugzeug, eine Aero Commander 680F, ging 1955 in Serie. Die zweimotorige Propellermaschine diente 25 Jahre lang als Vermessungsflugzeug, insbesondere für die Kartographieerstellung.

The series production of the Aero Commander model was started by the airplane manufacturer Rockwell of Burton, Ohio in 1952. About 2,000 units of this type were built. The exhibit, an Aero Commander 680 F, went into the production line in 1955. The twin-engined propeller plane served for 25 years as a land survey plane, and here in particular for cartographical purposes.

Antonov An-26

Die An-26 ist ein mittleres Transportflugzeug für Kurz- und Mittelstrecken. Eine große Heckladeluke ermöglicht das schnelle Verladen auch von sperrigen Gütern. Das Flugzeug im Museum wurde in der ehemaligen DDR als Regierungsflugzeug eingesetzt. Es diente vornehmlich dem ehemaligen Staatsratsvorsitzenden Erich Honecker als Privatmaschine und hat ein Ruhe- und ein Arbeitsabteil. Im Laderaum konnte ein Dienstwagen mitgenommen werden.
Technische Daten Baujahr: 1980; Spannweite: 29,20 m; Triebwerk: 2 x AI-24WT Turboprop mit je 2820 PS; Höchstgeschw.: 435 km/h; Startgewicht: 24 600 kg

The An-26 is an average cargo plane for short- and medium hauls. A large tailgate permits speedy loading even of bulky cargo. The plane at the museum served in the former GDR as a government craft. Presumably, it was used by the former head of state, Erich Honecker, as his private plane and is equipped with a rest- and office-compartment. An official car could be transported in the cargo hold.
Technical Data Year of Construction: 1980; Wing Span: 29,20 m; Engine: 2 x AI-24WT turboprop with 2820 hp each; Maximum speed: 435 km/h; Take-off weight: 24,600 kg

Aero L-29 „Delfin"

Technische Daten
Erstflug: 1959
Triebwerk: AM 701 C mit 890 kp Schub
Höchstgeschw.: 655 km/h
Startgewicht: 3500 kg

Technical Data
First Flight: 1959
Wing Span: 18,18 m
Engine: AM 701 C with 890 kp thrust
Maximum Speed: 655 km/h
Take-off Weight: 3500 kg

Im Rahmen eines Wettbewerbs der Länder des ehemaligen Warschauer Paktes wurde die tschechische „Delfin" 1961 als bestes Schulflugzeug ausgewählt. Bis 1974 entstanden im Werk „Aero Vodochody" etwa 3600 Exemplare. In der ehemaligen DDR flogen zwischen 1963 und 1981 50 Maschinen dieses Typs. Das Museumsstück stammt aus der Tschechoslowakei.

On occasion of a competition among the countries of the former Warsaw Pact in 1961 the Czech "Delfin" was chosen as best training plane. Up to 1974 approximately 3,600 units were built at the "Aero Vodochody" works. Fifty planes of this type were flying in the former GDR between 1963 and 1981. The specimen on exhibit originated from Czechoslovakia.

Antonov An-22

Tausende Schaulustige und Medienvertreter waren am 29. Dezember 1999 auf das Gelände des Flugplatz Speyer geströmt, um ein ganz besonderes Spektakel mitzuerleben - die Landung eines riesigen Antonov An-22 Großraumflugzeugs. Mit einer Spannweite von 64 Metern und einem Leergewicht von 114 Tonnen ist die An-22 das größte Propeller getriebene Flugzeug der Welt. Die Landung auf der nur knapp 1300 Meter langen Rollbahn in Speyer war daher selbst für die erfahrenen Testpiloten, die die Antonov in Kiew übernommen und zunächst non-stop zum Flughafen Karlsruhe / Baden-Baden geflogen hatten, eine Herausforderung. Die akribischen Vorbereitungen, in deren Verlauf sogar der Dachstuhl eines Gebäudes auf dem Museumsgelände aus Sicherheitsgründen teilweise abgetragen werden mußte, sollten sich jedoch auszahlen. Nach nur zwei Testanflügen setzten die Piloten die Maschine punktgenau auf der Landebahn auf und brachten sie ohne Probleme zum stehen. Der Transport auf das benachbarte Museumsgelände erforderte dann erneut Millimeterarbeit. Diese Aufgabe wurde von den Spezialisten der Firma

Kübler aus Schwäbisch-Hall, die für ihre große Erfahrung mit Schwertransporten bekannt ist, mit Bravour erledigt.

Die An-22 war als ziviles und militärisches Transportflugzeug konzipiert, das Lasten von bis zu 100 Tonnen auch in unwegsame Regionen ohne feste Landebahn bringen konnte. Im Notfall waren für Start und Landung eine feste Graspiste ausreichend. Im riesigen, 33 Meter langen und 4,4 Meter breiten Laderaum finden drei voll beladene Kieslaster bequem Platz und die An-20 hätte keine Mühe, mit dieser Last auch abzuheben. Maschinen dieses Typs waren u.a. bei der Erschliessung Sibiriens von entscheidender Bedeutung.

Technische Daten Länge: 57,31 m; Höhe: 12,54 m; Spannweite: 64,40 m; Flügelfläche: 345 qm; Leergewicht: 118 727 kg; max. Startgewicht: 225 000 kg; Reisegeschwindigkeit: 580 km/h; Höchstgeschwindigkeit: 600 km/h; Landegeschwindigkeit: 240 km/h; Startrollstrecke: 1460 m; Landerollstrecke: 1040 m; Volllastreichweite: 5000 km; Motoren: 4x Propellerturbine - Samara / Kusnetsov NK-12MA; Motorleistung: 14805 wps; Besatzung: 5

Thousands of onlookers and members of the media were flocking to the airfield in Speyer on December 29, 1989 to witness an extraordinary spectacle - the landing of a giant Antonov An-22 wide-bodied aircraft. With a wing span of 64 meters and an unladen weight of 114 tons the An-22 is the world's largest propeller-driven aircraft. Landing on the Speyer runway with a mere length of just 1,300 meters, therefore, was a real challenge even for the highly experienced test pilots who had taken charge of the Antonov in Kiew and initially had flown her non-stop to Karlsruhe / Baden-Baden airport. But the meticulous preparations, in the course of which it proved necessary, as a matter of fact, to dismantle part of the roof truss of a building on the museum grounds from safety reasons, were to pay in the end. After but two test approaches the pilots brought the craft down dead on the spot bringing it to a stop on the runway without any problems. The transport to the museum grounds thereafter again required precision work. This task was taken care of in a brilliant performance by the experts from Kübler of Schwäbisch-Hall who are well-known for their extensive experience in the handling of heavy goods transports.

The An-22 had been designed as a civil and military cargo craft that could haul loads of up to 100 tons even into rough territory without a regular runway. In an emergency a solid turf strip was sufficient. The huge cargo hold with a length of 33 meters and a width of 4,4 meters will easily accommodate three trucks fully loaded with gravel, and to lift off with this load would not be any problem at all for the An-22. Aircraft of this kind played a major role, for instance, in the development of Siberia.

Technical data Length: 57,31 m; Height: 12,54 m; Wing Span: 64,40 m; Wing Surface: 345 sqm; Unladen Weight: 118,727 kg; Max. Take-off Weight: 225,000 kg; Cruising Speed: 580 km/h; Maximum Speed: 600 km/h; Landing Speed: 240 km/h; Take-off Run: 1,460 m; Landing Run: 1.040 m; Full-load Range: 5000 km; Engines: 4 x Turbopropeller - Samara / Kusnetsov NK-12MA; Engine capacity: 14805 wps; Crew: 5.

Bild gegenüberliegende Seite links: Der riesige Frachtraum der Antonov hat ein Volumen von 640 m³. Bild gegenüberliegende Seite rechts: Der berühmte Alpinist Hans Kammerlander bei einem Rundgang auf den Tragflächen. Bilder oben: Die Antonov bei einem Testanflug und beim Aufsetzen auf dem Flugplatz Speyer. Der Transport auf das Museumsgelände erfolgte durch die Firma Kübler.

Picture opposite page left : The gigantic cargo hold of the Antonov has a volume of 640 m³. Picture on opposite page right: The famous alpinist Hans Kammerlander taking a tour of the wings. Pictures top: The Antonov in a test approach and landing at Speyer airfield. Transport to the museum grounds was performed by Messrs. Kübler.

Dassault „Mercure 100"

Technische Daten
Erstflug: 1971
Spannweite: 30,56 m
Triebwerk: 2 x Pratt & Whitney JT8D-15 Strahlturbinen mit je 7030 kp Schub
Höchstgeschw.: 925 km/h

Technical Data
First Flight: 1971
Wing Span: 30,56 m
Engine: 2 Pratt & Whitney JT8D-15 jet turbines with a thrust of 7030 kp each
Maximum Speed: 925 km/h

Mit der „Mercure 100" präsentierte der französische Flugzeugbauer Dassault zu Beginn der 1970er Jahre ein konsequent für den Kurzstreckeneinsatz konzipiertes Passagierflugzeug, das der Boeing 737 Marktanteile abnehmen sollte. Die „Mercure" bot Platz für 150 Passagiere, die Reichweite lag je nach Zuladung zwischen 700 und 1500 Kilometer. Das ausgestellte Exemplar war über 20 Jahre bei der französischen Fluggesellschaft „Air Inter" im Einsatz. Es wurde im Frühjahr 1995 außer Dienst gestellt und dem Museum geschenkt.

At the beginning of the 1970s the French aircraft builder Dassault presented the "Mercure 100" that was consequently designed as a short range air-liner which should compete with the Boeing 737. The "Mercure" offered space for 150 passengers, its operation range was between 700 and 1500 kilometers, depending on the payload. The specimen on exhibit in the museum was used for more than 20 years by the French airline "Air Inter". It was deactivated in 1995 and donated to the Museum.

Fokker VFW 614

Technische Daten
Erstflug: 14.7.1971
Spannweite: 21,50 m
Triebwerk: 2 x Rolls-Royce M45H
Höchstgeschw.: 735 km/h
Reichweite: 12 000 km

Technical Data
First Flight: July 14, 1971
Wing Span: 21,50 m
Engine: 2 Rolls-Royce M45H
Maximum Speed: 735 km/h
Operation Range: 12 000 km

Die VFW 614 im Museum markiert einen Meilenstein des deutschen Flugzeugbaus. Dieser Flugzeugtyp war der erste Passagierjet, der in der Bundesrepublik Deutschland entwickelt und gebaut wurde. Die Maschine ist ein selbsttragender Tiefdecker für 40 Passagiere, bei dem die Triebwerke über den Tragflächen angebracht wurden, um Starts und Landungen auch auf unbefestigten Plätzen zu ermöglichen. Mit der Entwicklung dieses Flugzeugs wurde der Grundstein für die Beteiligung Deutschlands am Airbus-Programm gelegt. Viele technische Neuerungen, die in der VFW 614 erstmals Anwendung gefunden haben, bilden noch heute die Basis für die Entwicklung neuer Airbus-Typen. Das Flugzeug kann besichtigt und über eine Abenteuerrutsche verlassen werden!

The VFW 614 in the museum represents a milestone of German aircraft engineering. It was the first passenger jet that was developed and built in Germany. The aircraft is a self-supporting low-wing plane for 40 passengers, with engines mounted above the wings to facilitate take-offs and landings even on unsurfaced landing strips. With the development of this plane the German aircraft industry laid the foundation for its participation in the Airbus programme. Many innovations which were first realized in the VFW 614 are still providing a basis for the development of new Airbus types. The plane can be toured and even exited by an adventure slide!

Die Weltsensation im
TECHNIK MUSEUM SPEYER

- Der einzige „Jumbo Jet", der jemals demontiert und wieder zusammengebaut wurde.

- Der einzige „Jumbo Jet" außerhalb eines Flugplatzes.

- Der einzige „Jumbo Jet" auf Stelzen in Flugposition.

- Der einzige „Jumbo Jet" mit einem begehbaren Flügel.

365 Tage im Jahr geöffnet!

Boeing 747 „Jumbo Jet"

Der „Jumbo Jet" im Technik Museum Speyer ist das einzige Flugzeug dieses Typs außerhalb eines Flugplatzes und auch das einzige Exemplar, das jemals zerlegt und wieder zusammengebaut wurde. Im Frühjahr 2002 war es gelungen, von der Lufthansa eines dieser riesigen Großraumflugzeuge für die Flugzeugausstellung zu bekommen.

Der Transport des Giganten der Lüfte nach Speyer war eine der größten Herausforderungen, der sich das Museum bis dahin gegenüber gesehen hatte. Die erste Etappe von Frankfurt zum Flughafen Karlsruhe/Baden-Baden konnte noch fliegend zurückgelegt werden. Nach dem fachgerechten Zerlegen des Flugzeugs begann die zweite Etappe mit dem Verladen der Einzelteile. Das größte Problem war der Transport des gigantischen Rumpfes mit einer Länge von rund 70 Metern. Mit riesigen Kränen wurde er auf einen Spezialtransporter gehoben, zur Nato-Rampe in

Söllingen gefahren, auf einen Lasten-Ponton verladen und auf dem Rhein zu einem Naturhafen nahe Speyer gefahren. Von dort ging es dann wieder auf dem Landweg weiter. Die gesperrten Straßen waren gesäumt von zehntausenden Zuschauern. Für die fünf Kilometer ins Technik Museum Speyer benötigte der Schwertransport ungefähr zwei Stunden. Im mehrmonatiger Arbeit wurde die Maschine dann wieder zusammengebaut und in Flugposition auf ein riesiges Stahlgerüst montiert, das von unserem Statiker, Herrn Dipl. Ing. Reinhold Hildebrandt aus Mühlacker, konstruiert wurde. Der Innenraum kann komplett besichtigt werden, sogar einer der Flügel ist begehbar. Die Innenverkleidung wurde teilweise demontiert, um einen Eindruck von der Konstruktion eines solchen Großraumflugzeugs zu geben (siehe Bild auf der gegenüberliegenden Seite unten links).

Wir möchten uns an dieser Stelle ganz herzlich bei der Deutschen Lufthansa AG und der Stadt Speyer bedanken, die es uns ermöglicht haben, einen „Jumbo Jet" in dieser Form zu präsentieren und begehbar zu machen. Wir haben dieses Ereignis zum Anlass genommen, der Deutschen Lufthansa AG die Ehrenmitgliedschaft in unserem Museumsverein zu verleihen.

Übergabe des symbolischen Kaufpreises von 1 Euro an Herrn Dr. Gerald Gallus, Vorstandsmitglied der Lufthansa Technik AG (4. v. l.) durch Museumsleiter Hermann Layher (2. v. l.) auf dem begehbaren Flügel des „Jumbo Jet" in Anwesenheit des Oberbürgermeisters der Stadt Speyer, Werner Schineller (3. v. r.).

Handing over of the symbolic purchasing price of Euro 1 to Dr. Gerald Gallus, member of the board of Lufthansa Technik AG (4th from the left) by the Museum's Director Hermann Layher (2nd from the left) upon the walk-in wing of the "Jumbo Jet" in the presence of the Lord Mayor of the City of Speyer, Werner Schineller (3rd from the right).

The "Jumbo Jet" at the Technik Museum Speyer is the only craft of this type stationed at a location other than an airfield, and also the only specimen ever that has been dismantled and reassembled. In spring of 2002 it was possible to get one of these huge wide-bodied aircraft from Lufthansa for our exhibition of airplanes.

The transport of this giant of the airs to Speyer was one of the greatest challenges ever encountered by the Museum so far. The first leg from Frankfurt to the airport Karlsruhe/Baden-Baden could still be managed on wing. Upon an expert dismantling of the craft the second leg started by loading the separate parts. The greatest problem was the transport of the gigantic fuselage with a length of a round 70 meters. With huge cranes it was hoisted upon a special transporter, transferred to the NATO ramp in Söllingen, loaded onto a heavy-goods pontoon and brought on the Rhine to a natural harbour near Speyer. From there the journey continued once more by land. Ten thousands of onlookers lined the closed off roads. It took the heavy-goods transport about two hours to manage the five kilometres distance to the Technik Museum Speyer. In months of efforts the craft was then reassembled and mounted in flight-position on a huge tubular-steel scaffolding designed by our structural engineer, Dipl. Ing. Reinhold Hilde-brandt of Mühlacker. The entire inside of the craft, and even one of the wings is accessible for viewing. Part of the inside lining has been removed to give an impression of the design of a wide-bodied craft of this kind (see the picture bottom left).

We wish to take this opportunity to convey our sincere grati-tude to the Deutsche Lufhansa AG and the City of Speyer both of whom made it possible for us to present the "Jumbo Jet" in this way, and to make it accessible for viewing. We have taken this event as an occasion to convey the honorary membership in our Museum Society to the Deutsche Lufthansa AG.

Das Werkstatt-Team der Museen hat bei der Zerlegung und dem Aufbau des „Jumbo Jet" hervorragende Arbeit geleistet. - The workshop team of the museums did a magnificent job dismantling and reassembling the "Jumbo Jet". Von links / From left: Holger Hamann, Peter Duba, Robert Selmanaj, Jürgen (Schorsch) Beyer, Armin Hönig, Mathias Walter.

Boeing 747 „Jumbo Jet"

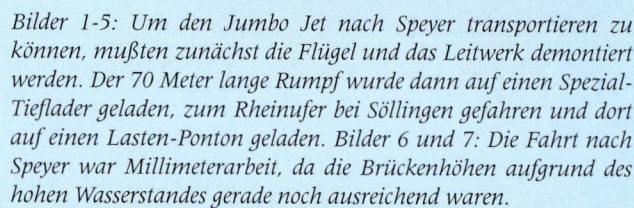

Bilder 1-5: Um den Jumbo Jet nach Speyer transportieren zu können, mußten zunächst die Flügel und das Leitwerk demontiert werden. Der 70 Meter lange Rumpf wurde dann auf einen Spezial-Tieflader geladen, zum Rheinufer bei Söllingen gefahren und dort auf einen Lasten-Ponton geladen. Bilder 6 und 7: Die Fahrt nach Speyer war Millimeterarbeit, da die Brückenhöhen aufgrund des hohen Wasserstandes gerade noch ausreichend waren.

Pictures 1-5: To be able to transport the Jumbo Jet to Speyer, wings and fuselage had first to be dismantled. The fuselage with a length of 70 meters was then loaded unto a special low-loader and brought to the river bank of the Rhine at Söllingen to be loaded there unto a heavy-load pontoon. Pictures 6 and 7: The voyage to Speyer required millimeter-precise navigation since, due to the high water level, clearing the bridges was a tricky venture.

Stationen einer Reise - Stations of a Journey

Bilder 8-10: Im Naturhafen Speyer erfolgte dann die erneute Verladung auf den Tieflader. Aufgrund der engen Platzverhältnisse war das Wendemanöver extrem schwierig. Bilder 11 - 13: Auf der Straße ging es dann weiter zum Technik Museum.

Pictures 8-10: Loading to the low-loader once more at the natural harbor of Speyer. The turning manoeuvre proved extremely difficult due to the confined space available. Pictures 11-13: Last stage of transport to the Technik Museum now on the road.

Boeing 747 „Jumbo Jet"

Zehntausende Schaulustige und viele Medienvertreter verfolgten den Transport des gigantischen Flugzeugrumpfes über die engen Straßen zum Gelände des Technik Museum Speyer. Dort wurde der „Jumbo Jet" wieder zusammengebaut und im März 2003 in Flugposition auf riesigen Stahlstützen montiert.

Tens of thousands of onlookers and many members of the media watched the transport of the gigantic plane over narrow roads to the site of the Technik Museum Speyer. There the "Jumbo Jet" was reassembled and in March 2003 it was mounted in flight position on huge steel pylons.

**Von einer Reise sollten Sie immer etwas mitnehmen.
Zum Beispiel ein Lächeln.**

Damit Sie entspannt ans Ziel kommen, machen wir Ihnen den Weg dahin
so angenehm wie möglich. Und das bereits am Boden: mit freundlichem
Personal, schnellen Check-ins und exklusiven Lounges. Dazu sorgt unser
preisgekrönter Bordservice dafür, dass Sie auch in 10.000 Meter Höhe
auf keinen Komfort verzichten müssen. Sie sehen: Es gibt viele Gründe,
mit uns zu fliegen. Mit einem Lächeln anzukommen ist nur einer davon.
Mehr Informationen finden Sie unter **www.lufthansa.com**

There's no better way to fly.   **Lufthansa**

Douglas DC-3 (Militärversion C-47 „Dakota")

Technische Daten
Serienfertigung: ab 1936
Spannweite: 29,10 m
Motor: 2 x Pratt & Whitney R1830 Sternmotor mit je 1200 PS
Höchstgeschw.: 370 km/h

Technical Data
Series Production: Starting in 1936
Wing Span: 29,10 m
Engine: 2 Pratt & Whitney R1830 rotary engines with 1,200 hp each
Maximum Speed: 370 km/h

Die DC-3 ist ähnlich legendär wie die Ju 52. Der Erstflug erfolgte am 17.12.1935, allein in den USA wurden bis 1945 ca. 10 700 Stück gefertigt. In der UDSSR wurde sie als Li-2 nachgebaut. Das ausgestellte Flugzeug machte seinen Erstflug 1958 bei der damals neu gegründeten Fluggesellschaft „Air Inter". Einige Jahre später nahm es als Versorgungsflugzeug an der berühmten Ralley „Paris-Dakar" teil. In einzelnen Ländern wird die DC-3 noch heute geflogen.

The legendary reputation of the DC-3 is similar to that of the Ju 52. The first flight took place on December 17, 1935. In the USA alone approx. 10,700 units were built up to 1945. In the USSR it was copied and built as Li-2. The plane on exhibit made its first flight in 1958 with the then newly founded "Air Inter" airline. Some years later it participated as supply plane in the famous "Paris-Dakar" Ralley. In some countries the DC-3 is being flown up to this day.

Nord 2501 „Noratlas"

Technische Daten
Erstflug: 1949 als Nord 2500
Spannweite: 32,50 m
Motor: 2 x SNECMA Hercules 739 Sternmotor mit je 2040 PS
Höchstgeschw.: 440 km/h
Startgewicht: 21 000 kg

Technical Data
First Flight: 1949 as Nord 2500
Wing Span: 32,50 m
Engine: 2 SNECMA Hercules 739 rotary motors with 2040 hp each
Maximum Speed: 440 km/h
Take-off Weight: 21,000 kg

Als Militär-Transportflugzeug gehörte die „Noratlas" ab 1951 zur Standardausrüstung der französischen Luftwaffe. Ab 1956 wurden in Deutschland 161 Stück in Lizenz gefertigt. Später wurde sie auch von der israelischen Luftwaffe genutzt. Zum Be- und Entladen kann das Rumpfheck geöffnet werden. Die hier ausgestellte Maschine wurde dem Museum freundlicherweise von der französischen Regierung zur Verfügung gestellt. Im Hintergrund ist das IMAX Dome Filmtheater zu sehen.

As a military transport plane the "Noratlas" was part of the standard equipment of the French Airforce since 1951. Starting in 1956, 161 units were manufactured in Germany under license. Subsequently it was also used by the Israeli Airforce. The fuselage tail opens for loading and unloading. The French government was kind enough to put the plane on exhibit at the Museum. In the background you can see the IMAX Dome movie theatre.

TRiSIGN

Standfest

Viele Flugzeuge in Sinsheim und Speyer stehen auf Rohren des Klöckner Rohr-Centers, einem der größten deutschen Stahlrohr-Händler mit bundesweiter Präsenz und eigener Lagerhaltung.

Durch unsere Rohrspezialisten erhielten Concorde und Jumbo sichere Standbeine für ihren letzten Standort.

Sie erhalten von uns geschweißte Rohre (DIN 2458 / EN 10220)

als Konstruktionsrohre

🟡_____ nach EN 10219
🟡_____ nach DIN 1615

als Leitungsrohre

🔴_____ nach DIN 1626 / EN 10217
🔴_____ nach DIN 1628 / EN 10217
🔴_____ nach DIN 2460 / EN 10224
🔴_____ nach DIN 2470 / EN 10208
🔴_____ nach API

Klöckner Rohr-Center

klöckner & co multi metal distribution

Breloher Steig 1
D-45279 Essen
Telefon   0201 5439-208
Telefax   0201 5439-222

www.kloeckner-rohr-center.de

De Havilland D. H. 100 „Vampire"

Technische Daten
Baujahr: 1951
Spannweite: 11,58 m
Triebwerk: D. H. Goblin 3
Strahlturbine mit 1520 kp
Schub
Höchstgeschw.: 882 km/h
Startgewicht: 5600 kg

Technical Data
Year of Construction: 1951
Wing Span: 11,58 m
Engine: D. H. Goblin 3 turbojet
with a thrust of 1520 kp
Maximum Speed: 882 km/h
Take-off Weight: 5600 kg

Die „Vampire" MK 1 war eines der ersten Düsenflugzeuge. Die Entwicklung begann bereits während des 2. Weltkriegs. Nach dem Krieg wurde die Maschine von vielen Ländern in Lizenz gebaut, insbesondere auch von der Schweiz. Von dort stammt auch das Museumsstück. Die Maschine diente zuletzt als Ziel-Schleppflugzeug bei der Schweizer Luftwaffe. Daher die auffällige Lackierung.

The "Vampire" MK 1 was one of the first jet planes. Development began back in WW II already. After the war the craft was built under license by numerous countries, among them Switzerland in particular. This is where the museum's exhibit originated. The craft was last serving as a target-tow for the Swiss airforce. Hence the conspicuous paint work.

North American F-86 „Sabre"

Technische Daten
Erstflug: 1947
Spannweite: 11,3 m
Triebwerk: General Electric J 47 - GE Strahlturbine
Höchstgeschw.: 1138 km/h
Startgewicht: 7750 kg

Technical Data
First Flight: 1947
Wing Span 11,30 m
Engine: General Electric J47-GE turbojet
Maximum Speed: 1138 km/h
Take-off Weight: 7750 kg

Die „Sabre" war eines der ersten Strahljäger der US Air Force. Sie wurde u.a. im Koreakrieg eingesetzt, wo sie sich der russischen MiG-15 als leicht unterlegen erwies. Die Weiterentwicklung führte später zur F-100 „Super Sabre". Das Museumsstück ist ein Lizenzbau der kanadischen Firma „Canadair". Die Maschine trägt die Farben der berühmten kanadischen Kunstflugstaffel „Golden Hawks".

The "Sabre" was one of the first jet fighters of the US Air Force. It was also employed in the Korean War where it proved to be slightly inferior to the Russian MiG-15. Subsequent further developments were leading to the F-100 "Super Sabre". The museum's exhibit was built under license by the Canadian "Canadair". The craft is painted in the colors of the famous Canadian aerobatic squad "Golden Hawks".

Lockheed T-33 A

Technische Daten
Erstflug: 1948
Spannweite: 11,60 m
Triebwerk: Allison J33-A-35
Turbine mit 2450 kp Schub
Höchstgeschw.: 875 km/h
Startgewicht: 7600 kg

Technical Data
First Flight: 1948
Wing Span: 11,60 m
Engine: Allison J33-A-35 turbine with a thrust of 2,450 kp
Maximum Speed: 875 km/h
Take-off Weight: 7600 kg

Die Lockheed T-33 A ist ein zweisitziger Tiefdecker mit mittig angeordneten trapezförmigen Flügeln, entwickelt aus der einsitzigen P-80 „Shooting Star". Die Luftwaffen von mehr als 30 Ländern verwendeten diese Maschine als Trainingsflugzeug für ihre Jet-Piloten. Die im Museum ausgestellte T-33 A stammt vom Jagdbombergeschwader JaBoG 33 in Büchel / Eifel.

The Lockheed T-33 A is a low-wing two-seater with concentric, trapezoidal wings, developed from the single-seater P-80 "Shooting Star". Airforces in more than 30 countries used this craft as training plane for their jet pilots. The T-33 A on exhibit in the Museum originated from the fighter-bomber squadron JaBoG33 in Büchel / Eifel.

Fiat G-91

Technische Daten
Erstflug: 1956
Spannweite: 8,61 m
Triebwerk: Bristol Siddeley Orpheus 803 mit 2268 kp Schub
Höchstgeschw.: ca. 1075 km/h
Startgewicht: 5500 kg

Technical Data
First Flight: 1956
Wing Span: 8,61 m
Engine: Bristol Siddeley Orpheus 803 with a thrust of 2268 kp
Maximum Speed: approx. 1075 km/h
Take-off Weight: 5500 kg

Die Fiat G-91 ist ein leichter, einsitzigen Tiefdecker mit freitragenden, positiv gepfeilten Flügeln. Sie gehört zur 2. Generationen von Strahlflugzeugen nach dem 2. Weltkrieg, in die alle Erfahrungen der Kriegs- und Nachkriegsflugzeuge eingeflossen sind. Die besondere Konstruktion erlaubte Starts und Landungen auch auf Graspisten. In Deutschland stellte die Flugzeug-Union-Süd 270 Exemplare her. Das Museumsstück war bis 1981 bei der Bundesluftwaffe im Einsatz. Es ist in den Farben der 1960 gegründeten italienischen Kunstflugstaffel „Frecce Tricolori" lackiert. Die „Frecce Tricolori" fliegt ihre Formationen mit neun Flugzeugen und einem Solisten und ist somit die größte Militär-Kunstflugstaffel der Welt.

The Fiat G-91 is a light, one-seater low-wing plane with cantilevered, back-swept wings. She belongs to the second generation of jet airplanes after WW II, all of which benefited from the extensive experience gained from war- and post war planes. The special design permitted take-offs and landings even on turf strips. In Germany 270 units were built by the Flugzeug-Union-Süd. The museum's exhibit served with the Federal Air Force up to 1981. Her paint work is in the colors of the Italian aerobatic squad. "Frecce Tricolori" which was founded in 1960. The "Frecce Tricolori" are flying their formations with nine planes and one soloist and thus are the world's largest aerobatics squadron.

Potez-Heinkel CM. 191 - Air Fouga CM. 170 R

Die CM. 170 „Magister" (Bild unten rechts) ist ein zweisitziges Übungsflugzeug. Sie wurde von der französischen Firma Air Fouga entwickelt, die 1958 von Potez übernommen wurde. Bis 1970 wurden 929 CM. 170 gebaut und in 12 Länder geliefert. Neben ihrer eigentlichen Bestimmung als Strahltrainer wurde die Maschine aufgrund ihrer guten Flugeigenschaften auch von vielen Kunstflugstaffeln verwendet. Das Museumsstück ist ein Geschenk der französischen Luftwaffe. Es trägt eine Speziallackierung der französischen Kunstflugstaffel „Patrouille Francaise".

Die CM. 170 wurde von vielen Ländern in Lizenz gebaut, u. a. auch von Deutschland. Hierzu wurde die Flugzeug-Union Süd, ein Zusammenschluß der Firmen Messerschmitt, Dornier und Heinkel, in Speyer gegründet. Als Weiterentwicklung entstand dabei die Potez-Heinkel CM. 191 (Bild oben). Sie war die erste deutsch-französische Gemeinschaftsentwicklung eines Flugzeugs. Zur Serienfertigung kam es jedoch nicht. Lediglich zwei Prototypen wurden gebaut. Das im Museum gezeigte Exemplar, die V-2, wurde von der Erprobungsstelle in Manching übernommen. Die andere Maschine befindet sich in den USA.

Technische Daten CM. 170 Baujahr: 1963; Spannweite: 12,15 m; Triebwerk: 2 x Turboméca Marboré II A Turbinen mit je 400 kp Schub; Höchstgeschw.: 705 km/h; Startgewicht: 3100 kg.

Technische Daten CM. 191 Baujahr: 1962; Spannweite: 12,02 m; Triebwerk: 2 x Turboméca Marboré VI; Höchstgeschw.: 710 km/h

The CM. 170 "Magister" (picture bottom right) is a two-seater training plane. It was developed by the French firm Air Fouga which was taken over by Potez in 1958. Altogether 929 CM. 170 were built up to 1970, and delivered to 12 countries. Apart from its intended use as a jet trainer its excellent handling characteristics also caused many aerobatic squadrons

to make use of this plane. The specimen on exhibit in the museum is a gift of the French Airforce. It is painted in the colors of the French aerobatic squad "Patrouille Francaise".

The CM. 170 was built under licence in many countries, among them also Germany. For this purpose the "Flugzeug-Union Süd", an association of the Messerschmitt, Dornier and Heinkel companies, was founded in Speyer. The result was a further developed model, the Potez-Heinkel CM. 191 (picture at top). It was the first French-German co-development of an airplane. But it never went into series production, only two prototypes were built. The specimen on exhibit in the Museum, the V-2, was taken over by the testing facility for aircraft in Manching. The other plane is stationed in the USA.

Technical Data CM. 170 Year of Construction: 1963; Wing Span: 12,15 m; Engine: 2 Turboméca Marboré II turbines with a thrust of 400 kp each; Maximum Speed: 705 km/h; Take-off Weight: 3,100 kg

Technical Data CM. 191 Year of Construction: 1962; Wing Span: 12,02 m; Engine: 2 Turboméca Marboré VI; Maximum Speed: 710 km/h

Dassault „Mirage" III E / III R

Der Name „Mirage" steht fast symbolhaft für die modernen Kampfflugzeuge der französischen Luftwaffe. Die beiden im Museum gezeigten Exemplare, die von der Armée de l´Air in Frankreich geflogen wurden, gehören der ersten Mirage-Generation an, die in den 50er Jahren entwickelt wurde.

Die oben gezeigte Mirage III E ist im Stil der Kunstflugstaffel „Patrouille Francaise" lackiert. Sie ist mit der speziellen Radarausrüstung Cyrano II ausgestattet, mit der sie auch in niedrigen Höhen blind fliegen und sogar Gebirgstäler durchqueren konnte.

Die links unten gezeigte Mirage III R mit der Sonderlackierung der VRK-Truppe verfügt über eine spezielle Luftbildausrüstung. In der Rumpfspitze ist eine Aufnahmeeinrichtung für Tag- und Nachtaufnahmen eingebaut. Zur Fernaufklärung diente ein bodenunabhängiges Navigationssystem.

Technische Daten Erstflug: 1956; Spannweite: 8,22 m; Triebwerk: Atar 9c Strahlturbine; Höchstgeschw.: 2300 km/h; Startgewicht: 13 700 kg

The name "Mirage" is tantamount to a symbol for modern fighter planes of the French Airforce. Both specimens on exhibit in the Museum, which formerly had been flown by the Armée de l'Air in France, belong to the first Mirage generation which was developed in the fifties.

The Mirage III E (picture at top), with the painting of the aerobatic squadron "Patrouille Francaise", is equipped with the special radar device Cyrano II, which permits blind flying also at low altitudes and even while traversing mountain valleys.

The Mirage III R (picture bottom left) with the special paintwork of the VRK-outfit was equipped with a special aerial camera. The fuselage nose has a built-in device for daylight- and night photo shooting. A ground independent navigation system was used for long-distance reconnaissance.

Technical Data First Flight: 1956; Wing Span: 8,22 m; Engine: Atar 9c turbojet; Maximum Speed: 2300 km/h; Take-off Weight: 13 700 kg

Lockheed F-104 G „Starfighter"

Der „Starfighter" wurde als reiner Tagjäger konzipiert und war auf Geschwindigkeit optimiert. Die Leistungen waren beeindruckend. 1958 stellte er mit 30 000 m einen Höhen- und mit 2540 km/h einen Geschwindigkeitsweltrekord für Kampfjets auf.

Die F-104 wurde im Lauf der Jahre in vielerlei Weise modifiziert. Für die Bundesluftwaffe entstand die F-104 G, eine stark veränderte Mehrzweckvariante, die jetzt nicht nur Jäger sondern auch Aufklärer und Jagdbomber war. Dies mag zur Tragik dieses Flugzeugs beigetragen haben. Während die US Air Force den „Starfighter" nur als Jäger einsetzte und kaum Verluste zu beklagen hatte, gingen bei der Bundesluftwaffe von 917 beschafften Maschinen 269 durch Unfälle verloren.

Die oben gezeigte einsitzige F-104 G flog beim JaBoG 33 in Büchel. Sie trägt die Farben des Marinegeschwaders 2 (MFG 2) „Vikings". Obwohl diese Flugstaffel nur vom 14.8.1983 bis zum 27.9.1986 bestand, begeisterte sie bei weltweit mehr als 60 Vorführungen über 6 Millionen Zuschauer. Mit der Ablösung des „Starfighters" wurde auch die Flugstaffel aufgelöst.

Das untere Bild zeigt einen zweisitzigen Trainer. Jeder Verband verfügte über fünf solche Ausbildungsmaschinen. Dieses Exemplar stammt von der Erprobungsstelle Manching.

Technische Daten Erstflug: 1954 (Einsitzer); Spannweite: 6,68 m; Triebwerk: General Electric J79-GE-MA mit Nachbrenner; max. 7080 kp Schub; Höchstgeschw.: 2240 km/h; Startgewicht: 13170 kg

The "Starfighter" was designed to perform as a day fighter exclusively and was optimized on speed. The performance was truly impressive. In 1958 it set a new altitude record with 30.000 m and with 2540 km/h a new world speed record for jet fighters.

In the course of the years the F-104 was modified in many ways. The F-104 G was created for the Federal Air Force, a multipurpose version which was no longer just fighter but reconnaissance plane and fighter-bomber as well. This may well have contributed to the tragedy of this plane. While the US Air Force was using the "Starfighter" as a fighter-plane exclusively and had to suffer a minimum of casualties only, 269 planes of the 917 craft obtained by the Federal Air Force were lost in accidents.

The one-seater F-104 G shown above was flying with the JaBoG 33 at Büchel. She is sporting the colors of the naval squadron 2 (MFG 2) "Vikings". Although this squad existed from August 14, 1983 through September 27, 1986 only it excited over 6 Mio. of spectators in more than 60 shows worldwide. The flight squadron disbanded together with the retirement of the "Starfighter".

The picture below shows a two-seater trainer. Every unit had five such trainer planes. This specimen originated from the Test and Trial Department at Manching.

Technical Data First Flight: 1954 (one-seater); WingSpan: 6,68 m; Engine: General Electric J79-GE-MA with afterburner; Max. Thrust: 7080 kp; Max. Speed: 2240 km/h; Take-off Weight: 13,170 kg

McDonnell F-4 „Phantom II"

Die „Phantom" ist ein Langstrecken-Allwetterflugzeug zum Einsatz als Abfangjäger, Erdkampf- und Aufklärungsflugzeug. Der Prototyp flog erstmals 1958. Dieser Flugzeugtyp hat sich unter härtesten Bedingungen hervorragend bewährt und befindet sich heute, über 40 Jahre nach dem Erstflug, noch immer im Einsatz.

Das Museumsstück trägt die Farben der US Navy Kunstflugstaffel „Blue Angels". Das Team flog die „Phantom" von 1969 bis 1973. Nach einer Serie von schweren Unfällen wechselte man auf die kleinere A-4 „Skyhawk" und ab 1986 auf die F-18 „Hornet".

Technische Daten Erstflug: 1958; Spannweite: 11,70 m; Länge: 19,4 m; Triebwerk: 2 x General Electric J79-GE-17 mit Nachbrenner; maximal 8100 kp Schub; Höchstgeschw.: 2400 km/h; Startgewicht: 27 960 kg; Reichweite: 2290 km

The "Phantom" is a long-haul all-weather craft for use as an interceptor, ground-fighter and reconnaissance plane. The first flight of the prototype was in 1958. This type of airplane stands out by excellent performance under toughest conditions and is still in active service today, more than 40 years after her first flight.

The museum's specimen is in the colors of the aerobatics squadron "Blue Angels" of the US Navy. They were flying the "Phantom" from 1969 - 1973. Following a series of severe accidents they switched to the smaller A-2 "Skyhawk" and starting in 1986 to the F-18 "Hornet".

Technical Data First flight: 1958; Wing-Span: 11,70 m; Length: 19,4 m; Engine: 2 x General Electric J79-GE-17 with afterburner; Max. Thrust: 8100 kp; Max. Speed: 2400 km/h: Take-off Weight: 27,960 kg; Range: 2290 km

Hawker „Hunter"

Technische Daten
Erstflug: 1956
Spannweite: 8,61 m
Triebwerk: Bristol Siddeley
Orpheus 803 mit 2268 kp
Schub
Höchstgeschw.: ca. 1075 km/h

Technical Data
First Flight: 1956
Wing Span: 8,61 m
Engine: Bristol Siddeley
Orpheus 803 with a thrust of
2268 kp
Maximum Speed: approx.
1075 km/h

Die Hawker „Hunter" war mit fast 2000 gebauten Exemplaren, die in 19 Länder geliefert wurden, das erfolgreichste britische Kampfflugzeug der Nachkriegszeit. Das Museumsstück trägt die Farben der britischen Kunstflugstaffel „Black Arrows" Aerobatic Team - 111. Squadron (Stützpunkt Wattisham) 1958/1959. Die Ausmusterung der Hawker „Hunter" nach 1960 war gleichzeitig das Ende der „Black Arrows". Nachfolger wurden die „Blue Diamonds".

With nearly 2000 units that were built and delivered to 19 countries, the Hawker "Hunter" was the most successful British post-war fighter. The museum's exhibit is sporting the colors of the British stunt flying squadron "Black Arrows" Aerobatic Team - 111. Squadron (base Wattisham) 1958/1959. The replacement of the Hawker "Hunter" after 1960 was also the end of the "Black Arrows". Successors were the "Blue Diamonds".

Canadair F-84 „Thunderstreak"

Die F-84 war ein frühes Jagdflugzeug der US Air Force, das insbesondere als Jagdbomber eingesetzt wurde. Es wurden über 2700 Exemplare gebaut. Die Bundesluftwaffe beschaffte zwischen 1956 und 1957 etwa 400 Maschinen dieses Typs. Das Museumsstück trägt die Farben der italienischen Kunstflugstaffel „Getti Tonati".

Technische Daten Erstflug: 1950; Spannweite: 10,21 m; Triebwerk: Wright J65-W-3 Strahlturbine mit 5380 kp Schub; Höchstgeschw.: 1100 km/h; Startgewicht: 12 700 kg

The F-84 was an early fighter plane of the US Air Force, which was mainly operated as fighter bomber. More than 2,700 units of this type were produced. The German Federal Airforce acquired about 400 planes between 1956 and 1957. The museum exhibit is painted in the colors of the italian aerobatic squad "Getti Tonati".

Technical Data First Flight: 1950; Wing Span: 10,21 m; Engine: Wright J65-W-3 jet turbine with a thrust of 5,380 kp; Maximum Speed: 1,100 km/h; Take-off Weight: 12,700 kg

Aero L-39 „Albatross"

Schul- und Übungsflugzeug für die Fortgeschrittenen-Schulung aus tschechischer Produktion. Ab 1971 wurde dieses Modell in vielen Ostblockstaaten geflogen. Die Höchstgeschwindigkeit betrug 630 km/h.

Training- and practice plane for advanced trainees, of Czech production. From 1971 on this type was being flown in many East Bloc countries. The maximum speed was 630 km/h.

McDonnell-Douglas F-15 „Eagle"

McDonnell-Douglas erhielt 1969 den Auftrag zum Bau eines neuen Mehrzweckkampfflugzeugs. Es entstand die F-15 „Eagle", die größenmäßig mit der Phantom II vergleichbar ist. Der Prototyp flog erstmals 1972, und bereits 1976 hatte die US Air Force 500 Maschinen übernommen. Auch außerhalb der amerikanischen Streitkräfte wurde dieses Modell ein großer Erfolg. So rüstete z. B. die israelische Luftwaffe einen Großteil ihrer Verbände mit der F-15 aus.

Der im Museum gezeigte Kampfjet ist bis Ende 1993 beim F-15 Geschwader der amerikanischen Luftwaffe in Bitburg geflogen. Als der Verband aufgelöst wurde, ergab sich die Gelegenheit, eine ausgemusterte F-15 als Ausstellungsstück zu erhalten.

Technische Daten Baujahr: ab 1980; Spannweite: 13,05 m; Triebwerk: 2 x Pratt & Whitney F100-PW-100 Mantelstromturbinen mit Nachbrenner; max. 10 850 kp Schub; Höchstgeschw.: Mach 2,5; Startgewicht: 30 800 kg

In 1969 McDonnell-Douglas obtained the order to build a new multi purpose fighter plane. The result was the F-15 "Eagle" which is comparable in size to the Phantom II. The first flight of the prototype was in 1972, and in 1976 already 500 planes had been acquired by the US Air Force. This type of aircraft became a great success, also outside of the American Armed Forces. The Israeli Airforce, for instance, equipped large parts of their units with F-15 planes.

The fighter jet on exhibit in Speyer was flying with the F-15 squadron of the American Airforce in Bitburg until 1993. When the squadron was disbanded, an F-15 that was taken out of service could be obtained as exhibit for the museum.

Technical Data Year of Construction: Starting in 1980; Wing Span: 13,05 m; Engine: 2 Pratt & Whitney F100-PW-100 by pass engines with after-burner and a maximum thrust of 10 850 kp; Maximum Speed: Mach 2,5; Take-off Weight: 30 800 kg

Mikojan / Gurewitsch MiG-21

Fast zeitgleich zum „Starfighter" wurde 1956 die Mig-21 der Öffentlichkeit vorgestellt. Im Laufe der Jahre wurde dieser Flugzeugtyp mehrfach modifiziert und dadurch der technischen Entwicklung angepaßt. Daneben wurde zur Ausbildung der Piloten auch eine zweisitzige Schulungsversion entwickelt. Die im Technik Museum Speyer ausgestellte MiG-21 wurde von den Luftstreitkräften der NVA bis zur Übernahme durch die Bundeswehr im Jahr 1990 geflogen. Sie trägt die Farben der „Red Archers", einer Kunstflugstaffel der indischen Luftwaffe, die in den 70er Jahren flog.

Technische Daten Baujahr: 1980; Spannweite: 7,15 m; Triebwerk: Tumanski R-13-300 mit Nachbrenner; maximal 6600 kp Schub; Höchstgeschw.: Mach 2,1; Startgew.: 9400 kg

Almost simultaneously with the "Starfighter" the MiG-21 was introduced to the public in 1956. This plane was repeatedly modified in the course of the years to adapt to technological developments. For the training of pilots a two-seater version was developed besides. The MiG-21 on exhibit in the Technik Museum Speyer was in service with the air force of the Nationale Volksarmee up to takeover by the Federal Armed Forces in 1990. It is painted in the colors of the "Red Archers" a stunt flying squad of the Indian air force that was flying in the seventies.

Technical Data Year of Construction: 1980; Wing-Span: 7,15 m; Engine: Tumanski R-13-300 with afterburner; Max. Thrust: 6600 kp; Max. Speed: Mach 2,1; Take-off Weight : 9400 kg

Suchoi Su-22

Die Su-22 ist ein Mehrzweck-Kampf-
flugzeug, das als Jäger oder zur
Bekämpfung von Bodenzielen eingesetzt werden kann. Ein erster Prototyp
wurde 1967 bei der Militärparade in
Tuschino gezeigt. Als Besonderheit
verfügt die Su-22 über eine veränder-
liche Flügelpfeilung, wobei aber nur
die Außenflügel geschwenkt werden
können. Bei ausgefahrenen Tragflügeln
wird die Mindestgeschwindigkeit des
Jets soweit herabgesetzt, daß auch ein
Einsatz von kleinen Flugplätzen aus
möglich ist.

Das ausgestellte Exemplar, eine Su-22 M 4, stammt von den
Luftstreitkräften der ehemaligen DDR, die zwischen 1984 und
1987 insgesamt 48 Maschinen dieses Typs beschafft hatte. Mit
der Übernahme der NVA durch die Bundeswehr wurden die Jets
ausgemustert.

Technische Daten Baujahr: 1984; Spannweite: 10,03 - 13,68 m;
Triebwerk: 1 x AI-U-F3 mit Nachbrenner; max. 11 200 kp Schub;
Höchstgeschw.: Mach 2; Startgewicht: 19 400 kg

The Su-22 is a multiple purpose fighter plane which can be used
as a fighter or to attack surface targets. A first prototype was shown
in 1967 on occasion of the military parade in Tuschino. A special
feature of the Su-22 are variable arrowhead wings, but only the
outward pair are swing-wings. With extended wings the minimum
speed of the jet can be reduced to an extent that will also permit
operation from small airfields.

The specimen on exhibit, a Su-22 M 4, originated from the airforce of the former GDR, which had acquired altogether 48 models
of this type between 1984 and 1987. With the take-over of the East
German army by the Federal Armed Forces after the reunion of
Eastern and Western Germany in 1989 these jets were taken out
of service.

Technical Data Year of Construction: 1984; Wing Span: 10,03 -
13,68 m; Engine: one AI-U-F3 with after-burner and a maximum
thrust of 11 200 kp; Maximum Speed: Mach 2; Take-off Weight:
19 400 kg

Mikojan / Gurewitsch MiG-23 BN

Im Rahmen einer Luftparade in der UDSSR wurde die MiG-23
1967 erstmals der Öffentlichkeit präsentiert. Es handelt sich um ein
einstrahliges Kampfflugzeug mit Schwenkflügeln, das praktisch das
Gegenstück zum Tornado darstellt. Die Mig-23 gibt es als einsitziges Jagdflugzeug, als zweisitziges Schul- und Übungsflugzeug und
als Jagdbomber. Bei der gezeigten Maschine handelt es sich um die
Jagdbomber-Version mit umfassender Panzerung für den Piloten.
Die Bewaffnung bestand aus einer 23 mm Kanone und Aufhän-
gungen für eine Vielzahl von gelenkten und ungelenkten Raketen.
Sie wurde bis zur Übernahme der NVA durch die Bundeswehr im
Jahr 1990 in der ehemaligen DDR geflogen und trägt einen Spezi-
alanstrich der Bundesluftwaffe.

Technische Daten Spannweite: 7,78 - 14,00 m, Triebwerk: 1 x
Tumanski R-29B-300 mit Nachbrenner; maximal 12 500 kp Schub;
Höchstgeschw.: 1900 km/h; Startgewicht: 18 850 kg

On occasion of an air parade in the USSR the MiG-23 was first
presented to the public in 1967. It is a single-jet fighter plane with
swing-wings, which is practically the counterpart of the Tornado.
The MiG-23 is available as single-seater fighter plane, as double-
seater training- and practice plane and as fighter bomber. The plane
in the picture on the right shows the fighter bomber version with
extensive armour plating to protect the pilot. The weapons consisted of one 23 mm canon and suspension hooks for numerous
guided- and unguided missiles. Up to take-over of the East German
army by the Federal Armed Forces in 1990 it was in action in the
former GDR and is sporting a special paint work of the Federal Air
Force.

Technical Data Wing Span: 7,78-14,00 m; Engine: One Turmanski
R-29B-300 with after-burner and a maximum thrust of 12 500 kp;
Maximum Speed 1900 km/h; Take-off Weight: 18 850 kg

Sehen, spielen, staunen – Zug um Zug ein Erlebnis!

märklín

Ob jung oder alt, machen Sie eine Traumreise in die faszinierende Welt der Märklin-Spielzeuge.

Erleben Sie eine chronologische Auswahl der schönsten Märklin-Modellspielwaren – Herde, Schiffe, Autos, Fluggeräte, Metallbaukästen, Dampfmaschinen – darunter viele Muster und Prototypen von unschätzbarem Wert. Lassen Sie sich begeistern von der einzigartigen Zeitgeschichte der Märklin-Modelleisenbahn: Vom Storchenbein 1891 bis zum Millenium-Modell des Krokodils aus reinem Platin und einer großen Ausstellung aktueller Märklin Modelle.

Sollten Sie weniger nostalgisch eingestellt sein, werden Sie von unseren detailreich ausgebauten Schau- und Demonstrationsanlagen begeistert sein. Von der großzügig gestalteten Anlage bis zum Betriebsbahnhof können Sie Märklin-Modelleisenbahnen aller Spurweiten in Aktion erleben.

In unserem angebotsreichen Museumsshop finden Sie nicht nur kleinere oder größere Geschenke, sondern auch exclusive Museumsmodelle, die es nur hier gibt. Mit diesem attraktiven Konzept ist das Märklin-Museum jeden Ausflug nach Göppingen wert.

Wir freuen uns auf Ihren Besuch in der Holzheimer Straße 8. Folgen Sie in Göppingen einfach den Wegweisern „Märklin-Museum". Der Eintritt ist frei.

www.maerklin.com

Öffnungszeiten (außer an Feiertagen):
Montag bis Sonntag von 9.00 - 17.00 Uhr.

Änderungen vorbehalten.

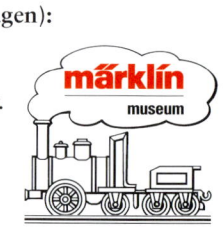

Lokomotiven - Locomotives

Das Technik Museum Speyer ist nicht nur ein Eldorado für Flugzeug-Fans, auch die Freunde historischer Lokomotiven kommen voll auf ihre Kosten. In der Liller Halle und auf dem Freigelände können rund 20 dieser stählernen Kolosse besichtigt werden. Eine ganz besondere Attraktion ist die oben gezeigte „Qian Jin", der Name bedeutet „Fortschritt", die einzige chinesische Dampflokomotive in Europa. Sie ist mit Tender 26,02 m lang, 4,80 m hoch und 3,33 m breit. Das Leergewicht beträgt 152 Tonnen. Die „Qian Jin" entstammt der größten je in China aufgelegten Baureihe. 5048 Exemplare dieses Typs verließen zwischen 1964 und 1988 das Werk in Datong (Nordchina).

Die gewaltigen Ausmaße und das Gewicht erforderten einen komplizierten Sondertransport, der am 12.8.1996 in Luzern begann. Die Lok war bis dahin im dortigen Verkehrshaus gezeigt worden. Zwar gibt es einen Schienenweg zwischen Luzern und Speyer und auch die Spurweite hätte gepaßt, die Spurkränze entsprachen jedoch nicht der europäischen Norm, wodurch die Weichenanlagen hätten beschädigt werden können. So blieb als einzige Möglichkeit der Straßentransport. Das Hauptproblem war die Höhe der Lokomotive, die aufrecht nicht unter den Autobahnbrücken hindurch gepasst hätte. Die „Qian Jin" wurde daher sozusagen „schlafend" auf der Seite liegend nach Speyer gebracht. Dort angekommen, setzten zwei riesige Kräne die Lokomotive präzise auf den vorbereiteten Betonsockel (siehe folgende Seiten).

The Technik Museum Speyer is not only an eldorado for aircraft fans, admirers of historic locomotives are also going to have a good time. About 20 of these giants of iron and steel can be viewed in the "Liller Halle" building and the open-air grounds. A very special attraction is the "Qian Jin", which means "Progress", the only Chinese railway engine in Europe. Complete with tender it has an overall length of 26,02 m, a height of 4,80 m and a width of 3,33 m. The unladen weight is 152 tons. The "Qian Jin" belongs to the largest production series ever launched in China. 5048 units of this model left the factory in Datong (Northern China) between 1964 and 1988.

The gigantic dimensions as well as the weight required a compli-cated special transport which started on August 12, 1996 in Lucerne. Up to that time the locomotive had been on exhibit in the local "Verkehrshaus". Although there is a railway line connecting Lucerne with Speyer and the gauge would also have been compatible, the wheel flanges were not in conformity with European standards, which could have led to damages of the point-operating stretchers. Thus, the only possibility was road transport. The main problem was the height of the locomotive which, standing upright, would not have been able to clear the overpasses spanning the Autobahn. As a consequence, the "Qian Jin" was brought to Speyer so to say "asleep" lying on its side. There two giant cranes lifted the locomotive from the low-loader, setting it precisely on the waiting concrete plinth (see the following pages).

Naturgetreuer Nachbau der Dampflokomotive „Adler", die erstmals 1835 zwischen Nürnberg und Fürth regelmäßig verkehrte.

Full-scale reproduction of the steam engine "Adler", which started to commute regularly between Nürnberg and Fürth in 1835.

Qian Jin - Auf dem Schlafwagen ins Museum.

Eigentlich gehören Güter auf die Schiene. Beim Transport der riesigen chinesischen Dampflokomotive „Qian Jin" ins Technik Museum Speyer mußte allerdings eine Ausnahme gemacht werden. Da die Spurkränze nicht der europäischen Norm entsprachen, erschien eine Fahrt aus eigener Kraft zu riskant. Die Wahrscheinlichkeit einer Beschädigung der empfindlichen Weichenanlagen war zu groß. So mußte die Lok die Fahrt ins Museum auf einem gigantischen Tieflader mit 96 gelenkten Rädern antreten.

Die „Qian Jin", die einzige chinesische Dampflokomotive in ganz Europa, wurde im Frühjahr 1994 anlässlich der Ausstellung „China - Wiege des Wissens" in das Verkehrshaus Luzern gebracht. Jetzt mußte sie dort einer großen Ausstellung „150 Jahre Schweizer Bahnen" Platz machen. Aufgrund der guten Kontakte des Museums zum Verkehrshaus Luzern gelang es, die Lokomotive als Dauerleih-gabe für das Museum Speyer zu erhalten. Der Transport lag in den bewährten Händen der Spedition Kübler, die für die Bewältigung außergewöhnlicher Transportaufgaben bekannt ist.

Das Problem beim Transport der „Qian Jin" war neben dem Gewicht von rund 152 Tonnen die enorme Höhe von 4,80 Meter. Ein „stehender" Transport wäre bereits bei der ersten Autobahnbrücke hängen geblieben. Die rettende Idee war der liegende Transport. In Luzern hob ein gewaltiger Kran die Lokomotive an. Dann wurde sie sanft gedreht, und auf der Seite auf dem Tieflader abgesetzt. Um den Verkehr möglichst wenig zu stören, setzte sich der Konvoi am 12. August 1996 erst abends um 21 Uhr in Bewegung. Hinter dem Tieflader war noch eine Zugmaschine gekoppelt, die mithalf, die schwere Lok über die Berge zu schieben. Straßentunnels konnten nicht befahren werden. Gegen 5.30 Uhr am nächsten Morgen war

Da die riesige Lokomotive sonst nicht unter den Brücken hindurch gepasst hätte wurde sie auf der Seite liegend, also sozusagen in Schlafstellung, von Luzern nach Speyer transportiert.

Since the giant locomotive, otherwise, would not have been able to clear bridges she was transported from Lucerne to Speyer on her side, so to say in sleeping mode.

die Grenzstation Stein am Rhein erreicht. Von dort ging es um 19 Uhr über Säckingen, Rheinfelden, Lörrach, Weil und die A6 weiter in Richtung Speyer. Am frühen Morgen des 14. August 1996 hatte der Schwertransport endlich das Museumsgelände erreicht, und es konnte mit dem Entladen begonnen werden. Zwei riesige Kräne hoben zuerst den Tender und anschließend die Lok vorsichtig vom Tieflader und setzten sie vorsichtig auf den vorbereiteten Betonsockel. Inzwischen wurde die Lok vom Rost der Jahre befreit und neu lackiert. Jetzt erstrahlt sie wieder im neuen Glanz und kann von den Museumsbesuchern auf dem Freigelände bewundert werden.

In fact, goods ought to travel by rail. But an exception from this rule had to be made for the transport of the giant Chinese steam engine "Quian Jin" to the Technik Museum Speyer. Since the wheel flanges did not meet European specifications it appeared too risky to go under her own steam. The probability of damaging the sensitive switchpoints was too high. As a consequence, the engine had to make the trip to the museum on a huge low-loader with 96 steered wheels.

"Quian Jin", the only Chinese steam engine in all of Europe was brought to the Verkehrshaus Lucerne in spring of 1994 on occasion of the show "China - Cradle of Knowledge". Now she had to make room for a big exhibition "150 Years of Swiss Railways". Owing to the excellent contacts of the museum to the Verkehrshaus Lucerne it was possible to obtain the engine on loan for the Museum Speyer on a permanent basis. The transport was once more taken care of by the experts of Messrs. Kübler, hauling contractors, who are famous for their handling of exceptional transport tasks.

Besides the weight of 152 tons, the problem in transporting the "Quian Jin" was caused by its enormous height of 4,80 meters. An "upright" transport would have got stuck at the first bridge over the motorway already. The idea that saved the day was to transport the engine on its side. In Lucerne she was lifted by a huge crane, then she was gently tilted and lowered unto the deep-loader on her side. To reduce obstructions of traffic to a minimum the convoy did not begin its journey on August 12, 1996 until 9:00 p.m. An extra tow vehicle was coupled to the rear end of the low-loader to help push the heavy engine over mountains. Passing through road tunnels would have been impossible. Next morning at about 5:30 a.m. the convoy reached the border at Stein am Rhein. From there the journey was continued at 7:00 p.m. via Säckingen, Rheinfelden, Lörrach, Weil and the A6 motorway on to Speyer. In the early morning of August 14, 1996 the heavy-load transport finally reached the museum's grounds and unloading could be commenced. Two huge cranes carefully lifted first the tender and then the engine from the low-loader and lowered them softly unto the waiting concrete plinth. Meanwhile the engine has been cleaned from years of rust and adorned with a new paint job. Now it is sparkling again in new splendor and can be admired by visitors to the museum in the open air grounds.

Borsig Schnellzug-lok Nr. 03 098

Technische Daten
Baujahr: 1915
Baureihe: 55°
Bauart: D´he
Länge: 18,29 m
Leistung: 1260 PS
Höchstgeschw.: 55 km/h

Technical Data
Year of Construction: 1915
Series: 55°
Model: D´he
Length: 18,29 m
Performance: 1260 hp
Maximum Speed: 55 km/h

Die im Jahr 1913 vorgestellte G 81, von der insgesamt 3122 Exemplare gebaut wurden, entwickelte sich binnen kurzer Zeit zur Standardlokomotive des Königreichs Preußen. Sie zeichnete sich auch unter militärischen Einsatzbedingungen bei Temperaturen von unter Minus 50 Grad durch absolute Zuverlässigkeit aus und hat sich noch bis weit nach Kriegsende hervorragend bewährt.

The G 81 which was introduced in 1913 (altogether 3122 units were built), did not take long to become the standard locomotive of the Kingdom of Prussia. It also excelled in military service under conditions of -50° as absolutely reliable, and stood the test of time until long after the war.

Feldeisenbahn

Technische Daten
Baujahr: 1916
Baureihe: 993316

Technical Data
Year of Construction: 1916
Series: 993316

Da der erste Weltkrieg schnell zum Stellungskrieg erstarrte, ergab sich das Problem, große Mengen an Nachschub an die Front zu transportieren. Die Kapazität der Pferde- und Kraftwagen war hierzu nicht ausreichend. Daher wurden mit Hilfe von vorgefertigten Schienenelementen Feldbahnstrecken eingerichtet, die von eigenen Kommandanturen betrieben wurden. Nach Kriegsende wurden diese Kleinbahnen insbesondere als Wald- und Holztransportbahnen weiterverwendet.

Since the First World War soon set into positional warfare, the problem encountered was to transport supplies to the front in great quantities. The capacity of horse carts and motor vehicles was not sufficient for this purpose. Therefore, military- or field railway lines were installed using prefabricated rail-segments, and were operated by their own local headquarters. After the war these narrow-gauge railways continued to be used for forest and wood transportation.

Schweizerische Gebirgslokomotive „Krokodil" Nr. 14 267

Technische Daten
Baujahr: 1920
Bauart: (1´C)-(C1´)
Leistung: 1840 PS
Höchstgeschw.: 65 km/h

Technical Data
Year of Construction: 1920
Model: (1'C)-(C1')
Performance: 1840 hp
Maximum Speed: 65 km/h

Zwischen 1920 und 1922 wurden von der Schweizerischen Lokomotiv- und Maschinenfabrik Winterthur (SLM) und der Maschinenfabrik Oerlikon (MFO) 33 E-Loks mit den Betriebsnummern 14251 - 14283 für den schweren Güterzugdienst vor allem auf der Gotthardstrecke gebaut. Das in Speyer gezeigte Exponat befindet sich im Originalzustand mit der ursprünglichen rotbraunen Lackierung. Im Museum Sinsheim befindet sich eine weitere derartige Lokomotive mit grüner Lackierung.

Between 1920 and 1922, 33 electric locomotives with the Service Nos. 14251 through 14283 were built in Switzerland by the "Schweizerische Lokomotiv- und Maschinenfabrik" (SLM) and by the Maschinenfabrik Oerlikon (MFO) for heavy freight train service, particularly on the Gotthard line. The specimen on exhibit in Speyer is in its original condition with the initial reddish brown paint. The Museum in Sinsheim has another locomotive of this kind on exhibit, this one painted green.

Italienische Gebirgslokomotive „Krokodil" Nr. E.431.037

Technische Daten
Baujahr: 1923
Gewicht: 91 Tonnen
Leistung: 2400 PS
Höchstgeschw.: 100 km/h

Technical Data
Year of Construction: 1923
Weight: 91 tons
Performance: 2400 hp
Maximum Speed: 100 km/h

Dieses „Krokodil" stammt aus dem Jahr 1923 und wurde bis 1974 genutzt. Es handelt sich um eine Lokomotive für den früher in Italien weit verbreiteten Drehstrombetrieb. Das Museum ist stolz darauf, daß es insgesamt zwei „Krokodile" aus der Schweiz (eines in rotbraun und eines in grün) und je eines aus Österreich, Italien und Deutschland besitzt. Das Exemplar aus Italien konnte 1990 vom freundschaftlich verbundenen Verkehrshaus e. V. in Luzern erworben werden.

This "Crocodile" is from 1923 and was used until 1974. It is a locomotive designed for three-phase-current operation which used to be wide-spread in Italy. The Museum takes pride in being the owner of altogether two "Crocodiles" from Switzerland (one painted reddish brown and one green), and one each from Austria, Italy and Germany. The specimen from Italy on display in Speyer was acquired in 1990 from our good friends at the Verkehrshaus e.V. in Luzern.

Salonwagen „Rheingold"

Ein historisch besonders interessantes Stück der Eisenbahnausstellung ist dieser Salonwagen. Er wurde von Hitlers Reichsaußenminister Joachim von Ribbentrop in Auftrag gegeben, da er für seine Reisen einen besonders komfortablen Wagen haben wollte. Runde 390000 Reichsmark ließ sich die Reichsregierung den 1937 fertig gestellten Salonwagen kosten. Ein Vermögen für die damalige Zeit, in der ein Einfamilienhaus für 20000 Mark zu haben war. Der riesige Luxuswaggon mit schußsicheren Glasscheiben und Konferenzabteil ist 24 Meter lang und wiegt satte 63 Tonnen. Die Innenausttattung ist vollständig erhalten. Nach dem Krieg nutzte der amerikanische Hochkommissar für Deutschland den Wagen. Später fuhr Willy Brandt damit zu seinen Wahlkampfveranstaltungen. Nach 44 Jahren Laufzeit wurde der Wagen von der Deutschen Bundesbahn ausgemustert. Der Verein „Historische Eisenbahnen Frankfurt" hat wesentlich dazu beigetragen, dass der Waggon in Speyer gezeigt werden kann.

This Pullman carriage is an insteresting specimen of the railroad exhibition and of outstanding historical interest. It was commissioned by Hitler's Foreign Minister, Joachim von Ribbentrop, who desired extraordinary comfort on his journeys. The government of the Reich was ready to cough up 390,000 Reichsmark for this Pullman carriage when it was completed in 1937. A fortune for these times when a family home could be had for 20,000 Marks. The huge luxury carriage with bullet-proof window panes and a conference compartment is 24 meters long and weighs hefty 63 tons. The interior décor has been completely preserved. After the war the carriage was used by the US-High Commissioner for Germany. Later on, German Chancellor Willy Brandt used it to go to election meetings. After 44 years of service the carriage was retired by the German Federal Railway. It is mainly due to the organization "Historical Railways Frankfurt" that this carriage can now be on exhibit in Speyer.

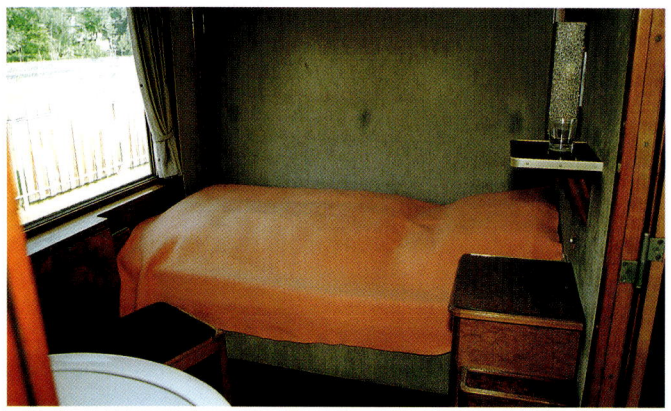

Deutsche Kriegslokomotive

Technische Daten
Baujahr: 1944
Länge: 23 m
Breite: 3,3 m
Höhe: 4,25 m
Gewicht: 120 Tonnen

Technical Data
Year of Construction: 1944
Length: 23 m
Width: 3,3 m
Height: 4,25 m
Weight: 120 tons

Eine bewegte Vergangenheit hat diese ehemalige deutsche Kriegslokomotive der Baureihe 52, die 1944 von der Fa. Orenstein & Koppel in Berlin gebaut wurde. Bei Kriegsende befand sich die Lok in der Tschechoslowakei, von wo aus sie kurze Zeit später nach Rußland transportiert wurde. Nach einer Anpassung der Spurweite war sie bis 1962 in der Ukraine in Dienst. Ein Gastwirt aus dem Sauerland erwarb die inzwischen wieder auf westeuropäische Spurweite umgerüstete und für einen etwaigen Kriegsfall eingemottete Lok im Jahr 1995, um mit ihr Werbefahrten zu veranstalten, sah dann aber von diesem Vorhaben ab. Jetzt hat das Museum den Schienenveteranen erworben und hergerichtet.

This former German war locomotive of the 52 series, built in 1944 by Orenstein & Koppel of Berlin, had an eventful past. The end of the war found this engine in Czechoslovakia from where it was transported to Russia before long. Following an adjustment of its gauge it was serving in the Ukraine up to 1962. In 1995 a restaurant owner from the Sauerland bought the locomotive, which had meanwhile been reconverted to the Western European gauge and mothballed against the eventuality of a future war, to use it for publicity trips, but then discarded this plan. Now this veteran of the rail has been acquired by the Museum and restored.

Borsig Schnellzug-lok Nr. 03 098

Technische Daten
Baujahr: 1933
Baureihe: 03°
Bauart: 2´C1´h2
Länge: 23,90 m
Leistung: 1980 PS
Höchstgeschw.: 130 km/h

Technical Data
Year of Construction: 1933
Series: 03°
Model: 2'C1'h2
Length: 23,90 m
Performance: 1,980 hp
Maximum Speed: 130 km/h

Fünf Jahre nach der ersten Schnellzug-Lokomotive aus dem Bauprogramm der Deutschen Reichsbahn entstand als leichteres Schwestermodell die Baureihe 03. Die Gewichtseinsparungen beim Kessel und beim Rahmen machten es möglich, diese Lokomotive auf Strecken, die noch nicht für eine Achslast von 20 Tonnen ausgebaut waren, einzusetzen. Das gezeigte Exemplar kam aus der ehemaligen DDR über Bebra und Frankfurt noch betriebswarm nach Speyer, und ist noch immer voll einsatzfähig.

Five years after the first railway engine for fast trains from the construction programme of the German Reichsbahn, the 03 series was created as a sister model. The weight reductions on both boiler and frame allowed an operation of this locomotive on sections that had not yet been developed for an axle weight of 20 tons. Coming from the former GDR via Bebra and Frankfurt the specimen on exhibit arrived in Speyer under steam and is still absolutely ready for use.

Güterzuglok Maschinenfabrik Esslingen Nr. 42 1504

Technische Daten
Baujahr: 1944
Baureihe: 42°
Bauart: 1´E h2
Länge: 23,00 m
Leistung: 1800 PS
Höchstgeschw.: 80 km/h

Technical Data
Year of Construction: 1944
Series: 42°
Model: 1'E h2
Length: 23,00 m
Performance: 1800 hp
Maximum Speed: 80 km/h

Die gezeigte Lok der Baureihe 42° war eine der letzten, die 1944 in der Maschinenfabrik Esslingen gebaut wurde. Die ehemalige Kriegslokomotive, die von 1949 bis 1987 bei der polnischen Eisenbahn in Danzig eingesetzt wurde, kam 1992 nach fast 50 Jahren wieder zurück nach Deutschland. Im Verlauf einer zwölf Monate andauernden Restaurierung wurde sie weitestgehend in den Originalzustand zurückversetzt.

The exhibit shown here, a locomotive of the 42° series, was one of the last units to be built at the Maschinenfabrik Esslingen in 1944. The former military locomotive, which was operated by the Polish railway in Danzig from 1949 through 1987, returned to Germany after almost 50 years in 1992. In the course of restorations lasting for a period of twelve months it was restored to an as good as original condition.

Faun Zugmaschine

Technische Daten
Baujahr: 1940
Motor: 6-Zylinder-Deutz-Diesel
Hubraum: 13,5 l
Leistung: 150 PS

Technical Data
Year of Construction: 1940
Engine: 6-Cylinder-Deutz-Diesel
Volume: 13.5 l
Output: 150 hp

Kombinierte Zugmaschine für Straße und Schiene. Zum Umbau mußten lediglich die Räder gewechselt werden. Die Schienenräder sind beim Fahrzeug ausgestellt. Diese Art von Zugmaschine wurde für die Deutsche Wehrmacht in unterschiedlichen Ausführungen unter Verwendung von Faun und anderen Lastwagen hergestellt. Sie wurden vornehmlich auf Nachschubstrecken eingesetzt, die einer Lokomotivbelastung nicht standhielten.

Combined motor tractor for road and rail. For the conversion only the wheels had to be exchanged. The railway wheels are shown next to the vehicle. This kind of tractor was produced for the German Army in various versions, using Faun and other trucks as the basis. It was mainly used on supply lines which were not in a position to bear up under the heavy load of locomotives.

Krupp Schnellzuglokomotive - Wiener Lokfabrik Nr. 50 685

Die Schnellzuglokomotive 01 514 (oben) entstand aus der 01 208, die 1937 von der Lokomotivenfabrik Krupp in Essen gebaut wurde. Zwischen November 1961 und April 1965 hat die Deutsche Bahn 35 dieser Lokomotiven mit neuen Kesseln versehen. Sie erhielten die Nummern 01 501 - 535. Der größte Teil der Maschinen wurde dabei auf Ölfeuerung umgestellt.

Die Lokomotive der Baureihe 50° (unten) stammt von 1940. Von diesem Typ wurden 3159 Exemplare für die Deutsche Reichsbahn gebaut. Außerdem wurden noch 282 Exemplare bei Melaxa und Resita für die CFR in Rumänien hergestellt.

The fast train locomotive 01 514 (top) developed from the model 01 208, which was built in 1937 by Krupp in Essen. Between November 1961 and April 1965, 35 of these locomotives were equipped with new boilers. They received the numbers 01 501 through 535. On this occasion most of the engines were converted to oilfired operation.

The locomotive of the series 50° (bottom) was built in 1940. Altogether 3159 units of this type were produced for the German Reichsbahn. Apart from that, another 282 units were built at Melaxa and Resita for the CFR in Romania.

Weltrekord Schienenfahrzeuge Aerotrain 02 - Transrapid 04

In der Vergangenheit wurden zahlreiche innovative Antriebsverfahren für schienengebundene Fahrzeuge erprobt. Der oben gezeigte „Aerotrain 02" wurde ab 1957 in Frankreich entwickelt. Mit ihm sollte getestet werden, inwieweit sich der Luftkisseneffekt bei Schienenfahrzeugen nutzen lässt. Als Antrieb diente ein Strahltriebwerk von Pratt & Whitney. Getragen von einem nur 5 mm hohen Luftkissen erreichte der „Aerotrain" in einer Betonführungsbahn im Jahr 1969 eine Geschwindigkeit von 422 km/h.

Während die Technologie des „Aerotrain" nicht weiter verfolgt wurde, ist die Zukunft des auf einem nur wenige Millimeter hohen Magnetkissen schwebenden Transrapid nach über 30 Jahren noch immer offen. Die Entwicklung begann 1971 mit einem Prototyp von MBB, das die prinzipielle Machbarkeit eines Schienenfahrzeugs mit Magnetschwebetechnik demonstrierte. Kurz darauf stellte Krauss-Maffei den Transrapid 02 vor, der bereits eine Spitzengeschwindigkeit von 164 km/h erreichte. Um einen Vergleich zwischen Magnetschwebe- und Luftkissenfahrzeugen durchführen zu können, wurde der Transrapid 03 mit Luftkissentechnik ausgerüstet. Da sich eindeutige Vorteile für die Magnetschwebetechnik ergaben, wurde die Luftkissentechnik nicht weiter verfolgt. Das Exponat rechts unten ist ein Transrapid 04 aus dem Jahr 1975, der dem Museum vom Hersteller Krauss-Maffei geschenkt wurde. Er ist eine Weiterentwicklung des Transrapid 02. Bei Testfahrten erreichte dieser Prototyp eine Spitzengeschwindigkeit von rund 250 km/h.

In the past numerous innovative drive systems for rail-mounted vehicles were tested. Development of the "Aerotrain 02" shown above started in France in 1957. It was intended to find out hoe the air cushion levitation effect could by applied for rail vehicles. The drive used was a Pratt & Whitney jet engine. In 1969, traveling in a concrete guideway on an air cushion that was but 5 mm high, the "Aerotrain" reached a speed of 422 km/h.

While the technology of the "Aerotrain" was not further pursued, the future of the "Transrapid", a train hovering on a magnetic cushion of but few millimeters, is still open after more than 30 years. Development was begun in 1971 with a prototype by MBB to demonstrate the feasibility, in principle, of a rail vehicle with magnet cushion levitation technology. Shortly thereafter, Krauss-Maffei introduced their Transrapid 02 which was already in a position to reach a top speed of 164 km/h. To make a comparison between magnet cushion and air cushion levitation the Transrapid 03 was equipped with air cushion technology. Since the results proved a definite advantage of magnet cushion levitation, the air cushion technology was then no longer pursued. The exhibit on the bottom right is a Transrapid 04 from the year 1975 which came to the museum as a gift from the producer Krauss-Maffei. It is a development from the Transrapid 02. In test runs this prototype reached a top speed of 250 km/h

Dieselmotor mit Generator

Dieser Dieselmotor von 1920 mit vier Zylindern und 250 PS Leistung wurde von der Maschinenfabrik Esslingen gebaut. Er ist einer von nur vier Exemplaren dieser Serie. Der zugehörige Generator mit 175 kVA und 3-6 KVolt bei 750 UpM wurde über einen doppelten, 35 cm breiten Lederriemen angetrieben. Die Anlage wurde zunächst zur normalen Stromerzeugung und später zur Abdeckung des Spitzenstroms verwendet.

Der Motor ist wassergekühlt, hat hängende Ventile mit einer oben liegenden Nockenwelle und wird mit Pressluft mit einem Druck von 60 atü mit zwei Zylindern angelassen. Ein 2-Stufen-Kompressor dient zur Aufladung der Pressluftflaschen und zur Einblasung des Kraftstoffs über eine Zündnadel. Der Motor könnte nach Umstellung auch mit Schweröl betrieben werden.

This Diesel engine of 1920 with four cylinders and 250 hp output was built by the firm Maschinenfabrik Esslingen. It is one of but four specimen of this series. The accompanying generator with 175 kVA and 3-6 KVolt at 750 rpm was driven by a double, 35 cm wide leather belt. The system was first used for regular generating operation and later on to limit peak current.

The engine is water-cooled, equipped with drop valves and an overhead camshaft, and is started up by compressed air with a pressure of 60 aep with two cylinders. A 2-stage compressor is serving to fill the air cylinders and to inject fuel via a spark needle. After conversion the engine could also run on heavy-oil.

Klassische Automobile - Vintage Cars

Die Liller Halle beherbergt nicht nur zahlreiche Flugzeuge und Lokomotiven, sondern auch eine außergewöhnliche Sammlung klassischer Automobile. Das Spektrum umfasst die gesamte Palette motorisierter Fahrzeuge und reicht vom Oldtimer aus der Frühzeit der Automobilgeschichte bis in die Jetztzeit. Edle Limousinen und Sportwagen sind genauso vertreten wie Nutz- und Spezialfahrzeuge sowie zahlreiche Feuerwehrfahrzeuge, die im nächsten Kapitel ausführlich dargestellt werden.

Besonders reizvoll sind die zahlreichen Sonderausstellungen, die gewährleisten, dass es immer wieder etwas neues zu sehen gibt. So waren in Speyer in den letzten Jahren u.a. Raritäten von Peugeot, Lancia, Renault, Bugatti und Brennabor zu sehen. Informationen über die aktuellen Ausstellungen können Sie bequem über unsere Homepage www.technik-museum.de abrufen.

The Liller Halle does not only house numerous airplanes and locomotives but also an extraordinary collection of historical automobiles. The assortment is including the entire range of motor vehicles reaching from vintage cars from the early days of automobile history to present time models. Noble sedans and sports cars are represented just like commercial and special vehicles as well as numerous fire engines which will be specified in detail in the following chapter.

Of particular appeal are the numerous special exhibitions which lure the interest by frequently changing attractions. Among other exhibits, for instance, rarities by Peugeot, Lancia, Renault, Bugatti and Brennabor could be admired in Speyer over the last years. You can easily obtain information on current exhibitions by calling up our homepage www.technik-museum.de.

Daimler Omnibus

Ein besonders schönes Exemplar der permanenten Automobil-Ausstellung in der Liller Halle ist dieser „Aussichtswagen"-Omnibus von Daimler aus dem Jahr 1914. Er wurde einstmals in Speyer eingesetzt. Die Stadt Speyer war die zweite Stadt nach Netphen bei Siegen, die einen städtischen öffentlichen Nahverkehr mit Kraftomnibussen betrieben hat. Produziert wurde das noch heute voll fahrbereite Fahrzeug mit Platz für 30 Passagiere im Daimler-Werk Berlin-Marienfelde.

Der hervorragend restaurierte Wagen ist mit einer wunderschönen Vollgummibereifung versehen. Erst in den zwanziger Jahren

haben sich Luftreifen, die einen besseren Fahrkomfort bieten und eine höhere Geschwindigkeit erlauben dafür aber empfindlicher und weniger haltbar sind, im Schwerverkehr durchgesetzt. Der vorne liegende Vierzylinder-Motor mit einem Hubraum von 5699 ccm leistete 35 PS. Die Höchstgeschwindigkeit betrug ca. 28 km/h. Sehr viel bedeutender war jedoch die enorme Steigfähigkeit von gut 14 %.

A particularly beautiful item of the permanent car exhibition in the Liller Halle is this "sightseeing" bus by Daimler from the year 1914. It was first used in Speyer. After Netphen near Siegen, the City of Speyer was the second town to operate bus routes for public transport with motor busses. The vehicle, which remains fully roadworthy up to this day and can accommodate 30 passengers, was produced at the Daimler works in Berlin-Marienfelde.

The exquisitely restored bus is equipped with superb solid rubber tires. Pneumatic tires, which are more comfortable and also allow to drive at higher speed but are less durable and also more prone to blowouts, did not catch on in heavy load vehicle traffic until the twenties. The four-cylinder front engine with a displacement of 5699 ccm is generating 35 hp. Maximum speed was about 28 km/h; but much more important was its enormous climbing ability of at least 14 %.

Maybach SW 38 Transfomations-Cabriolet

Der „SW 38" war das vorletzte Maybach-Modell. Er kam ab 1936 auf den Markt und löste den „SW 35" ab. Der Hubraum des Motors wurde auf 3,8 Liter erhöht, nicht um die Leistung zu steigern, sondern um die nachlassende Benzinqualität auszugleichen. Das Kürzel „SW" steht für „Schwingachswagen" mit einzeln aufgehängten Rädern an der Vorder- und Hinterachse. Vorher waren alle Maybachs mit starren Achsen versehen gewesen.

Bei dem hier gezeigten Wagen handelt es sich um ein sogenanntes „Transformations-Cabriolet". Der Wagen hat eine Trennscheibe zwischen dem Fahrer und den Passagieren. Das Verdeck kann für den Fahrer und die Passagiere getrennt abgenommen werden. Solche Wagen wurden zur Repräsentation und für Ausfahrten genutzt, unter der Woche geschlossen und am Wochenende mit geöffnetem Verdeck.

Technische Daten Baujahr: 1939; Motor: 3,8 l / 6 Zyl. / 140 PS

The "SW 38" was to be the last-but-one Maybach-model. It came on the market in 1936 to replace the "SW 35". The motor's capacity was raised to 3,8 liters, not to increase the power but to make up for the deteriorating quality of gasoline. The abbreviation "SW" stands for swing axle-motor with independent suspension of wheels at front- and rear-axles. Before, all Maybach automobiles had been equipped with rigid axles.

The exhibit shown here is a so called "Transformation-Convertible". It has a glass partition between driver and passengers. The top can be removed separately for the driver and for the passengers. Such cars were used for official functions as well as for outings, closed on weekdays, and on the weekend with open top.

Technical Data Year of Construction: 1939; Motor: 3,8 liter / 6-cylinder / 140 hp

Maybach „Zeppelin"

Von den kaum mehr als 1800 Automobilen, die zwischen 1921 und 1941 bei Maybach gefertigt wurden, waren die „Zeppelin"-Modelle die luxuriösesten und berühmtesten. Insgesamt wurden zwischen 1930 und 1938 maximal 200 Exemplare hergestellt. Drei davon befinden sich im Museum in Sinsheim. Angetrieben wurde der Wagen von einem großvolumigen 12-Zylinder-Motor, der aus dem berühmten Luftschiffmotor abgeleitet wurde. Als weitere Besonderheiten verfügte dieses Modell über eine mittels Unterdruck gesteuerte Servobremsanlage und ein

Fünfganggetriebe, ebenfalls mit einer unterdruckgesteuerten Vorwählschaltung. Der Gang wurde mit einem Hebel am Lenkrad ausgewählt, und ohne Kuppeln lediglich durch kurzes Gaswegnehmen eingeschaltet.

Technische Daten
Baujahr: 1930
Motor: 7 l / 12 Zyl. / 150 PS
Höchstgeschw.: 145 km/h
Preis: ca. 30 000 RM

From the hardly more than 1,800 automobiles which were produced at Maybach's between 1921 and 1941, the "Zeppelin" models were the most luxurious and famous ones. Not more than maximally 200 specimen of this model were built between 1930 and 1938. Three of them are now at the Museum Sinsheim. The car had a large-volume 12-cylinder motor deriving from the famous airship engine. Further special features of this model were a vacuum controlled power-break system as well as a five-speed gear shift, also with vacuum controlled preselection change. The speed was selected by means of a lever at the steering wheel and put into gear without clutching just by briefly easing off the accelerator.

Technical Data
Year of Construction: 1930
Motor: 7 liter / 12-cylinder / 150 hp
Max. Speed: 145 km/h
Price: approx. 30,000 Reichsmarks

Der Maybach Zeppelin: In jedem Detail ein perfektes Automobil - The Maybach Zeppelin: A perfect automobile in every detail

Rolls-Royce „Silver Ghost"

Dieser fantastische Rolls-Royce „Silver Ghost" stammt aus der Schweiz. Zwischen 1907 und 1925 sind von diesem Typ 6173 Exemplare gebaut worden. Der extrem hohe Qualitätsstandard und die perfekte Gestaltung jedes Details brachte dem „Silver Ghost" das Prädikat „Bestes Auto der Welt" ein. Es war dieser Typ, der den Weltruhm von Rolls-Royce begründete.

Der Wagen wurde zunächst unter der Bezeichnung 40/50 hp im Jahr 1906 dem Publikum vorgestellt. Der Name „Silver Ghost" fand sich zunächst nur auf einem Vorführwagen. Da dieser aber bald außerordentlich populär war, wurde er von Rolls-Royce für die ganze Baureihe übernommen.

Das Museumsstück stammt aus dem Jahr 1924. Der 6-Zylinder-Motor hat einen Hubraum von 7 Litern und leistet 48 PS.

This fantastic Rolls-Royce "Silver Ghost" came from Switzerland. Between 1907 and 1925 altogether 6173 specimen were built of this model. The extremely high quality standard and perfect styling of each and every detail earned the "Silver Ghost" the title of "Best Car of the World". It was this model that laid the foundation to the world fame of Rolls-Royce.

In 1906 the car was initially introduced to the public as model 40/50 hp. The name "Silver Ghost" at first was used for a demonstration model only. But since the name became highly popular in no time, Rolls-Royce adopted it for the entire series.

The museum's exhibit is from 1924. The 6-cylinder engine has a capacity of 7 liters and an output of 48 hp.

Die außerordentliche Liebe zum Detail, die den Rolls-Royce „Silver-Ghost" auszeichnet, begeistert auch heute noch jeden Oldtimer-Enthusiasten.

The extraordinary dedication to detail distinguishing the Rolls-Royce "Silver Ghost" is still exciting vintage car fans up to this day.

Rolls-Royce 20/25 HP

Als Nachfolger des 20 HP im Jahr 1929 eingeführt, galt der 20/25 bald als einer des besten Rolls-Royce, die jemals gebaut wurden. Das Museumsstück entstand im Jahr 1930. Der 6-Zylinder-Motor hat einen Hubraum von 3669 ccm. Die Höchstgeschwindigkeit lag bei ca. 110 km/h. Die siebensitzige Aluminium-Karosserie stammt vom berühmten englischen Karosseriebauer Hooper, der für Rolls-Royce zahllose Spezialaufbauten geliefert hat. Rolls-Royce fertigte zur damaligen Zeit nur die Fahrgestelle mit dem Motor. Die Karosserie wurde nach den Wünschen des Kunden individuell gebaut.

Das Chauffeur-Abteil des im Museum gezeigten Wagens ist nur mit schwarzer Lederpolsterung ausgestattet. Hier zählte in erster Linie die Funktionalität. Um so prunkvoller ist der Salonteil hinten. Schwere Brokatstoffe, Vorhänge im Barockstil und eine eingebaute Bar geben den Reisenden das Gefühl, sich in einem Fahrzeug der Extraklasse zu befinden. Während der Produktionszeit von 1929 bis 1936 wurden insgesamt 3827 Exemplare des Typs 20/25 gebaut.

Introduced in 1929 as successor of the 20 HP, the 20/25 was soon regarded as one of the best Rolls-Royce models ever built. The museum's exhibit is from the year 1930. The 6-cylinder engine has a capacity of 3669 ccm. Top speed was at about 110 km/h. The seven-seater aluminum body originated at the shop of the famous British body builder Hooper who supplied Rolls-Royce with numerous special design car bodies. At that time Rolls-Royce only produced the undercarriage with the engine. The bodies were special designs made according to the customer's specifications.

The upholstery of the chauffeur's compartment in the car on exhibit at the museum is in black leather only. The primary requirement here was to be functional. More splendid by far was the saloon part in the back. Heavy brocades, curtains in ornate style and a built-in wet-bar conveyed the feeling of traveling in a vehicle of the extra class. In the production period from 1929 through 1936 altogether 3827 specimen of the model 20/25 were built.

Rolls-Royce „Phantom III"

Der Phantom III ist ein klassischer Rolls-Royce. Der 12-Zylinder-Motor garantiert einen seidenweichen Lauf und ein herrliches Dahingleiten. Der Phantom III wurde als Konkurrent zum Maybach Zeppelin, dem 12-Zylinder Hispano-Suiza und natürlich zu den damals führenden 12-Zylinder Cadillacs und Packards entwickelt.
Technische Daten Baujahr 1936; Motor: 12-Zylinder-Motor mit 7,3 Litern Hubraum und 165 PS

A classic Rolls-Royce. The 12-cylinder-motor guarantees a silky smooth run and luxurious gliding. The Phantom III was developed as a competitor of the Maybach flagship, the 12-cylinder Hispano-Suiza, and of the then leading 12-cylinder Cadillacs and Packards.
Technical Data Year of Construction: 1936; Motor: 7,3 liters / 12 Cylinders / 165 hp

Jaguar SS

Die vom Engländer William Lyons begründete Marke „Jaguar" machte durch seine betont sportlichen und doch eleganten Limousinen und Sportzweisitzer in den 1930er Jahren insbesondere in Europa Furore. Hierzu trugen auch die vielen Sporterfolge bei, die diese Marke bei vielen Rennen erringen konnte.
Technische Daten Baujahr: 1937; Motor: 6-Zylinder-Motor mit 2,7 Litern Hubraum und 104 PS

With their distinctly sportive and yet elegant sedans and two-seaters the "Jaguar" brand, founded by the Englishman William Lyons, created quite a sensation in the 1930s, particularly in Europe. Contributing to this success were the numerous triumphs this trademark succeeded in winning in many races.
Technical Data Year of Construction: 1937; Motor: 6-Cylinder-Motor with 2,7 liters displacement and 104 hp

Peugeot „Torpedo"

Peugeot gehört zu den Autofabriken der ersten Stunde. Bereits 1889 konstruierte Armand Peugeot ein von einer Dampfmaschine angetriebenes dreirädriges Gefährt, das er auf der Pariser Weltausstellung im gleichen Jahr präsentierte. Durch die Vermittlung von Emile Levassor kam Peugeot mit Gottlieb Daimler ins Geschäft und produzierte schon kurze Zeit später Automobile mit von Levassor in Lizenz gefertigten Daimler-Motoren. Der große Erfolg ermöglichte es ihm schon wenige Jahre später, eigene Motoren zu bauen. Der Peugeot Torpedo Doppelphäton Typ 143 stammt aus dem Jahr 1912. Als Antrieb dient ein 2000 ccm Peugeot-Vierzylinder-Motor mit 23 PS Leistung. Das elegante Fahrzeug erreichte damals eine Spitzengeschwindigkeit von ca. 60 km/h.

Peugeot was among the pioneers of car manufacturers. As early as 1889 Armand Peugeot designed a three-wheeled vehicle, powered by a steam engine, which he presented the same year on occasion of the Paris World Fair. With Emile Levassor's assistance Peugeot established business connections with Gottlieb Daimler and soon thereafter began producing automobiles with Daimler-motors that were built by Levassor under licence. Highly successful results enabled him to start building his own motors a few years later. The Peugeot Torpedo Doublephaeton Type 143 originated in 1912. It was driven by a 2000 ccm Peugeot four-cylinder-motor with a power of 23 hp. The elegant vehicle reached at that time a maximum speed of about 60 km/h.

Opel 25 / 55

Der Opel 25 / 55 ist ein großräumiger, sechssitziger Tourenwagen aus dem Jahr 1914. Sein Preis betrug damals zwischen
15 200 und 18 250 Mark. Während des 1. Weltkriegs war der
Wagen einem deutschen General zugeteilt. Später gelangte
er dann nach Schottland. Auf dem Umweg über ein hollän-
disches Museum kam er schließlich in das Technik Museum
nach Speyer. Das imposante Äußere und der perfekte Erhaltungszustand geben diesem repräsentativen Fahrzeug einen
besonderen Reiz.
Technische Daten Baujahr: 1914; Motor: 6,5 Liter / 4-Zylinder
/ 62,5 PS; Höchstgeschw.: 90 km/h

The Opel 25 / 55 is a spacious, six-seater touring car of 1914,
at which time it cost between 15 200 and 18 250 Marks.
During WW I the car had been allocated to a German general.
Later on it came to Scotland, and by way of a detour via a
Dutch museum finally to the Technik Museum in Speyer. The
imposing outer appearance and perfect maintenance lend a
special appeal to this prestigous automobile.
Technical Data Year of Construction: 1914; Engine: 6,5 litres /
4 Cyl. / 62,5 hp; Maximum Speed: 90 km/h

Opel 24 / 50

Mit Preisen zwischen 14 000 und 16 500 Reichsmark gehörte der Opel 24 / 50 zur automobilen Oberklasse. Die Bezeichnung „24 / 50" leitet sich von der damals üblichen Unterscheidung zwischen der für die Höhe der Kfz-Steuer entscheidenden und der realen Motorleistung in PS ab. Diese PS-Zahlen wurden nach unterschiedlichen Verfahren errechnet. Der Motor des 24 / 50 gibt eine tatsächliche Leistung von 50 PS ab, die Steuer-PS betrugen jedoch nur 24 PS. Eine solche Typenbezeichnung war damals weit verbreitet. Das Fahrzeug war in Australien zugelassen. Das dortige Wüstenklima hat entscheidend zu seinem hervorragenden Erhaltungszustand beigetragen. Sogar das Holz und die Lederpolsterung befinden sich noch im Originalzustand. Im Jahr 1980 wurde der 24 / 50 in einen mit Schafswolle gepolsterten Container verpackt und zurück in sein Heimatland Deutschland transportiert.

Technische Daten Baujahr: 1912; Motor: 6,2 Liter / 4- Zylinder / 50 PS; Höchstgeschw.: 85 km/h

With prices between 14 000 and 16 500 Reichsmark the Opel 24 / 50 belonged in the top class of automobiles. The term "24 / 50" derives from the then customary distinction between the value used as a basis for the computation of the motorvehicle tax and the real motor power in hp. Different methods were used for the computation of these hp-values. The actual power produced by the motor of the 24 / 50 equals 50 hp, while the hp-value used for tax computation purposes was 24 only. This type of model identification was quite common at that time. The vehicle had been registered in Australia, and the desert climate in this area contributed considerably to its first class maintenance. Even the wooden parts and the leather upholstery are still in their original condition. In 1980 the 24 / 50 was packed in a sheep's wool lined container and brought back to its home country Germany.

Technical Data Year of Construction: 1912; Engine: 6,2 litres / 4- Cyl. / 50 hp; Maximum Speed: 85 km/h

Benz 14 / 35

Technische Daten
Baujahr: 1915
Motor: 3,6 l / 4 Zyl. / 35 PS
Höchstgeschw.: ca. 85 km/h

Technical Data
Year of Construction: 1915
Engine: 3,6 l / 4-Cyl. / 35 hp
Max. Speed: ca. 85 km/h

Dieses sehr schöne Fahrzeug stammt aus der Produktion der Traditionsfirma Benz. Gebaut wurde es in Mannheim, also nur wenige Kilometer vom Museum entfernt. Interessant ist die Form des Kühlers. Der 14 / 35 ist eines der ersten Fahrzeuge mit Spitzkühler. Vorher wurden die Autos mit einem flachen Kühler gebaut. Der Wagen bietet Platz für sechs Personen und erreicht eine Spitzengeschwindigkeit von 85 km/h. Auch heute ist eine Ausfahrt mit einem solchen Wagen noch immer ein Genuß.

This most attractive vehicle was made by Benz, a firm rooted in tradition. It was produced in Mannheim and thus only a few kilometres away from the Museum. An interesting feature is the radiator design. The 14 / 35 is one of the first vehicles with V-shaped radiator. Before, cars were built with flat radiator designs. The car accommodates six passengers and can reach a top speed of 85 km/h. Even nowadays, a ride in a car like this is still a real pleasure.

De Dion Bouton Limousine

Technische Daten
Baujahr: 1922
Motor: 1,8 l / 4 Zyl. / 28 PS

Technical Data
Year of Construction: 1922
Engine: 1,8 l / 4-Cyl. / 28 hp

Die französische Automobilfabrik De Dion Bouton existierte von 1883 bis 1932. Die hier gezeigte Limousine stammt aus dem Jahr 1922. Sie entspricht weitgehend den französischen Automodellen aus der Zeit vor 1914. Wie in anderen Ländern wurden auch in Frankreich nach Kriegsende zunächst die Vorkriegsmodelle weitergebaut. Auffällig ist die wunderschöne, teilweise aus Eschenholz gefertigte Karosserie. Die Fensterheber bestehen aus einem Textilband, mit dem die Fenster stufenweise geöffnet werden können.

The French car manufacturer De Dion Bouton existed from 1883 through 1932. The sedan shown here was built in 1922. It is similar to a great number of French automobiles from the period prior to 1914. As in other countries, the cars produced in France after the end of the war at first were prewar models. A striking feature is the wonderful body, which is partly made of ash wood. The window lifters consist of a textile belt which allowed a gradual opening of the windows.

Gaggenau LKW

Ein wahres Schmuckstück ist dieser exzellent restaurierte, voll fahrbereite LKW der Firma Gaggenau aus dem Jahr 1909. Die Firma Gaggenau baute zunächst PKW, verlegte sich dann aber zunehmend auf die LKW-Fertigung. 1907 begann eine Kooperation mit Benz, die 1910 mit der Übernahme der Firma endete. In den folgenden Jahren entwickelte sich das ehemalige Gaggenau-Werk zu einer der Keimzellen der Nutzfahrzeugproduktion von Benz.

This excellently restored, fully roadworthy truck from the year 1909 built by Gaggenau is a veritable gem. The Gaggenau firm started out with building passenger cars but then took more and more to producing cargo trucks. In 1909 began a cooperation with Benz, which ended in 1910 with the acquisition of the firm. In the following years the former Gaggenau-plant developed into a nucleus for the commercial vehicle production of the Benz company.

Opel Super 6

Der Opel Super 6 war der Vorläufer des Opel Kapitän. Er war der erste Opel mit einem 6-Zylinder-Motor mit hängenden Ventilen. Für einen Wagen dieser Preisklasse war dies eine außergewöhnliche technische Neuerung. Insgesamt wurden 46 453 Opel Super 6 gebaut.
Technische Daten Baujahr 1938; Motor: 2,5 Liter / 6-Zylinder / 55 PS; Höchstgeschwindigkeit: 115 km/h

The Opel Super 6 was a predecessor of the Opel Kapitän. It was the first Opel car with a 6-cylinder engine with drop valves. For a car of this price range that was an extraordinary technological innovation. Totally 46,453 specimen of the Opel Super 6 were built.
Technical data Year of Construction: 1938; Engine: 2,5 liter / 6-cylinder / 55 hp; Max. Speed : 115 km/h

Nichts ist unmöglich.

Das erste serienmäßige Hybridfahrzeug der Welt.

The power to move forward

DER NEUE TOYOTA PRIUS DIE ZUKUNFT BEGINNT HEUTE Die Mobilität der Zukunft braucht neue automobile Konzepte. Wie den neuen Toyota Prius, der erstmals Kraft und Kontrolle, Innovation und Vision sowie Fahrspaß und Verantwortung für die Umwelt in einem Fahrzeug verbindet. Seine Hybrid-Synergy-Drive-Technologie ist eine intelligente Kombination aus Benzin- und Elektroantrieb mit beeindruckender Leistung und Effizienz. Und verwirklicht im rein elektrischen Fahrmodus den Null-Emissions-Betrieb. Lernen Sie heute die Technologie von morgen kennen: 0180/5 35 69 69 (0,12 €/min) oder www.prius.de

Delahaye Fesselballonwagen

*Das Ankurbeln des Motors war Schwerstarbeit. Er besteht aus vier ein-
zelnstehenden Zylindern in T-Kopfform mit je zwei Litern Hubraum.*

*To crank this engine meant heavy labor. It consists of four individual T-
shaped cylinders with two liters capacity each.*

Französisches Spezialfahrzeug aus dem 1. Weltkrieg mit zwei
Winden. Es diente zum Auflassen und Einholen von Fesselballonen,
u. a. für die Artilleriebeobachtung. Die beiden Winden wurden
benötigt, um die bananenförmigen Ballone ausrichten zu können.
Zum blitzartigen Einholen eines Ballons, z. B. bei Beschuß, verfügt
die Winde über einen speziellen Schnellgang. Der bullige Motor
stammt aus dem Jahr 1907. Er war vorher als Rennmotor beim
Rennen Paris - Madrid eingesetzt worden. Die Trittbretter waren
abnehmbar und konnten als Überbrückung beim Überwinden von
Gräben verwendet werden.

Technische Daten Baujahr: 1914; Motor: 8 l / 4 Zyl. / 60 PS

Special vehicle of French make from WW II, with two winches.
It was used to launch and haul in captive balloons, e.g. for artillery observation. The two winches were necessary to orient the
banana-formed balloons. To permit hauling in of the balloon in a
flash, for instance under fire, the winch was equipped with a speed
increasing gear. The sturdy motor is from 1907. It had been used as
a racing motor before on occasion of the Paris - Madrid race. The
running boards were removable and could be used as a bridge to
traverse ditches.

Technical Data Year of Construction: 1914; Engine: 8 l / 4-Cyl. /
60 hp

Mercedes-Benz Geländewagen G 5

Der im Technik Museum in Speyer gezeigte leichte Geländewagen G 5 von Mercedes-Benz ist eine absolute Rarität und gleichzeitig ein Beispiel für nicht genutzten technischen Fortschritt. Bereits 1937 verfügte dieser Wagen über Allrad-Antrieb, Sperrdifferential, Allradlenkung, Schraubenfedern und Ponton-Karosserie (ohne Trittbretter). Durch die spektakuläre Lenkung der Hinterachse hatte der Wagen einen Wendekreis von nur 7 Meter. Mercedes war seiner Zeit um 40 Jahre voraus und merkte es nicht. Nur 180 Exemplare wurden zwischen 1937 und 1941 gebaut. Gleichzeitig zog man mit vielfach unbrauchbaren Fahrzeugen in den Krieg. Das im Museum ausgestellte Exemplar stammt aus dem Jahr 1938. Es besitzt einen Vierzylinder-Motor mit 2 Litern Hubraum und 45 PS.

The light cross country vehicle G5 by Mercedes Benz in the Technik Museum Speyer is an absolute rarity and also an example for unexploited technical progress. In 1937 this car was already equipped with four-wheel drive, limited slip differential, all-wheel steering, coil springs and ponton body (without running boards). Thanks to its spectacular steering of the rear axle the car had a turning circle of 7 metres only. Mercedes was ahead of its time by forty years and did not know it. But 180 cars of this model were built between 1937 and 1941. At the same time the German Armed Forces were sent to war equipped with mainly inadequate cars. The specimen in the Museum is from 1938. It has a four-cylinder 2 litres engine and an output of 45 hp.

Opel 4 / 16 Limousine

Die 4 PS-Baureihe repräsentierte Ende der 20er Jahre die „Brot- und Butterautos" von Opel, mit Preisen um 3500 Reichsmark. Der 4/16 war der Nachfolger des legendären 4/12 von 1924, mit dem Opel erfolgreich in den Massenmarkt für Automobile einstieg. Der gezeigte Wagen stammt aus dem Jahr 1928, dem Jahr, in dem Opel von General Motors übernommen wurde.

Technische Daten Baujahr: 1928; Motor: 1 l / 4 Zyl. 16 PS; Höchstgeschw.: 70 km/h

With prices of about 3500 Reichsmark the 4 hp-series represented the "bread- and butter cars" of Opel in the late twenties. The 4/16 model was the successor of the legendary 4/12 from 1924, which had opened the way to Opel for a successful embarcation on mass production of automobiles. The car shown here is from 1928, the year Opel was taken over by General Motors.

Technical Data Year of Construction: 1928; Engine: 1 l / 4-Cyl. / 16 hp; Max. Speed: 70 km/h

Adler Trumpf 7 AV Cabrio

Die Trumpf-Baureihe war einer der größten Erfolge von Adler. Die Serienproduktion begann im Jahr 1932, das hier gezeigte Cabrio stammt aus dem Jahr 1936. Der Trumpf wurde von Adler zunächst mit einem 1500 ccm, später mit einem 1700 ccm Motor ausgestattet. Der Haupterfolg war aber der oben gezeigte „Junior" mit 1000 ccm Vierzylinder-Motor, Frontantrieb, einer sogenannten „Spazierstockschaltung" am Lenkrad und Einzelradfederung.

Long before motorization Adler of Frankfurt had made a name for themselves as a manufacturer of bicycles and typewriters. They embarked on the production of automobiles at the end of the last century when they started to supply Benz with spoke wheels. During WW II most of the Adler factory was destroyed and thereafter they concentrated once more on the production of typewriters and motorcycles.

Schon lange vor der Motorisierung hatte sich die Frankfurter Firma Adler einen Namen als Hersteller von Fahrrädern und Schreibmaschinen gemacht. Der Einstieg in die Automobilproduktion begann Ende des letzten Jahrhunderts mit der Lieferung von Speichenrädern an Benz. Während des 2. Weltkriegs wurde Adler weitgehend zerstört und konzentrierte sich danach wieder auf den Bau von Schreibmaschinen und Motorrädern.

The Trumpf series was one of Adler's most successful models. The production began in 1932. The convertible shown here is from 1936. It was equipped by Adler at first with a 1500 ccm and later on with a 1700 ccm motor. But the greatest hit was the "Junior" shown above, with a 1000 ccm four-cylinder motor, front wheel drive steering column gearshift, and independent spring suspension.

Opel RAK 2

Diese Seite zeigt einen originalgetreuen Nachbau des Opel RAK 2 von 1928, eine Leihgabe des Deutschen Museums München. Mit diesem von 24 Feststoffraketen angetriebenen Experimentalfahrzeug ging Fritz von Opel am 23. Mai 1928 vor 2000 geladenen Gästen auf der Avus in Berlin auf Rekordjagd. Dabei erreichte er eine Geschwindigkeit von immerhin 230 km/h. Dies reichte zwar nicht für einen Weltrekord (der lag damals bereits bei 334 km/h), spektakulär war der Auftritt aber in jedem Fall.

This page shows an exact replica of the Opel RAK 2 of 1928. a loan of the Deutsches Museum Munich. This experimental car, powered by 24 solid propellant rockets, was used by Fritz von Opel on 23 May 1928 for his attempt on the speed record on the Avus race track in Berlin before an invited audience of 2000. He did reach a speed of 230 km/h, after all, and although this was not enough for a world record (which was already at 334 km/h at that time), the performance was definitely spectacular.

Lancia Lambda

Die Firma Lancia wurde 1906 von Vincenzo Lancia gegründet, der zuvor für Fiat zahlreiche Rennen bestritten hatte. Die Marke steht für betont sportliche und dennoch komfortable Limousinen bester italienischer Prägung. Lancia gehört heute zum Fiat Konzern.

Bis zum zweiten Weltkrieg konstruierte Lancia eine Vielzahl von Modellen, die technisch ihrer Zeit weit voraus waren. Lancia Automobile waren für Kunden gedacht, die von der Technik begeistert waren. Ein Meilenstein in der langjährigen Geschichte des Unternehmens ist der Lancia Lambda, dessen Serienproduktion im Jahr 1922 anlief. In ihm wurden alle technischen Errungenschaften, die damals verfügbar waren, vereint. Dieses bemerkenswerte Fahrzeug verfügte damals bereits über eine selbsttragende Karosserie, eine unabhängige Vorderradaufhängung mit Federbeinen und einen V4-Motor, bei dem die Zylinder in einem sehr spitzen Winkel angeordnet waren. Während der Produktionszeit von 1922 bis 1932 sind rund 13 000 Lambdas untergliedert in neun Serien produziert worden. Das Museumsstück stammt aus dem Jahr 1926. Der 4-Zylinder-Motor hat einen Hubraum von 2370 ccm und leistet 59 PS. Die Spitzengeschwindigkeit liegt bei ca. 115 km/h.

The Lancia firm was founded in 1906 by Vincenzo Lancia who had participated before in numerous races for Fiat. The brand stands for decidedly sporty and yet comfortable sedans of best Italian vintage. Today Lancia belongs to the Fiat group.

Up to WW II Lancia designed a great number of models the technology of which was far ahead of their time. Lancia automobiles were intended for customers who were veritable technology fans. A milestone in the company's long-standing history is the Lancia Lambda whose series production was started in 1922. This car was built to combine all technological achievements available at that time. This remarkable vehicle then already had self-supporting body work, and independent front suspension with struts and a V4-engine with a highly acute-angled cylinder arrangement. During the production period from 1922 through 1932 about 13,000 Lambdas, subdivided into nine series, were built. The museum's exhibit is from the year 1926. The 4-cylinder engine has a capacity of 2370 ccm generating 59 hp. The top speed is at about 115 km/h.

Maßstab 1:18

Mercedes Benz SLR
Bestell.-Nr. 536653

Lancia „Stratos"

Es waren insbesondere die Rallye-Erfolge, mit denen Lancia Renn-sportgeschichte geschrieben hat. Zu einer Legende wurde der Lancia Stratos. Mit diesem Wagen hat Lancia vier Mal die Rallye Monte Carlo gewonnen und in den Jahren 1974 bis 1976 drei Mal hintereinander die Rallye-Weltmeisterschaft errungen.

Das Museumsstück stammt von 1976. Der 6-Zylinder Motor hat 2,4 Liter Hubraum und leistet 280 PS. Gefahren wurde der Wagen u.a. von Walter Röhrl, Björn Waldegaard und Hermann Layher.

The fact that Lancia made racing sport history is mainly due to their triumphs in rally competitions. With this car Lancia won the Rallye Monte Carlo four times and in the years 1974 through 1976 the Ralley World Championship for three consecutive times.

The museum's exhibit is from the year 1976. The 6-cylinder engine has a capacity of 2,4 liters with an output of 280 hp. Pilots of this car were, among others, Walter Röhrl, Björn Waldegaard and Hermann Layher.

Superbikes

Eine besondere Attraktion nicht nur für Motorrad-Fans ist die permanente Superbike Sonderausstellung in der Liller Halle. Initiatoren der Ausstellung sind unser Vereinsmitglied Franz Rau und die im Kreis „Historischer Motorrad-Rennsport" zusammengeschlossenen Fahrer, Teams, Sponsoren und Freunde der ehemaligen PRO SUPERBIKE Rennserie. Neben Franz Raus eigenen Rennmotorrädern werden auch zahlreiche Maschinen von Freunden und Bekannten den Weg in das Technik Museum Speyer finden. Ein besonderes Prachtstück ist die Werks-Yamaha, mit der der Schwede Christer Lindholm 1998 den Titel des Pro Superbike Champions errang, und damit als erfolgreichster Pilot dieser Serie Geschichte schrieb (Bild oben, hinten). Knapp 170 PS Leistung, Vierzylinder High-Tech-Motor mit 5 Ventilen je Zylinder, Sechsgang-Getriebe, 165 kg Gewicht und eine Spitzengeschwindigkeit von 300 km/h begeistern jeden Technikfan. Zu dem Exponat gehören noch ein Original-Lederkombi mit Schutzprotektoren und ein Marushin-Helm, der dem Fahrer bei eventuellen Stürzen die maximal mögliche Sicherheit bietet. Das Bild unten rechts zeigt eine Yamaha YZF 750 SP Pro Superbike aus der Saison 1993.

A special attraction, not only for motorbike fans is the permanent Superbike Special Exhibition in the Liller Hall. Initiators of this exhibition are the member of our Museum Society Franz Rau and the drivers, teams, sponsors and friends of the former PRO SUPERBIKE racing series who jointly founded the club "Historischer Motorrad-Rennsport" (Historic Motorbike-Racing). Apart from racing bikes owned by Franz Rau, numerous other bikes from friends and acquaintances will find their way to the Technik Museum Speyer. A prime specimen is the company-owned Yamaha on which the Swede Christer Lindholm won the title of Pro Superbike Champion in 1998, thus going down in history as the most successful pilot of this series (picture above, in back). An output of just short of 170 hp, four-cylinder high-tech-engine with 5 valves per cylinder, six-speed-transmission, a weight of 165 kg and a top speed of 300 km/h will fascinate every technology fan. Completing this exhibit are an original leather racing-suit with safety protectors and a Marushin-helmet affording the maximally possible safety for the pilot in any accidents. The picture at the bottom right shows a Yamaha YZF SP Pro Superbike from the 1993 season.

Feuerwehrfahrzeuge - Fire Engines

Im Technik Museum Speyer kann eine der größten Sammlungen historischer Feuerwehrfahrzeuge Europas bewundert werden, die von den Anfängen der Löschfahrzeuge bis in die Jetztzeit reicht. Ganz besondere Raritäten sind die riesigen Fahrzeuge aus den USA insbesondere von Ahrens-Fox, die zur Brandbekämpfung speziell auch für Hochhäuser konstruiert wurden. In den zahlreichen Vitrinen werden zusätzlich viele Ausrüstungsgegenstände von Feuerwehren aus der ganzen Welt gezeigt.

Die Zähmung des Feuers war einer der wichtigsten Schritte in der Kulturentwicklung des Menschen. So alt wie die Geschichte des Feuers sind aber auch die Bemühungen, seiner Gefahren Herr zu werden. Die älteste Darstellung einer Brandbekämpfung ist rund 5 000 Jahre alt und stammt aus einem Palast bei Ninive. Sie zeigt assyrische Krieger bei dem Versuch, Brandfackeln, die ihre Kampfwagen zu entzünden drohen, mit Wasser aus großen Löffeln zu löschen. Modern mutet ein Befehl an, der um 564 v. Chr. nach einem Großbrand in einer chinesischen Stadt erlassen wurde. Er beinhaltet noch heute gültige Maßnahmen wie das Absperren des Brandorts, das Niederreißen von Häusern, um eine weitere Ausbreitung des Feuers zu verhindern, die Anlage von Löschteichen und nicht zuletzt die Bereithaltung und die Pflege von Eimern, Körben und Seilen für die Brunnen.

Im antiken Rom gab es um 300 v. Chr. bereits einen Trupp von Gemeindesklaven zur Brandbekämpfung. Zu ihrer Ausrüstung gehörte auch schon eine Feuerspritze, deren Erfindung dem griechischen Techniker Ktesibios aus Alexandria zugeschrieben wird. Die zweizylindrige Kolbenpumpe mit Druck und Saugventilen bestand vermutlich aus Bronze.

Im 17. Jahrhundert wurde die mechanische Feuerspritze vom Nürnberger Zirkelschmied und Mechaniker Hans Hautsch nochmals neu erfunden. Mit einer Hebelstange pumpten 16 - 20 Mann das Wasser durch ein langes Holzrohr. Der Brandmeister der Amsterdamer Feuerwehr erfand später die zunächst aus Leder gefertigten geteilten Druckschläuche mit Verschraubungen, die den Transport des Wassers zur Brandstelle erheblich vereinfachten. Um 1719 fertigte Johann Christof Beck in Leipzig gewebte Hanfschläuche ohne Naht, die wesentlich billiger und besser als die ledernen waren. Im Jahr 1802 stellte Regnier schließlich die erste Drehleiter in Paris vor.

Die immer umfangreicher und schwerer werdende Ausrüstung mußte natürlich möglichst schnell zum Brandort transportiert werden. Hierzu dienten spezielle Wagen, die meist von Pferden gezogen wurden. Mit der fortschreitenden Motorisierung entstanden dampfgetriebene Feuerwehrspritzen, die aber meist zu langsam und zu unhandlich waren. Im Jahr 1888 präsentierte Daimler schließlich die erste Feuerspritze, bei der die Kolbenpumpe mit einem Benzinmotor angetrieben wurde. Kurze Zeit später wurde die neue Technik dann auch zum Antrieb der Wagen verwendet. Damit war der Grundstein für die moderne Feuerwehr gelegt.

One of the largest collections of fire engines in Europe, reaching from the beginnings of fire extinguishing vehicles up to present time models, can be admired at the Technik Museum Speyer. Rarities of the extra class are the huge vehicles from the USA, particularly by Ahrens-Fox, which were designed especially to also fight fires in high-rise buildings. In addition, a great number of items of equipment of fire fighters all over the world are on exhibit in numerous show cases.

Taming the fire was one of the most important steps in man's cultural development. Just as ancient as the history of fire, however, are the efforts to dominate its threats. The oldest depiction of a fire fight is about 5000 years old and originated from a palace in Ninive. It shows Assyrian warriors attempting to extinguish firebrands, which threaten to set their chariots on fire, with water from giant spoons. An order that was passed in about 546 B. C. after a major fire in a Chinese town seems almost modern. It includes steps that are still valid these days, like closing off the site of the fire, pulling down houses in order to prevent the fire from spreading, installing water reservoirs, and the storage and maintenance of buckets, baskets and ropes for the cisterns.

For ancient Rome it has been described that they had a brigade of municipal slaves for firefighting as early as 300 B. C. Their equipment included a fire hose, whose invention is attributed to the Greek technician Ktesibios of Alexandria. The two-cylinder piston pump with pressure and suction valve was probably made of bronze.

In the 17th century the mechanical fire hose was reinvented by the compass maker and technician Hans Hautsch of Nuremberg. Sixteen to twenty men were pumping the water through a long wooden pipe with a lever pole. The chief of the Amsterdam fire brigade later invented the pressure hose, first made of leather, which consisted of sections that were joined by threaded connections. Fire hoses of this kind helped considerably to facilitate transporting the water to the fire. In about 1719 Johann Christof Beck of Leipzig made seamless hoses woven of hemp which were a lot less expensive and better than those made of leather. In 1802, finally, Regnier presented the first turnable extension-ladder in Paris.

Of course, the equipment which kept becoming more bulky and heavier had to be transported to the fire as fast as possible. This was achieved by special, mainly horse-drawn, wagons. Progressing motorization brought steam-powered fire engines which in most cases, however, were too slow and unwieldy. In 1888 finally Daimler presented the first fire hose with a piston pump powered by a gasoline motor. A short while later the new technique was also used to drive the wagons. With this development the foundations had thus been laid for modern fire fighting brigades.

Benz-Leiterwagen von 1926

Mit der Übernahme der Süddeutschen Automobilfabrik GmbH in Gaggenau im Jahr 1910 baute Benz in Mannheim und Gaggenau Omnibusse, Lieferwagen und Motorfeuerspritzen. Der ausgestellte Leiterwagen wurde 1926 gebaut, dem Jahr, in dem Mercedes-Daimler mit Benz fusionierte. Die einzelnen Teile des Fahrzeugs sind daher zum Teil noch mit „Benz", zum Teil bereits mit „Mercedes-Benz" beschriftet. Der Leiterwagen wurde nach Oslo in Norwegen geliefert und befand sich dort bis 1960 ununterbrochen im Einsatz. Angetrieben wird das Fahrzeug von einem 4-Zylinder-Motor mit 10,3 Litern Hubraum und einer Leistung von 100 PS. Die Vollgummibereifung schützte zwar gegen Reifenschäden, war aber äußerst unkomfortabel und erlaubte nur eine geringe Geschwindigkeit.

Starting with the takeover of the "Süddeutsche Automobilfabrik GmbH" in Gaggenau in 1910, Benz produced buses, delivery vans and fire engines. The ladder-equipped car on exhibit was built in 1926, the year of the merger of Mercedes-Daimler with Benz. Individual parts of the vehicle, therefore, are still bearing the trademark "Benz", while others are already identified as products of "Mercedes-Benz". This ladder car was delivered to Oslo in Norway where it was continuously in service up to 1960. The vehicle is powered by a 4-cylinder motor with a displacement of 10,3 litres and a performance of 100 hp. Although the solid-rubber tires were immune to blowouts they were highly uncomfortable and permitted to travel at slow speeds only.

MAN Autospritze

Der MAN-Leiterwagen wurde ursprünglich von der Schweizer Saurer AG entwickelt. Es handelt sich um eine Saurer-Arbon Konstruktion. Nur wenigen ist bekannt, daß die Schweiz früher im LKW-Bau eine Führungsposition eingenommen hat. 1916 wurden die Lizenzen für die LKW-Produktion von Saurer an MAN gegeben.

Weltweit existieren nur noch zwei MAN-Feuerwehrfahrzeuge aus den 20er Jahren. Eins steht im Werksmuseum der Firma MAN, das andere im Technik Museum Speyer. Der ursprüngliche Einsatzort des Fahrzeugs ist leider unbekannt. Aufgrund der neueren Beschriftung wird davon ausgegangen, daß es nach dem Krieg in der amerikanischen Besatzungszone verwendet wurde.

Interessant sind die mit Vollgummireifen versehenen Holzspeichenräder. Wenn das Fahrzeug im Gelände steckenblieb, konnten Ketten oder Seile um das Rad gewickelt werden, um den Wagen wieder flott zu machen.

Technische Daten Baujahr: 1920; Motor: 4,2 l / 4 Zyl. / 45 PS

The MAN-Ladder-Car was originally developed by the Swiss Saurer AG. It was a Saurer-Arbon construction. It is widely unknown that Switzerland at times used to hold a leading position as a manufacturer of trucks. In 1916 the licences for truck manufacturing were transferred by Saurer to MAN.

But two MAN-Firefighter-Trucks from the twenties still exist world-wide. One of them is stationed at the company museum of the MAN factory, the other in Speyer. The original place of action of this vehicle, unfortunately, is unknown. The new legend on the car seems to lead to the assumption that, after the war, it was operated in the American Zone of Germany.

Interesting features are the wheels with wooden spokes, equipped with solid rubber tires. Whenever the car got stuck in difficult terrain, chains or ropes could be attached to the wheels to get it back on the road.

Technical Data Year of Construction: 1920; Engine: 4,2 l / 4-Cyl. / 45 hp

Benz Leiterwagen von 1926

Technische Daten
Baujahr: 1926
Motorleistung: 50 PS
Höchstgeschw.: 40 km/h
Steighöhe Leiter: 26,3 m

Technical Data
Year of Construction: 1926
Engine power: 50 hp
Max. Speed: 40 km/h
Ladder ceiling: 26,3 m

Dieser völlig originale und voll funktionsfähige Leiterwagen mit Vollgummibereifung stammt aus erster Hand. Er wurde 1928 von der Stadt Hof in Bayern erworben. Gebaut wurde der Wagen von Benz noch vor der Fusion mit Daimler. Die sensationelle Drehleiter mit 26 Metern Steighöhe stammt von der Firma Metz aus Karlsruhe.

This completely original ladder car in full working order with solid rubber tyres is a first-hand specimen. Bought by the city of Hof in Bavaria in 1928 it was produced by Benz prior to their merger with Daimler. The sensational mechanical ladder with an extended length of 26 meters originated from the company Metz of Karlsruhe.

Magirus Drehleiterwagen K26

Technische Daten
Baujahr: 1921
Motor: 10,3 l / 4 Zyl. / 70 PS

Technical Data
Year of Construction: 1921
Engine: 10,3 l / 4 Cyl. / 70 hp

Der K 26 von Magirus basiert auf einem sogenannten Subventionslastwagen, der nach dem Ende des 1. Weltkriegs zu einem Feuerwehrwagen umgebaut wurde. Außergewöhnlich ist die Leiter. Fünfzig Jahre nach der ersten Schiebeleiter entwickelte Magirus die erste Drehleiter für ein mit einem Benzinmotor angetriebenes Feuerwehrauto. Alle Leiterbewegungen erfolgen mit Hilfe des Fahrmotors. Das gezeigte Fahrzeug wurde am 21. August 1921 an die Feuerwehr der Stadt Göteborg in Schweden ausgeliefert.

The K 26 by Magirus is based on a so-called subsidy truck, which was retooled into a fire engine after the end of WW I. An unusual feature is the ladder. Fifty years after the initial sliding ladder Magirus developed the first extension ladder for a fire engine powered by a gasoline motor. All ladder operations were performed by the truck's motor. The vehicle on exhibit was delivered to the fire brigade of the city of Göteborg, Sweden, on August 21, 1921.

Delahaye Mannschaftstransporter

Die französische Firma Delahaye produzierte nicht nur Personenkraftwagen, sondern auch viele Spezialfahrzeuge. Beispiele sind der weiter vorne gezeigte Fesselballonwagen und dieser Feuerwehr-Mannschaftstransporter. Bis zu sieben Feuerwehrleute konnten auf den hintereinander angeordneten Holzbänken mit diesem schnittigen Fahrzeug zum Einsatzort transportiert werden.
Technische Daten Baujahr: 1921; Motor: 2,7 l / 4 Zyl. / 38 PS

The French firm Delahaye did not only produce passenger cars but many special vehicles as well. Examples are the captive balloon car shown before and this fire squad carrier. Up to seven firemen, seated on wooden benches which were positioned one behind the other, could be brought to their place of duty in this stylish car.
Technical Data Year of Construction: 1921; Engine: 2,7 l / 4 Cyl. / 38 hp

Opel 1,2l

Im Jahr 1924 erschien der Opel 4/12 PS, auch bekannt als „Laubfrosch". Er gilt als der Vorläufer des 1,2. Nicht zuletzt aufgrund seiner Zuverlässigkeit und des günstigen Preises wurde dieser 1,2l als Einsatzfahrzeug für einen Feuerwehr-Kommandanten eingesetzt.
Technische Daten Baujahr: 1931; Motor: 1,2 l / 4-Zyl. / 22 PS

Ford T-Modell

The Opel 4/12 hp also known as „Tree-Frog" originated in 1924. It is regarded as predecessor of the 1,2l. Not last due to its reliability and reasonable price this 1,2l was used as duty-car for the chief of a fire brigade.

Technical Data Year of Construction: 1931; Engine: 1,2 l / 4-Cyl. / 22 hp

Das Ford Modell „T" wurde für alle Zwecke verwendet, so auch als Feuerwehrauto. Dieses Exemplar hat einen Spezialaufbau mit seitlichen Sitzbänken, Materialkästen, Schlauchhaspel, Ansaug-schlauch mit Metallkorb und zwei Wenderohren. Die Höchstge-schwindigkeit betrug runde 70 km/h.

Technische Daten Baujahr: 1923; Motor: 2,9 l / 4 Zyl. / 20 PS

The Ford Model „T" was used for all purposes, among them as car for fire-brigades. This specimen has a special superstructure equipped with side benches, tool and material boxes, suction hose with metal basket and two reversing pipes. The maximum speed was around 70 km/h.

Technical Data Year of Construction: 1923; Engine: 2,9 l / 4 Cyl. / 20 hp

Ahrens-Fox „H-T"

Das Modell „H-T" der Firma Ahrens-Fox war bis in die 50er Jahre hinein das leistungsfähigste Feuerwehrfahrzeug der Welt. Die Ahrens-Fox-Fahrzeuge werden häufig auch als die Rolls-Royce der Löschfahrzeuge bezeichnet. Während man einen Rolls-Royce an seiner Kühlerfigur erkennt, ist das Charakteristische an einem Ahrens-Fox die überdimensionale silberne Kugel oberhalb der Löschwasserpumpe, die als Ausgleichsbehälter dient.

Technische Daten Baujahr: 1948; Motor: 16 Liter / 6-Zylinder / 350 PS

The model „H-T" by the Ahrens-Fox company was the most efficient fire engine of the world until the fifties. Ahrens-Fox vehicles are frequently called the Rolls-Royce of fire engines. While a Rolls-Royce can be recognized by its radiator mascot, the characteristic feature of an Ahrens-Fox is the huge silver ball above the water pump, which serves as an equalizer.

Technical Data Year of Construction: 1948; Engine: 16 litres / 6-Cylinder / 350 hp

Der runde Ausgleichsbehälter ist charakteristisch für alle Löschfahrzeuge von Ahrens-Fox. Das Bild unten zeigt die stationäre Löschwasserkanone.

The spheric equalizer tank is characteristic for an Ahrens-Fox. The picture at the bottom shows the stationary water-cannon.

Seagraves Pumper

Ein klassisches Feuerwehrauto Baujahr 1929 aus den USA. Nicht nur zweckmäßig, sondern auch sehr schön, mit viel Chrom und einer effektvollen Lackierung, bei der die Signalfarbe Rot überwiegt. In seinen letzten aktiven Jahren wurde dieser Oldtimer nur noch bei Umzügen oder als Werbefahrzeug verwendet.

Technische Daten Baujahr: 1929; Motor: 6 Liter / 6-Zylinder / 90 PS

A classic fire engine model of 1929 from the USA. Not only efficient but also beautiful with a lot of chrome and effective painting with fire-engine-red as predominant colour. In its last active years this oldtimer was used exclusively for parades or publicity purposes.

Technical Data Year of Construction: 1929; Engine: 6 litres / 6-Cylinder / 90 hp

Ahrens-Fox MK-4

Ein ganz besonders interessantes Exemplar ist dieser Feuerwehr-Oldtimer von Ahrens-Fox aus dem Jahr 1916. Er verfügt bereits über die für Ahrens-Fox typische silberfarbene Metallkugel. Angetrieben wird das Löschfahrzeug von einem 6-Zylinder-Motor mit 12 Litern Hubraum und einer Leistung von 150 PS. Es ist das älteste noch voll funktionsfähige amerikanische Feuerlöschfahrzeug in ganz Europa. Einem Mitglied des Technik Museums gelang es, diese Rarität aus einer amerikanischen Privatsammlung aufzukaufen. In Speyer ist der MK-4 jetzt einer breiten Öffentlichkeit zugänglich.

This oldtimer fire engine model 1916 by Ahrens-Fox is a particularly interesting specimen. It already features the silver metal sphere typical for Ahrens-Fox. This fire engine is powered by a 6-cylinder motor with a displacement of 12 litres and an output of 150 hp. It is the oldest, fully functioning American fire engine in all Europe. A member of the Technik Museum succeeded in acquiring this rarity from an American private collection. In Speyer the MK-4 can now be viewed by a wide public.

American
La France 1937

Technische Daten
Baujahr: 1937
Motor: 9 l / 12 Zyl. / 130 PS

Technical Data
Year of Construction: 1937
Engine: 9 l / 12 Cyl. / 130 hp

Dieses Löschfahrzeug von American La France aus dem Jahr 1937 wurde als erstes mit einem V-12-Benzinmotor ausgestattet. Es verfügt über einen Wassertank mit 1200 Litern Fassungsvermögen und einer Pumpe mit einer Saugleistung von 3000 Litern pro Minute. Das Fahrzeug ist umfassend restauriert und befindet sich in einem hervorragenden Zustand. Die komplette Ausrüstung ist noch voll funktionsfähig.

This fire engine produced by American La France in 1937 was the first to be equipped with a V-12 gasoline motor. It is fitted with a water tank holding 1200 litres and a pump with a suction capacity of 3000 litres per minute. This vehicle was thoroughly restored and is in first class condition. The entire equipment is still in absolute working order.

Ford Alexis

Technische Daten
Baujahr: 1957
Motor: 5,7 l / 125 PS

Technical Data
Year of Construction: 1957
Engine: 5.7 l / 125 hp

Alexis Fire Equipment Company ist eine bekannte amerikanische Firma, die seit 1947 Feuerwehrfahrzeuge produziert. Der im Museum gezeigte Wagen von 1957 entstand auf der Basis eines LKWs von Ford. Die zur Brandbekämpfung erforderliche Ausrüstung stammt von Alexis.

Alexis Fire Equipment Company is a well-known American company which produces fire engines since 1947. The vehicle shown in the museum is based on a Ford truck. The equipment required for fire fighting was built by Alexis.

Mack Pumper

Technische Daten
Baujahr: 1961
Motor: 5,4 l / 6 Zyl. / 180 PS

Technical Data
Year of Construction: 1961
Engine: 5.4 l / 6 Cyl. / 180 hp

Der 61er Mack Pumpenwagen ist mit einem 2000 Liter fassenden Wassertank und einer Hochdruckpumpe mit einem Fördervolumen von bis zu 3000 Litern pro Minute ausgerüstet. Als Antrieb dient ein 6-Zylinder Mack-Benzinmotor mit 5,4 Litern Hubraum und einer Leistung von 180 PS. Das Fahrzeug ist voll funktionsfähig und auch die Ausrüstung ist komplett vorhanden.

The model ,61 Mack pumper is equipped with a water-tank taking 2000 litres and a high-pressure pump with a discharge capacity of 3000 litres per minute. It is powered by a 6-cylinder-Mack gasoline motor with a displacement of 5,4 litres and an output of 180 hp. The vehicle is in full working condition and fully equipped.

Seagraves Pumper

Technische Daten
Baujahr: 1958
Motor: 9 l / 12 Zyl. / 220 PS

Technical Data
Year of Construction: 1958
Engine: 9 l / 12 Cyl. / 220 hp

Der Wassertank des Seagraves Pumpenwagens faßt 2000 Liter. Die Löschwasserpumpe fördert bis zu 3000 Liter pro Minute. Das Fahrzeug befindet sich in einem originalgetreuen Zustand und ist voll fahrbereit.

The water tank of the Seagraves Pumper takes 2000 litres. The water pump can discharge up to 3000 litres per minute. The vehicle is in a true-to-original condition and in absolute running order.

K+S Hydraulik GmbH

Kompetenz + Schnelligkeit

Hydraulikzylinder • Anlagenbau • Pumpen
Ventile • Service (Rohrleitungsbau)

K+S Hydraulik GmbH

68809 Neulußheim, Akazienweg 17
Telefon: 06205 / 3 80 10
Fax: 06205 / 3 74 14
Internet: www.ks-hydraulik.de
E-Mail: info@ks-hydraulik.de

Dreistellungszylinder

Anlagenbau

Handpumpe

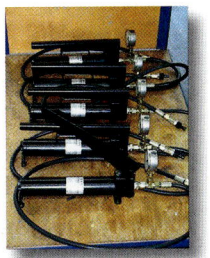

Rotorpumpeneinheit

Ventile

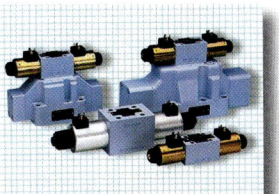

Service (Rohrleitungsbau)

Anlagenbau

Mercedes-Benz LF-8

Technische Daten
Baujahr: 1943
Motor: 2,7 l / 6 Zyl. / 60 PS

Technical Data
Year of Construction: 1943
Engine: 2,7 l / 6 Cyl. / 60 hp

Das Löschgruppenfahrzeug ist das Basisfahrzeug der Feuerwehren. Mit ihm kann ein kompletter Löschtrupp (neun Mann) zum Brandort transportiert werden. Es enthält alle für einen Löschangriff erforderlichen Ausrüstungsgegenstände. Die Löschgruppenfahrzeuge werden in unterschiedliche Größenklassen unterteilt. Die kleinste Größe ist das LF-8. Das Museumsstück stammt aus dem Jahr 1943. Als Extra ist es mit einem Anhänger ausgerüstet. Da die Feuerwehr im 2. Weltkrieg der Polizei unterstand, ist das Fahrzeug in Polizeigrün lackiert.

The squad carrier was the basic vehicle of firefighters. It can carry an entire fire squad (nine men) to their place of action. It accommodates the complete equipment required to fight a fire. The fire squad carriers are graded into models of different size. The smallest one is the LF-8 The specimen on exhibit in the Museum in Speyer is from 1943. An extra feature of this car is a trailer. Since fire brigades in Germany, during World War II, were subordinated to the police the painting of this car is police-green.

Magirus LF-15

Technische Daten
Baujahr: 1954
Motor: 3,5 l / 4 Zyl. / 90 PS

Technical Data
Year of Construction: 1954
Engine: 3,5 l / 4 Cyl. / 90 hp

Das Löschgruppenfahrzeug LF-15 verfügt neben einer Vielzahl von Ausrüstungsgegenständen über einen Wassertank und eine fest eingebaute Feuerlöschpumpe. Dieser Typ von Löschfahrzeug wurde auch von Mercedes-Benz, Opel und Ford gebaut.

Among a variety of items the fire brigade carrier LF-15 is also equipped with a water tank and a stationary pump. This type of fire engine was also produced by Mercedes-Benz, Opel and Ford.

Magirus KS 15

Dieses hervorragend erhaltene Löschfahrzeug der Firma Magirus aus dem Jahr 1937 wurde bis 1978 von der Feuerwehr in Güglingen eingesetzt. Zeitweise war es während des 2. Weltkriegs auch in Mannheim im Einsatz. Nach mehr als 40 Jahren aktiver Tätigkeit hat es jetzt im Museum Speyer seinen verdienten Dauerparkplatz erhalten.
Technische Daten Baujahr: 1937; Motor: 4,5 Liter / 6 Zylinder / 70 PS

This excellently preserved pump car from the Magirus production of 1937 was serving with the fire brigade of Güglingen up to 1978. At times, during WW II, it was also in service in Mannheim. After more than 40 years of active use, it has now found its well deserved permanent parking spot at the Museum in Speyer.
Technical Data Year of Construction: 1937; Engine: 4,5 litres / 6 Cylinder / 70 hp

Mercedes-Benz LF-15

Das LF-15 Löschgruppenfahrzeug von Mercedes-Benz gehört zur gleichen Größenklasse wie der auf der vorangegangenen Seite gezeigte Löschwagen von Magirus. Dieser Wagen wurde nach 50 Jahren Einsatz bei der Feuerwehr Speyer stillgelegt und dem Museum als Dauerleihgabe überlassen. 1999 wurde das Fahrzeug komplett überholt. Das Bild rechts zeigt (von links) Museumsleiter Hermann Layher, Frau Schineller, den Leiter der Speyerer Feuerwehr Peter Kaiser und den Oberbürgermeister der Stadt Speyer Werner Schineller bei der feierlichen Übergabe des Fahrzeugs.

The LF-15 fire-squad vehicle by Mercedes-Benz is in one scale with the fire engine by Magirus shown on the previous page. This vehicle was layed up after 50 years of service with the fire brigade of Speyer and given to the Museum. The picture right shows (from left) the President of the Museum, Hermann Layher, Mrs. Schineller, the head of the Speyer Fire Brigade, Peter Kaiser, and the Lord Mayor of the City of Speyer, Werner Schineller, on occasion of the donation ceremony in which the vehicle was handed over to the Museum.

Magirus „Sirius" Drehleiter DL 30

Als Fahrgestell für den Drehleiterwagen von Magirus wurde ein Mercur-Modell, erkennbar an der charakteristischen „Alligatorhaube", verwendet. Dieser Fahrzeugtyp wurde bis 1963 in kaum veränderter Form gebaut. Danach wurde er, dem Geschmack der Zeit entsprechend, von einem Eckhauber abgelöst. Das gezeigte Fahrzeug stammt aus dem Jahr 1960. Es war bis 1988 bei der Feuerwehr Heilbronn in Gebrauch.
Technische Daten Baujahr: 1962; Motor: 5,1 Liter / 6 Zylinder / 168 PS

The chassis used for the extension ladder truck by Magirus was a Mercur model, to be recognized by its characteristic „alligator bonnet". This type of vehicle was built up to 1963 with hardly any changes in shape. Thereafter, in compliance with modern trends, it was substituted by a square-hooded model. The specimen on exhibit is from 1960. It was in service with the fire brigade of Heilbronn up to 1988.
Technical Data Year of Construction: 1962; Motor: 5.1 litres / 6 Cylinders / 168 hp

Magirus Kranwagen

Dieses Fahrzeug wurde für Bergungsarbeiten eingesetzt. Die Seillänge beträgt 50 Meter, die Zugkraft 15 Tonnen. Es war bis 1989 bei der Berufsfeuerwehr in Heilbronn stationiert.
Technische Daten Baujahr: 1959; Motor: 16 Liter / 12 Zylinder / 250 PS

This vehicle was used for rescue operations. The length of the rope is 50 meters, the tractive force 15 tons. It was stationed with the municipal fire brigade of Heilbronn up to 1989.
Technical Data Year of Construction: 1959; Motor: 16 Litres / 12 Cylinders / 250 hp

Marineausstellung - Maritime Exhibition

Auch die Seeschifffahrt ist im Technik Museum Speyer vertreten. In einem ehemaligen Werkstattgebäude wurde auf dem Freigelände ein Marinemuseum eingerichtet, das einen Überblick über die Schifffahrtsgeschichte gibt. Das Bild oben zeigt ein Modell des Flugzeugträgers „Graf Zeppelin", der erste und einzige Flugzeugträger der deutschen Kriegsmarine im 2. Weltkrieg. Der Bau des Schiffes wurde 1936 begonnen. 1938 wurde es zu Wasser gelassen, aus kriegsbedingten Gründen aber nicht fertig gestellt. Nach Kriegsende wurde es von der sowjetischen Kriegsmarine übernommen und 1947 versenkt. Die rechts gezeigte 3-Zylinder-Dampfmaschine aus dem Jahr 1919 trieb einst einen holländischen Küstendampfer an, der bis 1978 im Einsatz war.

Maritime shipping is also represented at the Technik Museum Speyer. A former work shop in the museum's grounds was converted into a maritime museum that offers a survey of maritime history. The picture above shows a model of the aircraft carrier „Graf Zeppelin", the first and only aircraft carrier of the German Navy in WW II. The construction of this ship was commenced in 1936. It was launched in 1939 but, due to conditions caused by the war, not completed. After the end of the war it was confiscated by the Soviet naval forces and sent to the bottom in 1947. The 3-cylinder steam-engine from the year 1919, shown on the right, used to propel a Dutch steam coaster which was in active service up to 1978.

Die beiden Bilder oben zeigen ein schwedisches Original-Holzboot aus dem 19. Jahrhundert, dass mit einem der ersten Bootsmotoren der Daimler-Motorengesellschaft ausgerüstet wurde. Der Motor mit der Seriennummer 722 stammt aus dem Jahr 1893 und leistet 6,5 PS bei 570 Upm. Seine Funktionsfähigkeit konnte das einzigartige Gespann u.a. bei einer Ausfahrt auf dem Rhein unter Beweis stellen. Neben weiteren Segel- und Motorbooten, wie dem unten rechts gezeigten Sportboot, umfasst die Marineausstellung viele Schiffsmodelle, die zum großen Teil im Modellbau-Museum ausgestellt sind. Sehr interessant sind auch die drei seltenen Kleinst-U-Boote aus der Zeit des 2. Weltkriegs auf dem Freigelände und das größte Modellschiff der Welt, die „Bremen IV", das sich in der Liller Halle befindet.

The two pictures above are showing an original Swedish boat from the 19th century made of wood that was equipped with one of the first boat engines of the Daimler-Motor Company. The engine with the series number 722 is from the year 1893 and generated 6,5 hp at 570 rpm. This unique combination proved its working order, among others, also on occasion of a voyage on the Rhine. Apart from further sail- and motor boats, like the sports boat shown at the bottom right, the maritime exhibition also includes many ship models, the major part of which is on exhibit in the Model Museum. Very interesting are also the three rare small submarines from WW II on exhibit in the open air grounds and the world's largest model ship, the „Bremen IV", which is stationed in the Liller Halle.

U9 - Ein Unterseeboot findet seinen letzten Ankerplatz.

Das Unterseeboot U9 (NATO-Nr. S188) wurde von den Kieler Howaldtswerken gebaut und am 11.04.1967 im Kieler Tirpitzhafen in Dienst gestellt. Das Boot gehört zur U-Boot-Klasse 205 und somit zur dritten Generation der deutschen U-Boote. Bis zu seiner Ausmusterung am 03.06.1993 legte U9 insgesamt 174.850 Seemeilen zurück, was einer 8-fachen Erdumrundung gleichkommt. Sie wiegt 466 Tonnen, ist 45,7 m lang, 4,6 m breit und hat einen Tiefgang von 4 m. Für den Antrieb sorgten zwei Dieselgeneratoren und ein E-Motor. Bei der ökonomischsten Geschwindigkeit von fünf Knoten konnte das Boot maximal 4177 Seemeilen zurücklegen, bei 11 Knoten 1300 Seemeilen. Die Nenntauchtiefe betrug 100 m. Die Bewaffnung bestand aus acht Bug-Torpedorohren. Die U9 wurde 1993 in einer spektakulären Aktion von Wilhemshaven nach Speyer transportiert (siehe nächste Seiten).

The submarine U9 (NATO-No. S188) was built by the shipbuilders Howaldtswerke of Kiel and transferred into active service on April 11, 1967 at "Tirpitz" naval port in Kiel. The boat falls into the submarine-category 205 and thus belongs to the third generation of German submarines. Up to her retirement on June 3, 1993 the U9 covered altogether 174,850 nautical miles which equals 8 circumnavigations of the globe. She weighs 466 tons, is 45,7 m long and 4,6 m wide and has a draught of 4 m. She was propelled by two Diesel-generators and one electric motor. At the most economical speed of five knots the boat could cover a maximum distance of 4177 nautical miles, and 1300 nautical miles at 11 knots. The nominal submerged depth was 100 m. Her weapons consisted of eight torpedo guns at the bow. In 1993 the U9 was transported from Wilhelmshaven to Speyer in a spectacular action (see next pages).

Die kleinen Bilder links zeigen (von oben nach unten) die Zentrale, den Bug-Torpedoraum und eine der engen Kajüten der U9.

The small pictures at the left are showing (from top to bottom) the control room, the torpedo-room at the bow and one of the narrow cabins of the U9.

Der Transport der U 9 in das Technik Museum Speyer geschah in mehreren Etappen. Zunächst wurde das Boot mit einem Hochseeschlepper vom Marinearsenal Wilhelmshaven nach Rotterdam gezogen. Dort war bereits ein Lastenponton mit einem speziell angefertigten Aufbau in ein Dock geschleppt und abgesenkt worden. Nachdem die U 9 in das Dock geschleppt und exakt über dem Ponton platziert war, wurde mit Hilfe von Hochleistungspumpen das Wasser wieder aus dem Ponton gepumpt, und die U 9 so aus dem Wasser gehoben.

The transport of the U 9 to the Technik Museum Speyer was accomplished in several stages. To begin with, a deep-sea tug was employed to tow the boat from the naval arsenal in Wilhelmshaven to Rotterdam where a heavy-load pontoon had been navigated into a dock and submerged. After the U 9 had been towed into the dock and positioned precisely above the pontoon, the water was pumped out of the pontoon by means of heavy-duty pumps and the U 9 thus lifted out of the water.

Unter die jetzt auf dem Lastenponton fixierte U 9
wurde ein gewaltiger Tieflader mit 160 Rädern
geschoben, der für den späteren Landtransport benötigt wurde. Damit war die erste Phase beendet und
die U 9 konnte ihre mehrtägige Reise rheinabwärts
von Rotterdam nach Speyer antreten. Tausende von
Schaulustigen und Medienvertretern verfolgten den
einzigartigen Transport, der als eine der spektakulärsten Aktionen in die Geschichte der Rheinschiff-
fahrt eingegangen ist.

Then a huge low-loader with 160 wheels, which was
to be used for the subsequent over-land transport,
was eased under the U 9 that was now fixed to the
heavy-load pontoon. This completed the first stage
and the U 9 could begin her voyage of several days
on the Rhine, downriver from Rotterdam to Speyer.
Thousands of spectators and members of the media
watched the unique transport that went down in the
annals of Rhine-shipping as on of its most spectacular actions.

119

Im Naturhafen Speyer wurde die U 9 bereits von zahllosen Fans begrüßt. Jetzt begann der heikelste Teil der langen Reise, denn die letzten Kilometer mußten zwangsläufig auf dem Landweg zurück gelegt werden. Drei LKWs mit über 1500 PS Leistung zogen den Tieflader mit der U 9 vom Ponton. Dann ging es im Schritttempo zum Museumsgelände.

At the natural harbor of Speyer innumerable fans were already waiting to welcome the U 9. The most tricky part of the journey was to begin now, for the last kilometers inevitably had to be made by land. Three trucks with a power of more than 1500 hp were pulling the low-loader with the U 9 from the pontoon. Then the last leg to the museum's ground was covered at walking speed.

Trotz seiner gewaltigen Ausmaße gelangte der Konvoi unbeschadet auf das Museumsgelände. Dort wurde der stählerne Koloss milimetergenau auf vier Stahlsockel abgesetzt. Damit war Speyer zum südlichsten U-Boot-Stützpunkt Deutschlands geworden.

In spite of its huge dimensions the convoy reached the museum site unharmed. There the giant of steel was lowered precisely unto four steel plinths. And Speyer thus had become the southernmost submarine-base in Germany.

Die „Bremen IV" - Das größte seetüchtige Modellschiff der Welt

Seit dem 20. August 1999 kann im Technik Museum Speyer die „Bremen IV", das größte seetüchtige Modellschiff der Welt, bestaunt werden. Das Original wurde 1929 in Dienst gestellt und war danach viele Jahre auf der Nordatlantikroute im Einsatz. 1941 ging das 51 735 BRT große und 286 m lange Schiff mit Platz für 2231 Passagiere durch einen Brand verloren.

Das Modell ist eine detailgetreue Nachbildung im Maßstab 1:25. Über 15 Jahre, von 1947 bis 1962, arbeiteten die beiden Erbauer Günter Bos und Günter Buse an der Verwirklichung ihres Traumes. Das Werk, das Sie geschaffen haben, ist in jeder Beziehung bemerkenswert. Die voll fahrtüchtige kleine Schwester der „Bremen IV" ist 12 m lang, 1,78 m breit, 3,53 m hoch und wiegt 10 Tonnen. Angetrieben wird sie von zwei Mercedes-Dieselmotoren mit je 38 PS. Im November 1997 wurde sie als größtes seetüchtiges Modellschiff in das Guinness Buch der Rekorde aufgenommen.

In den fast vier Jahrzehnten, die seit der Fertigstellung vergangen sind, hat die kleine „Bremen IV" die ganze Welt bereist. Bei der Ankunft in Speyer wurde sie für eine Ausfahrt auf dem Rhein nochmals zu Wasser gelassen (siehe Bild oben). Danach hat sie ihren vorläufig letzten Ankerplatz in der Liller Halle des Museums Speyer gefunden.

The "Bremen IV" - The biggest seaworthy model ship of the world

Since August 20, 1999 the biggest seaworthy model ship of the world, the "Bremen IV", can be admired at the Museum Speyer. The original had its first voyage in 1929 and subsequently navigated the North-Atlantic-Route for many years. In 1941 the 51,735 gross ton ship with an overall length of 286 meters and room for 2231 passengers was lost in a fire.

The exhibit is a true-to-detail 1:25 scale model. For more than 15 years, from 1947 through 1962, the two constructors Günter Bos and Günter Buse were labouring to turn their dream into reality. The work created by them is highly remarkable in every respect. The fully navigable little sister of the "Bremen IV" is 12 meters long, 1,78 meters wide, 3,53 meters high and weighing 10 tons. Its propulsion are two Mercedes diesel engines with 38 hp each. In November of 1997 it was included into the Guinness Book of Records as biggest seaworthy model ship.

In the course of the nearly four decades that have passed since her completion, the little "Bremen IV" has travelled the whole world. On her arrival in Speyer she was launched one more time for a voyage on the Rhine (see picture on top). Thereafter she found her last anchorage, for the time being, in the Liller Halle of the Museum Speyer.

Einbaum „The Tree" von Rüdiger Nehberg

Bereits seit über 20 Jahren kämpft der Abenteurer und Menschenrechtler Rüdiger Nehberg für die Erhaltung des Regenwaldes und das Überleben der Yanomami-Indianer im Amazonasgebiet. Um auf die verzweifelte Lage der Yanomami-Indianer aufmerksam zu machen, hatte Nehberg bereits 1987 den Atlantik mit einem Tretboot und noch einmal 1992 gemeinsam mit der Menschenrechtsaktivistin Christina Haverkamp von der Gesellschaft für bedrohte Völker auf einem Bambusfloß überquert. Mit Erfolg: Die Öffentlichkeit wurde auf diese Indianer aufmerksam, ihnen wurde ein Schutzgebiet zuerkannt.

Am 21. Januar 2001 startete er mit dem hier gezeigten Einbaum „The Tree" gegen den Rat vieler Experten die bislang gefährlichste Aktion, eine 4000 km lange Überfahrt quer über den Atlantik von Mauretanien nach Brasilien. Das allein durch das Segel angetriebene, von Rüdiger Nehberg selbst entworfene Boot wurde aus dem Stamm einer 350 Jahre alten Schweizer Weißtanne angefertigt. Es ist 18 Meter lang und wiegt ca. 12 Tonnen. Um das Boot so weit wie möglich vor dem kentern und sinken zu bewahren, wurde der Stamm mit sechs ausgeschäumten Kammern und zwei Auslegern versehen. Nach einer Fahrzeit von 43 Tagen (einschließlich 7 Tagen Flaute) erreichte Nehberg am 4. März 2001 wohlbehalten die brasilianische Küste. Im Juli 2002 wurde „The Tree" dem Museum als Stiftung von Rüdiger Nehberg überlassen.

For more than 20 years now the Human Rights activist Rüdiger Nehberg has been fighting for the preservation of the rain forest and the survival of the Yanomami-Indians in the Amazon region. To draw attention to the desperate situation of the Yanomami-Indians Nehberg had crossed the Atlantic in a pedal boat in 1987 already, and once more in 1992 in a bamboo raft, together with the Human Rights activist Christina Haverkamp from the Society for Endangered Peoples. These actions were crowned by success : The general public became aware of these Indians who were awarded a protectorate.

With a dug-out, "The Tree", shown here, and acting against the advice of many experts, he set out on January 21, 2001 on his most dangerous enterprise, so far, a 4000 km crossing of the Atlantic from Mauritania to Brazil. The boat, designed by Rüdiger Nehberg himself, which was propelled solely by its sail, was made from the trunk of a 350-year old Swiss silver fir. It is 18 meters long and weighs about 12 tons. In order to prevent the boat as far as possible from capsizing and sinking, the trunk was fitted with foamed cavities and two outriggers. After a voyage of 43 days (including 7 days during which the boat was becalmed) Nehberg reached the coast of Brazil safe and sound on March 4, 2001. In July of 2002 "The Tree" was given by Günter Nehberg to the Museum as a donation.

Ein-Mann-Torpedo „Neger"

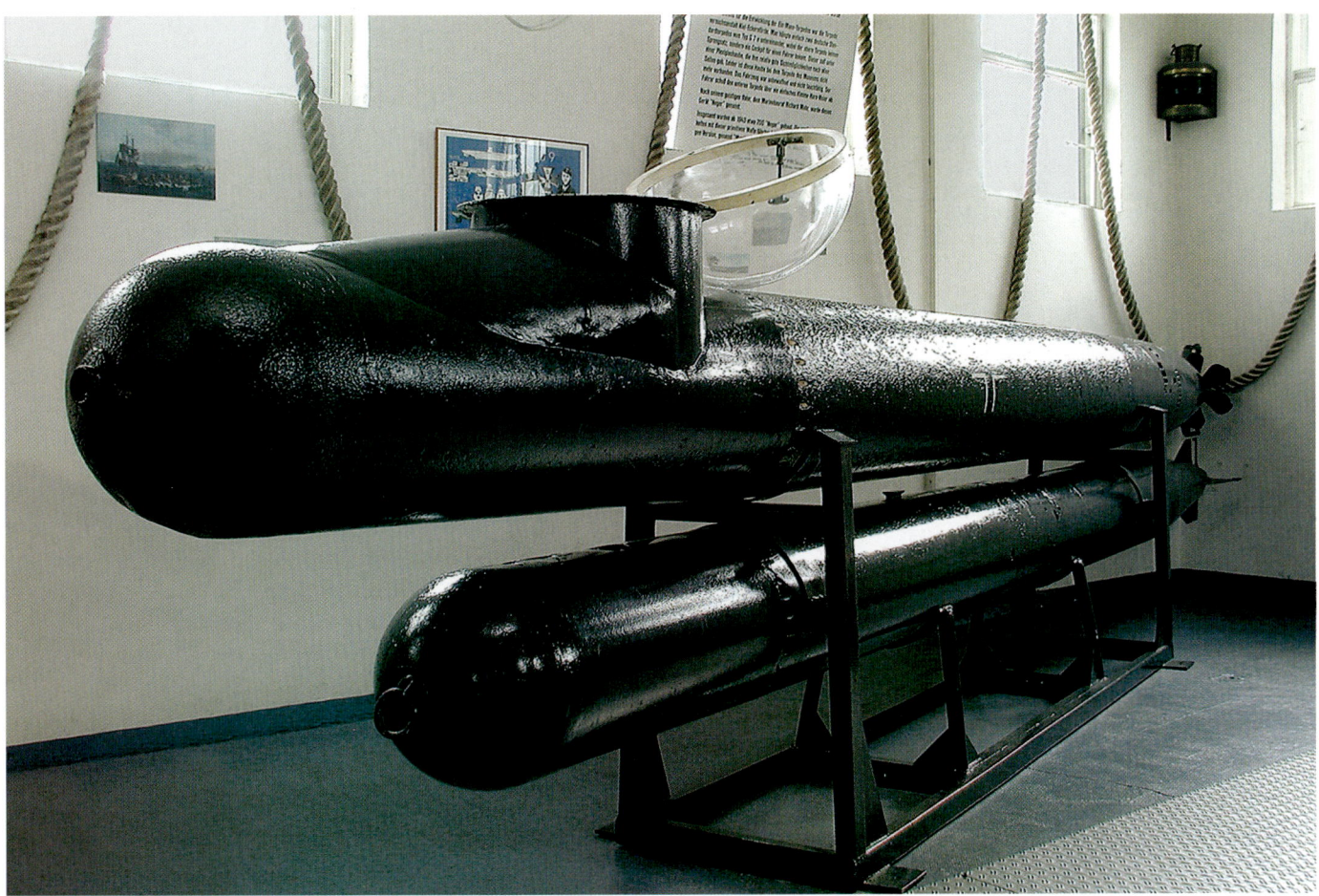

Dieses Gerät ist ein typisches Beispiel für die Improvisationen, zu denen die deutsche Rüstungsindustrie im 2. Weltkrieg mit zunehmender Kriegsdauer gezwungen wurde. Für die Soldaten war jeder Einsatz ein „Himmelfahrtskommando". Gefahren wurde nur bei Nacht. Nur wenige Besatzungen überlebten.

Federführend für die Entwicklung der Ein-Mann-Torpedos war die Torpedo-Versuchsanstalt Kiel-Eckernförde. Man hängte einfach zwei deutsche Standardtorpedos vom Typ G7e untereinander, wobei der obere Torpedo keinen Sprengsatz sondern eine Kabine für einen Fahrer bekam. Dieser saß unter einer Plexiglashaube, die ihm relativ gute Sichtmöglichkeiten nach allen Seiten gab. Leider ist diese Haube beim Museumsstück nicht mehr im Original vorhanden. Das Fahrzeug war mit Ausnahme des Torpedo unbewaffnet und nicht tauchfähig. Der Fahrer schoß den unteren Torpedo über ein einfaches Kimme-Korn-Visier ab. Nach seinem geistigen Vater, dem Marineoberst Richard Mohr, wurde dieses Gerät „Neger" genannt.

Insgesamt wurden ab 1943 etwa 200 „Neger" gebaut. Die Erfolge waren allerdings gering. Gemäß Untersuchungen, die nach dem Krieg durchgeführt wurden, gehen auf das Konto der „Neger" drei Minenräumer, ein Zerstörer sowie die Beschädigung eines Kreuzers und eines Zerstörers. Die großen Schwierigkeiten mit dieser primitiven Waffe führten bald zu einer größeren, tauchfähigen Version, genannt „Marder".

Technische Daten Baujahr: ab 1943; Wasserverdrängung: 2,7 to; Länge: 7,6 m; Breite: 0,5 m; Motor: 12 PS Elektromotor; Geschwindigkeit: 4-6 Knoten; Fahrbereich: 48 Seemeilen bei 4 Knoten; Besatzung: 1 Mann; Bewaffnung: 1 Torpedo

This piece of equipment is a typical example for the improvisations which the German armaments industry had to come up with as WW II dragged out. For the soldiers each undertaking was a "suicide mission". Operations were only conducted at night. But few crew members survived.

The Torpedo-Research Institute at Kiel-Eckernförde was in charge of the development of the one-man torpedoes. One simply attached a German Type G7e standard-torpedo to the bottom of another with the top torpedo equipped with a cabin for the driver in place of the ordinary explosive device. The driver was sitting under a dome of acrylic glass which afforded relatively good visibility at all sides. Regrettably, the museum's exhibit no longer has the original dome. The craft was unarmed, apart from the torpedo, and not submersible. The driver fired the torpedo via a simple back-front-sight device. At that time the unit was nick-named "Neger".

Starting in 1943, about 200 "Neger" units were built. But the results were hardly successful. According to researches conducted after the war the "Neger" was responsible for the demise of three minesweepers and one destroyer as well as damage caused to one cruiser and one destroyer. The great problems with this primitive piece of weaponry soon led to a larger, submersible version called "Marder".

Technical Data Production: from 1943; Water Displacement: 2,7 tons; Length: 7,6 m; Width: 0,5 m; Engine: 12 hp electromotor; Speed: 4-6 knots; Range: 48 nautical miles at 4 knots; Crew: 1 man; Weapons: 1 torpedo

Kleinstunterseeboot „Biber"

Im Mai 1944 vom Befehlshaber der U-Boote als Geheimwaffe in Auftrag gegeben, wurde das Kleinstunterseeboot „Biber" in nur sechs Wochen konstruiert, gebaut und an die Truppe ausgeliefert. Das Mini-U-Boot wurde von einem Benzin- und einem E-Motor angetrieben. Die Geschwindigkeit betrug über Wasser 5,8 km/h und unter Wasser 4,7 km/h.

Der erste Einsatz erfolgte durch die Kleinkampfverbände von Admiral Heye in der Nacht vom 29. auf den 30. August 1944. Insgesamt 18 „Biber" U-Boote waren an diesem Angriff beteiligt, bei dem ein Landungsboot sowie ein Liberty-Transportschiff versenkt wurden. Trotz dieses Erfolgs konnte der „Biber" aufgrund technischer Probleme nicht die in ihn gesetzten Erwartungen erfüllen. Von den insgesamt 325 gebauten Einheiten sind nur wenige erhalten geblieben. Das Museumsexemplar wurde 1976 beim Freibaggern einer Fahrrinne bei Rotterdam in Holland entdeckt.

Technische Daten Baujahr: ab 1944; Wasserverdrängung: 6,7 to; Länge: 8 m; Breite: 0,89 m; Tiefgang: 1,1 m; Besatzung: 1 Mann; Bewaffnung: 2 Torpedos

Commissioned as a secret weapon by the commander of submarines in May of 1944, the midget submarine "Beaver" was designed, built and handed over to the troops in six weeks' time only. The mini-submarine was propelled by one fuel- and one electric engine. The speed when surfaced was 5,8 km/h, and 4,7 km/h submerged. The first time she went into action was in the combat unit of Admiral Heye in the night of 29th to 30th August 1944. Altogether 18 "Beaver" submarines took part in this attack in which a landing craft as well as a Liberty-transport ship were sent to the bottom. In spite of these achievements technical problems prevented the "Beaver" from meeting the expectations that had been placed in her. But few of the totally 325 units built have been preserved. The specimen on exhibit in the museum was discovered in 1976 when a shipping channel was dredged out near Rotterdam in the Netherlands.

Technical Data Year of Construction: Starting in 1944; Water Displacement: 6,7 to; Length: 8 m; Width: 0,89 m; Draught: 1,1 m; Crew: 1; Weapons: 2 Torpedos

Kleinstunterseeboot „Seehund"

Der „Seehund" gehörte wie der „Biber" zu den Kleinkampfverbänden der Kriegsmarine, die gegen Ende des 2. Weltkriegs geschaffen wurden. Im Gegensatz zu seinem eher glücklosen kleinen Bruder erwies sich der „Seehund" als durchaus leistungsfähiges Waffensystem. Es handelte sich um ein U-Boot mit allen Einrichtungen, die man auch bei den großen Booten findet. Er besaß einen Dieselmotor für die Überwasser- und einen E-Motor für die Unterwasserfahrt. Der Fahrbereich betrug ca. 300 Seemeilen bei einer Geschwindigkeit von sieben Knoten / Stunde. Die Tauchtiefe lag bei maximal 70 Metern.

Ein Problem war die Navigation. Die Orientierung erfolgte getaucht entweder mit Hilfe der Horcheinrichtung oder durch das Seerohr, das jedoch nur eine Länge von drei Metern hatte. Daneben war das Boot noch mit zwei Kompassen ausgestattet.

Ab Ende 1944 kamen bis zum Kriegsende ca. 70 „Seehund" U-Boote an die Front. Ihre Einsatzgebiete waren die Deutsche Bucht sowie der Ärmelkanal. Unter der Führung von Korvettenkapitän Brandi versenkten sie bei verhältnismäßig geringen eigenen Verlusten 93 000 Bruttoregistertonnen feindlicher Schiffe sowie einen Zerstörer.

Das Museumsstück wurde beim Ausbaggern einer Fahrrinne entdeckt und 1984 von einem Vereinsmitglied erworben.

Technische Daten Baujahr: ab 1944; Wasserverdrängung: 14,9 to; Länge: 11,9 m; Breite: 1,7 m; Tiefgang: 1,74 m; Besatzung: 2 Mann; Bewaffnung: 2 Torpedos

As the "Beaver" the "Seal" was also a part of the small vessel combat units of the navy that had been created towards the end of WW II. Contrary to its rather hapless smaller brother the "Seal" proved to be an absolutely efficient weapon system. She is a submarine equipped with all features to be found in the big boats as well. She had a Diesel motor for above surface and an electrical engine for underwater operation. The scope of action was about 300 nautical miles at a speed of seven knots an hour. Her depth was at maximally 70 metres.

The navigation was problematic. When submerged, orientation was either accomplished by sonar device or by means of a periscope, but this was only three meters long. In addition the boat was also equipped with two compasses.

Starting in late 1944 up to the end of the war approximately 70 "Seal" submarines were deployed in action. Their fields of activity were the German Bay as well as the English Channel. Under the command of Lieutenant Commander Brandi they sunk 93000 register tons of enemy ships and one destroyer, sustaining comparatively minor losses of their own. The exhibit shown in the museum was discovered when a shipping channel was dredged and acquired in 1984 by a member of the museums association.

Technical Data Year of Construction: Starting in 1944; Water Displacement: 14,9 to; Length: 11,9 m; Width: 1,7 m; Draught: 1,74 m; Crew: 2; Weapons: 2 Torpedos

Modellbaumuseum - Model Museum

Bei Ihrem Rundgang über das Museumsgelände sollten Sie es auf keinen Fall versäumen, unserem Modellbaumuseum einen Besuch abzustatten. Hier erwarten Sie tausende naturgetreue Modelle von Flugzeugen, Schiffen, Raumfahrzeugen, Automobilen und vieles mehr. Die Bilder auf dieser Doppelseite geben einen Eindruck von der Vielfalt, die Sie erwartet. Alle Ausstellungsstücke sind Leihgaben von Modellbauenthusiasten, die oft hunderte von Arbeitsstunden in ihre kleinen Meisterwerke investiert haben.

On your tour of the museum's ground you should be sure to also visit our model museum where thousands of true to life models of airplanes, ships, spacecraft, automobiles and many other exhibits are waiting for you. The pictures on this double page are conveying an impression of the variety awaiting you. All of the exhibits are on loan from scale-down-model enthusiasts who often invested hundreds of hours into making their small master pieces.

Der Wilhelmsbau

Mechanische Musikinstrumente - Automatic Musical Instruments

Nur wenige Schritte von der Liller Halle entfernt befindet sich der Wilhelmsbau. Sein Wahrzeichen ist die vom Speyerer Bildhauer Wolf Spitzer aus Edelstahl geformte, 15 Meter hohe Großplastik „Orpheus". Der Wilhelmsbau ist ein faszinierendes Raritäten-kabinett in dem u.a. historische Moden, Juwelen, Puppen und Spielzeug, Uniformen, Jagdtrophäen und mechanische Musikinstrumente gezeigt werden. Beginnen wir hier mit den mechanischen Musikinstrumenten.

Der Wilhelmsbau beherbergt eine der größten Sammlungen mechanischer Musikinstrumente, von der winzigen Spieldose bis zum schrankgroßen Orchestrion. Das Spektrum der Instrumente reicht von den Anfängen der Musikautomaten, wie den Serinetten und Flötenuhren des ausgehenden 18. Jahrhunderts, bis zu den per-fektionierten Reproduktionsklavieren und automatischen Geigen des frühen 20. Jahrhunderts.

Was sind überhaupt mechanische Musikinstrumente? Die wesent-lichste Eigenschaft der mechanischen Musikinstrumente ist, daß sie Musikstücke selbsttätig spielen können. Dabei ist die Art des Antriebs unerheblich. Entscheidend ist, daß keine künstlerischen Fähigkei-ten zum Spielen des Instruments erforderlich sind. Ein elektrisches Klavier ist somit genauso ein mechanisches Musikinstrument wie eine Drehorgel. Als Tonträger dienen Stiftwalzen, Metallplatten oder Papierrollen, die entweder direkt oder über eine pneumatische Steu-erung die Klangerzeuger betätigen.

Just a few steps from the Liller Halle is the Wilhelmsbau. Its hallmark is the towering sculpture "Orpheus" with a height of 15 m, created from stainless steel by the local sculptor Wolf Spitzer. The Wilhelmsbau is a fascinating collection of rare objects including historic fashion, jewels, dolls and toys, uniforms, hunting trophies, and automatic musical instru-ments. Lets start with the automatic musical instruments.

The Wilhelmsbau building is housing one of the largest collec-tions of automatic musical instruments, from the tiny music box up to the wardrobe-sized orchestrion. The range of instruments on exhibition is unique and reaches from the beginning of music boxes, like the serinettes and flute clocks of the late 18th century up to the perfected reproduction pianos and automatic violins of the early 20th century.

What exactly are automatic musical instruments? Their main fea-ture is that they can play their own music, the mode that activates and controls them is insignificant. The decisive factor is that no artistic skill is necessary to play the instrument. An electric piano thus is a musical instrument just like a barrel organ. The sound-carriers are pin cylinders, metal plates, or paper rolls which operate the sound sources either directly or by means of pneumatic controls.

Flötenuhren - Flute Clocks

Die ältesten mechanisch betriebenen Klangerzeuger die wir kennen sind die Spielwerke von Uhren. Anfänglich handelte es sich um Glockenspiele oder um vom Psalter abgeleitete Harfenuhren, die aber nur sehr einfache Melodien wiedergeben konnten. Eine wesentliche Verbesserung brachten die Flötenuhren, die gegen Ende des 18. Jahrhunderts sehr beliebt waren. Aus der Zeit vor der Entstehung der Flötenuhren ist uns Musik nur in Form von Noten überliefert. Wie die Werke damals musikalisch interpretiert wurden, wissen wir nicht. Die ersten klingenden Zeitzeugen, die sich bis heute erhalten haben, sind die Flötenuhren. Ihre Steuerwalzen sind die ältesten bekannten Tonträger, und das ist es, was sie so wertvoll macht.

The oldest automatic musical instruments we know are the music mechanisms of clocks. In the beginning those were chimes or harp-clocks, a derivation of the psaltery, but they could only render very simple melodies. A substantial improvement arrived with the flute clocks, which were highly popular in the late 18th century. From the period prior to the advent of flute clocks music has only come down to us in the form of sheet music, and we know nothing about the musical interpretation of the works at that time. The first contemporary witnesses whose sound we can actually hear, and which survived until this day, are flute clocks. Their control cylinders are the first sound-carriers we are aware of and that is what makes them so valuable.

Bild links: Flötenautomaten mit Uhr von 1832. In den Holzkästen unterhalb des Geräts befinden sich drei Ersatzwalzen. Das Gerät spielt die Wilhelm-Tell-Ouvertüre von Rossini, Iphigenie auf Tauris von Willibald Gluck und die Arie „In diesen heiligen Hallen" aus der Zauberflöte von Mozart. Bilder gegenüberliegende Seite von links oben im Uhrzeigersinn: (1) Astronomische Flötenuhr mit dem Thema „Die drey Grazien". Sie zeigt den Tag, den Monat, die Mondphase und das Tierkreiszeichen. Die Figurengruppen links und rechts, die die Sonne und den Mond tragen, drehen sich während des Spiels. (2) Flötenuhr mit bewegten Figuren um 1830. Das Zifferblatt repräsentiert die vier Jahreszeiten. Die Musik, in der sich die Jahreszeiten ebenfalls widerspiegeln, wird durch die Bewegung der Figuren und das Klatschen des Harlekins versinnbildlicht. (3) Flötenuhr, gebaut 1854 von Johann Schlegel (1794 - 1868) aus Neustadt im Schwarzwald. Die Figurengruppe mit zwei tanzenden Paaren, vier Musikanten und einem Dirigenten dreht sich zum Takt der Musik. (4) Besonders seltene und kostbare Flötenuhr von C. E. Kleemeyer, ehemals Hofuhrmacher der preußischen Könige Friedrich II. und Friedrich Wilhelm II. Ein herausragendes Beispiel der Uhrenbaukunst des 18. Jahrhunderts,

Picture left: Automatic pipe-instrument with clock from 1832. In the wooden boxes below the instrument are three extra cylinders. The instrument can play the William-Tell-Overture by Rossini, Iphigenia on Taurus by Willibald Gluck and the aria "In these Hallowed Halls" from the Magic Flute by Mozart. Pictures opposite page clockwise from top left: (1) Astronomical flute clock with the theme "The Three Graces". It shows the day, the calendar month, the lunar month and the sign of the zodiac. The groups of figures on the left and right, bearing the sun and the moon, revolve on their axis while the instrument is playing. (2) Flute clock with animated figurines built around 1830. The face symbolizes the four seasons. The music, which is also reflecting the seasons, is symbolized by the movement of the figurines and the clapping of the harlequin. (3) Particularly rare and precious flute clock built in 1854 by Johann Schlegel (1794 - 1868) of Neustadt in the Black Forest. The group of figures, consisting of two dancing couples, four musicians and a conductor, is turning around and around in time to the music. (4) Extremely rare and valuable flute clock made by C. E. Kleemeyer, clockmaker and purveyor to the royal household of the Prussian kings Frederick II. and Frederick Wilhelm II. An outstanding example for the art of clock making of the 18th century.

Spieldosen - Music Boxes

Eine andere frühe Spielart der mechanischen Musikinstrumente waren die Spieldosen. Als Tonträger dient wie bei den Flötenuhren eine Stiftwalze, die jetzt aber von einem Federwerk angetrieben wird. Als Klangerzeuger wird meist ein Metallkamm mit unterschiedlich langen Zähnen verwendet. Zur Erzeugung zusätzlicher Klangeffekte wurden manche Spieldosen außerdem mit einem Glockenspiel, Kastagnetten oder Trommeln ausgestattet. Sehr beliebt war auch eine Kombination mit Figuren, die sich zum Klang des Spielwerks bewegen.

Die Bilder auf dieser Seite zeigen eine ungewöhnlich große, kunstvoll gefertigte Schweizer Spieldose mit Metallkamm, Glockenspiel und einer kleinen Trommel. In der Ablage unterhalb des Geräts befinden sich zwei Ersatzwalzen.

Another, earlier variety of automatic music instruments were the musical boxes. As with pipe-work clocks, a studded cylinder served as a sound carrier, but here driven by springworks. The source of sound used generally was a metal comb with teeth of varying length. To create additional sound effects some musical boxes were equipped besides with chimes, castanets or drums. Highly popular was a combination with figurines moving to the sound of the musical mechanism.

The pictures on this page show an unusually large and elaborate musical box from Switzerland with metal comb, chimes and a small drum. In the depository beneath the box there are two spare cylinders.

Bild oben: Schweizer Spieldose mit Metallkamm und Glockenspiel.

Bild rechts: Sehr große, seltene Zylinderspieldose mit Engelszungen (Harmonika-Zungen). Unter dem Werk befindet sich ein Schöpfgebläse in Größe des Kastens, das die Zungen zum Erklingen bringt.

Picture top: Swiss music box with metal comb and chimes.

Picture right: Very big and rare cylinder music-box with "angels' tongues" (accordion reeds). Positioned below the work is a box-sized draw-blower which activates the reeds which then produce the sound.

Walzengesteuerte Orchestrien - Barrel Controlled Orchestrions

Im Laufe des 19. Jahrhunderts wurden die mit Stiftwalzen gesteuerten Musikautomaten ständig weiterentwickelt. So entstanden schließlich schrankgroße Geräte, die mehrere Instrumente gleichzeitig spielen konnten. Sie werden als Orchestrien bezeichnet, da sie in der Tat die Klangvielfalt eines kleinen Orchesters besitzen. Die meisten Geräte kamen aus Deutschland, das sich zum weltweit größten Produzenten für mechanische Musikinstrumente entwickelte.

Oben links: Walzengesteuertes Großorchestrion von der Firma Gebr. Ellenrieder aus Tuttlingen. Oben rechts: Imhof & Mukle Orchestrion No. 2385 in einem wunderschönen Schrank aus Nussbaum Wurzelfurnier gebaut um 1892 in Vöhrenbach / Schwarzwald. Für dieses Instrument sind 17 Stiftwalzen mit Musik der deutschen Romantik vorhanden. Unten links: Orchestrion von Jebavy Truknov aus dem Jahr 1890. Es spielt u. a. Zither, Triangel und Schlagzeug.

The development of music machines controlled by studded barrels kept steadily progressing during the 19th century, until cupboard-size gadgets were built that could play several instruments simultaneously. They are referred to as orchestrions since they do, indeed, combine the variety of sounds produced by a small orchestra. Most of them originated from Germany which developed into the greatest producer of automatic musical instruments worldwide.

Top left: Barrel controlled grand-orchestrion by Ellenrieder Bros. of Tuttlingen. Top right: Imhof & Mukle orchestrion No. 2385 in an impressive cupboard made of walnut root veneer built around 1892 in Vöhrenbach / Black Forest. For this instrument there are 17 studded cylinder with music from the time of German Romanticism available. Bottom left: Orchestrion from the year 1890 built by Jebavy Truknov. Among other instruments, it plays the zither, triangle and drums.

Imhof und Mukle Orchestrion von 1861

Dieses musikhistorisch sensationelle Orchestrion mit Handaufzug und Gewichten als Antrieb wurde von Imhof & Mukle in Vöhrenbach im Schwarzwald gebaut. Die Instrumentierung besteht aus 260 Pfeifen mit 97 Tonstufen, drei Trommeln und einer Triangel. Es ist 3,60 m hoch, 2,40 m breit und 1,60 m tief. Zum Gerät gehören 27 spiralförmig bestiftete Steuerwalzen mit einer Spielzeit von jeweils ca. sechs Minuten.

Imhof und Mukle Orchestrion from 1861

This manually wound orchestrion with weights as a drive, which is a sensational specimen in the history of music, was built by Imhof & Mukle of Vöhrenbach in the Black Forest. The orchestration is consisting of 260 pipes with 97 degrees, three drums and a triangle. It is 3,60 m high, 2,40 m wide and 1,60 m deep. The instrument is equipped with 27 pin barrels arranged in spiral formation, with a playing time of about six minutes each.

Mechanische Musikinstrumente mit Plattensteuerung

Geräte waren häufig in Wartehallen als Stand- oder Wandgeräte zu finden, wo sie nach dem Einwurf eines Geldstücks für musikalische Unterhaltung sorgten. Bild unten rechts: Polyphon aus dem Jahr 1895. Als Tonträger dient eine durch ein Federwerk angetriebene Lochscheibe. Zur Klangerzeugung wird ein Doppelkamm aus Metall verwendet. Gefertigt wurde das Gerät mit wunderschönem Walnußholzgehäuse und Deckelbild von der Firma Polyphon in Leipzig.

Bilder nächste Seite: Lochmann 300 „Concert Original" Orchestrion von 1901 (links). Dieses Gerät markiert den Höhepunkt der plattengesteuerten mechanischen Musikinstrumente. Aufgrund des hohen Preises von 900 Reichsmark wurden nur wenige Exemplare gebaut. Polyphon „Mikado" (rechts). Ein Musikautomat in besonders hochwertiger Ausführung mit einem Plattendurchmesser von 625 mm und einem überdimensionalen Aufzugsmechanismus für 60 Minuten Spieldauer. Besonders reizvoll ist die Beleuchtung und die der „Venus" von Botticelli nachempfundene Figur die sich zur Musik dreht.

Stiftwalzen als Tonträger hatten mehrere Nachteile. Die Walzen waren sehr teuer und ein Walzenwechsel recht umständlich. Meist stand daher nur eine sehr eingeschränkte Musikauswahl zur Verfügung. Gegen Ende des 19. Jahrhunderts wurden die Walzengeräte daher zunehmend durch Instrumente ersetzt, die mit einer Metallscheibe gesteuert wurden. Der Antrieb erfolgte meist über ein Federwerk, nur ganz wenige Geräte besaßen bereits einen Elektromotor. In die Metallplatte wurden Löcher gestanzt, wodurch an der Rückseite Ausbuchtungen entstanden, die die Klangerzeuger betätigten. Daneben gab es aber auch glatte Lochscheiben, bei denen die Abtastung mit Sternrädern erfolgte. Die einfachen Geräte verfügten meist nur über einen oder zwei Klangerzeuger. Um sie von den Orchestrien abzugrenzen, werden sie als Polyphone bezeichnet. Die Steuerplatten einzelner Hersteller waren austauschbar, wodurch sich ein erster Markt für Tonträger entwickelte. Die Plattenautomaten können damit als Vorläufer der modernen Plattenspieler angesehen werden.

Das Bild oben zeigt ein Chordephon, eine Art automatisch gespielte Zither. Die Saiten werden über die Plattenperforation mit kleinen Haken angeschlagen und anschließend doppelt seitlich gedämpft. Von den großen Geräten, wie dem hier gezeigten, sind bisher nur fünf Stück bekannt. Bilder unten links: „Lyra" Musikautomat mit 30 cm Plattendurchmesser und zwei Kämmen. Solche

Studded cylinders and barrels as sound carriers had several disadvantages. The cylinders were very expensive and to change a cylinder was highly awkward. More often than not, therefore, the choice of music available was rather limited. Towards the end of the 19th century, therefore, cylinder instruments were more and more replaced by machines controlled by metal discs. The drive was mostly accomplished via spring-works, but very few instruments were already equipped with an electromotor. The metal discs were punched with holes causing bulges to appear on the reverse side which activated the sound producers. Apart from that, however, there were also

Automatic Musical Instruments with Disc Control

smooth perforated discs where star-wheels were used as feeler mechanism. the simpler machines mostly had one or two sound producers only. To distinguish them from orchestrions they were referred to as polyphones. The control discs by individual producers were interchangeable, a feature that instigated the development of first markets for sound carriers. The disc machines thus may be regarded as predecessors of modern record-players.

The picture on the top of the previous page shows a Chordephon, a kind of automatically played zither. The strings are struck with small hooks via the plate perforation and subsequently damped on both sides. Of the big instruments like the one shown here only five specimens are known to exist. Pictures bottom left previous page: "Lyra" automatic musical instrument with a plate diameter of 30 centimetres and two combs. As upright- or wall-units instruments such as this could frequently be found in waiting rooms where they provided

musical entertainment in return for the insertion of a coin.

Picture previous page bottom right: Polyphon from 1895. The sound carrier was a perforated disc operated by springworks. A double-comb made of metal was used to produce sound. The instrument with a beautiful housing made of walnut, with carvings and inlay picture in the lid was manufactured by the "Polyphon" company of Leipzig. Pictures below: Lochmann 300 "Concert Original" orchestrion of 1901 (left). This instrument marked a high spot of disc controlled automatic musical instruments but due to its high price of 900 Reichsmark only very few specimens were built. Polyphon "Mikado" (right). A very elaborate musical automate with a disc diameter of 625 mm and an over-dimensioned spring mechanism allowing a playing time of 60 minutes. Particularly appealing is the illumination and the figurine modeled according to Botticelli's "Venus" that is turning while the music is playing.

Mechanische Musikinstrumente mit Papierrollen-Steuerung

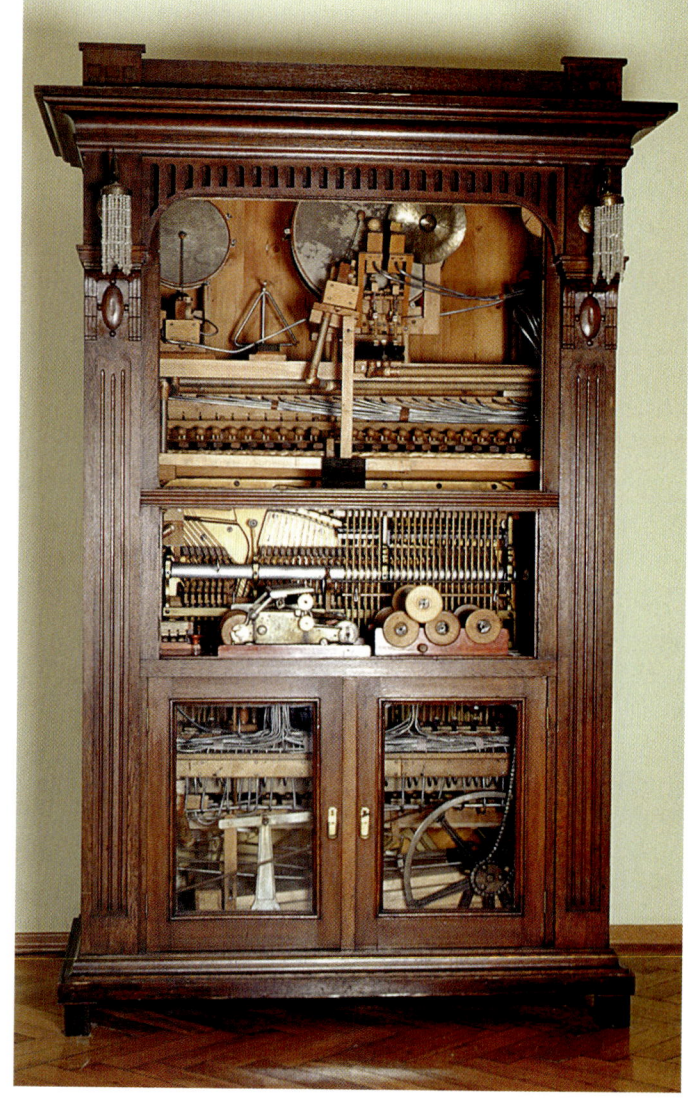

Auch die plattengesteuerten Instrumente waren nur eine vorübergehende Erscheinung. Der technische Fortschritt führte bald zur nächsten und auch letzten Entwicklungsstufe, der pneumatischen Steuerung mit Papierrollen bzw. Kartonbändern als Tonträger. Das Prinzip ist einfach. In einem meist elektrisch angetriebenen Schöpfwerk wird ein Unterdruck erzeugt. Das Papier- oder Kartonband wird über einen mit Löchern versehenen Block geführt, der die Vakuumleitungen nach außen abschließt. In dem Moment, in dem eine Öffnung im Papierband den Lesekopf überquert, strömt Luft in eine der Unterdruckleitungen und öffnet über ein Hilfsventil ein Steuerventil. Dieses Steuerventil bewegt dann durch Unterdruck einen Hebel, der den Klangerzeuger betätigt.

Bilder unten: Manopan Zungendrehorgel von den Euphonika Musikwerken Leipzig, um 1900. Das Funktionsprinzip weicht von den Großgeräten ab. Durch die Kurbel wird das perforierte Kartonband bewegt und gleichzeitig ein Überdruck erzeugt. Wenn eine der Öffnungen im Kartonband den Lesekopf passiert, strömt Luft in den Instrumententeil und bringt dort eine Metallzunge zum Schwingen. Auf der Oberseite ist das Gerät mit einer kunstvollen Widmung versehen. Bild rechts: „Erato" Orchestrion von der Firma Weber in Waldkirch, gebaut um 1907. Außer Klavier spielt es Mandoline, Xylophon und Schlagzeug. Nächste Seite rechts oben: Popper's „Bianca" Orchestrion. Es spielt Klavier, Mandoline, Xylophon, Glockenspiel und Schlagzeug und wurde ebenfalls oft in Gaststätten und Tanzcafés aufgestellt. Nächste Seite links unten: Weber „Brabo" Orchestrion aus den 20er Jahren unseres Jahrhunderts. Zu dieser Zeit war die Firma Weber einer der weltweit größten Produzenten mechanischer Musikinstrumente. Das Orchestrion spielt Klavier, Mandoline, Violinflöten und Xylophon. Als Besonderheit verfügt es über einen Mechanismus, mit dem die Violine und das Xylophon solo spielen können. Hierzu wird der untere Teil des Klaviers abgeschaltet, während der Klavierbass für die Begleitung sorgt. Nächste Seite rechts unten: Imhof und Mukle Orchestrion „Commandant" von 1930. Saloninstrument mit Klavierteil, drei Registern Violinenpfeifen, Mandolineneffekten und Schwellerjalousien einschließlich einer automatischen Musikrollenführung. Es wurde unvollständig aus der Konkursmasse des Herstellers erworben und durch die Firma Arnold fertiggestellt.

But disc machines, too, were a temporary phenomenon only. Technical progress soon led to the next, and with it the last stage of development, namely pneumatic control by means of paperroll- or cardboard belts, respectively, as sound carriers. The principle is simple. Negative pressure is produced in a vacuum or scoop unit which in most cases was operated by electricity. The paper or cardboard belt is guided over a perforated block which seals the vacuum ducts from the outside. The moment an aperture in the paper band is passing over the read head air will flow into one of the negative pressure ducts causing an auxiliary valve to open one of the control valves. Through negative pressure this control valve activates a lever which, in turn, operates the sound producer. Pictures bottom: Manopan tongue-barrel organ built

Automatic Musical Instruments with Paperroll Control

about 1900 by the Euphonika Musikwerke Leipzig. Its working principle differs from the large instruments. The crank mechanism moves the perforated cardboard-band and, at the same time, generates overpressure. Whenever one of the apertures in the cardboard-band is passing over the read head the resulting airflow into the instrument-section will cause a metal tongue to vibrate. The top surface of the instrument is adorned with an intricate dedication. Picture opposite page top right: "Erato" orchestrion built in about 1907 by Messrs. Weber of Waldkirch. Apart from the piano it could also play the mandolin, xylophone, and percussions. Picture this page bottom left: Weber "Brabo" orchestrion. The Weber "Brabo" orchestrion originated from the twenties, at which time Messrs. Weber were one of the most important producers of automatic musical instruments worldwide. The orchestrion can play the piano, mandolin, violin-flutes and xylophone. A special feature of this machine is a mechanism permitting solo-playing of the violin and xylophone. For this kind of performance the lower part of the piano is shut off while the piano bass is providing the accompaniment. Picture top right: Popper's "Bianca" orchestrion of 1915. The model "Bianca" was also usually located in public houses and dance halls. It plays the piano, mandolin, xylophone, carillon and percussions. Picture bottom right: Imhof and Mukle orchestrion "Commandant" of 1930. The "Commandant" is a fine palm court instrument with piano part, three stops of violinpipes, mandolin effects and swell-shutters including an automatic musicroll-guide. It was acquired from the manufacturer's bankruptcy estate as an unfinished instrument and completed by Messrs. Arnold.

Mechanische Musikinstrumente mit Papierrollen-Steuerung

Poppers „Superba" Orchestrion von 1920

Das „Superba" Orchestrion wurde in unterschiedlichen Ausführungen produziert. Die Instrumentierung entspricht im wesentlichen dem Modell „Bianca". Die elektrische Beleuchtung und das prunkvolle Gehäuse machen dieses aufwendige Gerät besonders reizvoll.

Popper's "Superba" Orchestrion of 1920

The "Superba" orchestrion was produced in different models. The instrument part, essentially, is similar to that of the model "Bianca". Electrical illumination and the magnificent cabinet contribute to the special appeal of this high-class instrument.

Automatic Musical Instruments with Paperroll Control

Poppers „Luna" Orchestrion von 1914

Eines der prächtigsten Produkte der Firma Popper war das „Luna" Orchestrion, ein edles Saloninstrument mit Klavierteil, Mandoline, Orgelpfeifen, Xylophonen aus Metall und Holz sowie einem kompletten Schlagzeug. Für ein gut erhaltenes Orchestrion dieser Qualität muß heute ein sechsstelliger Betrag angelegt werden.

Popper's "Luna" Orchestrion of 1914

One of the most magnificent products of Messrs. Popper was the "Luna" orchestrion, an elegant palm court instrument with piano part, mandolin, organ pipes, xylophones made of metal and wood as well as a complete set of percussions. A six-figure amount has to be invested today for a well preserved instrument of this kind.

Mechanische Musikinstrumente mit Papierrollen-Steuerung

Bilder oben: Orchestrion „Pepita" der Firma Hupfeld aus Leipzig. Dieses sehr schöne Instrument ist ein Mandolinen-Orchestrion in kleiner Schrankausführung ohne Klaviatur. Hinter der Abdeckung verbirgt sich die Instrumentierung mit Violinpfeifen, Piano, Triangel, Xylophon und Trommel. Das Orchestrion spielt mit Spezialrollen Tanzmusik der 20er und 30er Jahre. Die Firma Hupfeld produzierte noch bis 1933 eigene Musikrollen mit populären Schlagern der damaligen Zeit. Bild rechts: Weber „Unika" Orchestrion. Eines der populärsten Modelle der Firma Weber aus der Zeit um 1920 für Cafés, Restaurants und Tanzhallen. Der Musikteil beinhaltet einen Klavierteil, einen Mandolineneffekt und ein Violinenpfeifenregister, arrangiert für Solospiel. Der Aufsatz gehört in den Mittelteil des Instruments. Er wurde nach oben gesetzt, um einen Blick auf die Instrumente zu ermöglichen.

Pictures above: Orchestrion "Pepita" by Messrs. Hupfeld of Leipzig. This very beautiful instrument is a small-cabinet mandolin-orchestrion without keyboard. Situated behind the cover are the instrumental components of violin-pipes, piano, triangle, xylophone and drums. With special cylinders the orchestrion is playing dance music of the twenties and thirties. The Hupfeld firm was producing their own music-cylinders with popular hits of the time up to the year 1933. Picture right: Weber "Unika" orchestrion. One of the most popular models of Messrs. Weber from the period around 1920 particularly for cafés, restaurants and dance halls. The music element is consisting of a piano component, mandolin-effects and a violin-pipe-register arranged for solo playing. The device on top belongs into the middle part of the instrument. It has been moved up to permit a view of the instruments.

Automatic Musical Instruments with Paperroll Control

Popper „Roland" mit Lotosflöte (oben / top)
Die Lotosflöte ist eine besondere Kolbenpfeife, bei der die Tonhöhe über einen raffiniert gesteuerten pneumatischen Mechanismus mittels eines Kolbens in der Pfeife permanent verändert wird,
und das mit Vibrato! Die weitere Instrumentierung ist ein mit Beto-
nung spielendes Klavier, Mandolineneffekt, große Trommel, Wir-
beltrommel, chinesische Becken, Triangel, Holztrommel (Jazzband
genannt), sowie ein Register mit 28 Violinenpfeifen.

The lotus-flute (Lotosflöte) is a special kind of piston pipe where
the pitch is permanently varied via an intricately controlled pneumatic mechanism by means of a piston, and all of that with vibrato!
Further instrument equipment is consisting of a piano with accen-
tuation, mandolin effect, big drum, roll-drum, Chinese cymbal,
triangle, wood-drum (called jazzband) as well as registers with 28
violin pipes.

Weber „Grandezza" (rechts / right)
Orchestrion von 1920 mit Klavier, Mandolineneffekt und dyna-
mischem Holzxylophon. Die Musikrollen waren so ausgelegt, dass
das Xylophon auch solo spielen konnte. Manche der Xylophon Soli
sind so komplex, dass sie ein Mensch nicht spielen könnte.

Orchestrion from 1920 equipped with piano, madolin effects
and dynamic wooden xylophone. The design of the musicrolls
permitted to play the xylophone also as a solo-instrument. The
arrangements for some of the xylophone soli are so complex that
they could not possibly be played by a human being.

Selbstspielende Geigen - Self-playing Violins

Die Firma Hupfeld war in den zwanziger Jahren die weltweit größte Produktionsstätte für mechanische Musikinstrumente mit tausenden von Angestellten. Die Firma existiert noch heute und produziert u. a. konventionelle Klaviere. Legendär wurde Hupfeld mit Orchestrien, in denen ein Geigen- mit einem Klavierteil kombiniert wurde. Ein frühes Modell war die Hupfeld Pfeifengeige von 1912 (nächste Seite). Der Geigenton wurde hier durch speziellen Pfeifen nachgeahmt. Später wurden drei echte Geigen eingebaut. Durch einen rotierenden Bogen wird bei jeder Geige eine einzelne Saite angestrichen, wobei die Tonhöhe mit 10 pneumatisch gesteuerten Greifern festgelegt wird. Ungefähr 1000 dieser Instrumente wurden gefertigt, von denen ca. 35 Stück bis heute erhalten geblieben sind.

Die Bilder auf dieser Seite zeigen ein historisches Instrument der Ausführung „A" mit einem klassischen Gehäuse, ähnlich einem Orchestrion. Es gehört zu den weltweit ca. zehn authentischen Hupfeld-Geigen, die noch voll spielfähig sind. Die Bilder auf der gegenüberliegenden Seite oben zeigen die spätere Ausführung „B", bei der die Geigen besser repräsentiert wurden. Das darunter gezeigte Instrument, eine Hupfeld „Doppelgeige", verfügt über zwei parallel spielenden Geigeneinheiten, die dem Violinenton eine größere Fülle verleihen.

Selbstspielende Geigen - Self-playing Violins

In the twenties Messrs. Popper of Leipzig were the largest producers of automatic musical instruments world-wide with a staff of more than a thousand. The firm is still existing these days and producing, among other instruments, also conventional pianos. The firm won a legendary reputation with orchestrions combining a violin with a piano part. An early model was the Hupfeld pipeviolin of 1912 shown on the next page. The violin sound is here imitated by special pipes. The later models had three genuine violins integrated which are played by a circular bow stringed with horsehair. The bow is activating a single string of each violin while the pitch is determined by ten pneumatically controlled grippers. A good 1000 units of this model were produced altogether, about 35 whereof have been preserved up to this day.

The pictures on the opposite page show a historic instrument of the version "A" with a classic cabinet similar to an orchestrion. It belongs to the approximately 10 original automatic Hupfeld violins that are still fully operational. The pictures on top of this page show the later model "B", in which the built-in violins were better represented. The instrument shown below is a Hupfeld "Doppelgeige" with two violin parts, which make for a fuller sound of the violins.

Selbstspielende Geigen - Self-playing Violins

Hupfeld Pfeifengeige

Sehr schön gefertigtes Instrument mit Violinenpfeifen und einem Klavierteil. Dieses Instrument kann als Vorläufer der legendären Hupfeld-Geigen aufgefasst werden, die mit echten Violinen ausgestattet waren.

Hupfeld pipeviolin

Elaborate Instrument with violin pipes and piano part. This instrument can be regarded as a predecessor of the legendary Hupfeld violins which were equipped with genuine violins.

Mills Violano-Virtuoso

Wie bei den Hupfeld Geigen wurde auch bei der Mills Geige ein Klavierteil mit einer Geige kombiniert. Das Violano-Virtuoso des amerikanischen Herstellers Mills war sowohl für den Heimgebrauch als auch für Salons und Gaststätten gedacht. Ca. 4500 Stück wurden zwischen 1910 und 1930 produziert. Einige hundert Exemplare sind bis heute erhalten geblieben.

Just as the Hupfeld-Violin, the Mills-Violin also combined a pianopart with a violin. The Violano-Virtuoso by the American manufacturer Mills was intended for both, home use as well as palm gardens or public houses. About 4,500 units were produced between 1910 and 1930. A few hundred instruments have been preserved up to this day.

Musik aus dem Jenseits - Reproduktionsklaviere der Firma Welte

Die Papierrollensteuerung und die Verbesserung der Pneumatik erlaubten den Bau immer perfekterer Musikautomaten. Legendär wurden die Reproduktionsklaviere der Freiburger Firma Welte, die weltweit Maßstäbe setzten. Zwar hatte es bereits vorher automatische Klaviere gegeben, diese konnten Musikstücke aber nur recht seelenlos wiedergeben, eben wie Maschinen. Alle Versuche, die Anschlagdynamik und die feinen Änderungen der Lautstärke, durch die ein menschlicher Pianist ein Klavierstück mit Leben erfüllt, nachzuahmen, waren fehlgeschlagen. Um die Jahrhundertwende erfanden der Musikautomatenfabrikant Edwin Welte und sein Partner Karl Bockisch ein geniales Aufnahmeverfahren, mit dem alle Feinheiten des Klavierspiels festgehalten werden konnten.

Als Aufnahmegerät diente ein speziell präpariertes Klavier, das während des Spiels alle Aktionen des Pianisten in elektrische Signale umwandelte und an ein Aufzeichnungsgerät weitergab, wo sie auf einer Papierrolle zur späteren Vervielfältigung aufgezeichnet wurden. Bei den frühen Geräten diente als Abspielgerät ein sogenannter „Vorsetzer", wie er oben gezeigt ist. Dieser betätigt anstelle des Pianisten die Klaviertasten und Fußpedale. Später wurde der Wiedergabeteil in das Klavier integriert.

Welte gelang es, für seine Originalaufnahmen die bedeutendsten Pianisten seiner Zeit zu gewinnen, unter ihnen Gustav Mahler, Richard Strauß und der junge Vladimir Horowitz. So besitzen wir heute originalgetreue Aufnahmen dieser Künstler, die uns ihre Nähe intensiver spüren lassen, als es die perfekteste Digitalaufnahme könnte. Man legt die Papierrolle ein und schon ist es so, als würden Mahler oder Horowitz mit uns im Raum sitzen und für uns spielen. Wie diese Aufnahmen möglich waren, werden wir wohl nie erfahren. Das Verfahren war ein streng gehütetes Geheimnis, das neben Welte und Bockisch nur drei weitere Personen kannten. Sie alle haben ihr Wissen mit ins Grab genommen.

Music from Another World - Player Pianos by Messrs. Welte

Paperroll-control and improvement of the pneumatics permitted to build music machines that became more and more perfect. A legendary reputation was gained by the reproduction pianos manufactured by Messrs. Welte of Freiburg. Until then all automatic pianos were able to render music pieces with little or no animation only. All attempts to copy the dynamic of touch and the subtle changes in volume that are used by a human pianist to make a piece of music come alive, had failed. Around the turn of the century the manufacturer of music machines Edwin Welte and his partner Karl Bockisch invented an ingenious recording procedure which permitted to retain all nuances of piano playing.

The medium used for recording was a specifically prepared piano which converted everything the pianist did while playing directly into electric signals which were transferred to a recording unit and memorized on a paperroll. The early instruments used a special playback unit as a playing device that was put in front of the piano where it activated the keys and foot-pedals in place of the pianist. Later instruments had the playback unit integrated into the piano.

For the recordings Welte succeeded in winning the most famous pianists of his time, among them Gustav Mahler, Richard Strauß and the young Vladimir Horowitz. This way we still have original recordings by these artists, which convey a much more intensive impression of their music to us than even the most perfect digital recording could do. You insert the paperroll and all at once you feel as if Mahler or Horowitz were here in the very same room and playing for us. The mystery how these recordings were possible will probably never be solved. The procedure was an anxiously guarded secret that, apart from Welte and Bockisch, was known to three further persons only. They all carried their knowledge with them to the grave.

Musik aus dem Jenseits - Reproduktionsklaviere der Firma Welte

Das Welte-Verfahren erlebte eine Reihe von Entwicklungsstufen, die u. a. an der Farbe der Papierrollen erkennbar sind. Die frühen Rollen waren rot, die späteren grün. Daher kommen auch Bezeichnungen wie „Welte rot" oder „Welte grün". In den 1920er Jahren, in denen der hier gezeigte Bechstein-Flügel mit integriertem Abspielgerät von Welte entstand, war das Verfahren zur vollen Perfektion gereift. Der Ausschnitt im kleinen Bild unten zeigt die Halterung für die Papierrolle mit der Antriebseinheit.

The Welte-procedure passed through various stages of development which can be distinguished, among other characteristics, also by the colour of the paperrolls. The early rolls were red, later on they were green. This is the reason for the terms "Welte rot" or "Welte grün". In the twenties, when the Bechstein-grand with integrated Welte control shown here was built, the procedure had reached its peak of perfection. The detailed view below shows the paperroll-holder with drive unit.

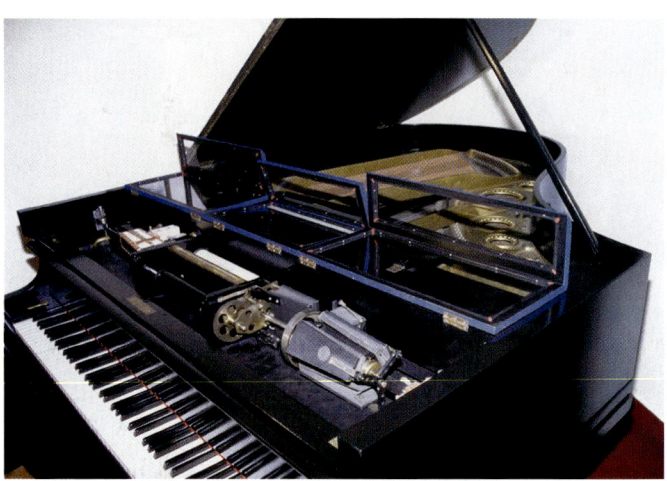

Steinway Piano mit „Welte rot"-Steuerung von 1914 - Steinway Piano with "Welte rot"-control of 1914

Music from Another World - Player Pianos by Messrs. Welte

Die Musikrollensammlung des Museums beinhaltet ca. 25 000 Musikrollen für die unterschiedlichsten Instrumente, darunter auch viele Welte-Aufnahmen. Ein musikhistorischer Schatz von unermeßlichem Wert.

The musicroll collection at the museum harbors approximately 25 000 musicrolls for the different instruments, among them many Welte-recordings. It is a treasure of music history of immeasurable value.

Der Pianist Eugen d' Albert (Mitte) bei der Einspielung eines Klavierstücks mit dem Welte-Aufnahmeklavier. Links sieht man das Aufzeichnungsgerät mit seinem Erfinder Karl Bockisch, ganz rechts steht Edwin Welte.

The pianist Eugen d' Albert (center) recording a piece of piano-music with a special Welte piano used for this purpose. The recording unit with its inventor, Karl Bockisch, can be seen on the extreme left, while the gentleman standing on the right is Edwin Welte.

Tanzorgeln - Calliopes

Nach 1930 wurden die kleinen Musikautomaten zunehmend durch Radios
und Plattenspieler ersetzt. Die großen
Instrumente, wie z. B. die Tanzorgeln,
die überwiegend in Tanzsälen oder auf
Jahrmärkten für Unterhaltung sorgten,
wurden dagegen noch viele Jahre weitergebaut.

Einer der größten Namen im Groß-
orgelbau war die in Antwerpen / Belgien
ansässige Firma Mortier. Neben vielen
mächtigen Hallen- und Kirmesorgeln
entstand bei Mortier auch eine kleine
Anzahl edler „Kaffeehaus-Orgeln".
Das Museum ist stolz darauf, seinen
Besuchern ein besonders hochwertiges
Exemplar dieser speziell für große, feine
Kaffeehäuser gefertigten Instrumente präsentieren zu können.

Die im Bild rechts gezeigte, wie ein
Monument gebaute Tanzorgel ist mit
einer aufwändig verzierten Fassade versehen und befindet sich in einem absolut spielfähigen Zustand. Gesteuert wird
das Gerät durch Lochkartonbänder,
die wie ein Buch gefaltet werden. Das
Museum besitzt über 1200 solcher Mor-
tier-Bücher, die das gesamte Repertoire
der Unterhaltungsmusik der damaligen
Zeit umfassen.

Das untere Bild zeigt einen großen
Musikautomaten aus dem Jahr 1947, der von der Firma Mortier
für einen amerikanischen Kunden gebaut wurde. Der Orgelteil
umfaßt 125 Tonstufen und wird von drei Akkordeons und einem
Schlagzeug unterstützt.

After 1930 the small automatic musical instruments were
replaced more and more by radios and record-players, while
the big instruments, like the calliope, for instance, which used
to provide entertainment mainly in dance halls and fun fairs,
continued to be built for many years yet.

One of the most renowned builders of maxi-organs were
Messrs. Mortier of Antwerp / Belgium. Besides many numerous calliopes for use in halls and fair-grounds, Mortier did also
produce a small number of noble "Coffee House-Organs". The
museum proudly presents an excep-
tionally precious specimen of these
instruments which were designed and
made especially for large, high-class
coffee houses.

The calliope built like a monument,
shown in the picture on the top right, is
equipped with an elaborately adorned
facade and in absolutely playworthy
condition. The instrument is being
controlled by perforated carton-strips
which are foldable like a book. In the
museum's possession are more than
1200 of such Mortier-books comprising the entire light music-repertory of
those times.

The picture at the bottom shows a big
jukebox from the year 1947 which was
built by Messrs. Mortier for an American customer. The organ component
extends over 125 sound tiers and is
supported by accordions and percus-
sion.

KLANGZAUBER

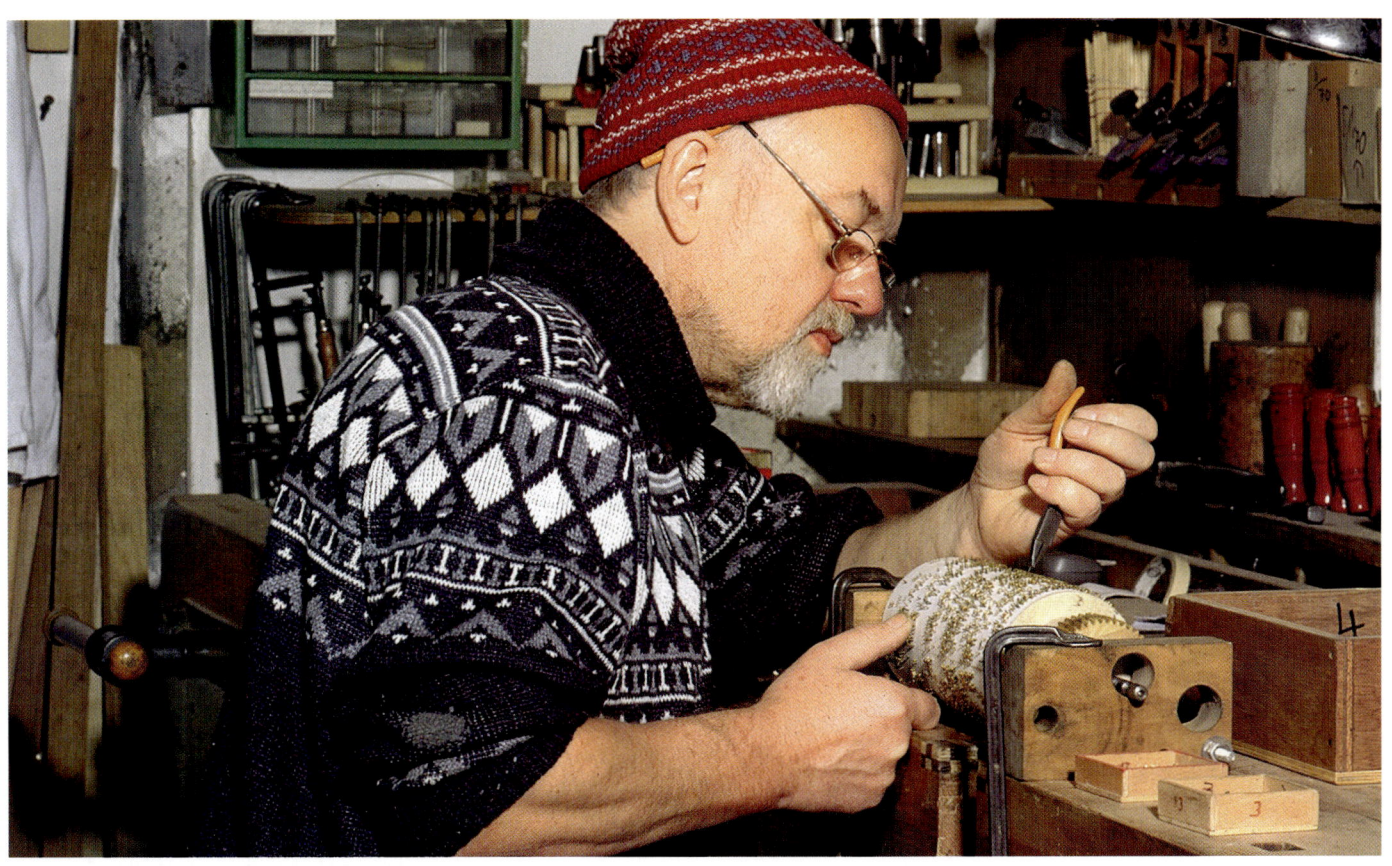

Im Wilhelmsbau werden die mechanischen Musikinstrumente nicht nur ausgestellt, sondern auch vorgeführt. Dies ist nur möglich, weil die Geräte ständig gewartet und dadurch in einem spielbereiten Zustand gehalten werden. Nur noch ganz wenige Werkstätten sind heutzutage in der Lage, solche Instandsetzungsarbeiten durchzuführen. Wir sind deshalb froh, daß sich die Fachstätte historischer Musikautomaten von Herrn Gotthard Arnold in Bad Schönborn unserer Geräte angenommen hat und mit ihrer Arbeit dafür sorgt, daß möglichst viele Besucher den Zauber dieser einzigartigen Instrumente live erleben können.

Die Museumsleitung

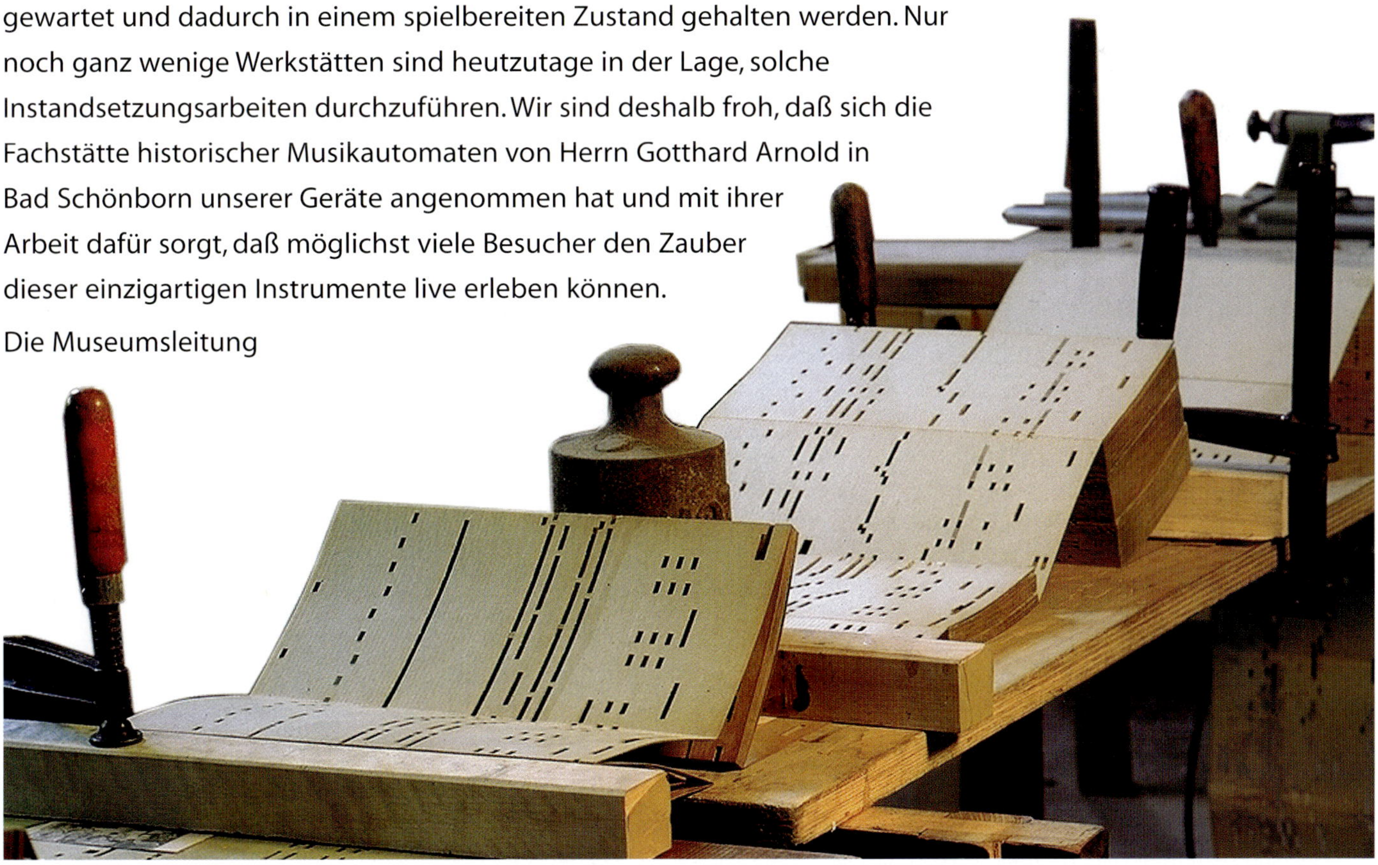

ARNOLD PIERROT GMBH MECHANISCHE MUSIK - 76669 BAD SCHÖNBORN
TEL. (07253) 4927 - FAX (07253) 3 20 20

Drehorgeln und Straßenklaviere - Barrel Organs and Street Pianos

Größtes spielbereites italienisches Straßenklavier. Als Tonträger dienen drei Stiftwalzen mit einer Länge von 2,20 m und einem Durchmesser von 0,55 m. Das musikalische Repertoire dieses extrem seltenen Instruments ist einzigartig. Um das Publikum anzulocken, wurden die Straßenklaviere oft mit pompösen Aufbauten versehen. Das linke Bild zeigt das Instrument mit und das untere Bild ohne einen solchen Zusatz.

Biggest playable italian street piano. As sound carriers serve three studded barrels with a length of 2,20 m and 0,55 m diameter. The music repertory of this very rare instrument is unique. To lure the public, street pianos were often decorated with pompous structures. The picture left shows the instrument without and the picture below with the top-structure attached.

Piano Melodico - ein sehr populäres, handbetriebenes Instrument, insbesondere für den Heimgebrauch gedacht, das zwischen 1890 und 1910 zehntausendfach verkauft wurde. Als Klangerzeuger dienen 54 Klaviersaiten die, gesteuert durch ein Kartonband, über einen Hebelmechanismus angeschlagen werden. Der Klang ähnelt dem einer Zither.

Piano Melodico - a highly popular manually operated instrument, particularly for home use. Tens of thousands of this model were sold between 1890 and 1910. The sound producers used were 54 piano wires which, controlled by a cardboard-band, were activated via lever mechanisms. The sound was similar to that of a cither.

Eine der größten fahrbaren, handbetriebenen Drehorgeln aus der Produktion der Firma Bacigalupo, gebaut 1893 in Berlin. Gesteuert von einer hölzernen Stiftwalze spielt das Instrument zehn Melodien.

One of the biggest mobile, manually operated barrel-organs from the production of Messrs. Bacigalupo, built in 1893 in Berlin. Controlled by a wooden studded barrel the instrument could play ten tunes.

Morton Kinoorgel

Kinoorgeln ermöglichen eine klanggewaltige Begleitung von Filmen und erlauben mittels spezieller Effekte Geräusch- und Instrumentenimitationen, die dem Organisten wunderbare Improvisationsmöglichkeiten bieten. Ein besonders schönes Exemplar dieser Orgel-Gattung ist die Morton-Kinoorgel im Wilhelmsbau. Sie verfügt über zwei Manuale und fünf Grundpfeifenreihen. Besonders Außergewöhnlich ist, das die Orgel nicht nur von Hand sondern auch automatisch über eine Papierrollensteuerung gespielt werden kann. Spektakulär sind auch die Beleuchtungseffekte, die das Spiel der Orgel begleiten.

Cinema-organs made it possible to accompany films with powerful music and, by means of special effects, permitted sound and instrument imitations enabling the organist to perform wonderful improvisations. A particularly beautiful specimen of this category of organs is the Morton cinema-organ shown in the Wilhelmsbau. The instrument is equipped with two manuals and five rows of basic pipes. Extraordinarily, the organ cannot only be played manually but also automatically via paper-tape control. Another spectacular feature are the light-effects accompanying the organ's playing.

Großorgeln in der Liller Halle

Einige der prachtvollsten Großorgeln der Sammlung mechanischer Musikinstrumente sind in der Liller Halle ausgestellt. Einige Beispiele zeigt diese Doppelseite. Die Instrumente spielen auf Wunsch populäre Melodien, ein Erlebnis, das Sie sich nicht entgehen lassen sollten.

Oben: Karussell ca. 1850 mit einer Orgel der Fa. Bruder / Waldkirch. Mitte: Decap Orchestrion aus den 1940er Jahren. Unten: Decap Orchestrion aus den 1970er Jahren.

Some of the most magnificent large organs of the collection of automatic musical instruments are shown in the Liller Halle. Some examples are presented on these two pages. They play popular melodies upon request. An experience you should not miss.

Top: Carousel built about 1850 equipped with an organ of the company Bruder / Waldkirch (Black Forest). Center: Decap orchestrion built about 1940. Bottom: Decap orchestrion built about 1970.

Welte Philharmonie Orgel

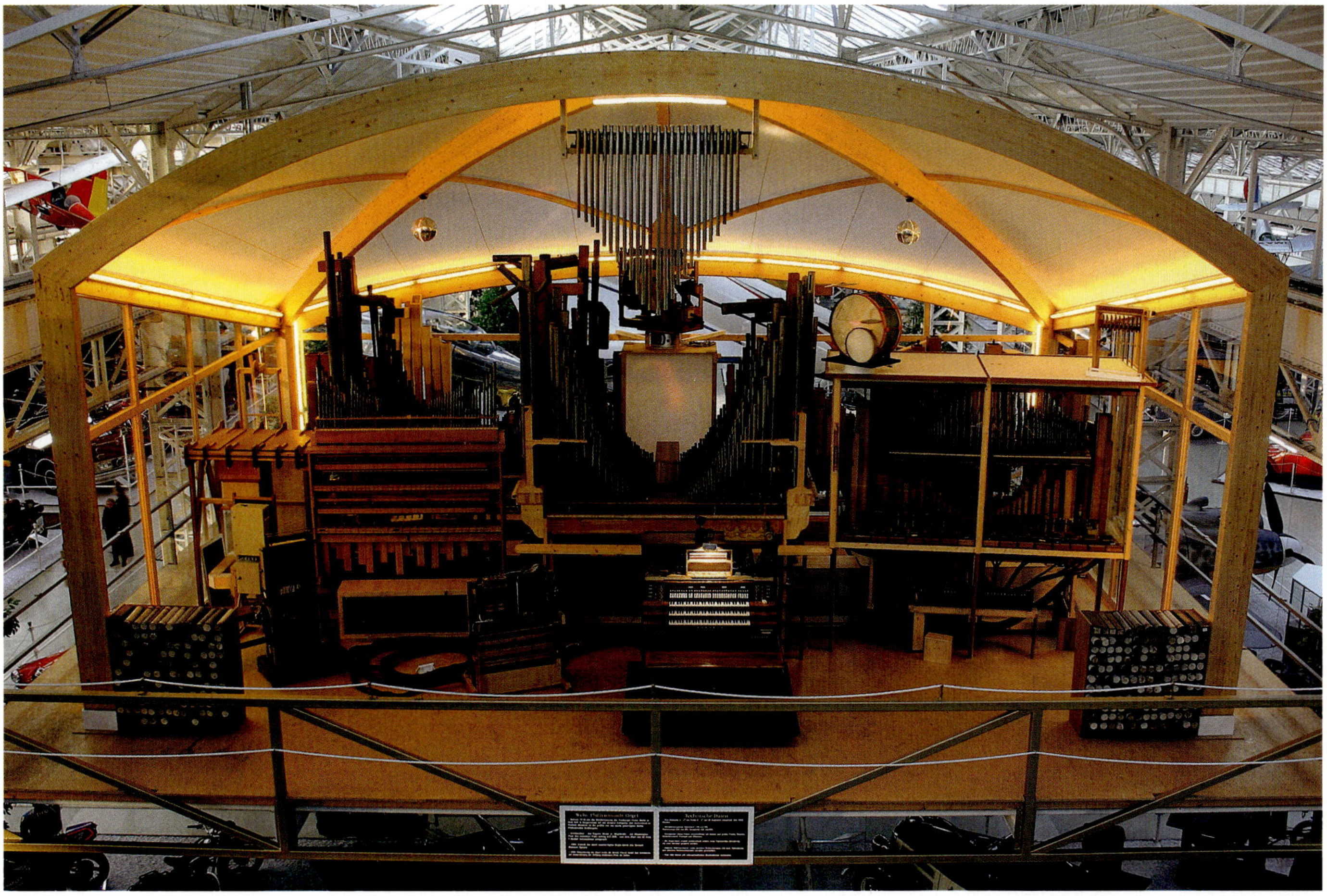

Eines der aufwändigsten mechanischen Musikinstrumente, das jemals gebaut wurde, ist die Welte Philharmonie Orgel. Nur sechs dieser Orgeln wurden gefertigt. Das Museumsstück stammt von 1916 und ist das größte von allen. Es wurde damals als ein „wahrhaft ideales Hausinstrument für besitzende Kreise" beworben. Der Preis lag bei ca. $ 22 000, was dem Gegenwert von etwa 45 Ford T-Modell Automobilen entsprach. Erworben wurde sie seinerzeit von Eugene Meyer Jr., dem Begründer der Washington Post, für seine Sommerresidenz.

Bei der Ankunft in Speyer im Jahr 1993 befand sich das einmalige Instrument mit 2500 Pfeifen, das sowohl manuell als auch automatisch über eine Papierrollen-Steuerung gespielt werden kann, in einem erbarmungswürdigen Zustand. Zahlreiche wichtige Teile fehlten, die Windkanäle waren undicht, viele Metallteile wiesen Korrosionen auf und die Verkabelung war weitgehend unbrauchbar geworden. Nach dem Abschluss der Restaurierung im Jahr 2002, die Gotthard Arnold und sein Team von der Fachstätte Historischer Musikautomaten durchführte, wurde die Welte Philharmonie auf einer 12 x 16 Meter großen Plattform mit Beleuchtung in der Liller Halle aufgestellt.

One of the most extravagant automatic musical instruments ever built is the Welte Philharmonic Organ. Only six of these organs were made altogether. The museum's exhibit originated in 1916 and is the largest of all. It was then promoted as a „truly ideal home-music instrument for the personage of means". Its price was at approx. $22,000 which equaled the value of about 45 Model-T Ford automobiles. It was acquired at that time by Eugene Meyer, Jr., founder of the Washington Post, for his summer residence.

At its arrival in Speyer in the year 1993, this unique instrument with 2600 pipes, that may be played manually as well as automatically via paper-roll control, was in a deplorable condition. Many important parts were missing, the wind-trunks were not airtight, many metal parts showed corrosion and the cabling had become unusable to a great extent. Upon conclusion of the restoration which was performed by Gotthard Arnold and his team of the "Fachstätte Historischer Musikautomaten" (specialists for the restoration of historic mechanical musical instruments), the Welte Philharmonic was placed on a 12 x 16 m platform with illumination for exhibit in the Liller Halle.

Aufbau der Welte Philharmonie Orgel in der Liller Halle im Spätsommer 2002 - Assembly of the Welte Philharmonie Organ in the Liller Halle in late summer of 2002.

Die im Wilhelmsbau gezeigte Sammlung historischer Moden spannt einen weiten Bogen von der Gründerzeit der zweiten Hälfte des 19. Jahrhunderts über die sich daran anschließende Epoche des Jugendstils bis in die 50er Jahre. Zum Teil wurden die Kleidungsstücke auf Flohmärkten aufgefunden, teils auf Auktionen ersteigert. Da charakteristische Erkennungsmerkmale wie die Etiketten häufig im Laufe der Jahrzehnte verlorengegangen sind, lassen sich die Herkunft und die Entstehungszeit der meisten Kleidungsstücke nicht exakt bestimmen, sondern nur aufgrund des Materials und des Stils näherungsweise eingrenzen.

Viele der Ausstellungsstücke waren beim Erwerb in einem problematischen Zustand und mußten aufwendig restauriert werden. Hier hat Frau Henriette Irle aus Eschenbach hervorragende Arbeit geleistet. Gefährdete Stoffpartien, Löcher und Risse wurden mit einem stützenden Gewebe unterlegt und das meist aus reiner Seide bestehende Innenfutter, das für Alterungsprozesse besonders anfällig ist, ersetzt. Schwierig war dabei die Beschaffung geeigneter Ersatzmaterialien, da diese den Originalstoffen so nah wie möglich kommen sollten.

Das große Bild auf der linken Seite zeigt ein Kinderkleid aus Seide mit aufgestickten Blumen. Es entstand um 1860 und ist eines der ältesten und wertvollsten Stücke der Sammlung. Bild unten links: Tageskleid um 1905 aus Baumwollbatist mit Spitze und Bändchenborte eingefaßt. Bild unten rechts: Festlicher Frack mit Zylinder um 1900.

The historic fashion collection on exhibit in the Wilhelmsbau building is spanning a wide arc from the days of industrial expansion in the second half of the 19th century, over the following Art Nouveau period, up to the fifties. Some of the garments were found in flea markets, others were bought at auction. Since characteristic identifications as labels were often lost in the course of decades, time and place of origin of most garments cannot be exactly determined but only roughly defined based on material and style.

A great number of the exhibits were in problematic condition when acquired and required painstaking restoration. In this respect extraordinary results were accomplished with her efforts by Ms. Henriette Irle of Eschenbach. Critical parts of fabric, holes and tears were lined with supporting material and the lining on the inside, mainly made of pure silk which is particularly subject to ageing, was replaced. Obtaining adequate substitute materials was often problematic to achieve in this connection since the replacement fabrics were to match the originals as closely as possible.

The large picture on the opposite side is showing a dress for a child made of silk with flower embroidery. It was made in or about 1860 and is one of the oldest and most valuable items of the collection. Picture bottom left: Informal dress from around 1905, made of cambric, with lace- and ribbon trimming. Picture bottom right: Festive tails with top-head, about 1900.

Bild links: Promenadenkleid um 1885. Der Rock besteht aus schwarzem Seidentaft. Das Oberteil wurde aus Seidensatin gefertigt und ist mit einer wunderschönen Spitze eingefaßt. Der mit dem Kleid ausgestellte Hut aus Tüll-Seide stammt aus der Zeit um 1880.

Bild unten links: Balltoillette um 1893. Das zweiteilige Kleid aus schwerer Atlas-Seide ist mit Perlen und Metallfäden bestickt und mit hellgrünem Samt eingefaßt. Die Taillenweite betrug nur 46 cm mit einschnürendem Korsett. Aufgrund des eingeschränkten Bruskorbes kam es beim Atmen vielfach zu Onmachten bei den Damen.

Bild unten: Abendrobe um 1905 aus Seidenchiffon voll bestickt mit Pailletten und Spitzenbesatz (links). Nachmittagskostüm um 1905 bestehend aus einem Taftrock und einer Jacke aus Seidenripp mit Perlenstickerei (rechts).

Picture left: Promenade dress from around 1885. The skirt is made of black silk taffeta, while the top is of silk satin with beautiful lace trimming. The material of the hat from around 1880, exhibited together with this dress, is tulle-silk.

Picture bottom left: Full ball dress from around 1893. The two-piece gown of heavy satin is adorned with embroidery of pearls and metallic threads and trimmed with light green velvet. Laced in, it was made to fit a waistline of merely 46 centimeters. As a consequence of the thus constricted chest and breathing capacity it was quite common for ladies to faint.

Bottom picture: Evening gown from around 1905 made of silk-chiffon with full sequin embroidery and lace trimming (left). Afternoon costume from around 1905 consisting of taffeta skirt and jacket made of ribbed silk with pearl embroidery (right).

Einer der größten Schätze, der im Museum bewundert werden kann, ist die Sammlung Winkler. Sie umfaßt eine einzigartige Kollektion von historischen Uniformen und Uniformteilen, Rangabzeichen, Orden, Helmen, alten Waffen und zahlreiche weitere Exponate, die schwerpunktmäßig im Umfeld der ehemaligen württembergischen und preußischen Armee angesiedelt sind. Begründet wurde die Sammlung vom Fabrikantenehepaar Erwin und Frida Winkler aus Cleebronn in Baden-Württemberg. In über 30-jähriger leidenschaftlicher Sammlertätigkeit wurde sie stetig ergänzt, wobei größter Wert darauf gelegt wurde, alles so originalgetreu wie möglich zu gestalten. So entstand schließlich im Laufe der Jahrzehnte eine einmalige und historisch wertvolle Dokumentation der Militärgeschichte, die in Fachkreisen höchste Anerkennung gefunden hat. Herr Winkler ist im Jahr 1993 an den Folgen einer schweren Krankheit verstorben. Wir sind glücklich und dankbar, daß die Sammlung nicht aufgelöst, sondern in ihrer Gesamtheit dem Museum schenkungsweise überlassen wurde, wo sie jetzt in ihrer ganzen Schönheit einer breiten Öffentlichkeit zugänglich ist und auf Dauer an die Stifter erinnern wird.

One of the greatest treasures to be admired in the museum is the Winkler Collection on the top floor of the "Wilhelmsbau" building. It contains a unique collection of historic uniforms and uniform parts, badges and insignia, medals, helmets, old weapons and numerous further exhibits with main emphasis on objects associated with the former Armies of Württemberg and Prussia. The collection was founded by the industrialist Erwin Winkler and his wife Frida of Cleebronn in Baden-Württemberg. In more than 30 years of ardent collecting it was constantly added to with great efforts to keep as true to the originals as possible. In the course of decades these efforts thus resulted in a singular and historically valuable documentation of military history highly acclaimed among experts. Mr. Winkler died in 1993 from a fatal illness. We are happy and grateful that the collection was not dissolved but donated to the museum where it can now be made accessible to a wide public as a permanent memento of the donors.

161

Bild oben: Tafelgesellschaft aus der Zeit um die Jahrhundertwende

Picture top: Dinner party at the turn of the century

Bild links: Nachmittagskleid aus den 20er Jahren gefertigt aus Seidentaft mit Straß-Stickerei (links). Abendrobe aus den 30er Jahren aus reiner Seide mit Straß-Stickereien (rechts). Das Gewicht der Pailletten ließ die Kleider während des Tanzes zu den rhythmischen Bewegungen ihrer Trägerinnen mitschwingen. Den damaligen Modetänzen entsprechend bekamen Sie den Namen „Shimmy-" oder „Charlestonkleider".

Picture left: Tea gown from the twenties made of silk-taffeta with paste embroidery (left). Pure silk evening gown from the thirties with paste embroidery (right). While dancing the very weight of the sequins made the dresses swing in rhythm with the wearer's movements, and in accordance with the dances popular at that time they were dubbed "Shimmy-" or "Charleston-dresses".

Haben Sie die Zeit des Rock'n Roll selbst miterlebt oder möchten Sie wissen, was damals „in" war? Dann schauen Sie doch einmal im 50er-Jahre-Zimmer im Wilhelmsbau vorbei. Vom Petticoat bis zur Wurlitzer-Jukebox finden Sie hier alles was den Flair der Zeit ausmachte, als Elvis die Hüften schwang.

Have you been part of the Rock'n Roll era or would you like to know what was "in" at that time? Then you should visit the Fifties-Room at the Wilhelmsbau. From petticoat to Wurlitzer-jukebox you will find everything representing the atmosphere of the time when Elvis used to gyrate his hips.

Jagdzimmer - Hunting Room

Bild oben: Jäger mit Ausrüstung für die Winterfütterung. An der Wand Abwürfe von Hirschen. Hirsche werfen jedes Jahr das Geweih ab. Im Jagdzimmer werden alle Abwürfe vom ersten bis zum 13. Jahr gezeigt. Im letzten Lebensjahr, wenn die Kraft zu Ende geht, wird der Hirsch erlegt. Ein Rothirsch erzeugt in 13 Jahren eine Geweihmasse von bis zu 90 kg. Bild links unten: Gebirgshirsch aus dem Karwendel-Gebirge, 24-Ender, 217 internationale Punkte. An der Wand Abwürfe eines anderen Hirsches. Bild rechts unten: Geräte für den Wald- und Forstbetrieb.

Picture on top: Hunter equipped for winter feeding. Mounted on the wall are stag castings. Stags are casting their antlers annually. All castings from the 1st through the 13th year are on exhibit in the hunting room In the last year of his life, when his strength fails, the stag is being bagged. In the course of 13 years a stag generates an antler-mass of up to 90 kg. Picture bottom left: A mountain stag from the Karwendel-mountains, 24-pointer, 217 international points. Mounted on the wall are castings of another stag. Picture bottom right: Forestry implements.

Bild oben: Preußischer Revierförster in Gala-Uniform (Forstoberamtmann). Im Vordergrund Ganzpräparation eines alten Steinbocks aus dem Karwendel-Gebirge, erlegt 2300m über dem Achensee. Links oben Kopfpräparat eines alten Steinbocks aus Kasachstan vom Pamir-Gebirge. Bild rechts: Europäischer Braunbär, 13 Jahre alt, 490 internationale Punkte, aus Rumänien (Rumänien hat heute eine Bären-Überpopulation mit ca. 6000 Braunbären).

Picture on top: Prussian game warden in ceremonial uniform (official title in the rank of a senior civil servant was "Forstoberamtmann"). At the front full-size preparation of an old ibex from the Karwendel-mountains, shot 2,300 m above lake Achensee. Top left: Head preparation of an old ibex from the Pamir-range in Kazakhstan. Picture right: European brown bear, 13 years old, 490 international points, from Romania (with an approximate number of 6000 animals Romania, these days, is overpopulated with brown bears).

Puppen und Spielzeug - Dolls and Toys

Der Wilhelmsbau ist eine schier unerschöpfliche Fundgrube für alle Liebhaber historischer Spielsachen. Eine Augenweide nicht nur für Puppenmuttis ist die riesige Puppensammlung mit mehreren tausend Puppen der unterschiedlichsten Stilrichtungen. Besonders faszinierend sind auch die zahlreichen Dampfmaschinen- und Eisenbahn-Modelle. Viele der schönsten Objekte wurden dem Museum von der Familie Schütt als Leihgabe zur Verfügung gestellt. Eines der ältesten Objekte ist das oben gezeigte Karussell, das in den 30er Jahren entstanden ist. Wir würden uns freuen, wenn diese Kabinettstücke der Modellbaukunst den einen oder anderen Besucher dazu motivieren könnten, in der heimischen Werkstatt ähnliche Schmuckstücke zu schaffen.

The Wilhelmsbau is a nearly inexhaustible treasure trove for all fans of historical toys. A treat for the eyes not only of doll's mammies is the huge collection of dolls with several thousand specimen of various styles. Also of particular fascination are the numerous steam engines and railway models. Many of the most beautiful objects were given to the museum on loan by the Schütt Family. One of the oldest objects is the merry-go-round shown above that originates from the thirties. We would be pleased if these showpieces of model building were to induce one visitor or the other to create similar gems in his own workshop at home.

Puppen und Spielzeug - Dolls and Toys

Modell einer dampfbetriebenen Dreschmaschine (oben) sowie einer dampfbetriebenen Zugmaschine (links). Der Bau von Dampfmaschinen war eine Spezialität von August und Gerhard Schütt, die viele der Modelle gebaut haben, die im Wilhelmsbau gezeigt werden. Nach dem Ende des 2. Weltkriegs rückten Modelleisenbahnen im Spur-1-Format in den Mittelpunkt des Interesses, wobei die Motoren und Fahrwerke von August Schütt und die Aufbauten von seinem Sohn Gerhard gebaut wurden. Einige Beispiele sind in der Vitrine oben zu sehen.

Model of a steam-driven threshing machine (above) and of a steam-driven towing vehicle (left). Building steam engines was a specialty of August and Gerhard Schütt who built a great number of the models on exhibit in the Wilhelmsbau. After the end of the WW II model trains of the gauge-1 format became the focus of interest, where the engines and chassis were built by August Schütt and the superstructures by his son Gerhard. A few examples can be seen in the showcase above.